LE CORDON BLEU

廚房經典技巧

Kitchen ESSENTIALS

法國藍帶廚藝學院

目錄 CONTENTS

前言 foreword

歡迎透過出版感受法國藍帶廚藝學院的教育

法國藍帶廚藝學院Le Cordon Bleu® 是在由記者Marthe Distel在1895年的巴黎所創立的。今日本學院在全球15個國家，已開設了30所學校，每年訓練出20,000 個學生，他們來自70個以上不同的國家。

法國藍帶廚藝學院，以其提供的廚藝訓練、旅遊業和餐飲管理等相關課程，成爲全球頂尖的教育機構。

法國藍帶廚藝學院的創始

《cordon bleu》已成爲優質廚藝的代名詞。它的典故，來自1578年法國國王亨利三世所創立的聖靈團武士（the Knights of the Order of the Holy Spirit）所用來佩帶十字架的藍色緞帶。今日 Le Cordon Bleu這個詞也用來指稱廚藝精湛的人，這和法國藍帶廚藝學院有直接的關係。眾多的優秀廚師都來到這裡學習精進。我們的主廚 Henri-Paul Pellaprat已執教32年，他和另一位主廚Auguste Escoffier，一起爲建立法國飲食文化系統，做出貢獻。

1984年，康圖利口酒（Cointreau liqueur ）和人頭馬干邑白蘭地（Rémy Martin Cognac）企業主的直系後代---Mr André Cointreau 成爲本學院的總裁。超過一個世紀以來，法國藍帶廚藝學院持續地，以友善而專業的環境，提供和廚藝、糕點和烘培相關的密集訓練。我們的教學方式是先由主廚示範，再讓學員親手操作。

爲了回應來自學生和專業人士的廣大需求，法國藍帶廚藝學院陸續地在服務業、觀光業、餐飲管理都發展出相關的課程。在許多國家我們也和知名的大學合作，提供大學部和碩士的課程。

法國藍帶廚藝學院積極參與許多專業的文化協會，如 l' Alliance Française, the IACP（International Association of Culinary Professionals）, the WACS（World Association of Culinary Society）等等。

法國藍帶廚藝學院和子公司 Pierre-Deux French Country 密切合作，提供完整的餐飲相關產品、廚師制服，及增加生活品質與享受的周邊禮品。

法國藍帶廚藝學院和優秀的出版社合作，希望能藉由書籍的出版，大大擴展我們教育的方向，從一開始，我們所推出的食譜和雜誌，就是爲了符合大眾需求所設計的，包括專業人士、熱忱的廚師、業餘人士、以及一般主婦。我們的主要出版品，都爲了特定的讀者群所構思，涵蓋多樣而豐富的主題和飲食風格。1895年Marthe Distel出版《La Cuisinière Cordon Bleu》雙週刊，當時稱《Le Cordon Bleu》歷時60年，至今我們的主廚團隊仍然持續地研究接下來的出版計畫，秉持與過去數年來相同的精神，不斷創造，並涵蓋廣泛的議題和食譜風格。

我們的榮耀是，法國藍帶廚藝學院至今獲獎無數，受到來自不同單位的肯定，包括 the World Food for Media, the International Association of Culinary Professionals, the German Academy of Gastronomy, the International Gourmand Awards，而我們也毫不懈怠地繼續計畫創辦學校、出版書籍、開辦餐廳。

今日，我們很榮幸地向世界各地的中文讀者們介紹這本新書《廚房經典技巧Le Cordon Bleu Kitchen Essentials》。透過夥伴關係台灣著名的出版社一大境文化T.K. Publishing co.,已出版法國藍帶廚藝學院系列、大廚聖經、法國藍帶葡萄酒精華、糕點聖經…等超過10本的食譜書。

無論是對於廚藝的業餘者，或者是專業人士，這是一本步驟詳細完整的實用的指南，更囊括所有法式料理的技巧，絕非僅只是所謂的食譜。法國藍帶廚藝學院在歷經了超過一世紀的廚藝教育中，發現征服廚藝的秘訣，不能光靠好的食譜而已，更需仰賴廚師本身對於食材、技巧、過程皆具有深厚的理解度與知識。

這本書，不僅能引導人創造出令人愉悅的美食，還可以豐富人們的身心，增進彼此間歡樂的情誼。
我們衷心地期盼《廚房經典技巧Le Cordon Bleu Kitchen Essentials》能吸引您的好奇心，創造新的美味與新發現！

最誠摯的祝福

法國藍帶廚藝學院總裁
André J. Cointreau
President and CEO Le Cordon Bleu International®
www.cordonbleu.edu
info@cordonbleu.edu

基礎知識 essential know-how

刀具 knives and cutters

一個裝備完善的廚房，需囊括多種不同的刀具。高品質的刀具，應為高碳不鏽鋼(high-carbon stainless steel)材質所製成，而且應有柄腳(刀片基部的狹長金屬部位)，直接穿入握柄內。許多廚師偏好使用較重的長方形剁刀(cleaver)，來切骨頭與肉。

削皮刀 Paring knife　用來切水果、蔬菜、肉類與起司，形狀類似刀片長度為6—9 cm的主廚刀(chef's knife)。

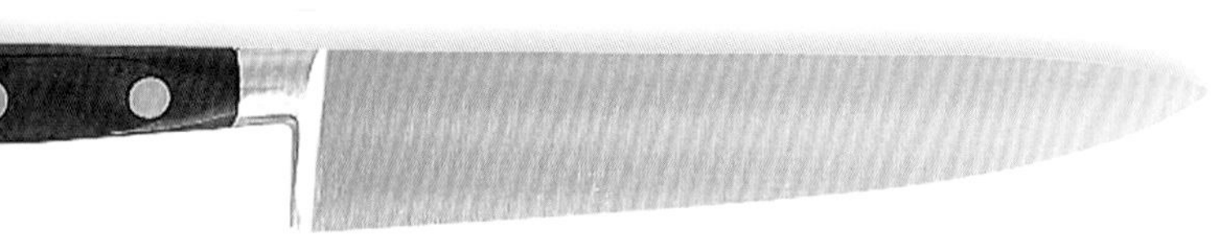

主廚刀 chef's knife　主要用途為將肉剁開，切片，切成方塊或切碎，刀片呈長邊的三角形，長度從15—30cm不等。刀刃稍微彎曲成弧形，以便於用擺盪(rock)方式來切割。

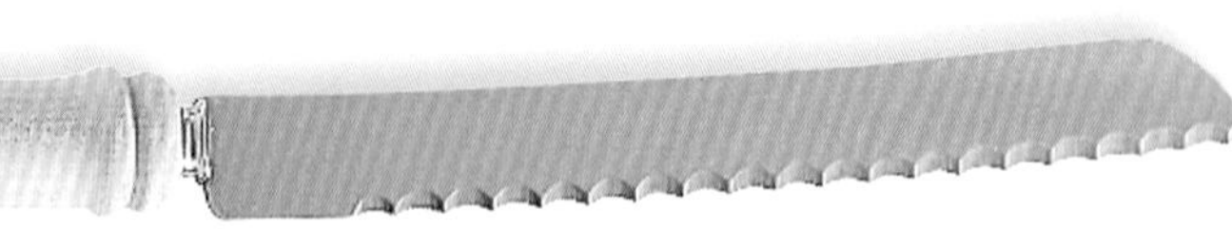

鋸齒刀 Serrated knife　市面上可買到各種不同的尺寸，刀片長13 cm的較小尺寸，適合用在水果與蔬菜的切片上，而較大尺寸者，可以均勻平整地切開蛋糕與麵包。

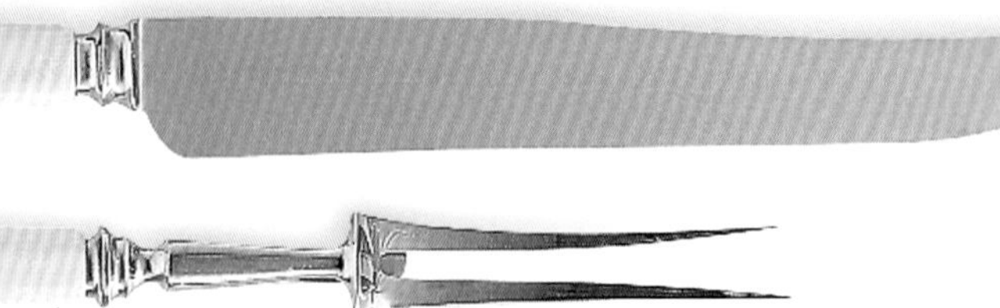

切肉餐刀與切肉餐叉 Carving Knife and Fork　這種刀子的刀片呈狹長形，適合用來為烹調後還呈高溫狀態的肉類切片。雙尖狀的叉子，則是在切肉時，用來固定肉類用的。

闊浮牙刀 A knife with a scalloped blade and rounded tip　與切肉餐刀(carving knife)相較，更適合用來切割冷的肉類。

磨刀與存放刀具 Sharpening and storing knives

請使用磨刀棒(sharpening steel)將刀子磨利。磨刀時，先將磨刀棒抵在工作檯上，再把刀具之刀片最寬部分，以20度的角度貼在靠近磨刀棒之防護裝置(fingerguard)下方的棒子上。將刀子往下滑，並逐漸把握柄朝自己的方向拉近，直到整個刀片都已磨過爲止。然後，換成另一側刀片，重複同樣的動作後，再以同樣的方式交互磨兩側，直到兩側都變得鋒利爲止。

刀具應存放在木製收納盒中，或單獨存放在抽屜中，以防止刀片變鈍。

用刀切碎 Knife chopping

用一隻手將刀尖部位緊壓在砧板上，另一隻手握住刀柄，以舉起壓下的動作，用刀片切開食物。

切成碎塊 Chopped　將食物切成小而不規則的塊狀，約為豌豆(peas)般的大小。

切成細碎塊 Finely chopped　將食材切成極小而不規則，小於3mm的塊狀。

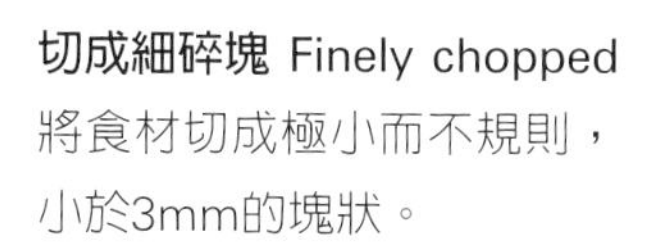

切丁 Dice　將食物切成小而規則，邊長約為5cm的方塊狀。切的時候，先將食物切成長方形的棒狀，再橫切成方塊狀。

切成細長條 Julienne　將食物切成細而薄的棒狀。切的時候，先將食物切片成5x3cm的大小，再縱切成寬3mm的細條狀。

刨絲器、削皮器、磨碎器 Slicers，peelers and graters

半月形切碎刀 mezzaluna

刀片呈彎曲狀，有個木製握柄垂直連接在刀片的兩端上。使用時，以擺蕩式動作，橫壓切割食材。

▶ 蔬菜削皮器 A vegetable peeler　用在馬鈴薯、蘋果、紅蘿蔔，或其它的水果與蔬菜的削皮上，比削皮刀(Paring knife)用起來更便利。由於它所附的刀片為活動旋轉式，比起固定式的刀片，更能夠配合食材的形狀來移動削皮，而不致於削去太多的果肉或菜肉。

▶ 磨碎器 Graters　大都呈中空的盒狀，而在各面上佈滿不同大小的齒孔。除此之外，還有其它類型，像是附上不同刀片的迴轉式磨碎器(rotary graters)，可以用來磨碎柑橘類水果之外果皮(citrus zest)與帕瑪善起司(Parmesan cheese)的單面磨碎器(single-sided graters)，還有適用於所有種類辛香料的圓凸形荳蔻磨碎器(nutmeg grater)。

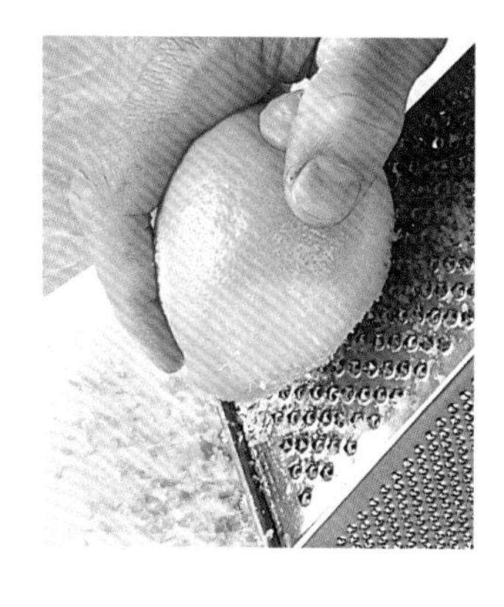

▶ 檸檬刀 A zester　的刀片部分為不鏽鋼材質，呈長方形，前端有5個小孔，以便沿著水果表面刮時，可以刮下細長條狀的柑橘類外果皮(citrus zest)。

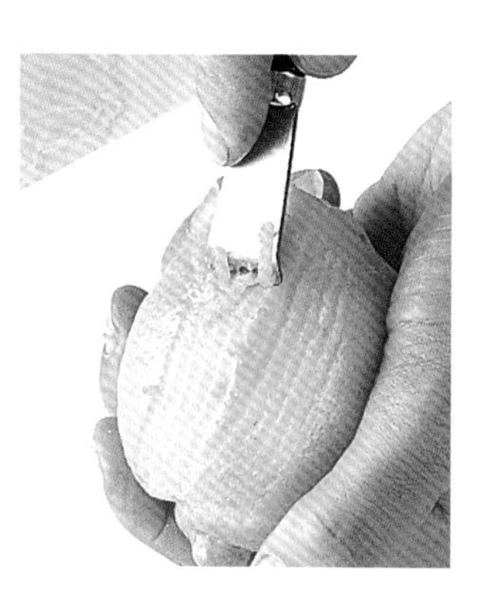

其它基本器具 other essential equipment

市面上，可以找到許多各式各樣有助於精進特殊技巧的特殊器具。本書中，即囊括了針對多種這樣的特殊器具的介紹與解說。以下所為您介紹的器具，以廚房中使用頻率較高的為主。

攪拌盆 Mixing bowls

攪拌盆在廚房中的用途非常多樣化，由不同大小尺寸的攪拌盆所組成的套裝組，最爲完善便利。不鏽鋼製的攪拌盆較爲經久耐用，導熱導冷性佳。玻璃與陶製的攪拌盆，由於質地較重，在攪拌食材時，比較能夠安穩地置於工作檯上。後者有時亦可適用於烤箱或微波爐。

攪拌器 Whisks

市面上可購得各種不同尺寸的攪拌器，從用來打發奶油、質地較稀的麵糊與蛋的大型網狀攪拌器(balloon whisk)，到用來混合調味汁(dressings)或裝於杯中的熱巧克力的小型攪拌器，用途各不相同。一支好的攪拌器，握在手中時，應感覺舒適便捷，鋼絲應牢固地繫在握把上。扁平狀攪拌器(flat whisks)，在伸入平底深鍋(saucepan)的底部角落，或刮下鍋底的黏渣(deglazing)時，用起來特別便利。

匙與杓 Spoons and scoops

木匙(wooden spoons)爲混合、攪拌、分菜時的重要器具，由於堅固而缺乏彈性，不易導熱，反而適合用在攪拌與乳化食材時用。金屬或塑膠匙，通常用在澆淋、攪拌或混合食材時用。由於這類材質不會像木製材質般容易吸取並沾染上味道，所以更適合廣泛地用在各種食材上。溝槽鍋匙(Slotted Spoon)，主要用來撈取或瀝乾高溫液體或油中的食物，或者撈除浮渣(skimming)。不過，市面上也可以買得到形狀扁平，撈除浮渣專用的器具。長柄杓(ladle)有各種不同的尺寸，依其碗狀部分的容量而定，主要用來盛舀液體，以一端呈尖嘴狀者爲佳，因爲傾注液體時使用起來比較便利。挖球器(Melon Baller，參照第221頁)，通常有兩片碗狀的刀片，用來從馬鈴薯與其它蔬菜或水果上，切下球狀的果肉或菜肉來做菜，或作爲裝飾配菜用(garnishes)。冰淇淋杓(ice-cream scoop)也很實用，或以甜點匙(dessertspoon)代替。

過濾器、網篩 Sieves and strainers

過濾器或網篩，適用於乾溼兩種食材，由金屬、塑膠、木頭等不同材質所製成，有各種不同尺寸的孔徑。圓錐形的過濾器或網篩，最適合用來將液態食材過濾到壺或罐內。乾燥的食材，則最適合使用碗狀或圓筒狀的過濾器或網篩。濾鍋(colander)上因附有排孔，用來瀝乾煮好的義大利麵或蔬菜，以及清洗水果或蔬菜，最爲便利。其中，以單柄式，附有腳座者最爲實用。

廚房的設備與機器 Kitchen devices and machines

除了以下所介紹的電器類器具之外，還有許多手動式設備，能夠讓您更輕易地完成一些特殊作業。

- 研缽與杵(Mortars and Pestles，參照第229頁)— 研缽呈小碗狀，石頭或大理石材質所製成，和手持的杵搭配成一組—它們在廚房中的用途極爲廣泛，可以用來研磨辛香料、核果、種子、鯷魚(anchovies)，或其它的食材，以製作成糊或醬汁。
- 計時器(Timers)的種類很多，從簡單的沙漏，到靠電池來運作的鬧鈴計時器，在重要的前置作業與烹調階段時，都有助於追蹤記錄確切的時間。
- 炸油溫度計(Deep-fat Thermometer)、煮糖用溫度計(Sugar Thermometer)、肉類溫度計(Meet Thermometer)，是用來確認烹調的食材已達到要求之溫度的重要器具。
- 義大利麵製麵機(Pasta Machine)— 專爲擀薄麵糰與切割麵條所設計的器具，附有各式切割刀，可以製作成像緞帶般的寬麵，或像一般麵條般的窄麵等，各種不同寬度的義大利麵。
- 迴轉式攪拌器(Rotary Beater)，爲一種手提式攪拌器，可以用來打蛋，打發鮮奶油，或其它質地較稀的液體。

電器設備 Electrical equipment 市面上有各式各樣的電器裝置，可以讓您在廚房中，能夠更迅速簡單地爲食物進行前置準備作業。

- 食物料理機(Food processor)，是一種多功能的機器，適合用來將各種食材切碎，絞碎，或打成糊或泥狀。大部分都另外附有切碎與切片用的刀片，可以用來製作與揉和麵糰。
- 混合機／果汁機(Blender)，雖然功能不及食物料理機，用來將食材液態化，以製成湯汁、醬汁、飲料、泥狀或糊狀時，用起來極爲方便。堅固耐用型的混合機／果汁機，還可以用來切割冰塊。
- 攪拌機(Mixer)有手提式與桌上型兩種，主要用來混合麵糰與麵糊，打發鮮奶油，打發蛋白，與將蛋糕混合料攪拌成乳狀。桌上型攪拌機，通常還會附上其它實用的附件，例如：義大利麵製麵器(pasta maker)、研磨器(grinder)，還有榨汁器(juice extractor)。
- 油炸鍋(Deep-fat Fryer)，因內有溫度計，以調節管理油溫，使用起來比油炸籃或一般的鍋子更加安全。
- 冰淇淋機(Ice-Cream Maker)，小型機器主要用來將食材放進冷藏裝置內，攪拌混合成乳狀。大型獨立式機器，則有內建式的攪拌與冷卻裝置。

計量器具與計量 Measures and measuring

成功料理的首要條件，就是要確保烹調時所使用的食材份量是正確的。在英國與歐洲，通常以公制的重量與容量來計量食材的用量，而美國的料理書籍中，通常則是以量杯爲準。

量匙(Measuring Spoons)，適合用來計量少量的乾燥食材。計量時，除非有特別指示要滿匙(heaped spoonfuls)，否則都要將表面刮平(參照下圖)。

量杯(Measuring Jugs)，適合用來計量液態食材的容積。計量時，應以視線高度來加以確認，以確保計量的份量已達到正確的深度(參照下圖)。

秤(Scales)，無論是天平秤，或數位式電子秤，在食譜中要求的份量標示爲重量時，就需要用到。

▶ **計量平匙 Measuring a level spoon** 計量時，手持量匙，下方放置1個碗或盤子，再將食材填滿並高出量匙。然後，將刀子的刀片呈直線的那端，置於量匙靠近握柄的那端上，再將刀子往反方向推過去，把量匙內的食材刮平。

▶ **確認液體的計量 Checking a liquid measure** 先將量杯放置在平整的表面上，直到杯中的液體靜止不動。然後，用視線高度來加以確認，以確保液體的量已達到杯上標示線所應達到的高度。

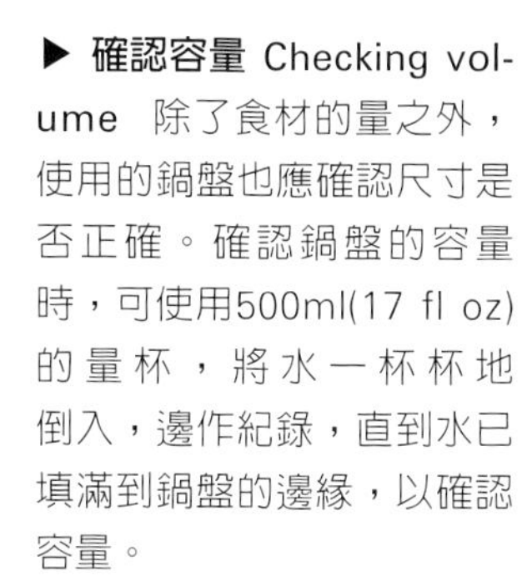

▶ **確認容量 Checking volume** 除了食材的量之外，使用的鍋盤也應確認尺寸是否正確。確認鍋盤的容量時，可使用500ml(17 fl oz)的量杯，將水一杯杯地倒入，邊作紀錄，直到水已填滿到鍋盤的邊緣，以確認容量。

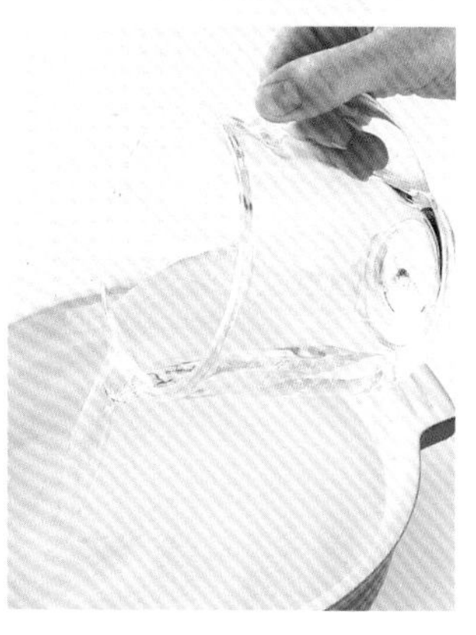

爐用湯鍋與煎鍋 stovetop pots and pans

任何一間裝備完善的廚房，都應具備多種不同的平底深鍋(Saucepans)，以利烹調各種不同的食物。購買一整套新的鍋子，可以說是一大投資。因此，購買之前，請參考並牢記下列各項要點，同時務必確認鍋子握在手中時，是否感覺舒適便利。如果您決定購買一整套全新的鍋子，可以從打算購買的那組產品中，先選擇一個來試用。此外，請特別留意鍋底的尺寸大小，須配合使用爐子的爐嘴圈大小。

到底需要準備多少個平底深鍋 Saucepans 才夠呢?

- 3或4個從1到5公升不等尺寸，可以在日常生活中用來煮醬汁或蔬菜的平底深鍋。
- 1個8公升，附有雙耳，可以用來烹調體積龐大的食物，諸如：玉米穗軸、龍蝦等食物的鍋子。
- 1或2個附有雙耳，容量5公升(8 ¾品脫)，可用來煮高湯(stock)、濃湯，或義大利麵、飯的深寬鍋子。
- 蒸籠也是很值得購買的鍋具。由於使用蒸籠，可以在溫和而濕熱的狀態下烹調食物，風味絕佳，所以，是個不可多得的好幫手。蒸籠的種類繁多，從電器式蒸籠，到金屬材質製成，由底鍋與2或3個底部帶孔，可以層疊上去的內鍋，還有可以緊蓋的鍋蓋所組成的蒸籠。

材質 Materials 平底深鍋的材質，應為可以均勻地從鍋底導熱至側面者。鍋子的側面與鍋底成直角，深達7.5—10 cm者，保溫效果最佳。

鍋柄 Handles 平底深鍋的鍋柄，應堅固耐熱，而且牢牢地鎖在鍋子上。如果鍋柄太重，鍋子就容易翻覆。

孔眼 Hole 鍋柄末端有個孔眼，可以方便吊掛者為佳。

鍋底 Bases 鍋底應厚重，若是太薄，則容易導致食物燒焦，或鍋底變形。

鍋蓋 Lids 鍋蓋應可緊蓋在鍋子上，鍋帽應鎖緊。

重量 Weight 重要的考慮因素。購買時，請務必舉起鍋子，確認是否過重。

材質 Materials

- 鋁鍋的導熱與保溫性佳，而且不容易凹陷變形。不過，在慢煮的情況下，可能會影響到酸性食物的味道與顏色，或蛋類食物的風味。
- 鑄鐵鍋(cast-iron pan)可以均勻傳熱，而且不易冷卻。這種鍋子在使用前須經過調養處理(seasoned)，將表面加工成不黏(non-stick)的質地(參照下表)。而且，由於它的材質爲鐵，會破壞維他命C，所以不適合用來烹調蔬菜。
- 銅鍋(copper pan)價格昂貴，然而導熱性絕佳。因爲醋會與金屬發生化學反應，而產生毒性，所以，千萬不要用銅鍋來製作醃菜(pickles)。此外，請勿使用這種鍋子來烹調蔬菜，以免銅會破壞了維他命C。爲了避免上列的情況，購買銅鍋時，務必確認鍋內有不鏽鋼做內襯。這樣的銅鍋，價格雖然昂貴，如果您負擔得起，它們絕對是最佳的選擇，而且保證經久耐用。
- 瓷漆鑄鐵鍋(enamelled cast-iron pans)，堅固耐用，傳熱性佳。不過，由於這種鍋子有的很重，不易變熱或變冷，所以，不適合用來煮較容易變質的醬汁。這種鍋子如果掉落到地上，就可能會導致瓷漆龜裂。此外，內部也容易被刮傷。這種鍋子不需要進行調養處理(seasoned)。
- 不鏽鋼(stainless steel)是種不易磨損的材質。大部分的鍋子，則都會加上一層銅或鋁來增強鍋子的導熱性。
- 玻璃鍋或瓷鍋，只適合用於小火慢煮的烹調方式。玻璃的導熱性屬中等。
- 不沾鍋(non-stick pans)，由於使用時，不需要太多油脂來防止鍋底食物燒焦，最適用於少油的烹調方式。

調養處理鑄鐵鍋
Seasoning a cast-iron pan

一般的鑄鐵鍋(未上瓷漆者)在使用前，需要進行調養處理，以將表面加工成不黏(non-stick)的質地。進行調養處理時，要先將鍋子放進熱肥皂水中清洗，再徹底擦乾。然後，拿塊布，先浸泡在蔬菜油中，再用來擦拭整個鍋子的表面，連鍋子的外側與鍋蓋都要擦。擦好後，放進烤箱內，倒扣，以180℃(350℉／gas 4)，烘烤1小時。然後，關掉烤箱，將鍋子留在烤箱中，直到冷卻後，再取出。

容量對照表
Volume equivalents

600 ml (毫升)	1 pint (品脫)	0.5quart (夸脫)
1.2 litres (公升)	2 pints	1 quart
1.75 litres	3 pints	1.5 quarts
2.3 litres	4 pints	2 quarts
3.4 litres	6 pints	3 quarts
4.5 litres	8 pints	4 quarts
6.8 litres	12 pints	6 quarts
9.1 litres	16 pints	8 quarts

隔水加熱 BAINS-MARIE

隔水加熱(bain-marie)，是將裝了食物的鍋子或碗，放置在裝了熱水的較大鍋子上的一種「水浴(water bath)」加熱方式。一個雙層鍋(右圖)，是由一套雙層可疊式鍋子所組成，適於置放在爐上作隔水加熱。這種溫和的烹調方式，通常適用於製作較易變質的醬汁或融化巧克力。

保養與清理 Care and cleaning

鋁鍋 Aluminimu 比其它材質的鍋子更容易清理。清洗時，用稍具磨砂質地的菜瓜布等用力擦洗。鍋子若是變黑了，就注入水與醋，或檸檬汁，加熱15分鐘即可。

鑄鐵鍋 cast-iron 在清洗時，需浸泡在沸水中，使用廚房紙巾或柔軟的布料(不需使用清潔劑)，以輕柔的方式擦洗，並使用尼龍墊塊擦掉沾黏在鍋子上的任何食物。每次用過清洗後，要徹底擦乾，以防生鏽。用沾了油的紙擦拭一遍，有助於防鏽。

如何補救燒焦的鍋子 To rescue burnt pans
將1杯任一種天然洗潔粉(biological washing powder)撒在鍋子燒焦的表面上，再加入2杯水，浸泡10分鐘後，倒掉，再用力擦洗。

瓷漆鑄鐵鍋 Enamelled cast-iron 不應用擦拭的方式來清洗。如果食物沾黏在鍋子上，就先浸泡在溫水中，再用塑膠墊塊來鬆脫沾黏的食物。

銅鍋 Copper 應使用柔軟的布料，用混合了清潔劑的熱水清洗。清洗後，需立刻乾燥。這種鍋子，偶爾需重鍍加工處理(大型廚具販賣店可提供這樣的服務)，就是當你可以看到銅的那一層時，就需要做這樣的處理。由於銅容易變得黯淡無光，所以外側需常擦拭，讓它恢復光澤。清理時，就用檸檬切塊沾上鹽摩擦。

不鏽鋼鍋 stainless steel 因為擦洗時不會被刮傷，所以很容易清理。清洗時，使用尼龍墊塊，用混合了清潔劑的熱水清洗即可。外側用報紙擦拭，可以變得更有光澤。

玻璃與瓷鍋 Glass and porcelain 容易清洗，而且可以放進洗碗機清洗。浸泡在混合了清潔劑的熱水中，可以去除油脂。

不沾鍋 non-stick 必須用沾了清潔劑的海綿來清洗。

糕點與蛋糕製作器具
pastry and cake equipment

在市面上，可以買得到許多特殊器具，讓您製作的派、塔、餅乾、蛋糕，成果更加完美。

如果您在每次嘗試一種食譜時，就投資購買一種新的烘烤模具，

就可以逐漸備齊為數可觀的器具了。

烘烤薄板 Baking sheets

這是種用來烘烤餅乾(biscuits)、果餡捲餅(strudels)、泡芙(choux pastry)外皮的器具。厚實的鋁製烘烤薄板，表面未經拋光處理，可以烘烤出色澤勻稱的餅乾與糕點。烘烤薄板的尺寸，若長寬均小於烤箱至少5cm(2吋)，而且只有一或兩邊的邊緣翹起，通風效果最佳。翹起的邊緣，可以讓烘烤薄板更容易挪動，而未翹起的邊緣，則可以讓質地脆弱的烘烤成品，以較不具破壞性的滑動方式，而非用手提起的方式，從烘烤薄板上取出。使用烘烤薄板時，由於有些混合料本身已含有大量油脂成分，所以，除非食譜上有特別指示，否則並不需要塗油。

抹油與撒粉 Greasing and flouring

先用弄皺的防油紙(greaseproof paper)將少許奶油均勻地塗抹在烘烤薄板上，再以偏斜角度及輕敲的方式，讓15ml(1大匙)的麵粉沾滿表面，就可以防止糕點等沾黏在烘烤薄板上了。

模具 Tins

蛋糕模(cake tins)爲金屬材質，有正方形、圓形、長方形，各種不同尺寸大小及容量(參照右側)。使用的模具尺寸，須能夠容納得下蛋糕混合料的量。蛋糕模的高度與蛋糕最高的時候一樣高爲佳。因此，將蛋糕混合料放進蛋糕模時，請確認填滿到蛋糕模至少一半的高度。

▼ **測量模具** Measuring tins 測量蛋糕模時，先將蛋糕模翻面，背面朝上，再把尺放在上面，測量它的大小。測量淺底派盤時，則要從正面上方，測量內部兩端的距離。測量深度時，也是從內部的底部量到頂部。

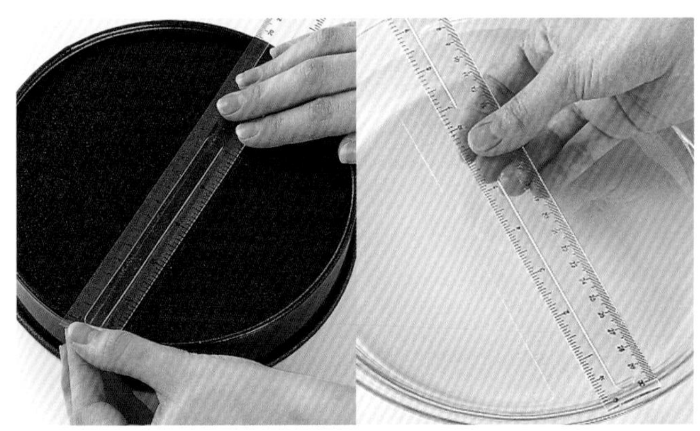

▶ **鋪襯蛋糕模** Lining a cake tin 蛋糕模抹油與撒粉，正如同墊上烤盤紙一樣，可以避免沾黏。有些混合料，在烘烤時，也需要鋪上防油烤盤紙。使用前，先將烤模放在防油烤盤紙上，用筆沿著烤模底的形狀在紙上劃上記號，再剪開。然後，先在蛋糕模上抹油，鋪上剪下的防油烤盤紙，在紙上抹油，再撒上少許的粉。最後，輕敲以抖落多餘的粉。

派盤 PIE TINS

派盤，由玻璃、瓷或金屬材質製成，呈圓形、淺底、側面傾斜。使用時，請選擇深度夠的派盤，以免烘烤時餡料與湯汁溢出盤外。製作塔(tarts)、法式鹹派(quiches)、餡餅(flans)，最好使用底部可拆式的平底模，這樣脫模時會更為便利。也可使用小型迷你塔模，通常這類塔模都呈花邊形狀。若使用玻璃派盤，或無光金屬(metal with a dull finish)製，烤好的派，外皮會質地酥脆，呈現出漂亮的褐色。若是烘烤的餡料很多，請使用深底的派盤。

活底蛋糕模 springform cake tin 深度比一般的烤模還淺，底部爲可拆式，側邊有扣環，可以讓烤好的蛋糕輕易地脫模。此外也可購買到，漏斗型和花式的底部。

瑞士捲模 Swiss roll tin 是種淺底，長方形的烤模，專爲烘烤海綿蛋糕薄片而設計。

餡餅模 Flan tins 爲製作塔(tarts)、法式鹹派(quiches)、餡餅(flans)用的模具，通常呈凹槽狀，底部爲可拆式，以便脫模。小型迷你塔模，通常也呈凹槽或其它的花邊形狀。

蛋糕架 Cake rack
通常爲金屬架，呈圓形或長方形，最好購買底部有腳架者，可以讓食物從烤箱取出後，因下方保持通風狀態，而容易冷卻。

蛋糕模置換表 Cake tin equivalents

原使用蛋糕模	可置換使用之蛋糕模
15 cm (6 in)方形	18 cm (7 in)圓形
18 cm (7 in)方形	20 cm (8 in)圓形
20 cm (8 in)方形	23 cm (9 in)圓形
23 cm (9 in)方形	25 cm (10 in)圓形
25 cm (10 in)方形	28 cm (11 in)圓形
2 X 18 cm (7 in)夾心烤盤	18個紙蛋糕模

烤模的容量 Tin volumes

烤模尺寸 Tin size	大約容量 Approximate volume
1個7 X 3 cm (2¾ X 1¼ in) 瑪芬模 muffin tin	90 ml (6大匙)
21 X 11 cm (8½ X 4¼ in) 長型模 (loaf tin)	1.2公升 (2品脫)
20 cm (8 in)方形烤盤	1.2公升 (2品脫)
22 cm (8¾ in)方形烤盤	2公升 (3½品脫)
23 cm (9 in)派盤	1公升 (1¾品脫)
30 X 18 cm (12 X 7 in)烤盤	1.75公升 (3品脫)
33 X 20 cm (13 X 8 in)烤盤	3公升 (5品脫)
39 X 27 cm (15½ X 10½ in) 瑞士捲模 Swiss roll tin	1.5公升 (2½品脫)

餅乾模 Biscuit and pastry cutters
通常以個別，或套裝販售，金屬材質，薄而側面垂直，有各種不同尺寸大小，形狀從最普通的圓形，到各式新穎設計都有，種類繁多。

擀麵棍 Rolling Pin
請選擇表面平滑，重量較重的硬木材質擀麵棍。然後，從無握把式、握把爲一體成形式、或握把與中間部位的棍子相連式之擀麵棍中，擇一而用即可。

滾輪刀 Pastry Wheel
一種帶有木製握柄，溝槽狀輪子的切割刀，用來將派的邊緣切割成花邊的形狀。

▶ **鎮石 Baking beans**
為陶瓷或金屬材質製品，當麵皮在未鑲餡的狀況下空烤酥皮(baking blind)時，用來鎮壓，以防在烘烤的過程中膨脹起來。

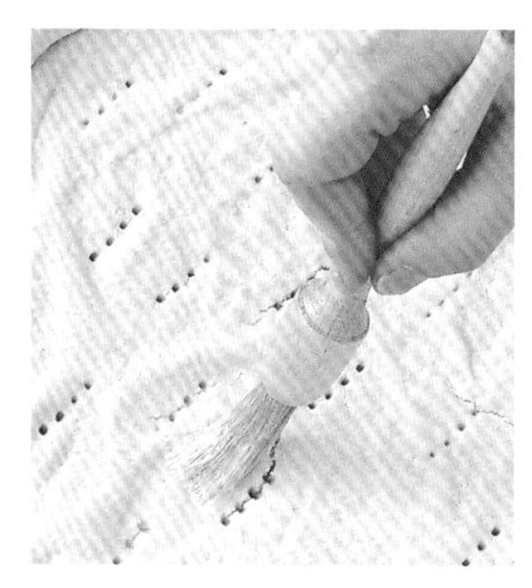

◀ **毛刷 Pastry brush** 這種刷子的形狀為圓頭或平頭，材質為塑膠或豬鬃。派在烘烤前，上膠汁(glazes)時用。

糕點製作 pastry making

若要烘烤出美味的派與蛋糕，

就得精進各種不同的相關技巧。

市面上，亦可購得各式各樣專用器具，讓製作過程

進行得更加順利成功。

完美的派與塔 Perfect pies and tarts

柔軟香酥的糕點，是家庭廚藝的基本功。請牢記以下訣竅：

- 所有的材料，在開始製作時，必須是冷的(使用從冰箱取出的奶油與冰水)，而且，廚房不應是溫暖的狀態。
- 搬動麵糰的次數應降至最低。而且，應先冷藏30分鐘後，再擀。
- 混合使用奶油與白植物脂肪(white vegetable fat)，可以獲得較佳的製作成果。因爲，奶油有助於增添風味與形成漂亮的顏色，植物脂肪則有助於製作出薄層的糕點。

油搓粉 Rubbing in

大多數的糕點食譜，都會指明使用將油脂揉搓進麵粉中的方式製作。這樣做，是爲了要混合好奶油與麵粉，同時增加其含氣量。這項作業，可以徒手進行，或使用特殊器具一奶油切刀(pastry blender)。

徒手 Using your hands 將奶油切成小塊，與麵粉一起放進攪拌盆內。每次用手抓起一些麵粉與1小塊奶油，將大拇指摩擦過其它手指的指尖，以這樣的方式來混合奶油與麵粉。

用奶油切刀 Using a pastry blender 使用這種器具時，以上下移動的方式，就可以藉由連接在握柄上的銳利鋼條來混合奶油與麵粉。

擀麵 Rolling out

擀麵時，要在已撒了手粉的作業台上進行，以防沾黏。若有必要，可以再多撒些手粉。

擀麵時，先由中央往前擀，再由中央往後擀。然後，將麵皮轉個45度，再重複擀麵與轉45度的動作，直到整塊麵皮都擀勻爲止。

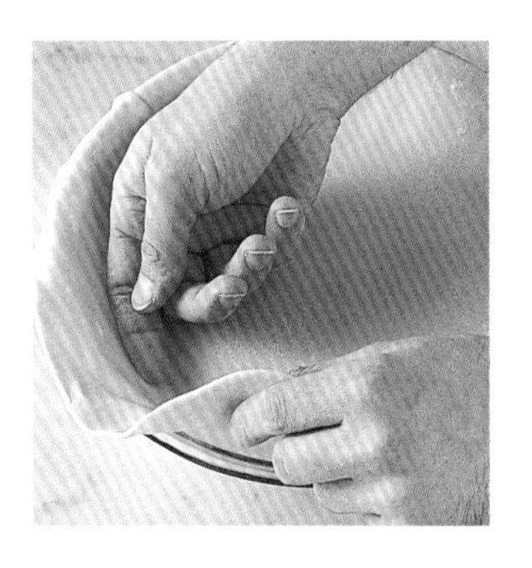

鋪襯派皮 Placing the lining
先用擀麵棍小心地將麵皮捲起來，再鬆開麵皮，讓它鋪在派盤內。然後，用指尖或小麵糰將麵皮壓入派盤底部。小心地將空氣擠壓出麵皮外。切勿拉扯麵皮。如果麵皮破裂開來，就沾溼邊緣，按壓黏合。

完美烘烤訣竅 Baked to perfection

- 先將派盤放在烘烤薄板(baking sheet)上，再放進烤箱烘烤，這樣既方便移動，也可以接住任何烘烤時滴出的湯汁。
- 製做雙皮派(double-crust pies)時，放進烤箱前，先在上方的那塊皮上切些細長條，就可以在烘烤的過程中讓蒸氣溢出，以防止麵皮變得潮濕。
- 烘烤時，放在烤箱內往下數的第三層，就可以烤出下皮酥脆，上皮的褐色也不至於過深的派。如果派的顏色迅速加深，就用鋁箔紙稍加覆蓋在表面上。
- 先確認派是否已烤好，再從烤箱中取出。若是水果派，只要看到中央冒泡，就表示已烤好了。若是卡士達派(custard pies)，用刀子插入距離中央2—3 cm的地方，抽出時刀片上若很乾淨，就表示已經烤好了。

配方 Recipes

油酥麵糰 Shortcrust pastry　這是種油膩而質地酥脆的麵糰，由高比例的油脂與麵粉混合而成。又名pâte brisée，用來製作餡餅(flans)、塔(tarts)、法式鹹派(quiches)，或者單皮派或雙皮派(single and double crust pies)。

泡芙麵糊 Choux pastry　這是種加熱兩次的麵糊，可以用來製作小圓麵包(buns)或閃電泡芙(éclairs)酥脆蓬鬆的外殼，或開胃點心(savoury appetizers)。此外，也可油炸成餡餅(fritters)。

起酥皮 puff pastry　這是種蓬鬆的奶油酥皮，藉由多次發酵後產生的氣體，讓麵糰膨脹變大，再用來製作甜味或鹹味的塔、蝦肉酥(vol au vents)、小肉餡餅(bouchées)或千層酥(feuilletés)。

甜酥麵糰 pâte sucrée　這是種與油酥麵糰(Shortcrust pastry)幾乎相同的麵糰，差別只在於它的成分中加了糖，因而質地也較為酥脆，特別適合用來製作塔等點心。

麵皮的花邊 Decorative pastry edges

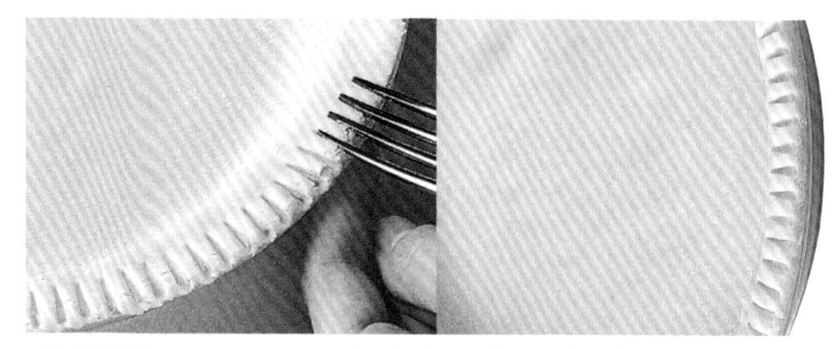

叉狀花邊 Forked edge　麵皮應與派盤的邊緣對齊。可用料理剪(kitchen scissors)，剪掉多餘的麵皮。用四尖調理叉(four-pronged fork)，沿著邊緣，將麵皮往派盤上壓即可。

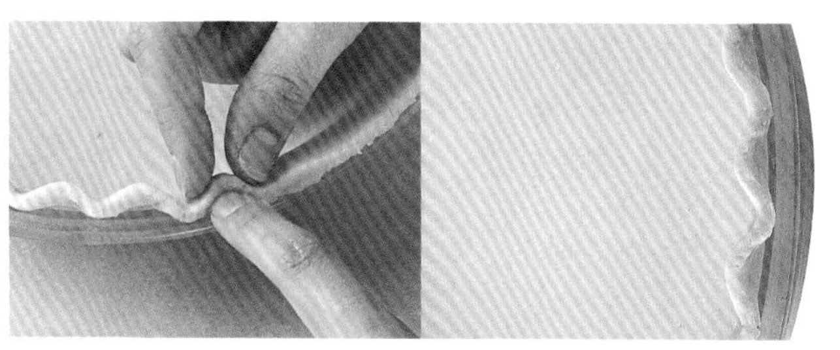

凹狀花邊 Fluted edge　先用一隻食指抵住麵皮的外側邊緣，再用另一隻手的食指與拇指，輕柔地捏成摺邊，每個摺邊相距約5mm(¼ in)。

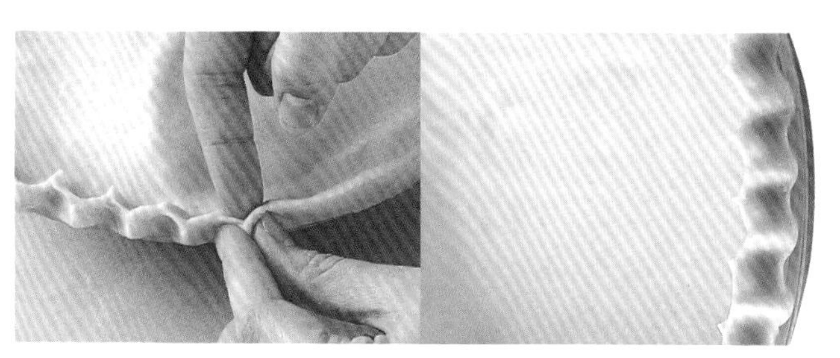

尖凹狀花邊 Sharp fluted edge　先用一隻手的食指抵住麵皮的內側邊緣，再用另一隻手的食指與拇指，用力地捏成摺邊，每個摺邊相距約5mm。

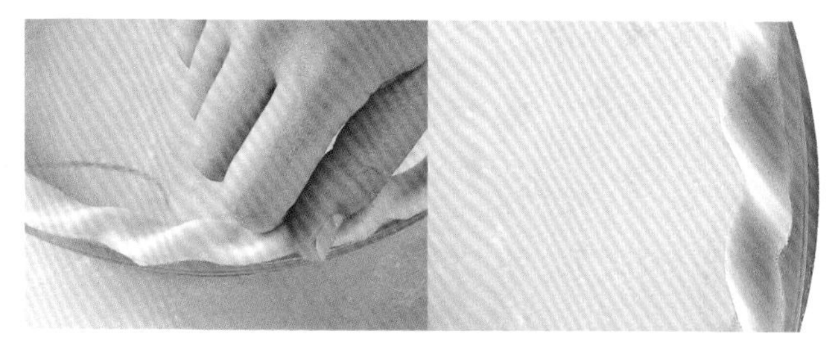

繩狀花邊 Rope edge　先用拇指往麵皮的邊緣按壓下去，再用拇指與食指關節捏麵皮。然後，將拇指靠在用食指捏成的溝槽上，再用同樣的方式捏。重複同樣的動作，直到整個圓邊都捏好為止。

蛋糕製作 cake making

蛋糕有兩種基本類型：奶油蛋糕(creamed)與
打發蛋糕(whisked)。
將糖與奶油充分混合成淡色的鬆軟質地，
而且所有的乾燥材料都均勻地分佈在麵糊中，
是製作出完美奶油蛋糕的不二法門。
將蛋或蛋白打發成膨大的體積，
則是製作出鬆軟打發蛋糕的一大訣竅。

製作出完美蛋糕的要訣：

- 在室溫下打發蛋，才能打發出膨大的體積。
- 使用軟化奶油，而非融化奶油，以利混合。
- 將麵糊裝入烤模後，要在作業台上輕敲一下子，以去除麵糊裡的氣泡。
- 烤箱要先預熱。放進烤箱烤前，要確認烤箱內已達到正確的溫度。此時，烤箱溫度計(oven thermometer)就是個不可或缺的工具。
- 烘烤時，要放置在烤箱的中央位置。如果是烘烤多於兩層的蛋糕，在烤到一半時，要將烤模的位置對調。
- 烘烤的前15分鐘內，切勿打開烤箱的門，因爲這樣可能會造成蛋糕塌陷。
- 均使用砂糖(granulated sugar)，除非食譜中指定使用其它種類的糖。粗糖也不容易與蛋糕的麵糊混合在一起。

所有的蛋糕都必須先放涼，再脫模。奶油蛋糕，要放在蛋糕架上約10分鐘，冷卻後，立刻脫模，以免蛋糕變得潮溼。打發蛋糕，則可留在烤模內，直到完全冷卻。戚風蛋糕(chiffon cake)與天使蛋糕(angel cake)放涼時，則必須倒扣。

大多數的蛋糕在製作時，蛋糕模都必須先抹油與撒粉，有時則需鋪襯防油紙，以求烘烤出最佳的成果。除此之外，如何修切蛋糕層次，讓整個外觀變得既整齊又漂亮，及如何成功地將海綿蛋糕捲起來，都是製作蛋糕的必學之技。烘烤蛋糕時，務必要確認是否已烤熟，烤好後完全冷卻，再進行餡料夾心或霜飾(icing)的步驟。

◀ **確認熟度**
Testing for doneness
海綿蛋糕與打發蛋糕，用指尖輕輕地按壓蛋糕的中央後，應會彈回來，恢復原狀。起司蛋糕烤好後，應該會收縮，所以側面不會整個貼在烤模上，而且用金屬或竹籤刺入中央，拔出後，應無任何沾黏物。

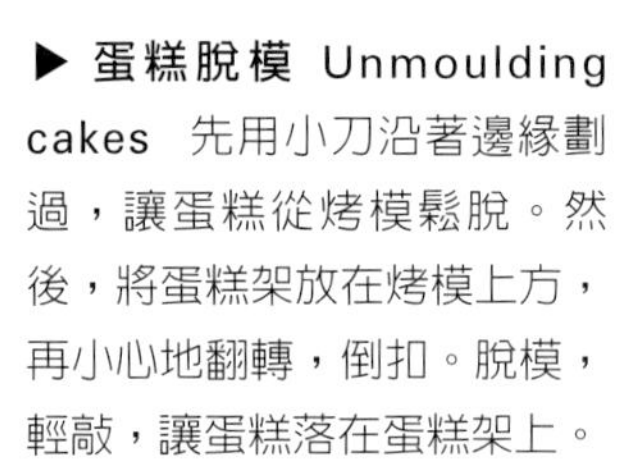

▶ **蛋糕脫模** Unmoulding cakes 先用小刀沿著邊緣劃過，讓蛋糕從烤模鬆脫。然後，將蛋糕架放在烤模上方，再小心地翻轉，倒扣。脫模，輕敲，讓蛋糕落在蛋糕架上。

製作瑞士捲的前置作業 Preparing a Swiss roll

海綿蛋糕可以製作成各式各樣的形狀，也可以用來捲起各種餡料。製作時，要先烤好海綿蛋糕，取出，放涼後，再拿來捲。捲的時候，利用烤盤紙(baking parchment)來捲起海綿蛋糕，就可以捲得密實而漂亮。

將烤好的海綿蛋糕移到撒了細砂糖(caster sugar)的烤盤紙上。然後，撕除鋪襯用的防油紙，將餡料放上去。

先從其中一邊的長邊，摺起約2cm，再開始捲。捲的時候，同時拉緊烤盤紙，讓海綿蛋糕捲得更勻稱漂亮。

蛋糕填餡與疊層 Filling and layering cakes

海綿蛋糕必須切得準確，層次對齊，完成後外形才會整齊漂亮。由於烤好的海綿蛋糕底部的表面通常是最平坦的，所以，請用這個部分做爲蛋糕的最上層。使用抹刀(palette knife)可以讓霜飾進行起來更簡單，塗抹得更勻稱漂亮。

▶ 切割蛋糕層次 Cutting layers 先將2支相同尺寸的攪拌匙(mixing spoons)平行放置在蛋糕的兩側，再用小刀從側面垂直劃上刀痕，做記號。然後，用鋸齒刀(serrated knife)，邊架在兩側的攪拌匙上，邊橫切過蛋糕。

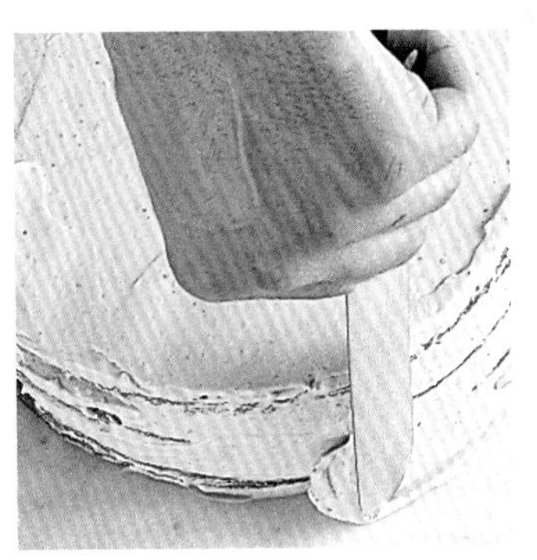

◀ 塗抹餡料／霜飾 Spreading filling／icing

先用抹刀，將餡料塗抹在一塊蛋糕層上，疊上另一塊，讓兩塊蛋糕的刀痕對齊好，再塗抹上餡料。然後，疊上最後一塊蛋糕，切面朝下方。最後，用加溫過的抹刀，將霜飾塗抹在上方與側面。

配方 Recipes

打發海綿蛋糕 Whisked sponge cake 用蛋、糖、麵粉、鹽混合而成，質地蓬鬆的蛋糕。有時會加入奶油，以增添濃郁的香味，用杏桃(apricots)或草莓果醬當作海綿蛋糕的夾心餡料。

維多利亞夾心蛋糕 Victoria sandwich cake 這是種基本奶油蛋糕，用麵粉、奶油、糖、蛋混合而成，通常用草莓果醬作為餡料。

傳統烤起司蛋糕 Traditional baked cheesecake 這是種混合了奶油、軟質起司(Soft cheese)或凝乳狀起司(curd cheese)、糖、蘇塔娜葡萄乾(sultanas)、酸奶油(soured cream)而成的餡料，填裝入已烤好的酥皮內，所烘烤而成的起司蛋糕。

蛋糕的霜飾與裝飾 Icing and decorating cakes

使用擠花袋與擠花嘴，就可以在短時間之內完成蛋糕的裝飾。將餡料填裝入擠花袋時，讓擠花袋立在量杯或質地厚重的玻璃杯內，就可以更簡單順利地完成。填裝前，先將擠花袋反摺，再填充餡料到1/2滿即可。

▶ 玫瑰瓣 Rosettes 將星形擠花嘴，以垂直角度對著蛋糕，再從蛋糕上方不遠處擠壓擠花袋，以繞圈的動作，將擠花嘴尖端往上移。然後，停止擠壓，將擠花嘴的尖端朝上舉。

▶ 繩紋 Ropes 讓星形擠花嘴以45度的角度對著蛋糕，先擠出1個「C」字形，再將擠花嘴的尖端塞入「C」的末端部分下方。重複同樣的動作，讓彎曲的部分重疊在一起，就可以形成繩紋的花樣。

▶ 曲線與文字 Squiggles and lettering

使用書寫用擠花嘴與質地較細緻的餡料，讓擠花嘴以45度的角度對著蛋糕，剛好抵著蛋糕。然後，邊輕輕擠壓擠花袋，邊移動，再稍微抬起，就可以擠出曲線的形狀來了。

▶ 圓點 Dots 使用書寫用擠花嘴，以垂直角度對著蛋糕，再從蛋糕上方不遠處輕輕擠壓擠花袋，直到形成圓點的形狀為止。然後，停止擠壓，抬起擠花嘴。

汆燙與肉類嫩化處理
blanching and tenderising

有些食材，必須先經過特殊方式處理過，再進行最後階段的烹調。
汆燙，就是種具有多種不同功效的實用技巧。這種技巧，可以用來準備好新鮮蔬菜，
以利進行最後的烹調作業，或冷藏保存。舉個例來說吧！
當你打算快炒(stir-fry)或嫩煎(sauté)新鮮蔬菜，而且想預先完成部分前置作業時，就可以派上用場了。
汆燙，在蔬菜冷藏期間，可以發揮抑制發酵作用的功能，以確保蔬菜被用來烹調時，安心無虞。
除此之外，汆燙這種技巧，也可以運用在某些水果與蔬菜的去皮上，有助於增加彩度，降低用來作為開胃菜
(hors d'oeuvre)之蔬菜的澀度，或去除鹽漬豬肉與培根上多餘的鹽分。
當食物需要嫩化處理時，也必須在最後的烹調階段前完成。

汆燙 Blanching
汆燙時，是先用滾水加熱一下食物，再放進冷水中，直到完全冷卻。大部分的蔬菜，很適合用滾水來汆燙。而多數蔬菜，則可利用蒸氣燙，這樣較不易變形，蔬菜所含的營養也較不易流失。另外一種方法，就是利用微波爐加熱燙熟，這樣做既能夠維持蔬菜色彩的鮮豔度，也能夠保留住營養成分。汆燙所需時間，依蔬菜的種類與烹調用途而有所不同。如果只是要讓蔬菜容易去皮，那麼1—2分鐘就很夠了。

水燙 Water blanching 將水裝在大鍋子內，加點鹽，加熱到沸騰。蔬菜完成前置作業後，放進可以裝進鍋子內的網篩(strainer)、網籃或濾鍋／濾器(colander)內，而空間的大小應能容許蔬菜在裡面到處移動。然後，讓蔬菜浸泡在水中，加蓋，儘速加熱到沸騰。再次沸騰後，攪動一下蔬菜。等加熱到所需時間後，將蔬菜放進冰水中，或放在水龍頭下，用冷水沖洗，直到完全冷卻後，馬上瀝乾。

蒸燙 Steam blanching 用大湯鍋(附有能夠緊密蓋住的鍋蓋)，裝入5 cm (2 in)的水。然後，將1個網架放進鍋內(不要讓網架接觸到水)，把水加熱到沸騰。將蔬菜鬆散地放進去，只放一層，不要超過5 cm (2 in)，加蓋。等加熱到所需時間後，將蔬菜放進冰水中，或放在水龍頭下，用冷水沖洗，直到完全冷卻後，馬上瀝乾。

微波爐燙煮 Microwave blanching 將450g (1 lb)的蔬菜放進適用於微波爐的砂鍋(casserole)內，再裝入75 ml(5大匙)的水。關上門，以100%電力，加熱4—6分鐘，直到蔬菜都煮熟為止。然後，冷卻，瀝乾。

煮半熟 Parboiling
要將食物煮到半熟時，加熱的時間要比汆燙還久，約爲兩倍。先將較老的蔬菜煮到半熟，可以軟化它的質地，這樣烹調所需時間，就會和新鮮蔬菜一樣。爐烤(roasting，參照第165頁)馬鈴薯時，先煮到半熟後，再烤，效果更佳。預先將蔬菜煮到半熟，還可以節省後續的前置作業所需時間，特別是要快炒(stir-fry)或嫩煎(sauté)蔬菜時，這種技巧特別管用。

去皮 Removing skin
桃子(peaches)、杏桃(apricots)，以及番茄，都可以用沸水，時間不超過1分鐘，稍微煮一下，再去皮。短暫加熱後，要立即用溝槽鍋匙(slotted spoon)取出，放進裝了冷水的大碗內，以免加熱過度。水果或蔬菜，可以直接放進沸水中。先在每個番茄的底部淺淺地劃上十字，加熱後，就更容易去皮。這種技巧，也可以運用在杏仁的去皮上。先將杏仁放進濾鍋(colander)內，再放低濾鍋，浸泡在沸水中，加熱2—3分鐘。然後，用拇指與食指捏，讓皮鬆脫下來。

肉類嫩化處理 Tenderising

許多肉類與禽鳥類的切塊，以及部分種類的魚肉，必須先軟化，再烹調。嫩化處理的方法有很多種，最簡單的方式就是將嫩化專用之鬆肉粉(meat tenderiser)撒在肉塊上。然而，這樣的作法，通常只能嫩化肉的表面，而內部的肉質或許還是很硬。另一種方法，就是用力敲打肉塊，來破壞肉裡的肌束(muscle bundles)，以軟化肉質。第三種方法，就是將肉浸泡在葡萄酒或醋調製而成的醃醬(marinade)裡。這種方式，不但可以增添風味，還具有保濕的功效。這是因爲葡萄酒與醋皆含酸，可以讓表面蛋白質(surface proteins)產生變化，及軟化纖維質。所以，醃漬食物時，應使用不會產生化學反應材質的容器，例如：玻璃、瓷或上釉陶製的容器來盛裝。

敲打 Pounding 不只能夠破壞結締組織，還能夠使用這種方法，將肉片拍薄，加速烹調的時間，或是料理上需要肉呈扁平形狀時使用。您可以使用擀麵棍、剁刀或專用器具。

醃漬 Marinating 醃漬食物所需時間，依食物本身的特性與尺寸大小而不同。用來燒烤(grill)或煎、炒、炸(fry)的小肉塊，只需醃漬1或2小時。若是烤肉串(kebabs)，醃漬30分鐘就很足夠了。然而，如果是一大鍋的烤肉(roast)，或許就需要醃漬1—2天。若要醃製食物超過30分鐘，請放進冰箱冷藏。醃漬的過程中，請用溝槽鍋匙(slotted spoons)，不時地翻動肉塊，讓醃醬能夠覆蓋整個肉塊。醃漬的食物，應先恢復成室溫，從醃醬中取出，完全瀝乾後，再烹煮。如果醃醬中加了糖，欲將食物烹調成褐色時，應降低加熱溫度，而且應特別留意，以防止糖燒焦。

速成醃漬 Quick marinating 在時間緊迫的情況下，可以將食物放進裝了液態或香料調製成之醃醬的塑膠袋內，以搖晃的方式，讓醃醬佈滿食物表面。這種方式，最適合用在切成小塊的食物上。

下表所示：時間較短者為汆燙(boil blanching)，較長者為蒸燙(steam blanching)。其中，部分種類的蔬菜，僅適用其中一種方式。

蘆筍 — 中 asparagus，medium-sized
3分鐘／4分鐘

豆類 — 綠色或蠟質 Beans，green or wax
2分鐘／3分鐘

青花椰菜 — 切開 Broccoli，split
4分鐘／3—5分鐘

抱子甘藍 Brussels sprouts
3—4 ½分鐘／3—5分鐘

高麗菜 — 葉片或切絲 Cabbage，leaf or shredded
1 ½分鐘／2分鐘

紅蘿蔔 — 切片 Carrots，sliced
4分鐘／4 ½分鐘

白花椰菜 — 纖細小花 Cauliflower，florets
3分鐘(僅適合蒸燙)

佛手瓜 — 切丁 Chayote，diced
2分鐘／2 ½分鐘

玉米穗軸 Corn on the cob
6—10分鐘／7分鐘

芋頭 Dasheen 2 ½分鐘／3分鐘

羽衣甘藍 Kale 2 ½分鐘(僅適合汆燙)

球莖甘藍 — 切丁 Kohlrabi，diced
1分鐘／1 ¾分鐘

芥菜 Mustard greens 2 ½分鐘(僅適合汆燙)

秋葵—中 Okra，medium 3—4分鐘／4分鐘

豌豆 Peas 1 ½— 2 ½分鐘／2—3分鐘

番椒 Peppers 2分鐘／3分鐘

菠菜 Spinach 2 ½分鐘(僅適合汆燙)

蕪菁—切丁 Turnips，diced 2分鐘／2 ½分鐘

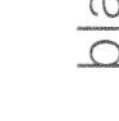

鑲餡 stuffing

禽鳥類(poultry)、魚類、貝類(shellfish)、肉類，與許多種類的蔬菜，若是先填入鹹味的餡料，再烹調，更加美味。餡料可以只放在食材的上面，例如：淡菜(mussels)，或裝入食材挖空的部分內，例如：朝鮮薊(artichokes)。此外，還可以用薄肉片(escalope)或裡脊肉片(fillet)做成的套子來填裝餡料，或用雞肉、魚肉，或其它肉類來包裹餡料。將食物內部切割出口袋的形狀，也是鑲餡的方式之一。

禽鳥類 Poultry

整隻禽鳥或禽鳥類的胸肉，若是鑲餡，除了可以增添風味，還可以增加濕潤度。整隻禽鳥鑲餡時，一定要先內外都沖洗乾淨，並且拍乾。即將烹調前，再鑲餡。若使用的是已煮熟的餡料，除非是鑲餡後立刻要放進烤箱內烤，否則應先冷卻後，再拿來鑲餡。這是因爲微溫的餡料，特別容易孳生細菌之故。另外，由於餡料在烹調的過程中會膨脹，所以，切勿塡得太滿。餡料塡充完畢後，必須將雙腳與尾巴部分綑綁在一起，讓餡料封藏在禽鳥的體內。禽鳥烤好後，塡塞在內部餡料的溫度應爲74℃(參照第35頁)

▶ 整隻禽鳥鑲餡 Stuffing a whole bird

將整隻禽鳥放進大碗內，胸部朝上，這樣就可以豎直放好。然後，將少量餡料舀進禽鳥體內。

用繩線繞過雙腳與尾巴部分皮的下方，綑綁好，以防漏餡。可依個人喜好，再放些餡料到頸部內，用金屬籤固定好。

◀ 整塊胸肉鑲餡 Stuffing a whole breast

將手指輕柔地伸進雞胸肉與皮間，撐開成袋狀，小心不要把雞皮扯破了。

用手指或湯匙，將餡料填塞進袋內，再把雞皮拉平。

▶ 雞胸裡脊肉片鑲餡 Stuffing a breast fillet

可以從肉片側邊切成深3—4 cm的袋狀，填裝餡料，或用平坦的肉片，將餡料捲起來。

若為後者，請用廚用繩線(kitchen string)，以4cm的間隔，縛綁雞肉捲，以防漏餡。

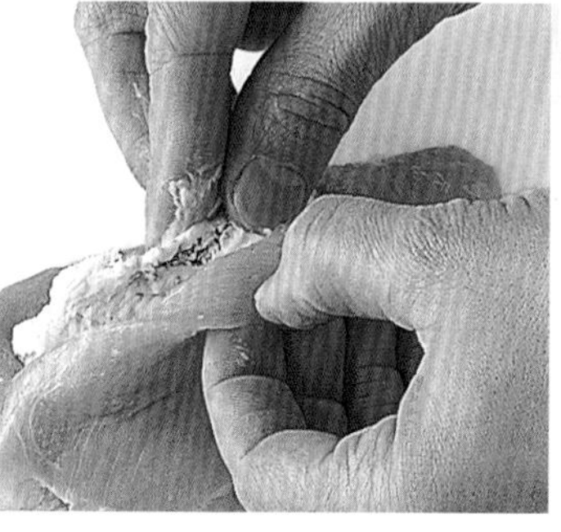

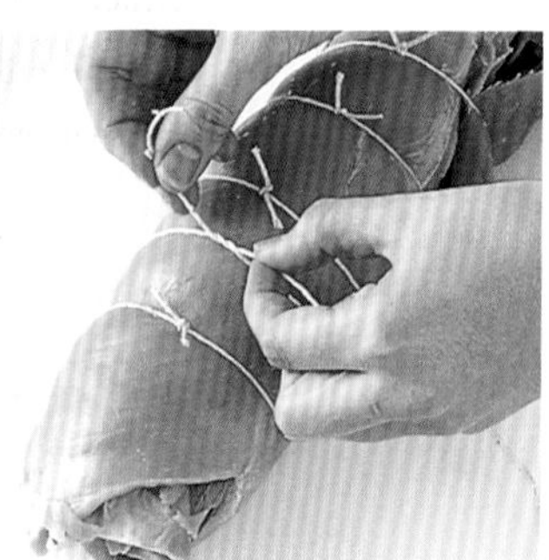

魚類與貝類 Fish and shellfish

由於魚肉質地較脆弱，餡料的質地則不宜太堅硬。因此，製作餡料的食材，應切得很細碎，並且使用極細碎的麵包粉(breadcrumbs)。魚片(fish fillet)鑲餡，可以比照雞裡脊肉片鑲餡的方式，將餡料捲起來。此時，最好用幾枝細香蔥(chives)固定。這樣做不但美觀，也可增添風味。

魚肉鑲餡時，雖然可從魚的腹腔填充餡料，最好的方式則是從魚背的部分，填充餡料到整隻魚的內部，較不易變形。

貝類，例如：淡菜(mussels)、蛤蜊(clams)、牡蠣(oysters)、龍蝦(lobster)或螃蟹(crab)，可以將餡料直接放在它們的肉上，填補殼內剩餘的空間。

肉類 Meat

部分種類的肉塊，例如：皇冠豬排或皇冠羊排(crown roast of pork or lamb)，整個結構就非常適合用來鑲餡。請事先確認好食譜中的指示，應在什麼時候進行鑲餡的步驟。通常鑲餡是在肉已烤過一段時間後才進行。如果先鑲餡，讓餡料與肉同時開始烤，很可能就會因爲高溫烘烤的緣故，讓餡料加熱過度。一般的肉塊，例如：裡脊肉片(fillets) 或小牛胸肉(veal breasts)，則可以切成袋狀，再填裝餡料。

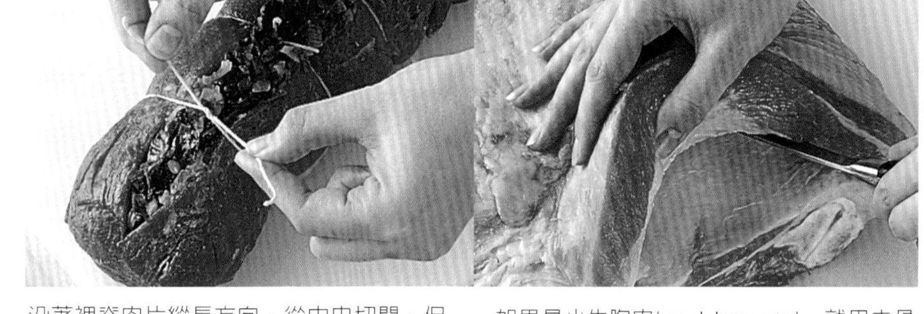

沿著裡脊肉片縱長方向，從中央切開，但不要切到底。鬆開肉片，用湯匙將餡料舀進裡面。然後，用廚用繩線綁好，以防漏餡。

如果是小牛胸肉(veal breasts)，就用去骨刀(boning knife)，從兩個主要肌肉層(muscle layers)間切開。逐漸劃開，直到袋子的空間夠深夠寬為止。然後，將餡料舀入袋內，不要裝得太滿，再用金屬籤固定好。

蔬菜 Vegetables

許多種類的蔬菜，例如：馬鈴薯、甜椒(peppers)、南瓜(squash)、辣椒(chillies)或番茄，可以從中挖空，轉變爲迷人的鑲餡容器。其它的葉菜類蔬菜(leafy vegetables)，例如：高麗菜(cabbage)或萵苣(lettuce)，則可以用來包捲餡料。若是高麗菜，也可以挖空央部分，作成漂亮的餡料盛裝器。

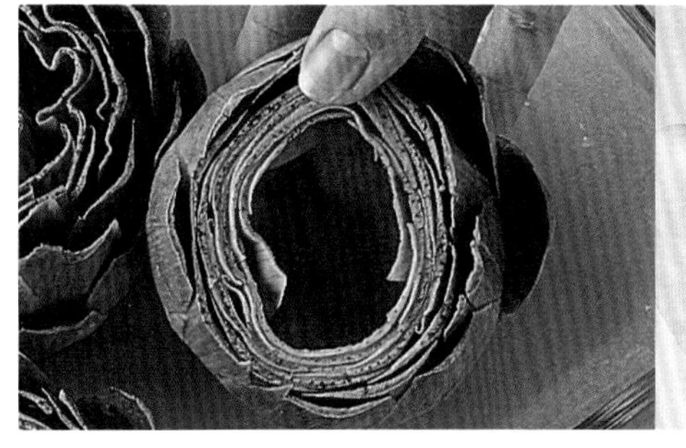

蔬菜，例如：朝鮮薊(artichokes)或甜椒(peppers)，若是要用來挖空鑲餡，必須先去籽去核後，再填裝餡料。若是使用整顆高麗菜，就先挖空中央部位，形成2.5cm (1 in)厚的外殼，再鑲餡。請先預留2片葉片，以便覆蓋在餡料上，並用繩線綑綁好，再進行烹調。

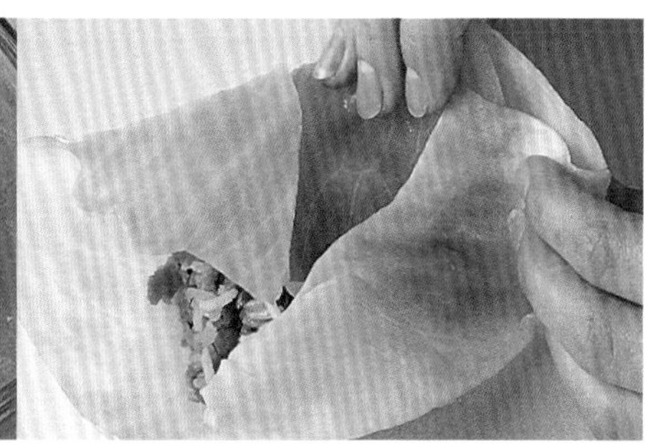

高麗菜(cabbage)或萵苣(lettuce)的葉片，可以用來包裹餡料。高麗菜的葉片，通常需要先汆燙後，再用來包餡(參照第24頁)。包裹餡料前，應讓葉片平躺好(葉骨若太粗，最好先修切一下)，再將餡料擺在每片葉片的中央。然後，從側面摺起，蓋住餡料，再從其中一端開始捲，緊密地包裹住餡料。

水煮 boiling

這是種既有效率，又不會將食材煮成焦褐色的烹調方式，而且還很快速。

水煮食物時，食物的整個表面都會與水(或其它的液體)接觸，

水分子就能夠迅速地將能量傳遞給食物。此外，水經過加熱後，容易達到沸點，

也容易維持在沸點，不像油，需要使用溫度計不時量測，以控制好溫度。

水煮的方式不但可以煮出蔬菜自然的風味，還有助於維持蔬菜的顏色與保留營養成分。

此外，水煮還可以破壞形成結締組織(connective tissue)的膠原蛋白(protein collagen)，軟化肉類。

水煮也是烹調義大利麵、甲殼類海產(crustaceans)、蛋、湯的方式。

水煮的種類 Types of boil

水經過加熱後，一旦達到100℃，就表示已達到沸點，此時液體會呈動態，有氣泡一直往上升，冒出液體的表面。中度水煮時，水的表面會呈震動的狀態，但是不會翻攪。然而，水若是煮滾(rolling boil)，就會呈暗流洶湧的狀態。慢煮(simmering)，則是剛好低於沸點，而且會有肉眼可見的成串小氣泡，冒出水面。

水煮蔬菜 Boiling vegetables

大多數種類的蔬菜，水煮的時間越短越好，以維持最漂亮的顏色，口感與風味。除非食譜中有特別指示，否則請用加了點鹽的水煮，以防營養成分流失。蔬菜越新鮮，尺寸越小，煮熟的時間就越短。蔬菜切成一樣的大小再水煮，有助於均勻受熱。如果水煮蔬菜是要以冷卻的狀態來上菜，或要再熱過後才上菜，水煮後就要直接放進冷水中，以防止加熱過度。

水煮甲殼類海產 Boiling crustaceans

龍蝦(lobster)、螃蟹(crab)、蝦子(shrimps／prawns)、淡水螯蝦(crayfish)應裝入大型深鍋內，用至少2公升的水或其它液體水煮。每500g的貝類，請用1公升的水，加入15ml(1茶匙)的鹽來水煮。

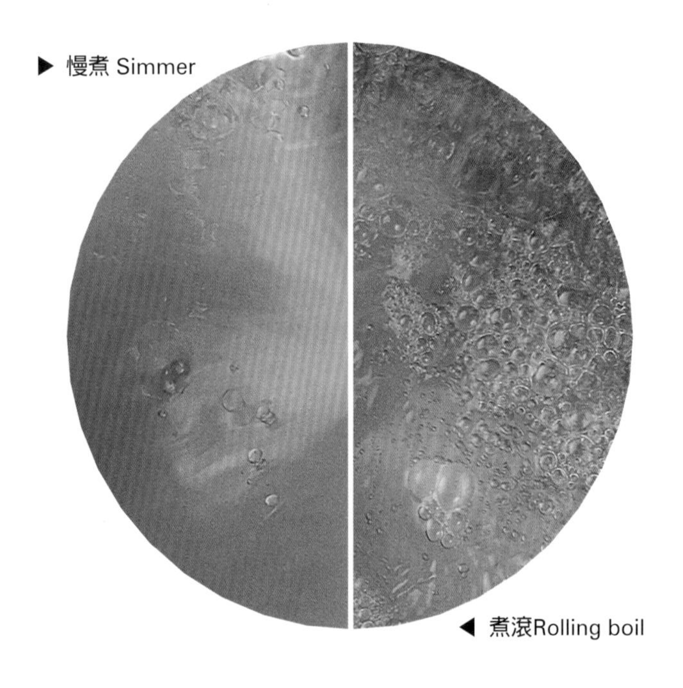

▶ 慢煮 Simmer

◀ 煮滾Rolling boil

根菜類蔬菜(Root vegetables)，例如：馬鈴薯、蕪菁(trunips)、防風草根(parsnips)，水煮時，應放進冷水中，慢慢地加熱到沸騰。

綠色蔬菜(Green vegetables)，包括菠菜葉(leaf spinach)與青花椰菜(broccoli)，應在水滾後，立即放進翻騰的滾水中。

配方 Recipes

海鮮料湯 Court bouillon 這是種芳香濃郁的料湯，用魚修切下的部分、水、紅蘿蔔、洋蔥、香草束(bouquet garni)、鹽，與白胡椒粒(white peppercorns)混合煮成的。

蟹湯 Crab bouillon 這是種傳統的辣味清湯，可以用來煮螃蟹。成分可能包含眾香子(allspice)、胡椒粒(peppercorns)、辣椒(chillies)，與其它香料和香草植物。

海鮮料湯 Bouillon à la nage 讓液體在沸騰的狀態下，熬煮到半量，用來滋潤(moisten)小龍蝦、蝦子或淡水螯蝦(crayfish)。

烹調甲殼類海鮮時，等水煮滾時，再放進去。適度地慢煮一段時間(所需時間參照右下表)，瀝乾，冷卻。甲殼類海鮮(crustaceans)，應帶殼煮。

水煮蛋 Boiling eggs

使用小鍋子，以免蛋在鍋內時到處移動，水也不要放太多，只要剛好可以讓蛋浸泡在水中即可。先將水加熱到即將沸騰的狀態後，再把蛋放進去。等到水煮沸後，就開始計時。慢慢加熱到所需時間，如有必要，可將火調小。如果蛋是要用來當裝飾配菜用，想讓蛋黃居中，在鍋內加熱時就要不斷地讓蛋旋轉。加熱時，若蛋殼裂開了，就加點鹽或醋到水中，讓蛋白凝固，以防繼續流出蛋殼外。

濃縮醬汁 Reducing sauces

加熱醬汁或高湯(stock)，讓部分液體蒸發，減少體積，增加濃稠度，以達成濃縮的效果。藉由這種方法，可以讓醬汁更具風味，滑順、濃稠。所需時間，依液體的量，與想要濃縮到什麼樣的程度而定。想讓醬汁濃縮到可以附著一層在湯匙背上的程度時，所需時間最久。

烹調所需時間 Cooking time

由於水溫在加入蔬菜、海鮮或蛋後，會下降，所以，烹調所需時間(參照右表)，一般而言，是從食材放入水中後，再度沸騰了，才開始計時。

青豆，切碎 Beans，cup up 5—10分鐘

青花椰菜花 Broccoli florets 3—5分鐘

青花椰菜莖 Broccoli spears 7—10分鐘

高麗菜 Cabbage，切塊 10—15分鐘

紅蘿蔔，切碎 Carrots，cup up 10—20分鐘

白花椰菜花 Cauliflower florets 5—10分鐘

白花椰菜頭 Cauliflower head 15—20分鐘

白花椰菜切片 Cauliflower slices 3—5分鐘

玉米穗軸 Corn on the cob 5分鐘

菜豆 French beans 5分鐘

防風草根，切碎 Parsnips，cup up 8—15分鐘

防風草根，整條 Parsnips，whole 20—30分鐘

豌豆 Peas 3—5分鐘

馬鈴薯，中 Potatoes，medium 25—30分鐘

馬鈴薯，小 Potatoes，small 15—20分鐘

菠菜 Spinach 1—3分鐘

全熟蛋 Eggs，hard-boiled 10—12分鐘

半熟蛋 Eggs，soft-boiled 3½—5½分鐘

螃蟹，大軀幹 Crab，large bodied 每500g(1¼lb) 5—6分鐘

蟹螯，大 Crab claw，large 每500g(1¼lb) 4—6分鐘

淡水螯蝦 Crayfish 6—8分鐘

龍蝦 Lobster 最初的500g(1¼lb) 5分鐘；
接下來每500g(1¼lb) 3分鐘

蝦，特大 Prawns，jumbo 5—8分鐘

蝦，中 Prawns，medium 3—5分鐘

水波煮 poaching

這是種將食材放進水中加熱，較為溫和的烹調方式。加熱時，水溫很高，但還未達到沸騰的程度，特別適用在烹調質地較脆弱的雞、魚、水果上，或煮出質地柔軟的蛋來。水波煮的過程中，不僅水中的調香料(flavourings)能夠為食物增添風味，食物本身的風味也可以滲入水中，相得益彰。藉由這樣的方式，食物就可以因浸泡在加味的液體中，而烹調得更加美味。以此方式煮些肉塊，也可以做出美味的高湯來。運用這種烹調方式時，應將食材切成大塊，以保持濕潤，帶骨煮，則可以為湯汁增添風味。使用的湯鍋，大小要足以容納所有食材，及可完全淹沒食材份量的液體。然而，若鍋子太大，或液體的量過多，都會有損食物的美味。

使用煮魚盒 Using a fish kettle
先量測魚身最厚部分的厚度，再放進架子內，裝入煮魚盒中。注入冷水或海鮮料湯(court bouillon)，淹沒整條魚，加熱到即將沸騰的程度，每2.5cm(1 in)寬的尺寸，煮10分鐘。

水波煮魚 Poaching fish

魚類與貝類，應在冷水的狀態下放進去，加熱到水面開始浮動，即關火。這樣做是爲了避免魚的表面比內部先煮熟，魚肉碎裂開來，或魚皮破裂。如果您打算烹調全魚，建議最好購買一個煮魚盒(fish kettle，參照右圖)。體型較小的魚、魚片(fillet)、魚排(steak)，只要使用湯鍋烹調即可。所有的魚類都必須先修切(trimmed)，去鱗(scaled)，取出內臟(gutted)，再進行水波煮。

水波煮魚排與魚片 Poaching steaks and fillets

先用溝槽鍋匙(slotted spoon)，將魚肉放進一鍋冷水，或海鮮料湯(court bouillon)中。然後，加熱到即將沸騰的狀態，計時烹調到所需時間。

水波煮煙燻魚 Poaching smoked fish

用牛奶，或等量的牛奶與水混合成的奶水來煮，既可去除多餘的鹽分，還可以讓煙燻的風味變得更柔和香醇。加熱時，先將魚肉放進牛奶中，加入1或2片月桂葉(bay leaves)、少許胡椒粒、用中火，加熱到即將沸騰的狀態。然後，從爐火移開，用鍋蓋等蓋緊，靜置10分鐘。

水波煮蛋 Poaching eggs

使用煮蛋器(egg poacher)，可以輕而易舉地煮好水波蛋。不過，將蛋輕輕地滑入裝了水，且已加熱到即將沸騰之寬的淺底鍋內，也是煮好水波蛋的方法之一。加 5—10 ml(1—2茶匙)的醋到水中，有助於蛋的凝固。使用最新鮮的蛋，而且一放進水中後，要沿著蛋的周圍，以繞圈的方式，讓蛋能夠維持漂亮的形狀。加熱到蛋白已凝固，蛋黃開始變濃稠時，就用溝槽鍋匙(slotted spoon)撈出，用廚房紙巾瀝乾。一次只煮1個蛋爲佳。無論如何，一次都不要煮超過4個蛋，才能正確計時。如有必要，可用剪刀修剪，讓邊緣看起來整齊漂亮。

水波煮雞 Poaching chicken

用這種方式，可以將全雞與雞胸肉，煮得既柔嫩又多汁。若是與蔬菜一起煮，就可以做出美味的高湯。請參照34—35頁，以包油片(barding)的方式處理，可以讓雞胸肉保持濕潤。若是全雞，用金屬籤穿刺雞腿時，流出的湯汁若是澄清的，就表示已煮熟了。烹調時所使用的湯汁，可以留下來，做爲高湯使用。

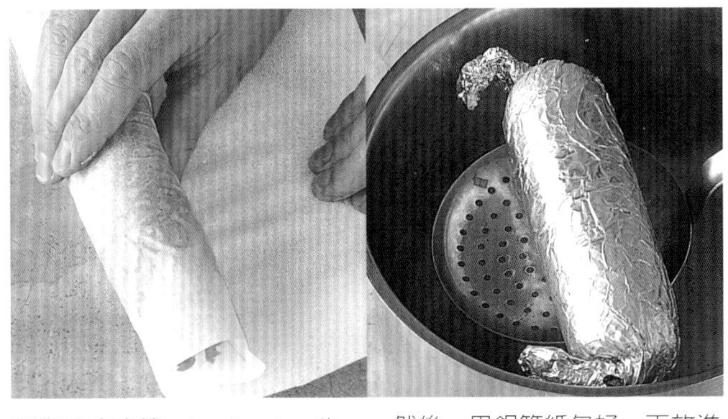

製作風車肉捲 pinwheels 先將雞胸肉攤平在烤盤紙(baking parchment)上，再用湯匙把餡料舀到雞胸肉的中央線上。將雞胸肉捲成圓筒狀，再用烤盤紙捲起來，扭轉兩端，封好。然後，用鋁箔紙包好，再放進一鍋沸水中。加蓋後，把火調小，繼續水波煮，直到用金屬籤刺入中央，拔出後，碰觸時仍可以感受到熱度(約15分鐘)。

蛋 Eggs	3—5分鐘
魚片 Fish，fillets	5—10分鐘
魚排 Fish，steaks	10—15分鐘
全魚 Fish，whole	每2.5cm(1 in)寬需10分鐘(參照左頁之「使用煮魚盒 Using a fish kettle」)。
紅酒煮水果 Fruit in red wine	15—25分鐘
糖煮水果 Fruit in sugar syrup	10—15分鐘
整隻禽鳥 Poultry，whole bird	每450g(1lb)需20分鐘
禽鳥，胸肉 Poultry，breasts	6—7分鐘
鑲餡風車雞肉捲 Stuffed chicken pinwheels	15分鐘

全禽 Whole birds 綁縛全雞，以維持漂亮形狀(參照第106頁)。將雞與任何種類的蔬菜放進鍋內，注入冷水，到完全淹沒全雞為止。然後，以中火加熱到沸騰。全雞加熱後，會產生一些浮渣，必須用溝槽鍋匙(slotted spoon)撈除，而且在撈除後開始量測烹調所需時間。

風車肉捲 pinwheels 在未加任何調味料的情況下水波煮過的雞胸肉，適合用來做三明治或沙拉。若是用來製作風車肉捲，也很容易自選餡料來做搭配。

水波煮水果 Poaching fruit
用原味或加味的糖漿，還是葡萄酒來慢煮水果，就可以做出多汁美味的甜點。使用的水果，應結實而不過熟，才能維持漂亮的形狀。硬質類或柑橘類水果應先去皮，梨或蘋果應先去核後，再煮。軟質類水果，則可以等到水波煮後，再去核，去皮。煮好後，讓水果留置在鍋內冷卻後，再取出。然後，煮沸留在鍋內的糖漿或葡萄酒，濃縮後，再過濾，當作醬汁使用。

糖煮 Cooking in sugar syrup 先將糖漿倒入湯鍋內，再把水果放進去。水波煮到變軟。然後，用溝槽鍋匙(slotted spoon)取出煮好的水果。

葡萄酒煮 Cooking in wine 將糖與任何種類的調香料(flavourings)加入紅酒內，加熱到糖溶解。加入水果，慢煮到即將沸騰的程度，再水波煮到變軟。然後，從爐火移開，加蓋，放涼。

蒸煮 steaming

蒸煮，是種極有效率的烹調方式，而且能夠留住大部分的營養成分，維持住蔬菜的色彩，
或魚肉等質地較為脆弱食材的質地與味道。
不像水煮時，可能會因衝擊壓力而撕裂或扯破食物，蒸煮時，食物不會接觸到水，
而是以蒸氣溼熱的高溫，環繞於食物周圍的方式，讓食物煮熟。
蒸煮時，是將食物放在架上，置於鍋內水的上方，並且加蓋，以防蒸氣流失。
由於蒸煮時，通常底部已達到高溫，
而上端卻還未達到高溫，所以，特別適合用來烹調頭部質地較脆弱，莖部較堅硬的蘆筍。
蒸煮時的訣竅，在於蒸氣能夠毫無阻礙地在鍋內循環，而且確保食物完全不會接觸到液體，
以防食物瞬間加熱過度，或乾燒。進行蒸煮時，建議另外準備一壺沸水備用，
以補充蒸煮用的水。這樣做，也有助於鍋內維持在一定的溫度狀態。

竹蒸籠 Bamboo steamers
使用這種分層疊起的竹籃，就可以靠著相同的熱源，同時加熱許多不同種類的食物。如果要放置在中式炒鍋(wok)內使用，就先注入剛好可以淹沒鍋子底部的水量，加熱到沸騰。然後，將竹籃放置在三角鐵架上，質地最堅硬的蔬菜放在底層，較脆弱的放在頂層，加蓋，蒸煮到變軟。

蘆筍芽 Asparagus spears	5—10分鐘
青花椰菜 Broccoli	8分鐘
抱子甘藍 Brussels sprouts	10分鐘
高麗菜 Cabbage	10分鐘
紅蘿蔔 Carrots	10分鐘
白花椰菜 Cauliflower	8分鐘
球莖茴香 Fennel	10分鐘
青豆 Green beans	8分鐘
豌豆 Peas	2—3分鐘
新馬鈴薯 Potatoes，new	12分鐘
菠菜 Spinach	1—2分鐘
扁圓南瓜 Squash／patty pan	5分鐘

魚片 Fillets	3—4分
魚辮子 Plaits	8—10分鐘
全魚 Whole fish	小於350g(12 oz)需6—8分鐘，大於350g而小於900g(2 lb)需12—15分鐘

蒸煮蔬菜 Steaming vegetables

使用內附提籃的蒸鍋／蒸籠(Steamer)，就能夠輕而易舉地取出蒸煮好的蔬菜，瀝乾。蒸煮時，在水達到即將沸騰，但還未沸騰的溫度時，把蔬菜放進去。千萬不要加鹽，以免蔬菜變色或脫水。等到蔬菜變軟後，連同提籃取出，放在冷水下沖，讓蔬菜恢復原來的鮮脆，然後再度加熱，調味。

蘆筍在蒸煮時，一般是以豎直的方式放置，讓較厚的莖部尾端可以浸在水中煮，而質地較脆弱的頭部則以蒸氣慢慢地煮熟。市面上可以購得蒸煮蘆筍專用的蒸鍋。不過，你也可以將蘆筍平放在一個深炒鍋(deep sauté pan)內加熱。

蒸煮淡菜 Steaming mussels

蒸煮淡菜時，與其它的貝類不同，是要直接用調味過的液體，通常是白酒加香草植物，來蒸煮。蒸煮時，當液體一變熱，就把已清洗過，還緊閉的淡菜放進去煮。淡菜在蒸煮後殼會打開，蒸煮用的液體經過濾、濃縮後，可以與淡菜一起上桌。

蒸煮魚類 Steaming fish

蒸煮是烹調肉質脆弱魚類的最佳方式，適用於全魚、魚排、魚片，還有扇貝(scallops)或蝦子。蒸煮亦有利於維持某些魚類，例如：紅鯛(red snapper)等的鮮豔色彩。蒸煮魚類時，請使用調香過的清湯(broth)，例如：海鮮料湯(Court bouillon，參照第27頁)，或在蒸煮用的液體中添加味道較強烈的調味食材，例如：蔥(spring onions)、薑。若使用的是傳統式的蒸籠／蒸鍋，將魚類放進去籃內時，只能放單層(不要疊放)，等到魚肉變得不透明，用叉子穿刺時，感覺既柔軟又溼潤，就表示已煮熟了。如果使用的是竹蒸籠與中式炒鍋(wok)，則可以再加些調香料(flavourings)，例如：蔥或紅蘿蔔等，一起蒸煮，再當做配菜一起上桌。

蒸煮布丁 Steamed puddings

有些傳統點心是以蒸煮的方式做成的，其中最著名的就是聖誕布丁(Christmas pudding)。蒸煮的烹調方式，比烘烤(bake)的方式，更可以讓布丁的質地變得濕潤，柔軟，厚重。傳統作法，是將布丁放進一個攪拌盆內，先用防油紙蓋上，再用鋁箔紙包覆，圍著側邊打摺(讓蒸氣可以冒出)，然後再放進蒸籠／蒸鍋內。

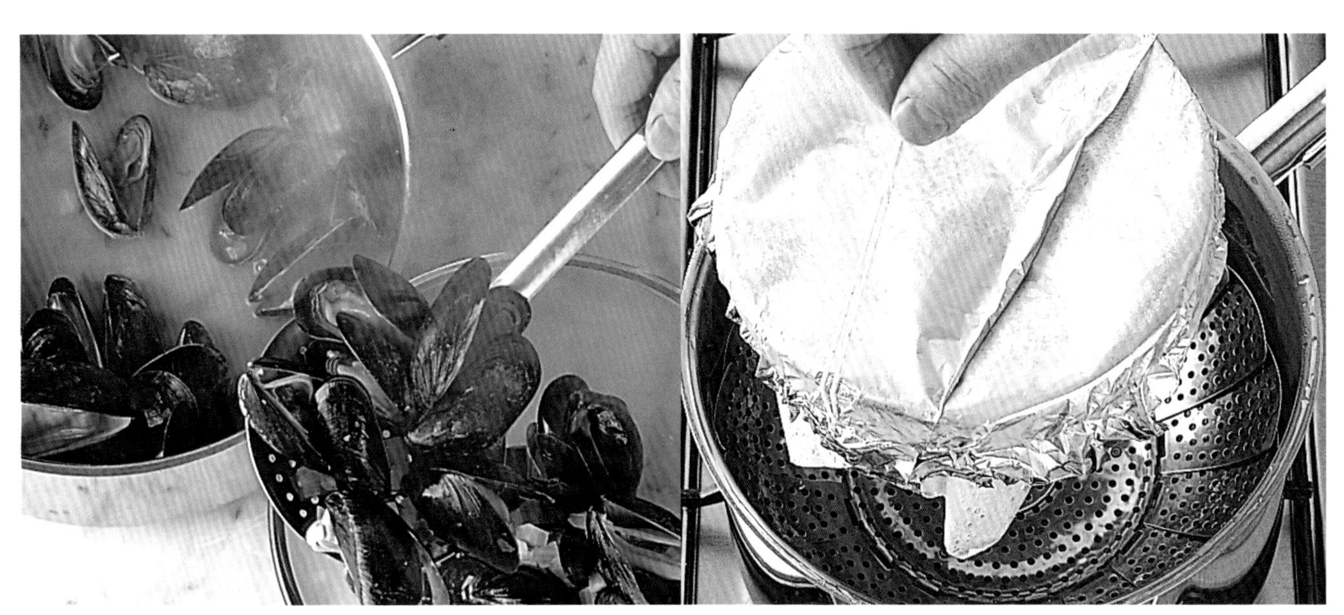

燜煮與燉煮 braising and stewing

這兩種方式，特別適用於烹調質地較堅硬的肉塊，較老的禽鳥或多纖維的蔬菜。

燜煮與燉煮，幾乎可以說是兩種相同的烹調技巧，主要的不同在於燜煮使用的液體量較少，煮的是完整的全雞等肉類，或較大的肉塊。燉煮則是使用較多的液體，煮的肉類是切成較小塊的肉塊。

燜煮 Braising

燜煮時，要將食材先嫩煎(sauté)或煎成褐色(browned，參照第44頁)，以加深顏色，增添風味，再以少量的液體，約5—10 mm深的水、高湯、葡萄酒、蘋果酒(cider)或番茄醬，用密閉鍋慢慢地煮。這種緩慢，充滿蒸氣而溼潤的烹調方法，是以溫和的方式，來破壞肉類或禽鳥堅硬的微結締組織(connective tissue)，並釋放出食物本身的汁液。煎成褐色的肉類，通常是放置在調味蔬菜(mirepoix，一層切塊的芳香蔬菜)上煎。使用的調味蔬菜，常再磨成泥，當作醬汁使用。

紅蘿蔔 Carrots	8—15分鐘
芹菜心 Celery hearts	10—15分鐘
菊苣 Chicory	15—20分鐘
綠色蔬菜 Greens	5—10分鐘
韭蔥，對半切開 leeks，halved	10—15分鐘
整支韭蔥 Leeks，whole (先氽燙過)	15—25分鐘

燜煮蔬菜 Vegetable braising　蔬菜常與肉類或禽鳥一起燜煮，但也可以分開燜煮，再當做配菜上桌。根莖類蔬菜與葉菜類蔬菜(root and leafy green vegetables)燜煮後，特別美味可口。兩者可以只用奶油，或少量的水、高湯，或葡萄酒，加上一些香草植物與調味料(seasoning)來燜煮。若添加糖，還可以讓蔬菜表面顯得光滑誘人。

砂鍋 CASSEROLES

請使用附有可以緊密蓋上的鍋蓋，尺寸比肉塊加上液體稍大的砂鍋，就可以確保熱度可以傳導到食物上，而非鍋內的縫隙空間上。瓷漆鑄鐵鍋(enamelled cast-iron pots)或複合金屬(clad metal，由數種金屬混合而成)鍋，可以均勻而有效率地導熱，以防熱度過於集中在某處，或溫度過高。

調味蔬菜與蔬菜小丁
Mirepoix and brunoise

這是兩種極為普遍的蔬菜切丁，常被用來為湯、燉煮食物、醬汁、肉類、野味或魚增添風味，也可用來當作裝飾配菜*(garnish)*。其中，前者為切丁的蔬菜*(紅蘿蔔、洋蔥、芹菜)*所混合而成，後者為切成更小塊的紅蘿蔔、芹菜、韭蔥*(leek)*或櫛瓜*(courgette)*，分開單獨使用，或混合著使用。

砂鍋燒禽鳥 Casseroling poultry

較老的雞，或一些小型野禽(game birds)，例如：鵪鶉(quail)與松雞(grouse)，由於肉質較乾，也較硬，所以，特別適合長時間而濕潤的烹調方式。禽鳥肉塊，若是浸泡在熬煮濃縮過的紅酒醃醬內慢煮(simmer)，就會變得柔嫩美味。使用美味的紅酒，才能完成風味絕佳的菜餚。先加熱紅酒，讓份量減少到半量或更少的量，就可以讓酒精蒸發，變得濃縮，味道更香醇，以去除強烈的澀味。

若想讓味道變得更加濃郁，烹調過的肉可以放進冰箱冷藏，一天後再次加熱。若想讓禽鳥肉變得更濕潤美味，可以用培根將小型禽鳥包起來(參照第34—35頁)，先經過醃漬，再浸泡在調味過的液體內慢煮。

燉煮 Stewing meat

這是種讓小肉塊完全浸泡在水、高湯、葡萄酒，或混合而成的液體內，加上蔬菜與調味料，再加熱的一種烹調技巧。燉煮前，肉塊不一定都要先煎成褐色。然而，若是先煎成褐色，不但可以將美味的肉汁封存在肉塊內，還可以加深醬汁的顏色。使用小刀的刀尖插入肉塊後，若可以輕易地劃過纖維組織，就表示肉已煮熟了。

以這種方式煮好的肉，風味絕佳。若以加熱到沸騰的方式濃縮煮汁(參照第26頁)，或添加黏稠劑(thickeners)，就可以讓煮汁變成香醇美味的醬汁了。燉煮的訣竅，在於所有食材的烹調所需時間要差不多久。質地堅硬的根菜類蔬菜(root vegetables)，例如：馬鈴薯、紅蘿蔔、防風草根或洋蔥，可以經得起長時間的加熱，就很適合用這種方式來烹調。若要使用質地較爲脆弱的蔬菜，請在烹調過程的最後階段，或重新加熱時，再放進去。

- 將多餘的脂肪與肌腱從肉塊上切除。
- 先將肉塊逆紋切成3—4 cm的厚片，再對半縱切，最後再以垂直角度切成大小均等的肉丁。
- 將肉丁分批煎成褐色，以讓肉汁封存在肉塊內。
- 如果這道菜是要以熱食來上菜，就要用溝槽鍋匙(slotted spoon)將浮在表面的油脂(就是浮在表面看起來光亮的斑點)撈除。如果放進冰箱冷藏過夜，就會變成凝結在表面的一層白色脂肪，可以很輕易地去除。

燉肉的前置作業 Preparing meat for stews 由於大部分燉肉在烹調時，會額外添加油脂，讓質地較堅硬的肉塊變得更美味，所以，一定要先撈除任何看得見的油脂後，再上菜。此外，燉煮用的肉塊，必須切成大小均等的方塊狀，才能夠均勻地加熱，達到破壞膠質狀組織，軟化堅硬肌肉，煮出味道濃郁，質地柔滑燉肉的目標。

配方 Recipes

蕃茄白酒燜小牛肉 Veal in tomato and wine sauce 這道菜，是先將小牛肉表面沾料調味後，煎成褐色，再與濃縮過不甜的(dry)白酒醬、煎過的大蒜與蔬菜，一起燜煮而成。

什錦燉雞 Hearty chicken stew 這道菜，是先將雞肉表面沾料調味後，煎成褐色，再與炒過的蔬菜，一起放進砂鍋燉煮而成的傳統名菜。

燜牛肉 Daube de boeuf 這道菜，是先將牛肉醃漬後，燃燒白蘭地來炙燙(sear)牛肉表面，再與蔬菜、紅酒高湯、可增添風味的香草束(bouquet garni)，一起燜煮而成。熱食冷食兩相宜。

爐烤與烘烤 roasting and baking

這兩種烹調方式，都是藉由流動的乾熱空氣，來加熱生食。其中，爐烤(roasting)通常指的是加熱完整的肉塊或禽鳥，也大都會添加油脂來烹調。烘烤(baking)，則是用在其它使用烤箱來烹調的食物上，例如：魚類、麵包，或切塊的禽鳥肉。爐烤，大都是將食物放在淺烤盤內，以利熱氣循環均勻，熱度可以有效傳導到食物上。而且，帶有脂肪的那面要朝上，這樣在加熱的過程中，脂肪就會溶化滴落，而澆淋(baste)在肉上。若是瘦肉，就必須運用穿油條(larding)或包油片(barding)，即添加脂肪來保持肉的柔軟度與溼潤度的方式，或不斷地澆淋(basting)熱油的方式，作為輔助。滴落的油脂，可以用來製作成美味的醬汁或調味肉汁(gravy)。

肉類 Meats

建議使用質地柔軟，切成大塊，而且內部含有少量脂肪的肉塊，在烹調時比較能夠有效地保持溼潤度。使用度最高的牛肉塊，爲牛胸側肉(rib)、沙朗(sirloin)、菲力(fillet)、整塊肋眼(whole rib-eye)，而小牛肩肉(shoulder)、腰脊肉(loin)、上腿肉(rump)、胸肉(breast)，爐烤後，味美多汁。豬肉，則以皇冠豬排(crown roast)、腿肉(leg)、整塊腰內肉(tenderloin)、帶骨或去骨腰脊肉(loin)爲最佳選擇。小羊肉塊，則以腿肉(leg)、腿腱的末端(leg shank end)、肩肉(shoulder)、小羊排(rack of lamb)爲佳。此外，可以鑲餡(stuffing，參照第25頁)，調味過的糊或醬料(paste)，還有將香草植物(herbs)直接插入肉內的方式，爲肉塊增添風味。

若烤的是去骨肉塊(joints)，請將肉塊放在網架上，再放進烤盤內，這樣既有助熱氣循環，還可以避免肉塊被本身的汁液烤熟。而肋排本身的骨頭，相同地，則可以發揮其「內建式」網架的功能。

烤肉的調香 Flavouring roasts

味道較強烈的食材，例如：香草植物(herbs)、芥末(mustard)，或其它的香料、大蒜、鯷魚(anchovies)，可以用研缽與杵磨成泥，塗抹在肉塊的表面上。或者，也可以將大蒜薄片，或新鮮的香草植物直接插進肉塊的切痕內。

肉塊穿油條與包油片 Larding and barding meat

充分冷藏過的豬脂肪，可以插入瘦肉內，或包裹住瘦肉表面，讓肉在烹調的過程中，得以保持濕潤。烹調雉雞(pheasant)時，若將脂肪放在胸前，也有助於保持肉的濕潤度。不同的是，此時所使用的是培根條(bacon strips)，而且培根條可以與雉雞一起上菜。但是，包油片一定要從肉塊上取下，再上菜。

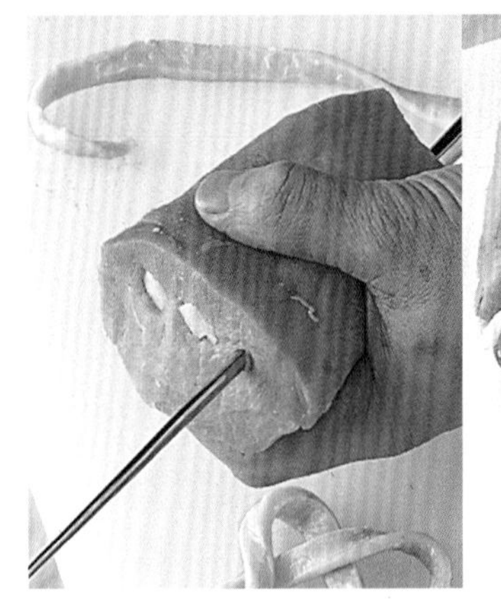

穿油條 Larding 就是用1支大的穿油條針，將豬脂肪穿進瘦肉的中央之意。進行時，先將針沿著肉紋插入肉內，再往前推，直到整個穿過肉塊。

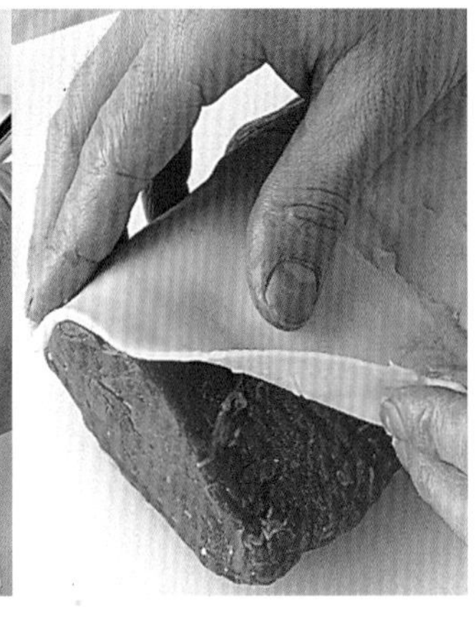

包油片 Barding 用1層薄薄的豬脂肪包裹住肉塊的表面，再用繩線固定好。

穿插調香料 Inserting flavourings

先用刀直接在肉上切劃，再把香草植物與大蒜插入刀痕內。

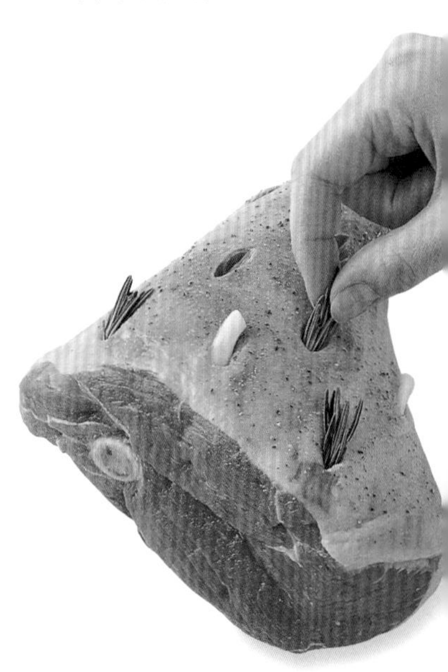

禽鳥 Poultry

脂肪含量較豐富的禽鳥，例如：鴨或鵝，在烤的過程中，因會有大量的油脂滴落，需視情況撈除。若是肉質較乾燥的禽鳥，例如：火雞、雉雞(pheasant)，就必須以包油片(barding)，或把軟化奶油擺在上面或皮下的方式，來添加油脂，以保持肉的濕潤度。大部分種類的其它禽鳥，就必須定時地澆淋油脂，以烤得皮脆而肉質濕潤。烤的過程中，若是皮的顏色烤得過深，就要用鋁箔紙包住。

▶ **多脂禽鳥的前置作業 Preparing a fatty bird** 先將尾部與體內多餘的脂肪切除。將禽鳥的胸部朝上，放在鋪了網架的烤盤上。然後，在皮上不同的幾處打洞，讓油脂可以在烤的過程中流出，瀝乾。

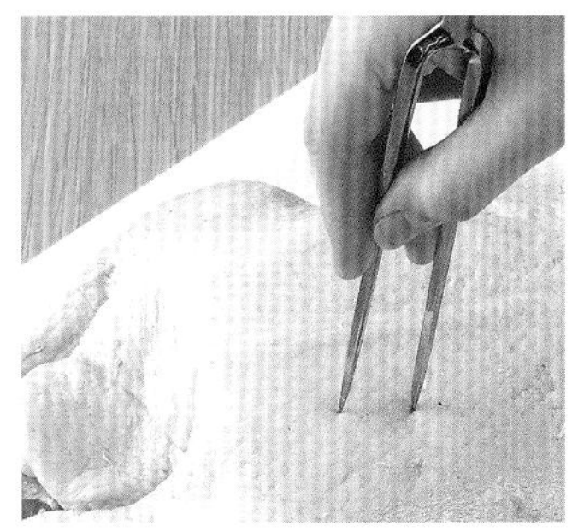

◀ **禽鳥包油片 Barding birds** 將一些條狀培根(bacon rashers)鬆弛地覆蓋在胸部與腿部上。

澆淋油脂 Basting

大部分的食譜，都會指示將肉擺在鋪了網架或三腳架的烤盤上烤。這樣做的目的，是為了確保肉上的汁液可以瀝乾，肉就不會浸在滴落的汁液中加熱，或烤出褐色的硬皮。滴落的油脂，在烤的過程中，應用來澆淋在禽鳥上。

澆淋油脂 Basting 用湯匙或吸油管(bulb baster)，舀些烤盤內的烤汁，澆淋在肉上。

吸油管 bulb baster 這種看起來像大型注射器的用具，可以用來吸取肉汁或調味肉汁(gravy)上的油脂。

檢查熟度 Testing for doneness

所有的肉類與禽鳥都應謹慎烹調，以消滅肉上所有的病菌。而且，也要確定肉已烤成自己想要的熟度。此時，肉類溫度計(meat thermometer)就成了最佳幫手。牛肉烤成四分熟(medium-rare)時，溫度為59.5℃(139°F)，五分熟(medium)為67℃(153°F)。小塊烤豬肉，內部溫度應為67℃(153°F)，而大塊烤豬肉，像是豬腿這樣的肉塊，應為77℃(170°F)。豬肉烤到五分熟(medium)時，溫度應為67℃(153°F)，中央的顏色應為淺粉紅色，靠近骨頭的部分則都呈現深粉紅色。若是烤到全熟(well-done)，顏色就會越來越深，粉紅色部分就會逐漸消失。若用過高的溫度來烤豬肉，肉質就會變得既硬又乾。小羊肉烤到四分熟(medium-rare)時，溫度為67℃(153°F)，烤到五分熟(medium)時，溫度為77℃(170°F)，烤到全熟(well-done)時，溫度則高於五分熟的77℃(170°F)。禽鳥應烤到80—83℃(176°F—181°F)，而內部的餡料則應達到74℃(165°F)。

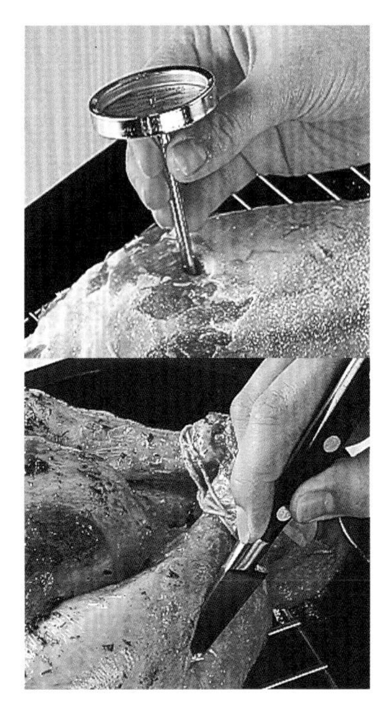

◀ **肉類 Meats** 量測溫度時，將溫度計插入肉塊最厚的部分，但不要碰觸到骨頭。

◀ **禽鳥 Poultry** 量測溫度時，將溫度計插入腿部最厚的部分內，但不要碰觸到骨頭。此外，也可以將小刀插入腿部最厚的部分內，如果流出的肉汁是透明的，就表示已烤好了。

▶ **製作 Making gravy** 將烤好的禽鳥或肉塊從烤盤中取出，倒掉烤盤內大部分的油脂，只留下約15ml(1大匙)。用小火加熱烤盤，撒入15ml(1大匙)的麵粉，攪拌均勻，直到所有褐色的結塊都被攪散為止。然後，慢慢地加入500ml (17 fl oz)熱高湯或水，邊攪拌混合。把火調大，加熱到沸騰，再調小，邊慢煮邊攪拌5分鐘。

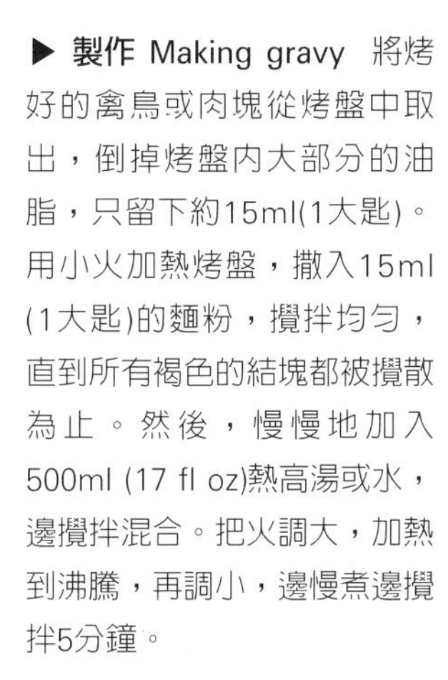

爐烤時間 roasting times

下表，可為您提供不同種類肉塊的爐烤所需時間。

所有的肉塊，都是從室溫的狀態下開始計時。

肉類與禽鳥，由於在取出烤箱後還是會繼續升溫，

所以，應在已達到低於所需溫度的2—5°C時，即從烤箱取出。

牛肉 BEEF

種類與重量 Type and weight	烤箱溫度 Oven temp.	烹調時間 Cooking time 四分熟 (medium-rare)	五分熟 (medium)
去脊骨胸側肉 Rib roast (chine bone removed) 1.8—2.75 kg (4—6 lb)	180°C (350°F／gas 4)	1¾—2¼小時	2¼—2¾小時
2.75—3.6 kg (6—8 lb)		2¼—2½小時	2¾—3小時
肋眼 Rib eye roast 1.8—2.25 kg (4—5 lb)	180°C (350°F／gas 4)	1¾—2小時	2—2½小時
整塊菲力 Whole fillet 1.8—2.25 kg (4—5 lb)	220°C (425°F／gas 7)	50—60分鐘	60—70分鐘
半塊菲力 Half fillet 900 g—1.3 kg (2—3 lb)	220°C (425°F／gas 7)	35—40分鐘	45—50分鐘
銀邊三叉 Silverside 1.3—1.8 kg (3—4 lb)	160°C (325°F／gas 3)	1¾—2小時	2¼—2½小時
2.75—3.6 kg (6—8 lb)		2½—3小時	3—3½小時
頭刀 Topside 900 g—1.3 kg (2—3 lb)	160°C (325°F／gas 3)	1½—1¾小時	2—2¼小時

小牛肉 VEAL

種類與重量 Type and weight	烤箱溫度 Oven temp.	烹調時間 Cooking time 每450 g／1 lb
去骨肩肉 Boneless shoulder roast 1.3—2.25 kg (3—5 lb)	160°C	35—40分鐘
去骨上腿肉 Leg rump roast (boneless) 1.3—2.25 kg (3—5 lb)	160°C	35—40分鐘
去骨腰脊肉 Boneless loin roast 1.3—2.25 kg (3—5 lb)	160°C	25—30分鐘
中頸或頸部肋條 Middle or best end of neck 1.3—2.25 kg (3—5 lb)	160°C	30—35分鐘

小羊肉 LAMB

種類與重量 Type and weight	烤箱溫度 Oven temp.	烹調時間 Cooking time 每450g／1 lb 四分熟 (medium-rare)	五分熟 (medium)	全熟 (well-done)
整支腿肉 Whole leg 2.25—3.1 kg (5—7 lb)	160°C	15分鐘	20分鐘	25分鐘
3.1—4.1 kg (7—9 lb)		20分鐘	25分鐘	30分鐘
腿腱的末端 leg shank end 1.3—1.8 kg (3—4 lb)	160°C	30分鐘	40分鐘	45分鐘
腿部裡脊肉 Leg fillet 1.3—1.8 kg (3—4 lb)	160°C	25分鐘	35分鐘	45分鐘
去骨腿肉 Leg roast (boneless) 1.8—3.1 kg (4—7 lb)	160°C	20分鐘	25分鐘	30分鐘
胸側肉或小羊排 Rib roast or rack 800 g—1.2 kg (1¾—2½ lb)	190°C	30分鐘	35分鐘	40分鐘
未鑲餡皇冠羊排 Crown roast (unstuffed) 900 g—1.3 kg (2—3 lb)	190°C	25分鐘	30分鐘	35分鐘
肩肉 Shoulder roast 1.8—2.75 kg (4—6 lb)	160°C	20分鐘	25分鐘	30分鐘
去骨肩肉 Shoulder roast (boneless) 1.6—2.75 kg (3½—6 lb)	160°C	35分鐘	40分鐘	45分鐘

豬肉 PORK

種類與重量 Type and weight	烤箱溫度 Oven temp.	烹調時間 Cooking time 每450 g／1 lb
皇冠豬排 Crown roast 2.7—3.6 kg (6—8 lb)	180°C	20分鐘
帶骨腰脊肉 Loin roast (with bone)1.3—2.25 kg (3—5 lb)	180°C	20分鐘
去骨腰脊肉 Boneless loin roast 900 g—1.8 kg (2—4 lb)	180°C	20分鐘
整支腿肉 Whole leg 5.4 kg (12 lb)	180°C	25—30分鐘
半隻腿肉、菲力或和尚頭末端 Leg half，fillet or knuckle end 1.3—1.8 kg (3—4 lb)	180°C	40分鐘
豬肉捲 Rolled hand 1.3—2.75 kg (3—6 lb)	180°C	45分鐘
腰內肉 Tenderloin 225—750 g (8 oz—1 lb 10 oz)	220—230°C	共25—35分鐘
整塊火腿肉 Whole ham 6.3—7.3 kg (14—16 lb)	180°C	15—18分鐘

禽鳥 POULTRY

種類與重量 Type and weight	烤箱溫度 Oven temp.	烹調時間 Cooking time 未鑲餡unstuffed	鑲餡stuffed
雞 Chicken			
1.2—1.3 kg (2 ½—3 lb)	180°C	1 ¼—1 ½小時	1 ¼—1 ½小時
1.3—1.8 kg (3—4 lb)	180°C	1 ½—1 ¾小時	1 ½—1 ¾小時
1.8—2.75 kg (4—6 lb)	180°C	1 ¾—2小時	1 ¾—2小時
醃雞 Capon			
2.25—2.75 kg (5—6 lb)	160°C	2—2 ½小時	2 ½—3小時
2.75—3.6 kg (6—8 lb)	160°C	2 ½—3 ½小時	3—4小時
春雞 Poussin			
450g (1 lb)	180°C	1—1 ¼小時	1—1 ¼小時
火雞 Turkey			
3.6—5.4 kg (8—12 lb)	160°C	2 ¾—3小時	3—3 ½小時
5.4—6.3 kg (12—14 lb)	160°C	3—3 ¾小時	3 ½—4小時
6.3—8.2 kg (14—18 lb)	160°C	3 ¾—4 ¼小時	4—4 ¼小時
8.2—9.1 kg (18—20 lb)	160°C	4 ¼—4 ½小時	4 ¼—4 ¾小時
9.1—10.8 kg (20—24 lb)	160°C	4 ½—5小時	4 ¾—5 ½小時
鴨 Duck			
1.8—2.25 kg (4—5 lb)	180°C	2 ½—2 ¾小時	2 ½—2 ¾小時
鵝 Goose			
4.5—5.4 kg (10—12 lb)	180°C	2 ¾—3 ¼小時	3—3 ½小時
松雞 Grouse			
每450g (1 lb)	200°C	35分鐘	
鷓鴣 Partridge			
每450g (1 lb)	200°C	40分鐘	
雉雞 Pheasant	230°C		
每450g (1 lb)	先以烤10分鐘，再以200°C烤35分鐘		
鵪鶉 Quail			
每450g (1 lb)	190°C	15—20分鐘	
珠雞 Guinea Fowl	200°C		
每450g (1 lb)	15分鐘，最後另加15分鐘		

整塊煙燻火腿 Whole smoked hams

包裝上標示「熟食(fully cooked)」者，即表示可以立即食用。不過，再次加熱，則可以增添風味與增進口感。將火腿放進烤箱，以160°C(325°F／gas 3)，烤到溫度計插入中央時，顯示52—57°C(126—325°F)即可。若是6.3—7.3 kg(14—16 lb)重的整塊火腿，共約需時1—1 ¾小時。若是2.75—3.6 kg(6—8 lb)重的半塊火腿，共約需時1小時。如果煙燻火腿包裝上未標示「熟食(fully cooked)」，就必須烤到內部溫度達到67°C(153°F)才行。

烘烤 baking

魚類 Fish

大型與中型的全魚，或厚片的魚排、魚菲力，可以輕易地烘烤成功。不過，若學會一些特殊技巧，更能夠讓魚烤得肉質濕潤美味。例如：用鋁箔紙包裹，既可以封住鮮美的肉汁，還可以固定好鑲填的餡料。用紙袋將魚包裹(en papillote)起來烘烤，有助於保護質地脆弱的魚肉，若是與調香料一起加熱，更能夠輕易地滲透入魚肉內。葡萄葉(vine leaves)與香蕉葉(banana leaves)，也有助於保持魚肉的濕潤。魚用鹽覆蓋烘烤，魚皮會變脆，魚肉也會很濕潤，而且，味道還不會變得太鹹。

▲ **包裹** En papillote 先在烤盤紙、鋁箔紙或防油紙上，切下比魚大5 cm (2 in)大小的心形。先在紙的半邊上抹油，再把魚肉與調香料放在抹油的那半邊上。然後，將另外半邊對摺過來，邊緣打摺封好。以180°C (350°F／gas 4)，烘烤約15—20分，到紙袋膨脹起來。

▶ **用鹽覆蓋** Salt crust 將海鹽均勻地撒在質地厚重的砂鍋(casserole)內，厚達5cm(2 in)。將魚擺在海鹽上，再加入海鹽覆蓋住(1.3kg的鹽可以覆蓋900g／2 lb的魚)。然後，將水灑在鹽上，以220°C(425°F／gas7)，烘烤30分鐘。

烤好後，用小鐵鎚從上面把鹽層敲碎。將整條魚完整無缺地取出，用毛刷刷除多餘的鹽。

蔬菜 Vegetables

大多數種類的蔬菜，都可以用烘烤或爐烤的方式烹調。含有豐富纖維的肉質根菜與塊根菜(roots and tubers)，與果菜類蔬菜(vegetable fruits)，特別適合單獨烹調，或與醬汁一起烹調。這些種類的蔬菜，在長時間的烹調後，仍能維持原有的形狀，而且在烤的過程中只需另外添加少量的液體。經過長時間的烹調，更能增添風味。其中，馬鈴薯或其它大型的肉質根菜，還有南瓜，可以整個拿來烹調，或切成大塊後，加入油與調味料混合，並在爐烤的過程中，翻面一至兩次。馬鈴薯與其它未去皮的肉質根菜，在烘烤前應先打洞，以讓部分蒸氣在烹調的過程中散發出來。甜菜根則應保持原狀烤，不用打洞。

馬鈴薯，若是插在一種有數支尖鐵附著在棒子上的特殊道具上烤，烤箱的熱度就可以藉由尖鐵傳遞到每個馬鈴薯的中心部位，確保內部加熱到熟透，而烘烤出最佳的成果。

蔬菜的爐烤時間
(200°C ／400°F／gas 6的情況下)

茄子 Aubergines	30分鐘
紅蘿蔔 Carrots	45分鐘
防風草根 Parsnips	30—45分鐘
馬鈴薯 Potatoes	1—1¼小時
蕃薯 Sweet potatoes	45分鐘
蕪菁 Turnips	30—45分鐘
冬南瓜 Winter squash	30—45分鐘

◀ **甜菜根 Beetroot** 甜菜根必須先煮過，才能用來做沙拉。要帶皮加熱，才不會邊煮邊掉色。加熱前，先切掉兩端，不要切到梗，再用鋁箔紙包起來。用150°C(300°F／gas 2)，烘烤約1－1½小時。烤好後，先冷卻一下子，再剝掉皮。

◀ **烘烤對半切開的水果 Baking halved fruit** 先將水果對半切開，可依個人喜好，再將底部削平，讓水果可以平穩地立在盤中。挖除所有的核，再將餡料舀進去。然後，用200°C(400°F／gas 6)，烘烤約45－50分。

▶ **馬鈴薯 Potatoes** 爐烤馬鈴薯前，每個都要先用力擦洗乾淨，拍乾。用叉子在整個表面上打洞。若要將皮烤脆，就先用毛刷刷些橄欖油上去。烤到用銳利的小刀刀尖刺入中央時，輕而易舉，毫無阻礙，就表示已烤熟了。

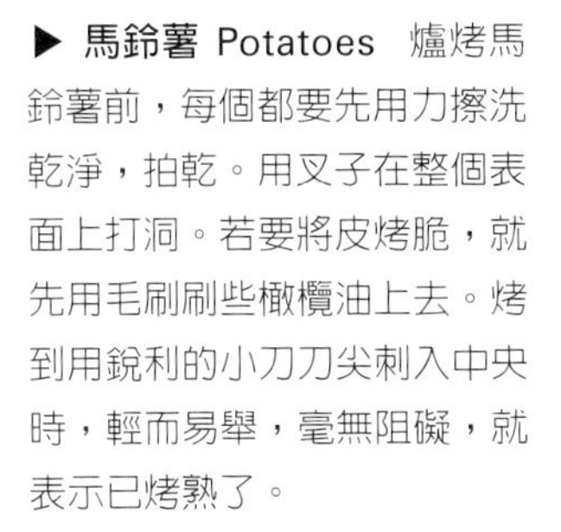

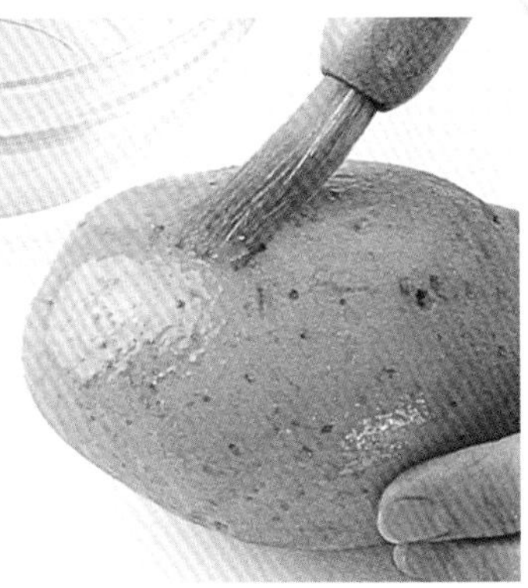

▶ **烘烤蘋果 Baking apples**先用刀在蘋果的周邊的中央刻劃，以免蘋果在烘烤時因膨脹而爆開。去核，將餡料舀進去，再放在烤盤上。將奶油放在頂部，用200°C(400°F／gas 6)，烘烤約45－50分。

水果 Fruit

爐烤水果，不但可以激發出水果天然的甜味，還可以讓水果吃起來的口感更柔軟，美味多汁。結實而成熟的水果，最適合用來爐烤。體積較大的水果，則最適合用來盛裝甜味餡料。水果是否應先去核再烤，則是視其種類與填裝的餡料而定。桃子或蘋果等容易變色的水果，必須先灑點檸檬汁上去。

麵包 Bread

烤好麵包的秘訣，主要在於麵糰製作與發酵成功與否(參照第147頁)。烤的時候，要放在烤箱的中央層。如果放進數個烤模同時烤，烤模間的距離至少要相隔5 cm (2 in)。如果麵包烤好後，顏色太淡，就直接放進烤箱，再多烤5－10分。如果烤好的麵包上有裂痕，表示麵粉用量過多，或放進烤模的麵糰太大了。如果麵包上有洞，表示麵糰揉和得不夠久。麵包烤好時，應會往回縮，而不會與烤模的側面相貼，而且應呈現漂亮的褐色。此外，輕敲底部時，應聽起來是空洞的聲音。

快速麵包 Quick breads

瑪芬(muffins)、司康(scones)、茶點麵包(tea loaves)，烘烤的訣竅都一樣。一定要使用新鮮的發酵材料，而且，除非食譜中指定使用冷的奶油，否則所有使用的材料都必須是室溫狀態。若是過度混合麵糰，麵包烤好後就會太硬。若使用烤模來烤，不要裝填超過2/3的容量，最後要用橡皮刮刀(rubber spatula)把表面整平。若使用馬芬模(muffin pans)烤，就裝填⅔至¾的容量，再用剩餘的幾個空模各裝填½容量的水。烤的時候，要放在烤箱的中央層。如果放進數個烤模同時烤，烤模間要保持些距離，以利空氣循環。若要確認是否已烤熟了，就用雞尾酒棒插入中央，如果抽出時是乾淨的，就表示已烤熟了。如果還沒烤熟，就多烤幾分鐘。

甜點 Desserts

糕點與蛋糕製作，請參照第18－21頁。卡士達(custards)的製作訣竅，在於不要烘烤過度，以免質地過於濕潤，容易鬆散開來。用隔水加熱(bain-marie)的方式，就可以將卡士達烘烤得勻稱而漂亮。進行隔水加熱時，先將卡士達混合料分裝入耐熱皿(ramekins)內，再把耐熱皿放進烤盤內。然後，將沸水小心地注入烤盤內，到耐熱皿一半的高度。最後，把烤盤放進烤箱內，開始烤。

燒烤 grilling

燒烤是種簡單又迅速的烹調方式，利用乾燥的高熱，將食物的表面烤成褐色，
而內部仍多汁美味。若能精確掌握，讓很快就可以煮熟的表面，與導熱速度較慢的內部，
能夠達成平衡，就可以烤出多汁而質地柔軟的食物。燒烤時，若是將食物放置在離熱源較遠的地方，就
不用擔心烤久一點很容易就會烤過頭。食材的尺寸大小一致，而且是在室溫的溫度，
才能確保食物可以很快烤熟，而且烤得勻稱漂亮。裡脊肉薄片或食物串，可以放在高層烤，
而較大塊的肉類，因為需要較長的時間才能烤熟，就必須放在烤箱的底層烤。
若不太確定應放進烤箱的哪一層較好，只要記得一個通則，
將食物放在距離熱源10—15 cm (4—6 in)的地方，就對了。燒烤時，一定要記得先預熱烤爐。

肉類 Meat

低脂柔軟的肉塊，最適合用來燒烤。燒烤的成功秘訣，在於肉的形狀、肉內所含之骨頭與脂肪的量、放進去燒烤時肉的溫度，甚至烤箱的準確度。請記得食譜上的烹調所需時間，只能夠當作參考用。確認熟度時，切勿光靠肉的顏色與質地來做判斷。切下一小塊肉(若是帶骨肉，就切下靠近骨頭的肉。若是去骨肉，就切下靠近中央部位的肉)，檢視肉的內部，以判斷熟度。

烤牛排時，要修切掉大部分脂肪，只留下5 mm (¼in)，而且要切開脂肪，以防肉烤過後會捲起來。切除肉上多餘的脂肪，以防在高溫的燒烤下燃燒起來。脂肪含量極低的瘦肉，可以刷上一點油或醃醬。如果肉是用含油的醃醬醃過，就要先拍乾再烤，以避免烤的時候燃燒起來。烤的時候，請用夾子(tongs)來翻面，切勿使用叉子，以免刺穿肉塊(導致肉汁流失，容易變乾)。

▲ **修切脂肪** Trimming fat 先切除大部分的脂肪，只留下5 mm(¼in)，再用主廚刀(chef's knife)在剩餘的脂肪上，等距切劃開來。

▲ **刷油** Brushing with oil 將一些切碎的大蒜與磨碎的黑胡椒，加入橄欖油內混合，再刷上薄薄一層在整塊肉上。

▶ **熟度** Doneness 較厚的肉塊，一定要用肉類溫度計(meat thermometer)來量測熟度，確定四分熟(medium-rare)時已達到59.9°C(139°F)，五分熟(medium)時已達到67°C(153°F)。然而，其實只靠目測，通常就足以判斷熟度了。參照右圖，由上往下，表示肉為一分熟(very rare，兩面各烤1—2分鐘)，三分熟(rare，兩面各烤2—3分鐘)，五分熟(medium，兩面各烤3—4分鐘)，最後為全熟(well-done，兩面先各炙燙(sear)3分鐘，再用小火加熱6—10分鐘，翻面1次)。

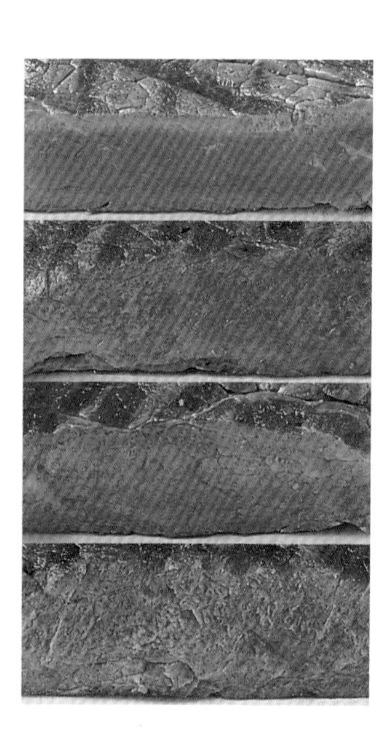

魚 Fish

油脂魚類(油魚)(oily fish)，例如：鮭魚(salmon)、鱒魚(trout)、鱸魚(bass)、鮪魚(tuna)、劍魚(swordfish)，在快速的燒烤下，肉質仍能保持濕潤與柔軟。魚皮與魚骨有助於保持魚肉的濕潤度，所以，體型較小的魚，很適合以全魚來燒烤。魚在燒烤前，要先修切(trim)，去鱗(scale)，與取出內臟(gut，參照第65頁)，並在魚身上劃切刀痕(score)，以防魚皮裂開。可以在魚的表面刷上醬汁，以增添風味。然後，將魚放在烤爐的燒烤盤(grill pan)內，放置在距離熱源10—15 cm(4—6 in)的地方，每2.5 cm(1 in)的厚度，燒烤8—10分鐘。當魚肉烤到不透明時，就表示已經熟了。最後，用小刀的刀尖刺入最厚的部分，小心地分開魚肉，以確認熟度。

▲ **在魚身上劃切刀痕 scoring fish** 在魚身的其中一側劃切2或3刀，每一刀都要切過魚肉到魚骨為止。以同樣的方式，切另一側。

▲ **添加調香料 Adding flavourings** 燒烤前，可將香草植物，與檸檬或萊姆片，嵌入刀痕內，以增添風味。

禽鳥 Poultry

燒烤時的乾烈熱度，可以將禽鳥的皮烤得酥脆，並增添獨特的風味。整隻禽鳥，帶骨肉塊，或小肉塊，都可以用來燒烤。其中，顏色較深的肉，燒烤後最多汁甜美，白肉則容易烤得過度而變乾。禽鳥帶皮燒烤，或在燒烤前先醃漬過(參照第23頁)，就可以烤得鮮美多汁。燒烤整隻禽鳥時，若是體積較大的雞或火雞，就必須使用炙叉(spit)，若是體積較小的禽鳥，例如：春雞(poussins)，就可以去脊骨壓平處理(spatchcock)。請記得烤爐要先預熱，燒烤時烤架要放置在距離熱源約12 cm(4½ in)的地方。如果烤架無法放置在距離夠遠的地方，那就利用烤箱，以180℃(350℉／gas 4)。千萬不要在烤架上鋪上鋁箔紙，以免在燒烤時，因油脂滴落在上面，而燃燒起來。

旋轉燒烤器 Rotisserie grilling 很多烤箱都附有旋轉燒烤器，可以在熱源的下方或上方，慢慢地旋轉燒烤，最適合用來烤大型禽鳥。烤的時候，是利用一隻長的方形桿穿過整隻禽鳥，再使用雙尖調理叉(two-pronged fork)，叉住其中一端，來固定好禽鳥。這是種既迅速又簡單的烹調器具，因爲這樣的技巧，可以讓禽鳥在不斷地旋轉之下，達到自動澆淋油脂的功效。

去脊骨壓平處理 Spatchcocking

這種技巧最適合運用在小型禽鳥上。藉由將禽鳥壓平的方式，讓禽鳥的整體厚度變得一致，特別適合以燒烤的方式來烹調。

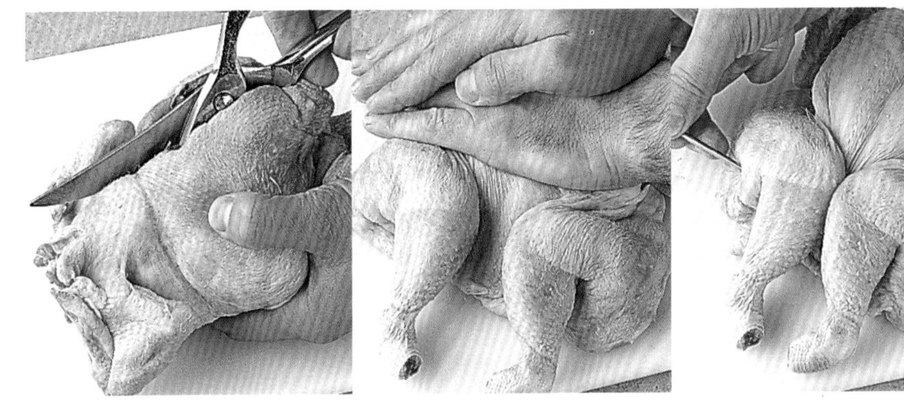

首先，用家禽剪(poultry shears)剪開兩側的脊骨(backbone)，取出。將翅膀往下塞，取出叉骨(wishbone)。

在砧板上，用手用力壓禽鳥，直到把胸骨壓斷，壓平。

讓禽鳥維持平坦的狀態，用1支金屬籤，穿過翅膀與胸部。再用另1支金屬籤，穿透禽鳥的雙腿。

炙烤 barbecuing

炙烤，是種與燒烤(grilling)幾乎相同的烹調方式，不同之處在於它是在戶外進行，以燃燒木材或木炭所產生的熱度，還是使用附有火山岩(lava rocks)或表面上釉之金屬棒的瓦斯燒烤爐，來直接加熱食物。通常炙烤過的食物，會帶著煙燻的風味，而且與燒烤食物相比，上菜的方式更簡單樸實。炙烤的方法有兩種：直接加熱炙烤，就是將食物直接置於熱度的上方，然後翻面，讓食物的兩側暴露在灼熱的木炭上。另外一種為間接加熱炙烤，就是將食物置於加蓋的烤爐內，再把烤爐放在火的上方，蓋上蓋子，以較緩慢的方式來加熱食物，而且不需要將食物翻面。

製作烤肉串 Creating kebabs 串在同一支棒上的所有食材，加熱到熟之所需時間長度一定要相同。食材與食材串在一起時，相互間要留點間隔，才能均勻受熱。用切丁或切片的蔬菜，與肉類做不同的搭配組合，不僅可以增添色彩，還可以為肉類增添風味。

炙烤器具 Barbecue equipment

長烤肉夾 Long handled tongs 搬動食物或移動煤炭時的必備器具。備妥2支，分開使用在食物與煤炭上。因為長烤肉夾不會刺穿食物，所以比叉子更適合用來搬動食物。①

刷油毛刷 Basting brush 長柄，利用前頭纏繞固定好的毛，將油或醃醬刷在烹調中的食物上。②

抹刀 Spatula 彎曲成有角度，長12－15 cm (4 ½－6 in)的不鏽鋼刀片，可以伸入肉塊或魚排間，避免肉在燒烤時破裂，或沾黏在烤爐上。

長手套 Mitts 厚層防火的長手套，尤其是長度達手肘之長手套，特別適合在炙烤(babecue)時使用。

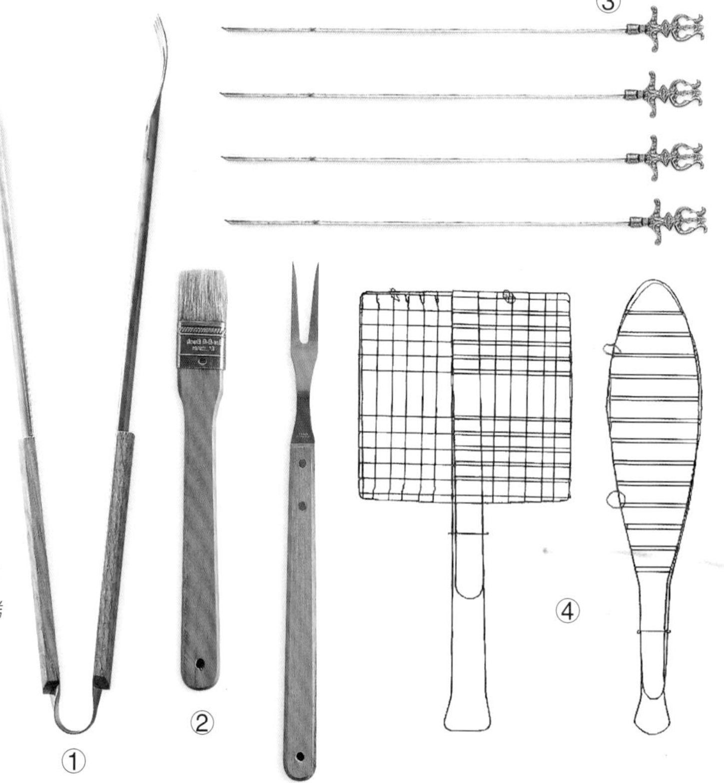

長籤 Skewers 金屬籤與竹籤，是製作烤肉串(kebabs)或沙嗲(satays)時的重要器具。竹籤在使用前，要先浸泡在水中至少30分鐘，以防烤的時候燒起來。用完後，即丟棄。③

網架 Mesh racks 適合用在烹調魚、肉餡餅(meat patties)，或其它體積較小的食物上。網架應兩片相連，並有扣環輔助固定。使用前，要先刷上油。④

速讀式溫度計 Instant-read thermometer 最適合燒烤等快速烹調時使用，只要插入食物內數秒鐘，就可以得知正確的溫度。此外，這種溫度計更是大型肉塊或禽鳥，在烹調時確認內部已達到正確溫度時，不可或缺的器具。

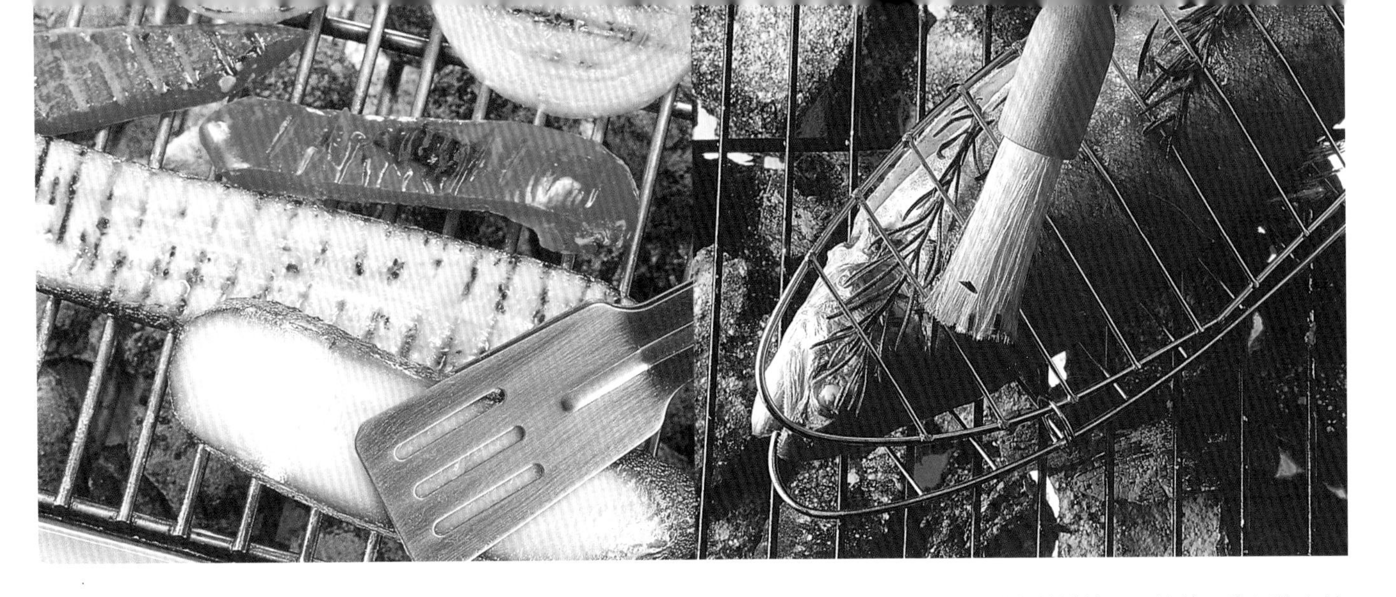

蔬菜 Vegetables

南瓜(squash)、茄子(aubergine)、蘑菇(mushrooms)、甜椒(peppers)、洋蔥(onions)、蕃茄(tomatoes)，都很適合用來炙烤(barbecue)。不過，由於這些蔬菜在高熱的加溫下，水分很容易流失，所以，必須先刷上油，再放在網架上烤。此外，烤的時候若是加上調香料(flavourings)，風味更佳。若是要用在烤肉串上，一定要切成適度的大小，以確保烤熟的所需時間，能與同一串烤肉串上的肉、禽鳥、魚肉等一樣久。如果所需時間不相同，就必須分開來烤。部分需要較長烹調時間的蔬菜，例如：紅蘿蔔，可能就得先汆燙(blanch，參照第22頁)，再烤。馬鈴薯可以用鋁箔紙包裹起來，直接放在煤炭上烤。玉米大都帶皮炙烤。烤前先將玉米穗軸整個浸泡在冷水中15分鐘，以防玉米在烤的過程中燒焦。然後，瀝乾，小心地將玉米皮往後拉下¾，拔除玉米鬚，刷上15 ml(1大匙)的橄欖油。在每個玉米穗軸上插上數支香草植物後，把玉米皮往前拉，回復原狀，烤30—40分鐘。烤的過程中，偶爾翻轉一下，烤到用刀子刺時，感覺柔軟爲止。

肉類 Meats

大多數種類的肉塊，應先醃漬後再烤，以達到軟化(參照第23頁)的功效，並且增添風味。然而，柔軟的牛肉塊，不需要先醃漬，就可直接用高溫加熱。肉排至少約需2—2.5 cm(¾—1 in)厚，烤的時候才不會馬上就變乾了。烤前，先切除多餘的脂肪，並在脂肪的邊緣上等距切劃，以防肉在烤的過程中蜷曲變形(參照第40頁)。漢堡肉需2.5 cm (1 in)厚，烤的時候才不會容易變乾。肉在烤的過程中，要偶爾翻一下面，以防燒焦。

魚類 Fish

由於魚類內部所含脂肪較少，所以，烤前先醃漬過，可防止水分流失而容易變乾。烤前先在烤架上刷油，可預防質地脆弱的魚肉沾黏在烤架上。使用魚烤架(fish rack)來烤魚，也可避免沾黏。魚在烤的過程中，不要太常移動，而且只翻一次面，若太常移動，容易導致魚肉碎裂。若是沒有烤肉架可用，可以用雙層厚質的鋁箔紙將海鮮包裹起來，兩端摺兩摺，封好，要爲內部會產生的蒸氣預留足夠的膨脹空間。使用烤肉夾來翻面，以防刺破鋁箔包裝。魚肉或其它海鮮，烤好時，觸感應是結實的。

禽鳥 Poultry

除非是要用來製作烤肉串或沙嗲，否則，應帶骨烤，以保持肉質濕潤。情況與烤魚肉時相似，雞肉塊在烤前若先醃漬過，或在表面塗抹調香料，烤好時就會更加美味，多汁。用刀刺時，若流出的汁液是透明的，就表示已烤熟了。

煎、炒、炸 frying

煎、炒、炸，是以高溫油脂來烹調食物的方法。這種烹調方式的特點，就在於烹調後的特殊風味，與食物表面所形成的酥脆褐色表皮。若烹調方式正確得宜，食物應口味清淡而不油膩。這類烹調方式，可再細分為油煎(pan-frying)，淺煎(shallow-frying)，嫩煎(sautéeing)，快炒(stir-frying)，油炸(deep-frying)。煎、炒、炸用的食材，應為室溫，若是冷藏過的食材，就會降低烹調時油脂的溫度。食材的表面應儘量保持乾燥，才不會因為食材表面的水分蒸發成水汽，導致油脂冒泡，溫度下降。

選擇使用正確的油，是一大要訣。大部分中式快炒，都使用花生油(peanut oil)。如果是要以油炸的方式來烹調食物，請使用加熱到高溫也不會冒煙的油。紅花籽油(Safflower oil)、大豆油(soya bean)、玉米油(corn oil)，因爲發煙點(smoke point)較高，所以較適合用來當作炸油。

- 玉米油是種穩定的不飽和油，特別適合用來當作炸油。
- 橄欖油(olive oil)，因爲在高溫下容易發煙，所以，適合用來嫩煎(sautéeing)或快炒(stir-frying)，但不適合用來油炸(deep-frying)。
- 花生油，適合用來快炒(stir-frying)，也可以加熱到高溫。
- 紅花籽油，適合用來油煎(pan-frying)，淺煎(shallow-frying)，嫩煎(sautéeing)，快炒(stir-frying)，甚至油炸(deep-frying)。
- 大豆油，味道清淡，可加熱到高溫。

嫩煎 sautéeing 與油煎 pan-frying

這兩種快速烹調方式，實際上是相同的，只不過，嫩煎是一種法式烹調技巧。小型肉塊肉排、胸肉、薄肉片(escalopes)，例如：小牛肝(calves' liver)、魚片(fish fillets)、明蝦(prawns)、扇貝(scallops)或蛋，都適合用來油煎與嫩煎。

因爲，烹調時的高溫與熱油，可以達到炙燙肉與魚的功效，讓質地保持濕潤多汁。

嫩煎肉類的訣竅如下：

- 將肉切成1 ½cm (½in)厚的肉片。
- 混合使用油與融化奶油，以達最佳成果。
- 將肉放進鍋內，用中火，分別將兩面煎到變軟。
- 如果要製作醬汁，就先將肉取出，放在一邊。將製作醬汁的材料放進鍋內，視情況加熱濃縮鍋內醬汁。然後，將肉放回鍋內，用湯匙舀起醬汁，澆淋在肉上。

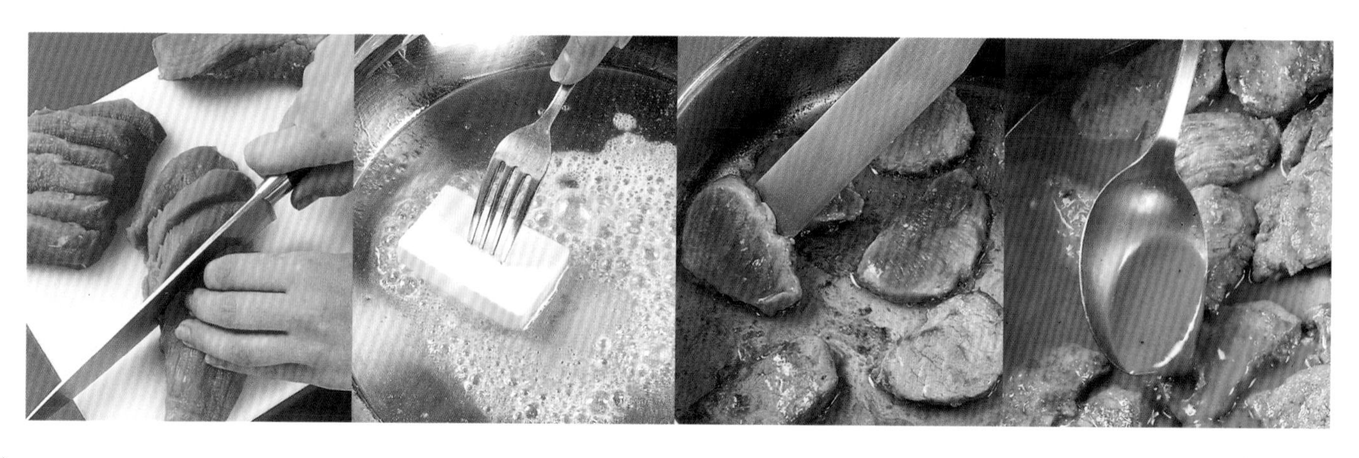

油煎薄肉片 Frying escalopes

若是雞或火雞的薄肉片，或胸肉切片，就先夾在烤盤紙或保鮮膜間，用拍打的方式，將肉拍成均等的厚度，以軟化肉的質地，確保烹調時能夠均勻受熱。小牛薄肉片，也需要先稍加拍打後，再油煎。肉經過拍打後，應用廚房紙巾等拍乾。薄肉片由於質地較柔嫩，通常會先在表面沾上麵粉、蛋、麵包粉，再放進熱油內快速煎熟。油煎小牛薄肉片時，絕對不要煎到超過半熟，吃起來才會鮮嫩多汁。

表面沾料 Adding the coating 薄肉片通常要先沾上調味粉，再沾上牛奶、攪開的蛋汁或水，最後，沾上麵包粉。這樣做，既可以保護質地柔嫩的薄肉片，還可以增添風味。

切勿煎過頭 Don't overcook 薄肉片一旦煎到兩面都變成金黃色，就要從鍋中取出。若是煎過頭，肉就會變硬。

不加油煎鴨胸肉 Dry-frying duck breasts

多脂的食材，例如：鴨胸肉，可以不另外加油，而利用自身所含的脂肪與汁液來煎(dry-fried)。記得先切除多餘的鴨皮，並在鴨皮上劃切，讓油脂在煎的過程中流出，才能夠成功地煎好鴨胸肉。煎的時候，把鴨皮那面朝下，放進鍋內，用中火煎，這樣脂肪的油就會流入鍋底了。煎大約5分鐘後，先用抹刀(palette knife)按壓，再翻面。

劃切格狀 Scoring a pattern 在鴨皮上劃切格狀，不僅可以讓多餘的油脂流出，還可以讓鴨胸肉看起來更美味引人。

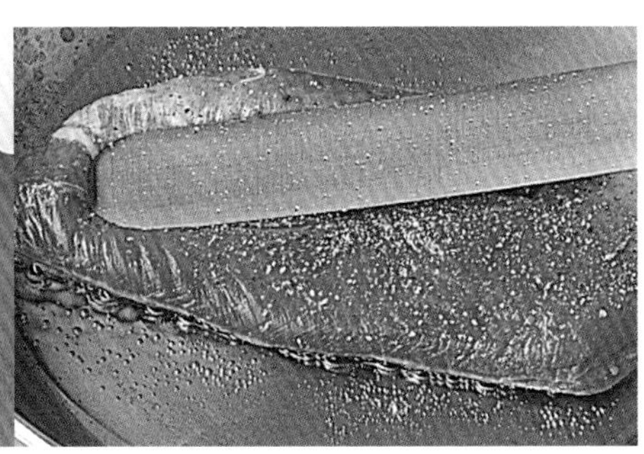

壓擠出汁液 Extracting juices 將鴨皮那面朝下放，煎的時候，用抹刀按壓，讓鴨胸肉保持平坦，同時壓擠出汁液。

煎鍋 FRYING／SAUTÉEING PANS

好的煎鍋，應底部厚實，才能夠均勻導熱，側面不宜過高，且連接著防熱握把。此外，材質若為不鏽鋼，鍍鋁(anodised aluminium)或鑄鐵(cast-iron)，導熱性都非常好。煎鍋(如下圖)的側邊與鍋底呈直角，質地厚重，深度為6—10 cm(2 ½—4 in)。

淺煎蛋 Shallow-frying eggs

完美的煎蛋，應蛋黃還呈液態，而蛋白已凝固。煎蛋時，先將油或奶油放進煎鍋內加熱，再把蛋放進去。用中火加熱，而且不斷地用熱油澆淋。若想把蛋煎成漂亮的形狀，可將金屬製餅乾模放進煎鍋內，與油或奶油一起加熱。將蛋打進模內，煎到自己喜好的熟度，並且不斷地用熱油澆淋。然後，先小心地移除餅乾模，再取出煎蛋。

快炒 stir-frying

快炒，是種用高熱與極少量的油來烹調小塊食材，既簡便又快速的烹調方式。除此之外，這種方式，不但可以維持食材的漂亮色彩，風味與口感，還能夠有效地避免食材的營養成分在加熱的過程中流失。食材是藉由鍋子與油的熱度，雙管齊下的方式來加熱，加上不斷地翻攪，讓食材能夠均勻受熱。這種烹調技巧，源自於遠東區，爲了充分發揮當地最普遍之香料、調香料、食材而產生。雖然快炒是種非常快速的烹調方式，前置作業所需時間卻很長。所有的肉類、魚、蔬菜，都必須先事先準備好，才能夠用來快炒。所有的食材，要先切成大小與厚度均一致的小型長條狀，或切片，而且通常先依放進鍋內炒的時間順序，分裝在不同的碗內。

此外，所有的烹調器具，醬汁與香料，也要在熱鍋前就準備齊全。放在冰箱內冷藏的食材，要在開始烹調前的30分鐘，就先從冰箱中取出。先熱鍋，再沿著中式炒鍋的邊緣，將油滴進去。等到油溫變得很熱時，再把食材放進去炒。可將一小條洋蔥放進去測試，如果發出嘶嘶的聲音，就表示已經夠熱了。切勿一次放太多食材進鍋內，否則食材就會被「燉熟」，而非「炒熟」。而且，請記得不斷翻攪食材，才能夠均勻受熱。

快炒用器具 Stir-frying equipment

剁刀 cleaver 中國人用剁刀來剁開食材或切片。剁刀可在中國超市中買到。不過，大型而銳利的主廚刀(Cook's knife)，用起來或許比較方便些。

附件 Accessories 金屬煎鏟，中式炒鍋用圓型底座(wok ring)，撈油網(wire strainer)，翻攪食材用的烹調長筷，在快炒時，都是最佳的幫手。

中式炒鍋／中華鍋 Wok 這種圓型斜邊的鍋子，是快炒用的傳統式鍋子。傳統式鍋子的底部為圓形，可讓食材在有火焰的爐子上受熱，鍋子的底部若是平坦的，則可以用在電氣爐上。這種鍋子通常連接著一把長的木製握柄，或兩個金屬或木頭的握把。尺寸有很多種，最普遍的為35 cm (14 in)。最佳的材質為鋼鐵或鑄鐵。不鏽鋼材質的導熱性較差，食材也較容易沾鍋。

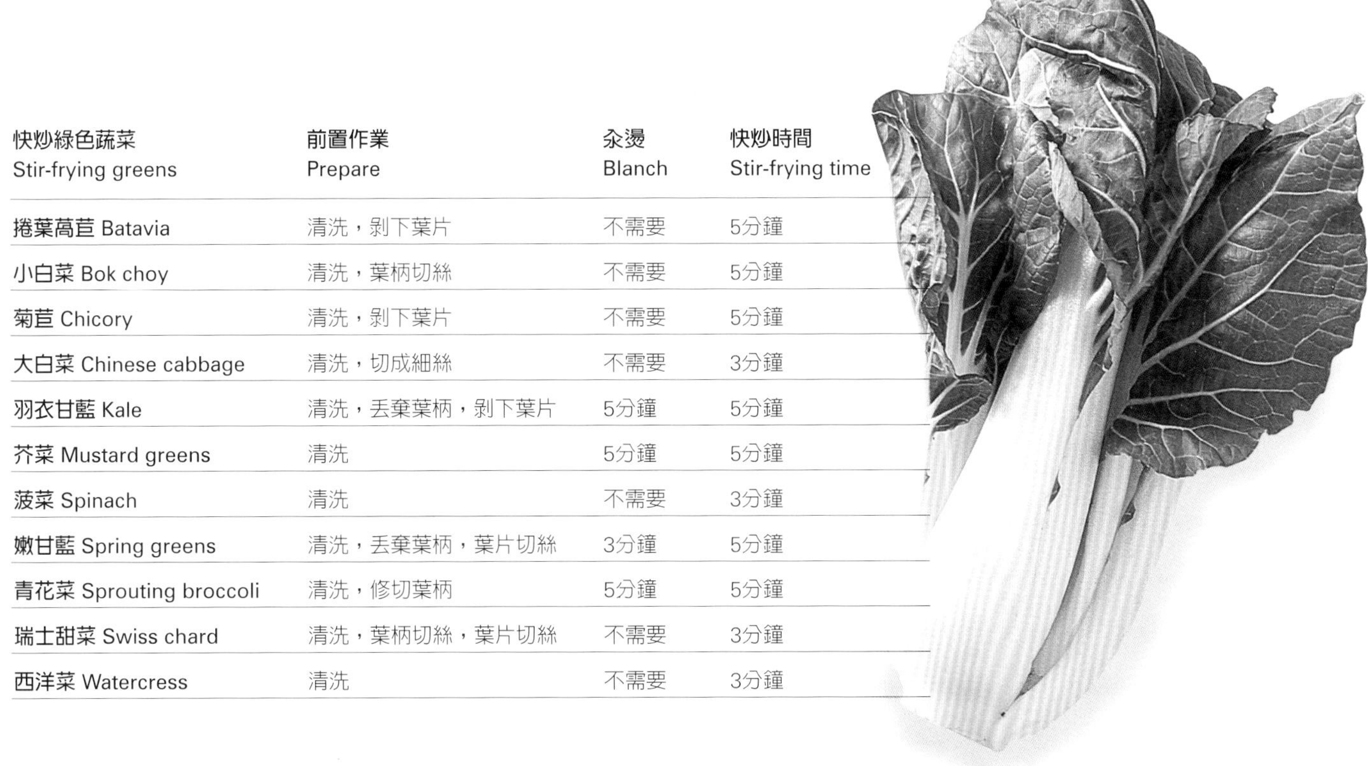

快炒綠色蔬菜 Stir-frying greens	前置作業 Prepare	汆燙 Blanch	快炒時間 Stir-frying time
捲葉萵苣 Batavia	清洗，剝下葉片	不需要	5分鐘
小白菜 Bok choy	清洗，葉柄切絲	不需要	5分鐘
菊苣 Chicory	清洗，剝下葉片	不需要	5分鐘
大白菜 Chinese cabbage	清洗，切成細絲	不需要	3分鐘
羽衣甘藍 Kale	清洗，丟棄葉柄，剝下葉片	5分鐘	5分鐘
芥菜 Mustard greens	清洗	5分鐘	5分鐘
菠菜 Spinach	清洗	不需要	3分鐘
嫩甘藍 Spring greens	清洗，丟棄葉柄，葉片切絲	3分鐘	5分鐘
青花菜 Sprouting broccoli	清洗，修切葉柄	5分鐘	5分鐘
瑞士甜菜 Swiss chard	清洗，葉柄切絲，葉片切絲	不需要	3分鐘
西洋菜 Watercress	清洗	不需要	3分鐘

快炒用蔬菜的前置作業
Preparing vegetables for stir-frying

先將蔬菜切成尺寸相同的小切塊，再快炒，蔬菜才能夠在中式炒鍋中，高溫狀態下，容易拌開，快速煮熟。長型的蔬菜，例如：小黃瓜(cucumber)、韭蔥(leek)、蔥(spring onion)，則是切成細長條(julienne strips)。紅蘿蔔、蘑菇、櫛瓜(courgette)，則是切成薄片。青花椰菜(broccoli)與白花椰菜(cauliflower)，則是分成小花穗。

快炒高麗菜 Stir-fried cabbage

先切除堅硬的高麗菜梗，剝下葉片，切成火柴盒般的長寬片狀。將油放進中式炒鍋內加熱，再把香料與調香料加入。最後，把高麗菜放進去，炒2—3分鐘。可依個人喜好加入醬油或糖調味，最後再滴點芝麻油。

蔬菜炒麵 Stir-fried noodles with vegetables

這道傳統菜餚，首先要將乾燥的雞蛋麵(egg noodles)放進水中浸泡，瀝乾，再用醬油拌過。然後，快炒切絲的蔬菜，在最後的2—3分鐘時，再把麵加進去。最後，可依個人喜好加入醬油或蠔油調味。

快炒用肉類的選擇與前置作業
Choosing and preparing meat for stir-frying

快炒用的肉類，不是切絲，就是切成薄片。肉類請選擇可以快速炒熟，低脂而質地柔嫩的肉塊，例如：牛菲力(beef fillet)、豬腰內肉(pork tenderloin)、雞胸肉、火雞胸肉。肉類或禽鳥，大都會用油、大蒜、醬油、薑、調香料混合而成的醃醬先醃漬1—2小時，以軟化肉質，增添風味，再用來快炒。

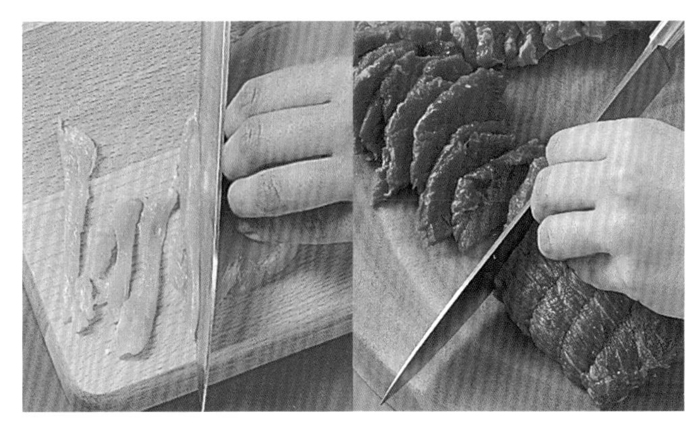

切快炒用雞肉 Cutting chicken for stir-fries

使用銳利的小刀，先切除雞胸肉下方白色堅韌的肌腱，切下雞裡脊肉。將雞胸肉或雞裡脊肉，斜切成寬5mm(¼in)的細長條狀。先將雞肉放進冰箱冷凍1小時，切起來就會更加容易。

切快炒用牛肉 Cutting beef for stir-fries

將牛肉切成火柴盒般的條狀。若是先將牛肉放進冰箱冷凍1小時，切起來就會更加容易。將任何種類的蔬菜，例如：芹菜(celery)、韭蔥(leek)或蔥(spring onions)，切成與牛肉相同大小的細長條(julienne strips)。將新鮮的薑也切成細長條。

油炸 deep-frying

油炸，就是將食材放進高溫的油內炸的烹調方式。適合油炸的食材種類包羅萬象，從馬鈴薯條或其它蔬菜，到海鮮、雞肉，甚至水果，皆可油炸。這是種快速的烹調方式，儘管向來給人一種不利於健康的壞印象，實際上是有失偏頗的。若是烹調得宜，油炸時其實不會吸收太多的油脂。油炸的秘訣，就在於使用優質的油，在正確的油溫時油炸食材，以及視情況所需，先在食材表面沾料後再炸。油炸用食材，必須切成一致的大小與厚度，而且要越乾越好。將食物從鍋內撈起後，要用廚房紙巾瀝乾，讓食物保持乾燥，酥脆。

正確的油溫 The right temperature

油溫若是過高，食物內部都還沒煮熟，外表可能就已經燒焦了。油溫若超過200℃(400℉)，就會燃燒起來。爲確實掌握正確油溫，請使用控溫式油炸鍋(deep-fryer)，或溫度計來量測。最佳的油炸油溫爲180—190℃(350—375℉)。如果手邊沒有溫度計可用，可以將油放進油炸鍋(deep pan)或中式炒鍋(wok)內，加熱到快要冒煙的程度時，放1小方塊的麵包進去。如果麵包在30秒內能炸成褐色，就表示油溫已達到正確的溫度。油炸食物時，不要一次放太多進去，才能確保維持在適度的油溫。

沾料與麵糊 Coatings and batters

油炸前，先在食材的表面沾料，既可以成爲食材與熱油之間的保護層，還可以防止食材吸收油脂。麵粉是種最簡便的沾料，可以形成薄薄一層酥脆的外殼。此外，也可以再添加更多外層來加強隔離效果，例如：油炸雞肉或魚時，可先沾上麵粉，再沾上蛋液，還有麵包粉。另外一種沾料，就是用麵粉加上牛奶或水，有時還添加蛋液，所調製成的麵糊。使用麵糊前，必須先用過濾器過濾，或用果汁機(electric blender)攪拌過，以防內含結塊。可以用啤酒代替牛奶，以加深顏色，或在麵粉內添加卡宴辣椒粉(cayenne pepper)，辣椒(chilli)或咖哩粉(curry powder)，來增添風味。使用天婦羅麵糊(tempura batter)來油炸，口感特別清淡酥脆，還可以透視食物的顏色，特別適合用在蝦子、切片的蔬菜，或小塊的水果上。

安全注意事項 Safety notes

- 使用深而質地厚重的鍋子或中式炒鍋(wok)。
- 使用的油量，不要超過鍋子容量的½，或中式炒鍋(wok)的⅓。
- 食材要徹底弄乾後再油炸，以避免熱油噴濺。
- 將食材放進熱油內時，動作要小心輕盈，以防熱油飛濺。
- 將食物從熱油中取出時，務必使用溝槽鍋匙(slotted spoon)，濾網或油炸籃來撈取。
- 油炸時，將鍋子的握柄維持在爐子後方的狀態。
- 油炸時，切勿離開鍋子，轉移注意力。
- 若是熱油飛濺出鍋外，一定要立刻擦拭乾淨，確保沒有任何油脂殘留在鍋外。
- 備妥防火毯(fire blanket)，放置在靠近爐子的地方。

油炸馬鈴薯 Deep-frying potatoes

馬鈴薯可切成各種不同的形狀來油炸，例如：最普遍的條狀，或波浪片狀(gaufrettes)。馬鈴薯必需先去皮，再切成一致的厚度與大小。而且，要邊切，邊放進酸性水(參照第169頁)中浸泡，以防變色。這樣做，還可以去除部分澱粉，讓炸好後的馬鈴薯變得更脆。然後，倒掉水，徹底瀝乾，再放進熱油裡炸。

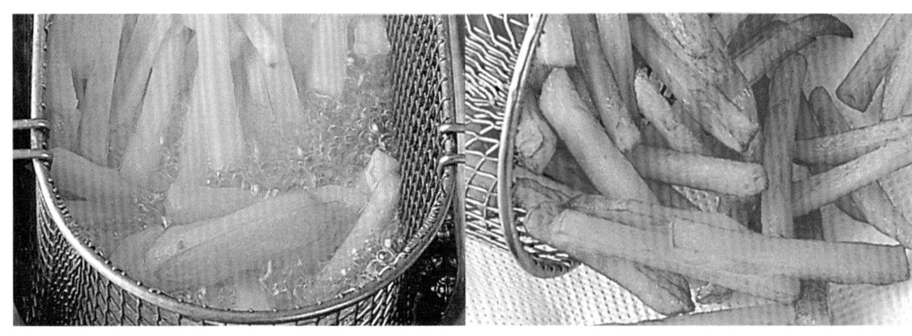

法式油炸馬鈴薯法 French method of deep-frying 就是將馬鈴薯油炸兩次，讓質地變得特別酥脆。製作時，要先將馬鈴薯油炸到變軟，放涼，再用較高溫來油炸。先將油加熱到160°C(325°F)，再把馬鈴薯放進油內，炸5—6分鐘。從油內取出，瀝乾，放涼。然後，將油溫加熱到180°C(350°F)，再次油炸馬鈴薯1—2分鐘，直到變脆。

水果餡餅 Fritters

水果餡餅美味誘人，外部口感酥脆，內部香甜多汁。質地結實的水果，例如：蘋果、香蕉、鳳梨，都很適合用來油炸。記得要先將水果去皮，去籽，去核後，再沾上麵糊。

水果餡餅 Fruit fritters 水果先去皮，拍乾。然後，用雙尖叉子，將水果放進麵糊裡，沾滿，讓多餘的麵糊滴回攪拌盆內。先將油加熱到190°C(375°F)後，油炸水果2分鐘，或到麵糊炸成金黃色。炸好後放在廚房紙巾上徹底瀝乾，再均勻地沾上一層細砂糖(caster sugar)。

炸魚 Deep-frying fish

若是想要成功地把魚炸好，必須使用180—190℃(350—375℉)的高溫油來炸。中式料理中，可將整條魚放進中式炒鍋內油炸。爲安全起見，請使用附有雙握柄的中式炒鍋來油炸。油炸用的魚，請使用肉質結實的全魚，例如：紅鯛(red snapper)、海鱸(sea bass)，或烏魚(grey mullet)。烹調方式，是先將兩面都油炸成金黃色，再用醬汁來燜煮。

蝦子則是用天婦羅麵糊(tempura batter)當作沾料，油炸成口感清淡酥脆的外皮。

油炸魚肉塊 For fish pieces 外層的麵糊，可以發揮保護層的作用，讓炸好的魚肉質地依舊鮮嫩濕潤。魚肉要切成均等大小的塊狀，也可使用魚排或魚片。油炸大塊魚肉時，每次只放一塊進去炸，以確保油炸品質能夠維持在相同的水準。製作炸魚柳(goujons)時，先將魚肉切成長條狀，再放進裝了調味麵粉的塑膠袋內，用抖動的方式，讓魚肉均勻地沾滿粉。

分切 carving

爐烤好的禽鳥或肉塊，成果再怎麼完美，只要分切得粗糙，就會功虧一簣。使用的切肉刀(carving knife，參照第10頁)，刀片的長度應足以用來切開大型禽鳥的胸肉，或將大肉塊切成整齊的肉片，因此，長度應超出肉的兩側各5cm (2 in)，才能進行拉鋸般來回移動的動作。禽鳥或其它肉類烤好後，應用鋁箔紙覆蓋，靜置10－15分鐘，讓肉的質地變得更結實多汁，會比較容易進行分切。分切時，一定要與肉紋成直角切開，不要與肉紋平行。以這樣的方式切開的肉片，吃起來的口感會更柔嫩。盛裝肉片用的大淺盤(severing platter)，一定要先熱過。

▶ 分切全雞或火雞 Carving a chicken or turkey

先將腿切下來，再分切成腿排(thighs)與棒棒腿(drumsticks)，放到已先熱過的盤子上。

然後，從翅膀上方穿過胸部，平行切下去，直到刀片碰觸到胸骨為止。

接下來，在胸肉上，連續地以垂直方向切下去，一直切到平行切下的第一道刀痕為止。

將切下的白色肉片，部分重疊地放在大淺盤上，擺在腿排與棒棒腿旁邊。

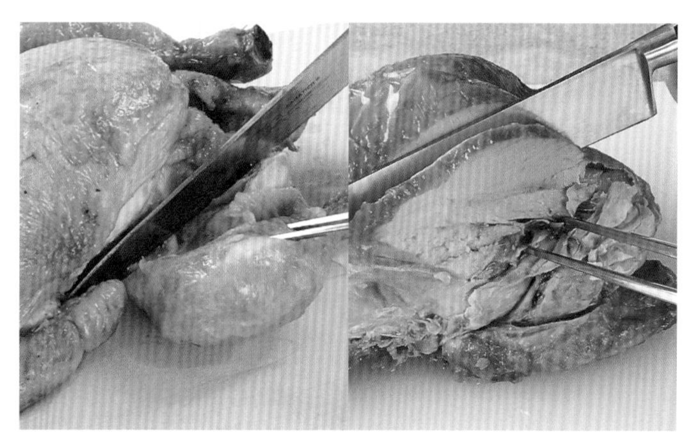

◀ 分切全鴨 Carving a duck

先從翅膀與身體連接的關節部位切開，將兩側的翅膀切下。然後，先切穿腿部的鴨皮，往下切到腿排與軀體之間，露出關節，再切開關節，以這樣的方式切下雙腿。可依個人喜好，再切開腿部間連接的關節，分切成腿排與棒棒腿。

然後，將刀片擺成與鴨成45度角，先從鴨胸的一側切下長而薄的肉片。再以同樣的方式，切下鴨胸另一側的肉片。

將所有的肉片、鴨翅、鴨腿，排列在大淺盤上。

▶ 分切烤胸側肉 Carving a rib roast

通常購買到的胸側肉，脊骨(chine bone)應該已經被肉販切除，以便在胸側肉烤好後，可以輕易地從肋骨間分切開來。

分切時，先將肋骨那面朝下，放在砧板上。將刀子擺在離邊緣約5mm(¼in)的地方，往肋骨的方向切下去。

沿著肋骨的邊緣切下，將肉片整個切開來，再移到已先熱過的大淺盤上。

繼續以同樣的方式，切下所有的肉片。

◀ 分切烤小牛胸肉 Carving a veal breast roast

用雙尖調理叉(two-pronged fork)將肉固定好，沿著肋骨，切下肉片。

先切除露出的肋骨，繼續將胸肉切成均等的肉片。然後，將切好的肉片，擺在已先熱過的大淺盤上。

▶ 分切小羊肉 Carving lamb

腿肉(Leg) 先從腿肉較細的那端上切下薄薄的一片肉，將切面朝下放。從距離腿腱末端(leg shank end)約2—3 cm(¾—1¼in)的地方，垂直切下，到碰到骨頭為止。再從腿腱末端，與骨頭平行，橫切一刀，讓肉片從整塊腿肉上脫離。然後，與骨頭垂直，邊往腿腱末端反方向移，邊切下均等的肉片。將腿肉翻面，沿著骨頭，切下長形的肉片。

分切羊排 Carving a rack 將羊排放在砧板上，肋骨那面朝下。將羊排固定好，以拉鋸的動作，從肋骨間切開。

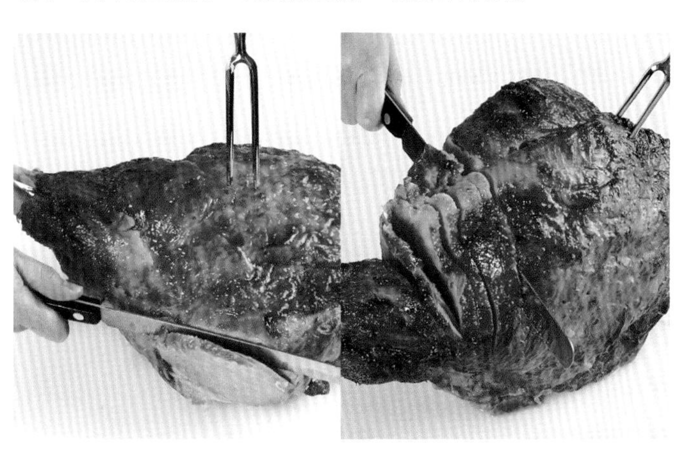

◀ 分切整塊火腿 Carving a whole ham

將火腿放在砧板上。用雙尖調理叉(two-pronged fork)將肉固定好，從較細的那端先切下幾片肉，讓火腿可以平躺好。

將火腿切面朝下放，再切下一小塊的腿肉。然後，再往下切至骨頭，逐一切下均等的火腿肉片。

用拉鋸式來回移動的方式，從肉片下端切過，讓肉片從火腿上脫離。最後，將火腿肉片移到已熱過的大淺盤上放。

裝飾 garnishing

食物的呈現方式有很多種，不僅可以藉由增添色彩或趣味性來提升視覺效果，促進食慾，還可以各種不同的方式來增進風味與口感，例如：添上少許特選的香草植物，可以讓看似平淡無奇的蛋捲(omelette)，變得生動有趣，滴上少許醬汁，可以讓看起來簡單的點心，變成宴客的佳餚。以下所介紹的技巧，就是有助於讓食物的觀感能夠完全反映出其美味的參考範例。水波煮洋梨(參照右圖)，雖然是種簡單的點心，若是再滴上漩渦狀的巧克力醬，擺上少許漿果(berries)，就可以轉變成一道與眾不同的點心了。

◀ **如何將瑞可塔起司擠花在無花果上** Piping ricotta into figs

先混合瑞可塔起司、香草植物、調味料，再擠到每一個無花果的正中央，就可以為傳統義大利帕馬火腿(Parma ham)與無花果的拼盤，增添不同的裝飾效果。

▶ **青蔥流蘇** Spring onion tassels

可用來裝飾肉類冷盤、肉排、沙拉或中式料理，需在數小時前就準備好。製作時，在距離蔥的球狀部分約2.5 cm(1 in)處上方的莖部切數刀。然後，放進冰水中浸泡，直到蔥彎曲捲起成流蘇狀。

◀ **汀波** Timbales

煮熟後磨泥的蔬菜，或什錦飯，若做成汀波來上菜，就會顯得格外獨特誘人。製作時，將餡料裝填入已抹油的模內，倒扣在盤上，脫模。如果無法脫模，就用刀子沿著模的內側劃一圈，讓餡料鬆脫。然後，將對比色調的小片蔬菜排列在汀波上端，以完成最後裝飾。

湯的最後修飾
Finishing touches for soups

將一碗看似普通的湯變換成令人垂涎欲滴的佳餚，可以運用的方式很多，例如：將鮮奶油或優格滴在湯的表面上，形成旋渦的圖樣，或撒點香料，脆麵包丁(crispy crouton)或磨成細碎的起司在湯上。用來修飾用食材的風味，一定要能夠搭配湯的風味，兩者才能夠相得益彰。

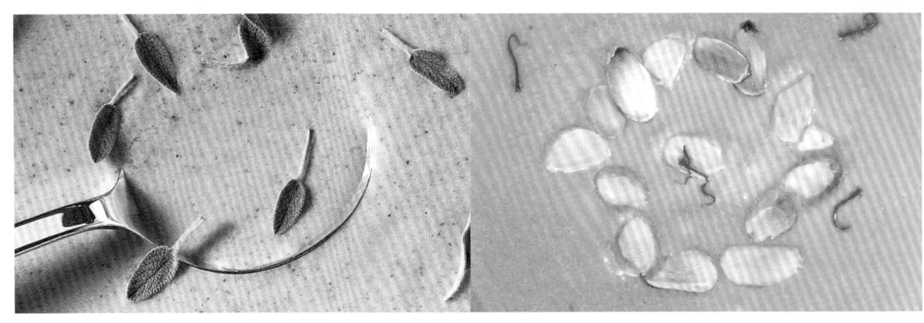

新鮮鼠尾草葉 Fresh sage leaves 依不同種類的香草植物而定，以切碎或完整葉片來做湯的修飾，特別適用在蔬菜鮮奶油湯上。將少許鼠尾草葉撒在櫛瓜湯(courgette soup)上，就是最佳的裝飾。

烤杏仁 Toasted almonds 添加食材來做裝飾，不僅可以增進口感與風味，還可以增添色彩。將少許烤杏仁薄片撒在蘋果與杏仁湯上，不僅看起來漂亮美觀，還多了堅果的香脆嚼感。

肉類與禽鳥的裝飾
Garnishing meat and poultry

行之已久的傳統香草植物裝飾，方式很多，不勝枚舉。其中，包括用新鮮鼠尾草來裝飾烤豬肉，用新鮮薄荷來裝飾烤小羊肉，用西洋菜(watercress)枝葉來裝飾烤牛肉，用巴西里(parsley)枝葉來裝飾烤小牛肉，或用細香蔥(chive)、新鮮芫荽(coriander)來裝飾烤雞。將少許切碎的新鮮香草植物撒在砂鍋燒(casserole)或燉煮(stew)食物上，看起來既特殊又雅緻。檸檬片或檸檬節(lemon twists)，常被用來裝飾雞肉或火雞沙拉(turkey salads)，而柳橙片(orange slices)則在傳統上作爲裝飾鴨肉用。

細香蔥花結 Chive knot 細香蔥最適合用來與雞肉做搭配，尤其是這種令人驚艷的細香蔥花結，不僅是在顏色上，還有格調上，都可以為烤盤紙包裹烘烤的雞肉加分。製作這種花結時，先取幾枝新鮮的細香蔥，再用另1枝細香蔥，從靠近尾端的部分繫好。

蔬菜雕花 Carved vegetables 只要用把銳利的刀子，你也可以在短時間內，就創造出精緻的蔬菜「花」，來做為裝飾。製作時，先從蔬菜(紅蘿蔔、小黃瓜、白蘿蔔都很適合)上削下長條狀，再捲成螺旋狀，像花般的形狀，底部用雞尾酒籤固定好即可。

裝飾甜點 Decorating desserts

一朵鮮奶油擠花，一撮糖粉(icing sugar)或可可粉，都可以爲甜點增添特殊引人的效果。冰凍水果雖然在製作上比較耗時一點，若是將幾顆冷凍過的葡萄或紅醋栗(redcurrant)，表面沾上糖後，用來裝飾舒芙雷(soufflés)、慕斯(mousses)或其它冷藏的水果甜點，看起來就會格外漂亮動人。製作時，先將整串的葡萄或紅醋栗洗淨瀝乾，表面沾上攪開的蛋白，再放進裝了細砂糖(caster sugar)的碗內，沾滿糖，抖落多餘的糖，再擺在網架上瀝乾。

半覆水果 Half coated fruits 巧克力裝飾向來都很討喜。製作時，先用熱水隔水融化些巧克力，再將小型水果(例如：櫻桃、草莓或葡萄)，整顆放進融化的巧克力內，直到半面沾滿為止然後，靜置在防油紙上直到凝固，再與水果或巧克力布丁一起享用(參照第249頁其它巧克力裝飾)。

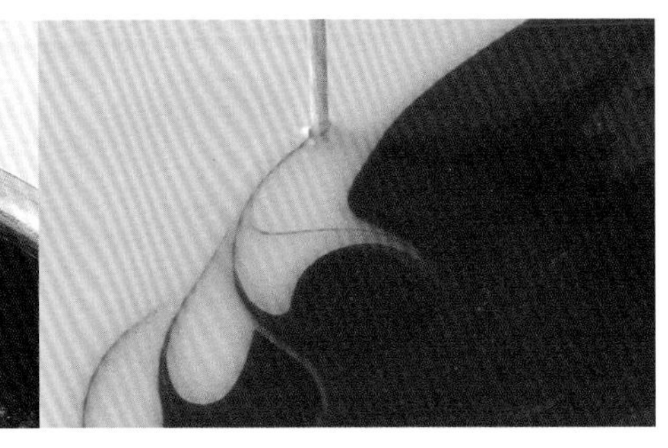

對比庫利 Contrasting coulis 質地柔滑的水果醬汁或庫利，不僅可以為甜點增添美味，還可以形成漂亮的對比色彩。若是用來裝飾擺在盤內的一塊甜點(如上圖)，就需要兩種密度相同的醬汁。製作時，先分別將兩種醬汁各舀一點到盤子的兩側上，等到兩種醬汁相會時，再用雞尾酒籤以劃旋渦狀的方式，讓兩種醬汁交會在一起。

食材
ingredients

魚類與甲殼類海鮮 fish and shellfish

肉類 meat

禽鳥與野味 poultry and game

乳製品 dairy products

豆類與穀物 pulses and grains

蔬菜 vegetables

水果與堅果 fruits and nuts

調香料 flavourings

食材 INGREDIENTS　本書中接下來的部分，將詳細地介紹多種現今常見的食材，為各位提供所需的相關資訊，加深了解與熟悉度，進而在運用這些食材時，更能夠駕輕就熟。每一章都涵蓋了一種主要的食物類別，剖析各種不同的食材，提供包含選擇、前置作業、烹調上的相關資訊。此外，食材的營養價值，進行前置作業時可能用到的特殊器具，步驟式(step-by-step)技巧示範與能夠加以運用的食譜，都是這個部分的介紹重點。

魚類與甲殼類海鮮

fish and shellfish

白肉魚 white fish

白肉魚主要可分爲兩大類：扁身魚(flat fish)，例如：歐鰈(plaice)、比目魚(sole)、大比目魚(halibut)、大鮟鮃(turbot)，還有圓身魚(round fish)與鱈魚(cod)類，例如：黑線鱈(haddock)、牙鱈(whiting)、無鬚鱈(hake)、科萊鱈(coley)。此外，海鱸(sea bass)、烏魚(grey mullet)、鮟魚(monkfish)，也是圓身白肉魚的成員之一。大部分的白肉魚從海中捕獲後，就會立刻取出內臟(gutted)，魚肉雪白的顏色才不易變色。

現今的冷凍技術發達，讓鮮魚的供應期不再受限於季節。然而，正值盛產期間，最佳狀態下的當季鮮魚，味道仍舊是最鮮美的。白肉魚就是最佳的例證。白肉魚爲鹹水魚(saltwater fish)，其中，尤以英國海岸周邊的冷水海域，與北大西洋(North Atlantic)所捕獲的魚，肉質最結實，味道最鮮美。

如何選購白肉魚 Choosing

一定要從信用良好的魚販處購買，而且最好是在烹調當天才購買，以確保魚肉的鮮度。如果欲購買的魚類較特殊，就必須事先向信譽良好的傳統魚販處，或流通量快速的大型超市的鮮魚部預訂。而且，一定要是陳列在鋪了冰塊的冰櫃上的魚，才能購買。

魚片與魚排，一定要看起來新鮮透明，而不是乳白色。切勿購買任何變色或邊緣已變乾的魚。每一條魚的肉質都不同，但是分成薄片時應感覺密實，如果是鬆散的，就是已經變質的徵兆。

如果購買的是冷凍魚，無論是全魚，魚片或魚排，應密封在未受損的包裝內，而且僅含極少量的冰晶(ice crystals)，最好是完全沒有。蝦子(prawns)的包裝內通常比較可能含有冰晶，但是分切過的魚肉或魚排的包裝內，應該完全看不到冰晶。

若是購買的魚是陳列在超市的開架式冰櫃上，一定要輕輕碰觸魚肉，以確保肉已冷凍變硬，特別是擺在最上層的商品。任何外觀看起來乾燥，呈白色或變色的魚，就表示已凍傷，切勿購買。已經分切成魚片或魚排的魚肉，因爲表面暴露在空氣下容易孳生細菌，所以比全魚更容易變質。

鮮魚圖解 A CLOSER LOOK AT FRESH FISH

所有的魚類，判斷其狀況與鮮度的最佳方式，就是檢視外觀與氣味。

魚肉 Flesh
可以的話，就壓壓看魚肉，確認是否既硬又結實，還是軟綿綿而鬆弛。

魚眼 Eyes
魚眼應看起來明亮，瞳孔是黑色的，眼角膜應是透明的，不下陷或呈混濁狀態。

尾巴 tail
魚尾應看起來新鮮而溼潤，不乾燥或蜷曲。

魚皮 Skin
整條魚的魚皮，應鮮豔而光亮，魚鱗牢牢地附著在魚皮上。

魚鰓 Gills
魚鰓應呈明亮的粉紅色，而非紅色。

扁身與圓身白肉魚 FLAT AND ROUND WHITE FISH

扁身白肉魚(Flat white fish) 扁身魚的魚身有兩側，脊骨貫穿魚身的中央，兩側各有一排呈扇形的魚骨，以分開上下兩端的魚片。扁身白肉魚有各種不同大小，例如身型極大，可長達2 m(6 1/2 ft)的大比目魚(halibut)，還有身型較小者，例如：大鯪鮃(turbot)、菱鮃(brill)、比目魚(sole)、歐鰈(plaice)。大型的大比目魚，通常買到時已被切成魚排，而比較小型的大比目魚或其它所有的扁身魚，就可以在清洗乾淨後，烹調全魚，或分切開。烹調全魚時，通常會去除上側的黑色魚皮，而下側質地較柔細的白色魚皮，則可以留著。

種類 Type	產季 Season	替代品 Substitute	烹調方法 Cooking methods
菱鮃 brill	6月 — 2月	大鯪鮃(turbot)	包裹或不包裹烘烤(bake)、蒸煮(steam)、水波煮(poach)、燒烤(grill)、油煎(pan-fry)
鰈魚 Flounder	3月 — 11月	歐鰈(plaice)	烘烤(bake)、蒸煮(steam)、水波煮(poach)、燒烤(grill)、嫩煎(sauté)
大比目魚 halibut	6月 — 3月	大鯪鮃(turbot)	烘烤(bake)、蒸煮(steam)、水波煮(poach)、燒烤(grill)、油煎(pan-fry)
歐鰈 plaice	全年	比目魚(sole)	烘烤(bake)、蒸煮(steam)、水波煮(poach)、燒烤(grill)、嫩煎(sauté)
比目魚 sole	全年	歐鰈(plaice)	烘烤(bake)、蒸煮(steam)、水波煮(poach)、燒烤(grill)、嫩煎(sauté)

圓身白肉魚(Round white fish) 這種魚的身型圓胖，魚眼位於頭部的兩側。整條魚的魚皮顏色相同。脊骨貫穿魚身的中央，圓形的魚骨往下彎曲，分開兩側的厚魚片。圓身魚，可以在清洗乾淨後，烹調全魚，或分切成魚片或魚排後，再烹調。

種類 Type	產季 Season	替代品 Substitute	烹調方法 Cooking methods
鱸魚(bass)	8月 — 3月	烏魚(grey mullet) 海鱒魚(sea trout)	烘烤(bake)、蒸煮(steam)、水波煮(poach)、炙烤(barbecue)
黑海鯛 Black sea bream	7月 — 12月	紅海鯛(Red sea bream) 鱸魚(bass)	烘烤(bake)、燜煮(braise)
紅海鯛 Red sea bream	6月 — 2月	黑海鯛(Black sea bream) 鱸魚(bass)	烘烤(bake)、燜煮(braise)
鯰魚 Catfish	2月 — 7月	鱈魚(cod)、鯊魚類(huss) 黑線鱈(haddock)	燉煮(stew)、燜煮(braise)、燒烤(grill)
鱈魚 cod	6月 — 2月	黑線鱈(haddock) 無鬚鱈(hake) 大比目魚(halibut)	烘烤(bake)、燒烤(grill)、水波煮(poach)、油煎(pan-fry)、油炸(deep-fry)
海鰻 Conger eel	3月 — 10月	鮟魚(Monkfish) 大比目魚(halibut)	烘烤(bake)、燉煮(stew)
科萊鱈 Coley	8月 — 2月	鱈魚(cod)、黑線鱈(haddock)	蒸煮(steam)、水波煮(poach)
黑線鱈 haddock	5月 — 2月	鱈魚(cod)	烘烤(bake)、燒烤(grill)、水波煮(poach)、油煎(pan-fry)、油炸(deep-fry)
無鬚鱈 hake	6月 — 3月	鱈魚(cod) 黑線鱈(haddock)	包裹烘烤(bake)、蒸煮(steam)、油煎(pan-fry)
鯊魚 Huss 角鯊 dogfish	全年	鱈魚(cod)、黑線鱈(haddock) 牙鱈(whiting)	烘烤(bake)、燒烤(grill)、燉煮(stew)
鮟魚 Monkfish	全年	海鰻(Conger eel) 大比目魚(halibut)	烘烤(bake)、燒烤(grill)、油煎(pan-fry)、炙烤(barbecue)
牙鱈 whiting	6月 — 2月	鱈魚(cod)、黑線鱈(haddock)	烘烤(bake)、煎炒炸(fry)

保存 STORING

鮮魚 FRESH FISH 購買鮮魚後，應立即帶回家，而且最好裝在內有冰袋的保冷袋內，尤其是在天氣炎熱的情況下。(有些魚販或超市，只要提出要求，就會提供冰塊。)

一回到家，就要立刻用水沖洗，再用廚房紙巾拍乾。然後，放在盤子上，用蓋子或鋁箔紙覆蓋，放進冰箱中最冰涼的位置，1—5°C(34—41°F)的地方冷藏，而且不要超過1天。

未去內臟的魚，例如：鯖魚(mackerel)、鱒魚(trout)、鯡魚(herring)，一到家就應先去內臟，再沖洗，拍乾，以與上述相同的方式保存。如果在未去內臟的狀況下保存，內臟內的細菌就會繁殖，導致魚快速腐壞。

如果購買的是陳列在冷凍櫃，經由真空包裝(controlled atmosphere packs)的全魚或分解後的部位，應維持原狀，以真空包裝的狀態存放在冰箱內，直到要烹調時，再打開。此外，應在包裝上所示的期限內用畢。

魚在開始烹調前，應放置在冰冷的地方，絕對不可留置在室溫下。

冷凍魚 FROZEN FISH 購買後，應立即帶回家，而且最好是放在冰袋(cool-bag)內。一回到家，就放進冷凍庫內。一般而言，冷凍魚放置在冷凍庫內保存時，不應超過3個月，而且一定要在包裝上所示的期限內用畢。

冷凍魚在烹調前，應先放置在冰箱內過夜，慢慢解凍，以避免魚的肉質與結構組織變質。解凍時，要以原包裝的狀態，放在盤子上，以接住解凍後的水滴。解凍後，去除包裝，徹底瀝乾後，再用廚房紙巾拍乾。切勿將冷凍魚放進水中浸泡解凍，因為這樣做會影響到魚肉的風味與質地，還會導致營養成分大量流失。冷凍魚可以放置在室溫下解凍，不過因為這樣做可能會造成魚上的細菌繁殖，所以一定要在解凍後就立即烹調。冷凍魚一旦解凍，絕對不要再度冷凍。

魚片與魚排，可以在未經解凍的狀態下直接烹調，但烹調所需時間要加長數分鐘。

扁身魚全魚去皮 SKINNING A WHOLE FLAT FISH

若要以全魚來上菜，只需要去除黑色的魚皮。留下白色的魚皮，有助於魚肉在烹調的過程中不致於鬆散開來。烹調全魚時，可帶著魚頭，亦可切除。

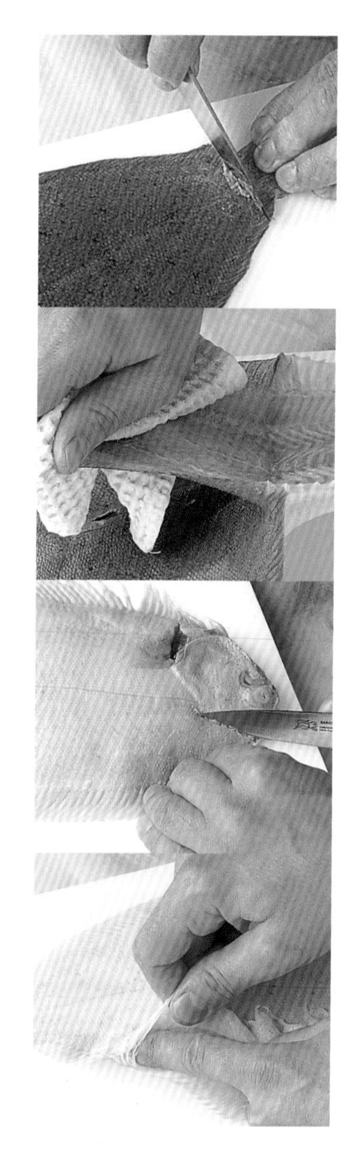

▶ 先去除黑色魚皮。在魚尾末端劃一刀，讓魚皮鬆脫。再用刀子從魚皮底下滑過，讓魚皮鬆開到可以用手捏起的程度。

▶ 用布巾(tea towel)輔助，一手抓住魚尾，另一手抓住魚皮。將魚皮從魚尾開始剝除，直到魚頭為止。

▶ 將黑色魚皮完全剝除，再將魚翻面，讓白色魚皮那面朝上。如果白色魚皮也要剝除，就用銳利的刀子沿著頭部切劃，讓魚皮鬆脫。

▶ 將一根手指伸入魚頭末端的皮下，一直滑到魚尾，讓魚皮整個鬆脫開來。另一側的魚皮也以同樣的方式鬆脫開來。然後，從魚尾末端捏起魚皮，整塊剝。

份量 YIELD PER SERVING

全魚，未經處理	全魚，已經處理	全魚，已經處理，去魚頭	魚排，帶骨或去骨	魚片，去骨
=	=	=	=	=
500 g(1¼ lb)	450 g(1 lb)	225—450 g (8 oz—1 lb)	175—275 g (6—10 oz)	175—275 g (6—10 oz)

分解扁身全魚 FILLETING A WHOLE FLAT FISH

扁身全魚依其大小，可分解成2大塊雙側魚片，或4片單側魚片，如右圖大型的菱鮃(brill)所示。請先沿著魚的輪廓，即魚肉與魚鰭相連的部分切開，切除魚鰭。通常要讓魚皮仍貼附在魚片上，以維持魚片的形狀。

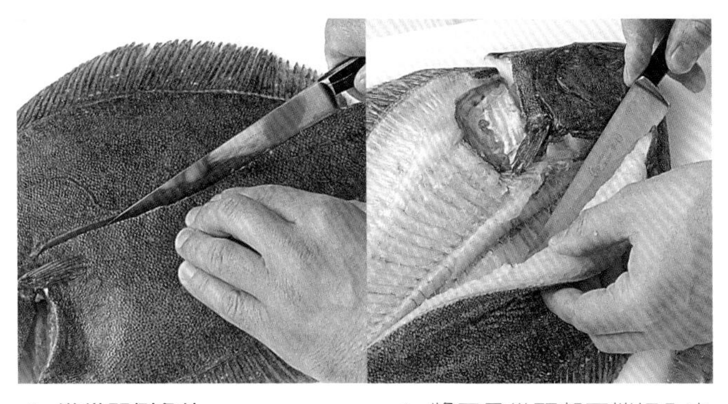

▲ **準備單側魚片**
Preparing single fillets
用銳利的魚片刀(filleting knife)，從魚身的中央，由頭切到尾，深度及中央的脊骨。

▲ 將刀子從頭部下端切入肉的下方，再以長而有力的敲擊方式，將刀子往下移，刀片要與魚平行，越貼著魚骨越好。然後，翻面，重複同樣的動作，切另一面。

雙側魚片 DOUBLE FILLETS

先用魚片刀(filleting knife)，沿著魚的輪廓，即魚肉與魚鰭相連的部分劃開。將刀子小心地插入其中一側魚肉的下方，從脊骨上方順勢切過去。然後，將魚轉到另一側，重複同樣的動作，切另一側。

單側魚片(Single fillets)

雙側魚片(Double fillets)

扁身魚片去皮 SKINNING FLAT FISH FILLETS

將扁身魚分解成魚片後，最好是再去皮，尤其是黑色的魚皮。部分種類的魚，則可以讓白色的魚皮留在魚片上。這項作業很容易進行，但是，一定要按步就班，方法正確，分解好的魚片才不會變形，看起來才會美觀。使用銳利的魚片刀(filleting knife)，是一大要訣。

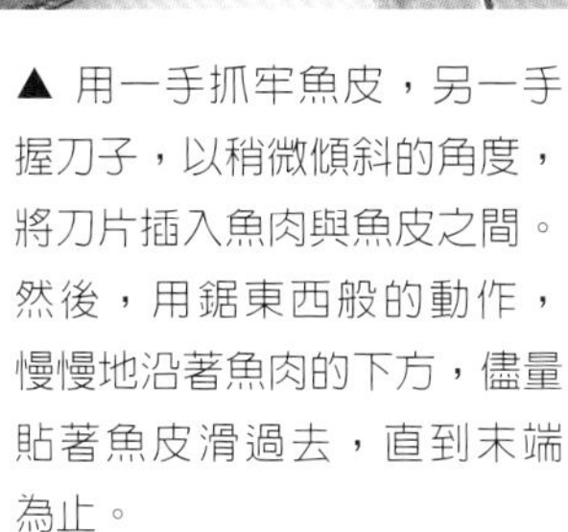

▲ **魚片去皮** Skinning a fillet將魚片帶魚皮的那面朝下，放在砧板上，手握刀子，以稍微傾斜的角度，從魚片尾部末端，小心切過魚肉，但千萬不要切斷魚皮。

▲ 用一手抓牢魚皮，另一手握刀子，以稍微傾斜的角度，將刀片插入魚肉與魚皮之間。然後，用鋸東西般的動作，慢慢地沿著魚肉的下方，儘量貼著魚皮滑過去，直到末端為止。

魚片刀 FILLETING KNIFE

分解全魚時，最好使用特製，有彈性的魚片刀。由於這種刀子的刀片有如剃刀般地銳利，所以使用時要格外小心。使用時，先讓手指沾上鹽，以增加抓力，避免皮膚容易打滑。

實用技巧 USEFUL TECHINIQUES

比目魚(sole)、歐鰈(plaice)的魚片在去皮後，可以先沾上麵包粉或麵糊，用奶油煎，或以水波煮(poach)的方式來烹調。除此之外，也可以變化成經典而特別的形狀，例如：魚柳(goujons)或 魚肉捲(paupiettes)。

▼ **魚柳** Goujons　就是將魚片切成細長條，切的時候，如果是較長的魚片，就斜切。如果是較短的魚片，就逆紋切。然後，沾上麵粉、蛋、麵包粉，再油炸。炸魚柳通常是搭配韃靼醬(tartare sauce)一起吃。

▲ **魚肉捲** Paupiettes　就是將魚片捲起來而成的菜餚，通常使用的是比目魚(sole)或歐鰈(plaice)。可鑲餡，可不鑲餡，可以蒸煮(steam)、烘烤(bake)或水波煮(poach)的方式烹調。製作時，先將餡料塗抹在魚片上，帶魚皮那面朝內，捲起來，再用雞尾酒籤固定。

圓身魚全魚的前置作業 PREPARING A WHOLE ROUND FISH

大多數種類的圓身魚都有魚鱗與魚鰭，必須在烹調前去除。進行這項作業時，容易將週遭的環境弄髒，所以，請在戶外或靠近廚房水槽的地方進行。魚在去鱗，去內臟後，也可以分解成魚片。圓身魚，可以從魚身的兩側，切下2片魚片。分解時，要使用魚片刀(filleting knife)，而且留在魚骨上的肉越少越好。

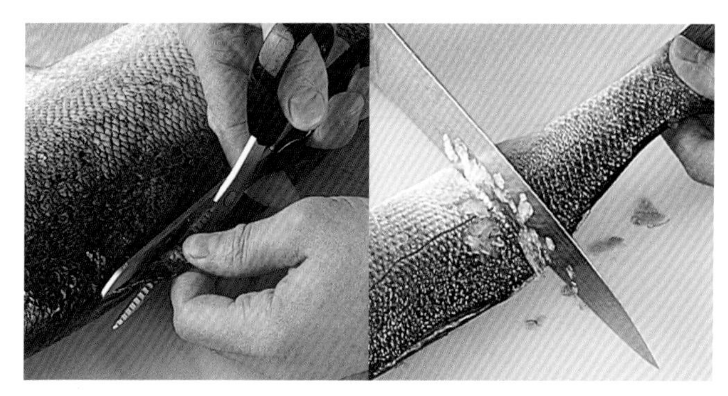

▲ **去魚鰭** Removing fins　剪除魚背與魚腹上的魚鰭。用銳利的料理剪(kitchen scissors)，沿著靠近魚皮的地方剪。

▲ **去魚鱗** Removing scales　抓緊魚尾，用魚鱗刮除器(fish scaler)，鋸齒刀(serrated knife)，或主廚刀(chef's knife)的刀背，將魚鱗刮除。

圓身魚全魚分解成魚片 REMOVING FILLETS FROM A ROUND FISH

將魚清洗乾淨後，放在砧板上，再從魚頭的後方往下斜切一刀，深至脊骨。將魚背朝向自己的方向放好，由魚頭往魚尾，沿著其中一側的脊骨切。

然後，把刀子從魚頭後方的切口伸入，將魚肉從肋骨上切下來。一手握刀子，與魚平行，以敲擊的動作，一點一點地往前切開，另一手支撐著魚片。然後，將魚翻面，重複相同的動作，切下另一片魚片。

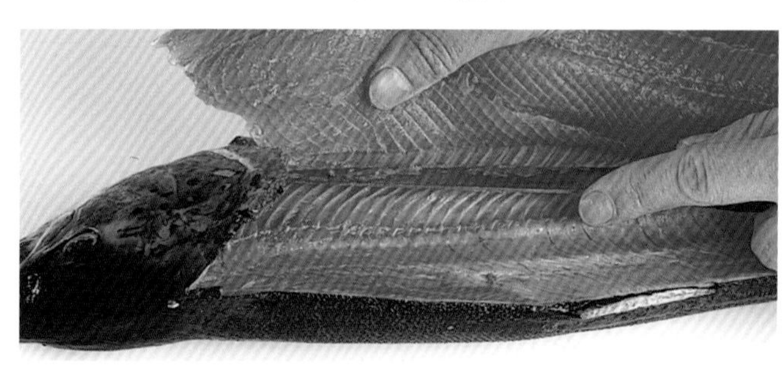

鱇魚的去皮與去骨 SKINNING AND BONING MONKFISH

鱇魚只有魚尾的部分被用來烹調，而且大都去皮後，整塊烘烤(bake)，或再分解成塊。分解完畢後，要將每塊肉下側的黑色薄膜切除。這些肉塊，可以整塊烹調，或再切丁，用來製作烤肉串(kebabs)，燉煮(stew)，或快炒(stir-fries)。脊骨可以用來做魚高湯。

▲ **去皮** Skinning　從頭部下端，剝開魚皮。然後，抓緊魚皮，往魚尾的方向拉。

▲ **去骨** Boning　用主廚刀(chef's knife)，從魚塊的脊骨兩側，切下魚肉，再切除黑色薄膜。

檢查魚肉的熟度 TESTING FISH FOR DONENESS

魚肉加熱的時間應越短越好，以避免過度加熱導致魚肉變得既硬又乾燥。魚肉加熱到整塊變得不透明時，就表示已經煮熟了。此時的魚肉，應很容易就可以分解成薄片。

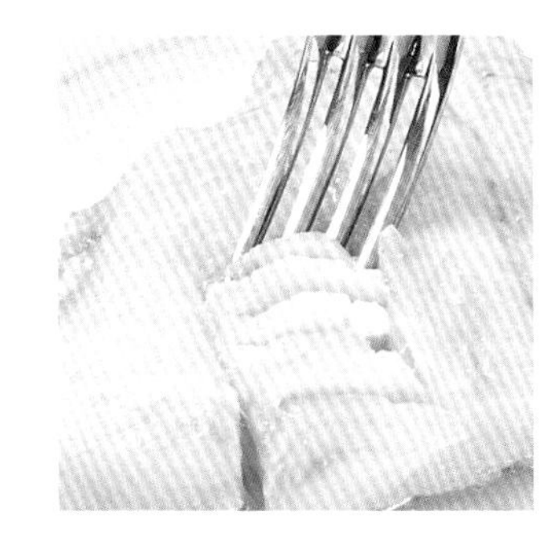

製作魚高湯 MAKING A FISH STOCK

用高湯來煮魚，可以增添風味。魚高湯還可以讓醬汁(sauce)、燉肉(stews)、砂鍋燒(casseroles)的味道變得更濃郁。魚高湯(fish stock，又名fish fumet)，是用從白肉魚上修切下來的部分，例如：魚頭與魚骨，還有蝦頭與蝦殼等熬煮而成。製作時，將這些修切下來的部位，放進水與白酒中，加上香味蔬菜(aromatic vegetables)與香草植物，烹調而成。以慢煮的方式來烹調，時間不得超過20分鐘，否則味道就會開始變澀。油份高的魚(oily fish)味道較重，不適合用來製作魚高湯。

搭配魚的醬汁 Fish sauces

美乃滋 Mayonnaise 用蛋黃、檸檬汁或白酒醋(white wine vinegar)、芥末(mustard)與橄欖油混合而成的乳狀醬汁。

韃靼醬 Tartare sauce 用來搭配油炸魚肉。美乃滋，加上切碎的醃黃瓜(gherkins)、酸豆(capers)、檸檬汁、少許切碎的新鮮香草植物，例如：巴西里(parsley)、細香蔥(chive)、茵陳蒿(tarragon)，所混合而成的蘸醬。

貝夏美醬汁 Béchamel sauce 一種將熱牛奶加入奶油與麵糊內，混合而成的白色系醬汁(white sauce)。使用的牛奶，可以先浸漬蔬菜與月桂葉(bay leaves)來增添風味。

白乳酪醬 Mornay sauce 用來搭所有的白肉魚。一種將磨碎的格律耶爾起司(Gruyère cheese)或帕瑪善起司(Parmesan cheese)，加入貝夏美醬汁(béchamel sauce)內，以增添風味的醬汁。白乳酪醬可以當作淋醬，或用來製作焗烤(gratin)時，澆淋在魚上，例如：比目魚(sole)的魚片上，再燒烤成金黃色。

天鵝絨醬汁 Velouté sauce 用來製作薇若妮卡比目魚(Sole Veronique)與蘑菇美人魚(Sole Bonne Femme)。可以搭配所有種類的白肉魚(包括水波煮過的海鱸(sea bass)全魚)。製作方式與貝夏美醬汁(béchamel sauce)相似，但以魚高湯(參照左列)與鮮奶油來代替浸漬牛奶(infused milk)。

荷蘭醬汁 Hollandaise sauce 一種以蛋黃與無鹽奶油為主要材料，所製成的溫熱乳化醬汁。常用來搭配用海鮮料湯(court bouillon)烹調過的魚。

梭形魚肉丸
Fish quenelles

梭形肉丸(*quenelles*)，是用絞碎的魚肉或其它肉類，塑形成圓球狀或橢圓形而成。小型的梭形魚肉丸，可以用來製作清湯(*clear soups*)。大型的梭形魚肉丸，可以先水波煮(*poach*)，再沾滿味道濃郁的起司醬，放進烤箱內或以燒烤(*grill*)的方式，烤成漂亮的金黃色。牙鱈(*whiting*)、歐鰈(*plaice*)、比目魚(*sole*)分解下來的魚片，都是製作美味梭形魚肉丸的最佳材料。

魚餅 FISH CAKES

魚餅可以用很多不同種類的生魚肉來製作，例如：鱈魚(cod)、黑線鱈(haddock)、牙鱈(whiting)或無鬚鱈(hake)等白肉魚(white fish)，還是鯖魚(mackerel)或鮭魚(salmon)等油份高的魚(oily fish)。混合鮮魚與煙燻魚來製作，風味更佳。

用絞碎的魚肉製作的魚餅，通常味道較濃膩。所以，若是要製作出口味清淡的魚餅，請用手將魚肉剝成薄片，或切碎。煮好吃剩的魚也可以用來製作魚餅，不過，請用等量的魚肉與馬鈴薯，混合製作。

▲ **製作魚餅 Making cakes** 先將生魚肉的魚骨全部剔除乾淨，再切碎。然後，加入生麵包粉、香草植物、蛋液、檸檬汁、調味料混合。此外，可以再添加塔巴斯可辣椒醬(Tabasco sauce)或美乃滋(mayonnaise)。

▲ **烹調魚餅 Cooking cakes** 將混合料塑形成整齊的圓餅狀，再冷藏至凝固結實。然後，將魚餅表面沾滿麵包粉，用熱油，將兩面各煎5－6分鐘後，擺在廚房紙巾上瀝油。

油脂魚類(油魚) oily fish

油魚指的是油份高的魚，與白肉魚的不同之處，在於油魚的油脂是分佈在全身的肉裡，而白肉魚則是儲存在肝臟內。因此，油魚的味道也比較重，肉色較深，吃起來的口感也較紮實。分佈在肉內的脂肪，可以讓肉在燒烤或煎炒炸的過程中，仍然保持濕潤柔軟，肉的質地也不像白肉魚般脆弱。

如何選擇油魚 Choosing

購買與保存油魚的方式，與白肉魚相同(參照第58與60頁)。油魚大多是以全魚的狀態販賣，而且在烹調前需先去鱗，清洗。可以請魚販協助完成這些作業，由於進行起來很簡單，也可以自行處理。

營養訊息 NUTRITIONAL INFORMATION

魚是種天然的低脂食物。其中，油魚的脂肪含量最高，為6－20%。不過，這是種優質脂肪。若是食用像魚這種Omega-3脂肪酸(Omega-3 fatty acids)含量豐富的食物，就可以自然的方式來維持均衡而健康的飲食習慣。

Omega-3脂肪酸含量最豐富的魚，包括：鯖魚(mackerel)、鯡魚(herring)、鱒魚(trout)、沙丁魚(sardine)、鮭魚(salmon)。Omega-3脂肪酸與其它肉類中所含的飽和脂肪(saturated fats)不同，它是不飽和脂肪(polyunsaturated fatty acids)，因此，有助於預防冠心病(coronary heart disease)。

種類 Type	產季 Season	替代品 Substitute	烹調方法 Cooking methods
鯷魚 anchovy	6月－12月	沙丁魚(sardine) 黍鯡(sprats)	油炸(deep-fry)
鯡魚 herring	5月－12月	鯖魚(mackerel) 皮爾徹德魚(pilchards)	烘烤(bake)、燒烤(grill)、醃漬(souse)
鯖魚 mackerel	全年	鯡魚(herring) 皮爾徹德魚(pilchards)	烘烤(bake)、燒烤(grill)、蒸煮(steam)、炙烤(barbecue)
皮爾徹德魚 pilchards	1月、2月、4月 11月、12月	小型鯡魚(herring) 小型鯖魚(mackerel)	烘烤(bake)、燒烤(grill)、油煎(pan-fry)、炙烤(barbecue)
沙丁魚 sardine	1月、2月、4月 11月、12月	皮爾徹德魚(pilchards)	烘烤(bake)、燒烤(grill)、油煎(pan-fry)、炙烤(barbecue)
鮪魚 tuna	全年	劍魚(Swordfish)	烘烤(bake)、油煎(pan-fry)
銀魚 whitebait	2月－7月	無	油炸(deep-fry)

＊編註：作者所寫之產季以歐洲為主。

小型油脂魚類去魚刺 BONING SMALL OILY FISH

小型油魚，例如：沙丁魚(sardine)，魚刺非常柔軟，用手指就可以輕易拔除。

▼ 用手指從魚鰓的後方將魚頭折斷，丟棄。將食指從魚頭折斷的地方伸入，滑過整個魚身，讓魚身裂開來。拉出內臟，丟棄。

▲ 小心打開魚身，從魚頭末端的方向開始，拉出脊椎(backbone)。然後，用手指從魚尾的末端扯斷脊椎。用冷水徹底將魚沖洗乾淨，再用廚房紙巾拍乾。

鯡魚去鱗、內臟、魚刺 SCALING，GUTTING AND BONING A HERRING

有些油脂魚類(油魚)在烹調前，必須先去鱗。油魚裡的許多小魚刺，常是食用時的問題根源。小型的油魚，可以用手指拔除(參照左下文)。較大型的油魚，例如：鯡魚(herring)、鯖魚(mackerel)，就必須用不同的技巧來除去魚刺。油魚在去除魚刺後，可以填裝餡料後烘烤(bake)，或以燒烤(grill)的方式烹調。此外，也可捲起後醃漬，或攤平後，沾上燕麥粉(oatmeal)油煎(pan-fry)。烹調油魚時，通常會帶皮，以免魚肉在烹調的過程中鬆散開來。

油魚的肉質雖油膩，但是卻很適合用油煎或燒烤的方式烹調，以達到封存鮮美風味與溶解皮下脂肪的功效。鯡魚(herring)的幼魚與黍鯡(sprats或銀魚whitebait)，常以油炸的方式烹調。

首先，用魚鱗刮除器(fish scalers)或鋸齒刀(serrated knife)，由魚尾往魚頭的方向去鱗。去鱗時，請在塑膠袋內，或戶外進行。

醃漬
Marinating

油魚，無論是全魚或切成條狀，常先醃漬，再用醋與西打(*cider*)或水混合的液體，加上香料與洋蔥、月桂葉(*bay leaves*)等調香料烹調，以中和肉的油膩感。壽司(*sushi*)，是用海苔將醋飯，與長條狀的生魚肉，例如：鮪魚(*tuna*)或鯖魚(*mackerel*)捲起而成。生魚片(*sashimi*)，則是將生魚肉切片後，搭配山葵(*wasabi*)來食用。

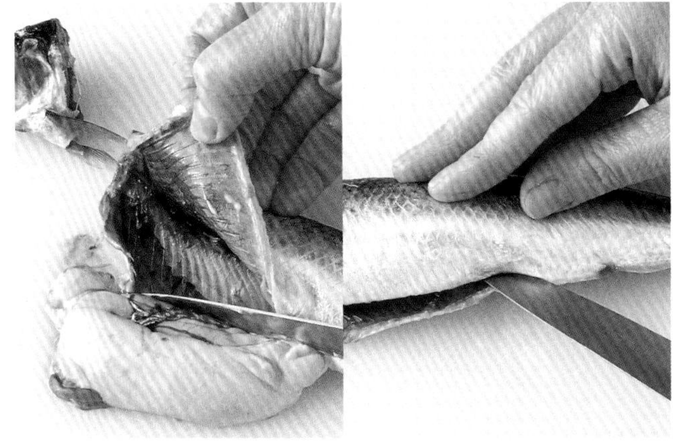

▲ 先將頭切除，再沿著魚腹剖開，取出內臟。剝除魚身內黑色的薄膜後，用水沖洗乾淨。

▲ 一路往魚尾的方下切過去。將魚打開攤平，魚皮那面朝上。然後，沿著脊椎用力按壓，讓魚骨鬆脫開來。

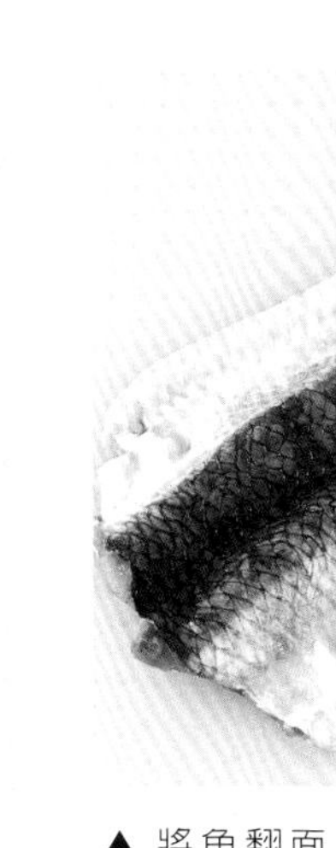

▲ 將魚翻面，用大拇指，沿著兩側的脊椎，從肋骨下滑過。

▲ 拉出鬆脫開來的脊椎與肋骨。如有需要，可用刀子輔助進行。然後，在魚尾的地方切除。

淡水魚 freshwater fish

大部分的野生淡水魚，是從湖或河流內捕獲。其中有些魚，例如：鮭魚(salmon)、海鱒(sea trout)、鰻魚(eel)，在生長的過程中曾在海洋裡，但是都是在河流或湖內被捕獲。海鱒(sea trout)，與棕鱒(brown trout)雖為同種，但是體型較大，外型也不同，反而因為看起來很像小型鮭魚(salmon)，在英文中有時又被稱之為「salmon trout」。鯉魚(carp)與鯛魚(bream)只能在淡水裡捕獲。

除非你是個熱衷而積極的漁夫，否則現代幾乎不太可能捕獲像棕鱒(brown trout)等這樣的野生淡水魚了。不過，人工養殖的淡水魚，全年在大部分的漁販或大型超市都可以買得到。此外，野生的鮭魚(salmon)，在產季時仍然可以買得到，只是價錢比較貴。淡水魚的味道，從清淡到濃重皆有，各不相同。還有，淡水魚依養殖地點不同，有的吃起來可能會帶有土味。味道最清淡的淡水魚為鱒魚(trout)，最好以簡單的方式來烹調。鮭魚(salmon)則適合多樣化的烹調方式，既可以與香料等調味料，或像是荷蘭醬汁(Hollandaise sauce)等味道濃郁的醬汁搭配享用，也可以簡單地將加了新鮮香草植物調味的法式濃鮮奶油(Crème fraîche)澆淋在魚上面即可。

份量 YIELD

4.5 KG(10 LB)鮭魚
(SALMON)

最多25人份 *

* 如果是鱒魚(trout)，則為去內臟清洗後平均 350—450 g (12 oz — 1 lb)重的鱒魚，每人一條。

如何選擇 Choosing

淡水魚的選購方式，請參照第58頁。特別需要注意的一點是，聞起來的氣味一定要很新鮮。剛剛補獲的魚，一定要馬上去內臟。從超市購得的魚，一回到家就要立刻去內臟，並清洗乾淨。

種類 Type	產季 Season	替代品 Substitute	烹調方法 Cooking methods
鯉魚 carp	人工養殖：全年。	鯛魚(bream)	烘烤(bake)、油煎(pan-fry)、油炸(deep-fry)
北極嘉魚 char，arctic	人工養殖：全年。野生(科尼斯頓湖(Coniston Water)或溫德米爾湖 Lake Windermere)：3月15日—9月30日。	鱒魚(trout)	烘烤(bake)、燒烤(grill)、水波煮(poach)
鰻魚 eel	人工養殖：全年。	無	燉煮(stew)、燒烤(grill)、炙烤(barbecue)
狗魚 pike	全年。	烏魚(grey mullet)	烘烤(bake)、燒烤(grill)
鮭魚 salmon	人工養殖：全年。 野生：2月—10月	大鱒魚(large trout)、 海鱒(sea trout)	烘烤(bake)、燒烤(grill)、水波煮(poach)、油煎(pan-fry)
野生棕鱒 trout，wild and brown	英格蘭與威爾斯：只有在開放的季節可捕獲，且季節各不相同。 蘇格蘭：4月1日—9月30日	虹鱒(rainbow trout)	烘烤(bake)、燒烤(grill)、水波煮 (poach)、油煎(pan-fry)、炙烤(barbecue)

從魚鰓取出內臟 GUTTING THROUGH THE GILLS

圓身魚(round fish)，例如：鱒魚(trout)，若是要連同魚頭一起上菜，從魚鰓處去內臟，可以讓外觀看起來更整齊美觀。

▼ 將魚頭後方的鰓蓋往上拉，再用剪刀剪除，丟棄。撐起魚腹，在魚腹下端剪個小切口。

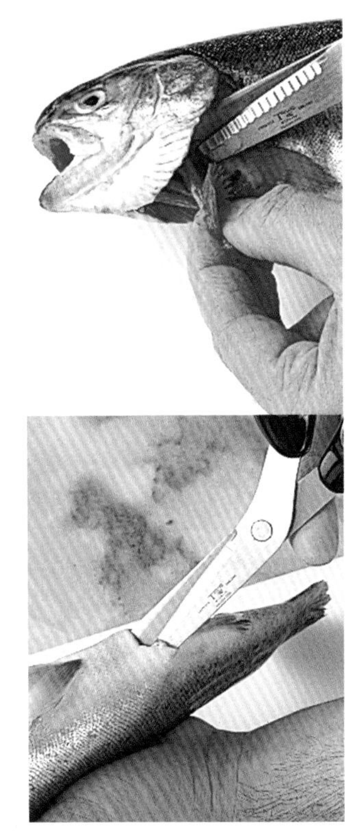

▲ 把剪刀的尖端伸進去，切斷內臟，使其從魚身上鬆脫。將手指伸入打開的魚鰓內，抓緊內臟，拉出，丟棄。用冷水徹底沖洗乾淨。然後拍乾。

從魚腹去骨 BONING THROUGH THE STOMACH

如果要將大型全魚鑲餡烹調，最好從魚腹去骨。

將已取出內臟的魚，魚背朝下放在台上，再用魚片刀(filleting knife)從朝上的那一側，沿著魚肋骨與貼在單側魚脊椎上的魚肉間切下，讓魚肋骨從肉上鬆脫開來。

小心地用刀分別劃過脊椎的兩側，就可以讓整個脊骨從魚肉上鬆脫。切的時候要小心，不要劃破魚皮。

用料理剪，將整個脊骨從魚頭與魚尾上剪除。

再用鑷子(tweezer)將魚肉上的細刺拔除。然後，用手指來確認是否還有遺漏未拔除的細刺。

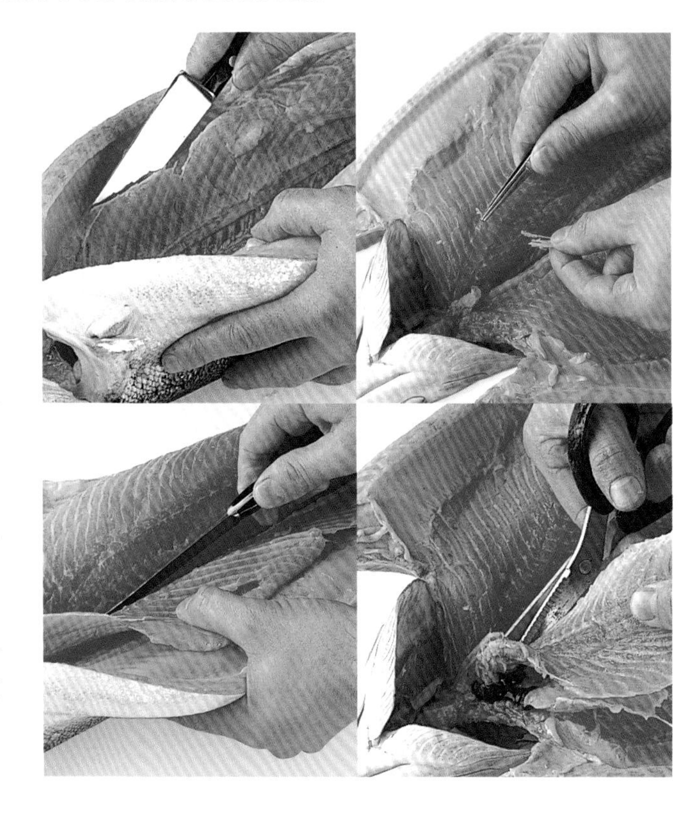

海鮮料湯
Court bouillon

這是種用來水波煮
鮭魚(*salmon*)或
海鱸(*sea bass*)等全魚，
味道芳香的液體。
製作時，將洋蔥、
紅蘿蔔、韭蔥(*leek*)、
芹菜(*celery*)等蔬菜，
加上新鮮香草植物，
放進加了鹽調味的水中，
稍微加熱到開始散發出
香味即可。
可在*20*分鐘後加入白酒
(如果太早加入，會導致香
味無法散發出來)，
或加點紅酒醋或
白酒醋作爲替代，
以增添風味。
煮好後，
要先放涼，再使用。

烹調好的全魚如何上菜 HOW TO SERVE A WHOLE COOKED FISH

用把銳利的刀，沿著脊骨，從魚頭到魚尾，將魚縱切開，再去魚皮(如果魚皮還在的話)。小心地翻面，將下側魚身上的魚皮也剝除。然後，用把銳利的刀，將上側的魚片縱切開來，再從魚身上移開。如果魚有鑲餡，要先將餡料舀出後，再把魚骨從下側的魚片上移除。

去骨時，從魚尾往魚頭的方向，拉起魚脊，讓魚骨從下側的魚片上鬆脫開來，再用料理剪，從魚尾那端剪斷。將上側的魚片放回原位。這樣一來，魚就可以分成幾等份來上菜了。除此之外，也可淋上醬汁，或澆淋上肉凍汁(aspic)，然後擺上配菜後，再上菜。

外來魚類 exotic fish

外來魚類，尤其是熱帶水域捕獲的魚類，通常全年都可以購買得到，不像國內產的魚類，極度受限於特定的產季。

然而，在魚販處每週可購得的外來魚類到底是哪些，更確切的說法，應該是依當時是哪些魚類被進口到國內而定。

外來魚類從外觀上看起來往往與國內產的魚不同，但是，無論是前置作業，或是烹調方式，都與其它的圓身魚(round fish，參照第59頁)一樣簡單，吃起來也一樣美味。

外來魚類的前置作業 PREPARING EXOTIC FISH

很多外來魚類，都有大而尖銳，類似魚骨般的魚鰭，最好在去內臟與烹調前，尤其是要以全魚烹調時，就先除去。

種類 Type	質地與味道 Texture and flavour	烹調方法 Cooking methods	替代品 Substitute
錦紋棘蝶魚 Emperor fish	可能有種濃重的味道。	最好以烘烤(baked)方式烹調	鸚鵡魚(parrot fish)
海魴 John Dory	肉的質地細緻而結實，與分切開後的比目魚(sole)或大鯪鮃(turbot)很像。	水波煮(poach)、燒烤(grill)、油煎 烘烤(bake)	比目魚(sole)、大鯪鮃(turbot)
鸚鵡魚 Parrot fish	通常以冷凍狀態販賣，味道清淡 最好以全魚烹調。	適合烘烤(bake)、蒸煮(steam)	錦紋棘蝶魚(Emperor fish)
紅魴 Red gurnard	肉質結實，味美。	常用來燉煮(stews)，尤以地中海料理最常見。	紅烏魚(Red mullet)
紅烏魚 Red mullet	肉質結實，肉色呈白色，味美。肝臟被視為是珍饈，最富價值。	烘烤(bake)、煎炒炸(fry)、燒烤(grill)	紅鯛(red snapper)
紅鯛 Red snapper	肉質從硬到軟都有，肉色呈白色或灰白色。味道清淡柔和。	烘烤(bake)、燒烤(grill)、油煎(pan-fry) 燜煮(braise)	紅烏魚(Red mullet)
紅石斑魚 Red strawberry grouper 極難取得	肉質結實，味道清淡可口。	燉煮(stew)、水波煮(poach) 烘烤(bake)，或比照比目魚(sole)或大鯪鮃(turbot)的烹調方式。製作海鮮湯(bouillabaisse)的傳統食材。	烏魚(Mullet)、比目魚(sole)、大鯪鮃(turbot)
鯊魚 Shark 通常切成魚排販售	肉色呈粉紅或象牙色。多肉的質地。口味清淡柔和。	炙烤(barbecue)、燒烤(grill) 油煎(pan-fry)、燜煮(braise)	劍魚(Swordfish)
鱘魚 Sturgeon 淡水魚，多為人工養殖	肉質結實，味道清淡的油魚。蛋為製造魚子醬(caviar)的來源，最具價值。魚骨為軟骨(cartilage)，而非硬骨(bone)。可以作為雞肉的替代品。	燒烤(grill)、炙烤(barbecue) 水波煮(poach)、油煎(pan-fry)	鮪魚(Tuna)
劍魚 Swordfish 通常切成魚排販售	肉色呈灰白色，魚皮堅硬的油魚。油膩多汁。	炙烤(barbecue)、燒烤(grill) 烘烤(bake)、水波煮(poach)	鯊魚(Shark)

保藏之魚類
preserved fish

這種以鹽漬或煙燻的方式來保存魚的古老方式，至今仍被採用。不過，主要是爲了要讓魚吃起來更加可口美味，遠多於以往長期保存的目的。

魚的肉質與風味，會因鹽漬或煙燻而改變。魚肉的質地會變得更結實，油脂魚類(油魚)會變得更油膩，而風味從清淡到濃郁都有。不過，保藏之魚類都必須先經過處理後，再烹調或食用。

乾燥鹽漬鱈魚 Dried salt cod 這是種在世界各地的料理中最常被使用到的食材之一，尤其是在歐洲與加勒比海地區。鹽漬鱈魚可以在外來商品店或許多熟食店(delicatessen)買得到，特別是義大利熟食店。由於品質參差不齊，購買時請特別留意，選擇魚肉顏色呈黃白或灰白色為佳。切勿選擇看起來顏色呈暗黃色者，因為這是魚肉鹽漬了太久的徵兆。

魚上側部位的肉，稱之為魚肩肉(shoulder)，為肉質最佳的部位。鹽漬鱈魚，不像以煙燻或醃漬的方式來保藏的鱈魚，一旦經過浸泡，烹調時就彷彿煮的是鮮魚一樣。

鹽漬鯷魚與鯡魚 Salted anchovies and herring 大部分的鯷魚與鯡魚，是以浸泡在濃鹽水中的方式保存。鹽漬鯷魚肉片，是浸泡在油中，以罐裝或瓶裝來販賣，只要瀝乾，就可以立刻使用。鹽漬鯡魚，則需要先浸泡在冷水中整整24小時後，才能分切，食用。

如何浸泡復原乾燥鹽漬魚
TO RE-HYDRATE DRIED SALTED FISH

有的乾燥鹽漬魚在使用前，都必須先浸泡在冷水中，讓魚肉復原成濕潤的狀態，同時去除多餘的鹽分。如果魚的體型較大，就先切塊，放進大型的攪拌盆，或不鏽鋼製湯鍋內，整個浸泡在冷水中。依魚肉的大小或厚度而定，靜置泡水24—48小時，期間至少換2—3次水。當魚復原成濕潤的狀態，可以用來烹調時，體積約會變爲乾燥時的2倍大。

營養訊息
NUTRITIONAL INFORMATION

鹽漬鱈魚(Salt cod)的熱量比鮮魚還高。它的肝臟，維他命A與D的含量特別豐富，可以用來製作鱈魚肝油。

如何烹調鹽漬魚
COOKING SALTED FISH

先將浸泡過水的魚放在水龍頭下，用冷水徹底沖洗過，再放進大鍋子內。注入冷水，讓魚完全淹沒在水中，加熱到剛剛沸騰爲止。然後，把火調小，撈除水面上所有的浮渣。再度調整火侯，維持在水面呈波動的程度，用鍋蓋半遮掩在鍋子上，慢煮10—20分鐘，或直到用刀子測試時，可輕易地剝成片狀。等到魚完全煮熟後，瀝乾，剝解成片狀，丟棄魚皮與魚骨。

鯷魚去鹽
DESALTING ANCHOVIES

一般而言，罐裝比瓶裝的鹽分含量更高。用冰牛奶浸泡鯷魚20分鐘，就可以讓魚肉變得更柔軟，味道更清爽。進行去鹽時，先倒掉油。浸泡過牛奶後，瀝乾牛奶，再放在水龍頭下，用冷水沖洗。

煙燻魚 SMOKED FISH

煙燻魚，不但在煙燻後，具有煙燻的特殊風味，因為進行煙燻時的熱煙也同時加熱了魚肉，所以，大部分的煙燻魚，都可以直接以冷食享用。有些煙燻魚，例如：煙燻鯡魚(kippers)，由於比較乾燥，就要先加熱後再上菜。雖然冷燻會讓魚肉變色，卻更能夠讓魚肉的外觀看起來生鮮濕潤。有些冷燻魚，例如：鱈魚(cod)、黑線鱈(haddock)、芬南煙燻黑線鱈(Finnan haddock)，必需先烹調再食用。而肉的質地較脆弱者，例如：鮭魚(salmon)、鱘魚(sturgeon)、大比目魚(halibut)、鱈魚子(cod's roe)，則可以直接食用，不需先烹調。所有的煙燻魚，色澤應看起來鮮明漂亮。肉應顯得豐滿，魚皮應發亮有光澤。切勿選購任何看起來乾燥缺水，變色或起皺，還有魚骨從魚肉上分離開來的煙燻魚。大多數煙燻魚都以眞空包裝上市，以保新鮮。

煙燻鮭魚 Smoked salmon

煙燻鮭魚，是經過冗長而緩慢的處理後完成的。首先，要將鹽乾抹在鮭魚上，或用濃鹽水浸泡，至少經過數小時後，再以32℃(90℉)或更低的溫度煙燻。煙燻後的風味與質地，依鮭魚的種類、醃漬的方式、煙燻過程中的時間長短與溫度、使用的木材，而有所不同。

染色與否 Dyed or undyed

魚若是以傳統的方式煙燻較長的時間，味道就會比較濃郁，色澤也會比較深。然而，現在有些魚，例如：黑線鱈*(haddock)*，會被染色，讓外觀看起來像是經過了長時間的煙燻。因為對於未染色，呈現天然顏色燻魚的需求量越來越大，所以，即使染色時用的是天然的素材，現在已經越來越少對魚進行染色加工了。

煙燻鮭魚上菜 SERVING SMOKED FISH

除非購買的是無骨魚片，大部分煙燻魚只需要進行少量的前置作業：去頭(如有必要)、去皮、去骨。上菜時，再配上檸檬角、雜糧麵包(brown bread)或烤土司、奶油。

煙燻鮭魚刀 SMOKED SALMON KNIFE

這種刀，刀片窄而長，有彈性，適合將煙燻鮭魚切成薄片。刀刃部分是直的，但是，刀片的表面可能是平滑或有溝槽，通常前端的形狀是圓的。

種類 Type	**煙燻方法** Smoking method	**烹調方法** Cooking methods
白肉魚 White fish		
亞伯羅斯煙燻黑線鱈 Arbroath smokie	冷燻	燒烤(grill)、水波煮(poach)
鱈魚 Cod (魚片 fillet)	冷燻	烘烤(bake)、燒烤(grill)、水波煮(poach)、蒸煮(steam)
大型黑線鱈魚片 Large haddock	冷燻	烘烤(bake)、燒烤(grill)、水波煮(poach)、蒸煮(steam)
芬南煙燻黑線鱈 Finnan haddock	冷燻	水波煮(poach)
大比目魚 Halibut	冷燻	可立即食用
油脂魚類 Oily fish		
醃燻鯖魚 Bloaters	冷燻	燒烤(grill)、煎炒炸(fry)
煙燻鯡魚 Buckling	熱燻	可立即食用
鰻魚 Eels	熱燻	可立即食用
煙燻鯡魚片 Kippers	熱燻	水波煮(poach)、燒烤(grill)、煎炒炸(fry)
鯖魚 Mackerel	熱燻	可立即食用
鮭魚 Salmon	冷燻或熱燻	可立即食用
淡水魚 Freshwater fish		
鱘魚 Sturgeon	冷燻	可立即食用
鱒魚 Trout	熱燻	可立即食用
其它 Other		
鱈魚子 Cod's roe	冷燻	可立即食用

烏賊 squid

烏賊(squid或calamari)，在地中海國家被視爲珍饈，也常出現在亞洲料理中，販賣時，通常已經清理好、處理過，並且冷凍。不過有時也有賣新鮮的，以下的步驟可幫助您處理烏賊、章魚(octopus)或墨魚(cuttlefish)。

製作填充餡料的袋囊
POUCHED MADE FOR STUFFING

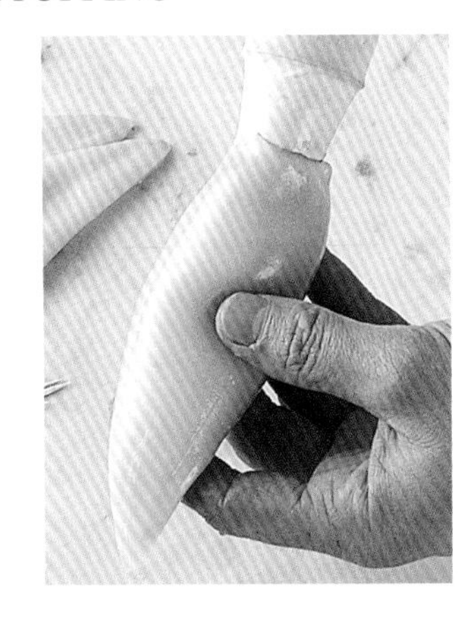

完整的袋囊，很適合用來填充各種餡料。利用擠花袋或湯匙來裝入餡料，但不要過滿；要留下可供餡料伸展的空間。再用料理縫針(trussing needle)和細線，將袋囊縫好。

烹調時間
COOKING TIMES

- 使用小烏賊來製作沙拉或開胃菜時，稍微燙一下就可以了(請見22頁)。用來製作濃湯和燉菜時，就在最後才加入，再煮幾分鐘即可。
- 小至中型的烏賊，可以切成環狀，裹上麵粉或麵糊油炸。
- 中至大型的烏賊，需要長時間的小火慢燉(以軟化粗韌的肉質)。依照體型大小，需要1－4小時不等。

如何處理墨汁
What to do with the ink

在義大利，墨汁用來染色並調味義大利麵或義式燉飯(*risotto*)。
煮食烏賊時，
可加入墨汁同煮。
也可以加入西班牙海鮮飯(*paella*)中來調味。
如果是未經處理過的整隻冷凍烏賊，
墨汁會轉變成半凝結的顆粒狀，這時可將其從袋囊中取出，
放入少許熱水中溶解，
以恢復原狀態。

烏賊的前置作業
PREPARING SQUID

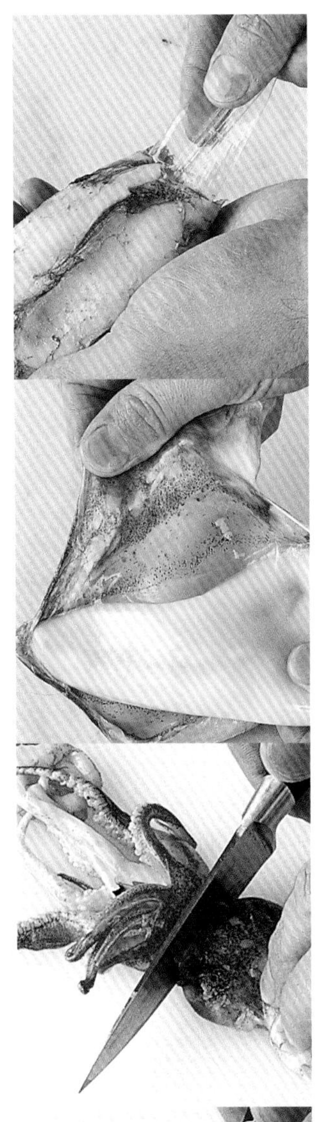

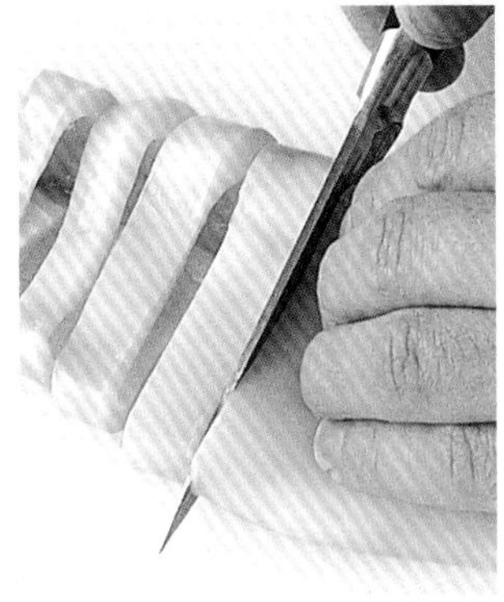

袋囊、觸手、鰭和墨汁，都是可食部分。

- 一隻手用力握住身體，另一隻手慢慢拉出頭部，以及與其相連的部分。若要使用墨汁，可刺穿貯墨袋囊，將墨汁瀝出備用。烏賊的身體裡，有一根長而薄的透明支撐骨，一般稱爲'pen'，從頂部將其拉出後丟棄。
- 剝除並丟棄，包覆身體和鰭部的所有紫色透明薄膜。用刀子切下鰭部，注意不要切到袋囊。
- 將頭部和與其相連的部分，放在砧板上，從眼睛上方將觸手切下。將頭部的其餘部分和內臟一起丟棄。要取出喙狀嘴部時，可將觸手向外翻出，用手指將嘴部向外推出，然後切除丟棄。
- 用流動的自來水清洗袋囊(注意不要留下任何內臟)、鰭部和觸手。然後用廚房紙巾擦乾。
- 保持袋囊的完整，以用來填充餡料，或切成環狀。將鰭部切成條狀或塊狀。觸手可以保持完整用作裝飾，或切碎成塊狀(必須要煮過)。

蝦類 shrimps and prawns

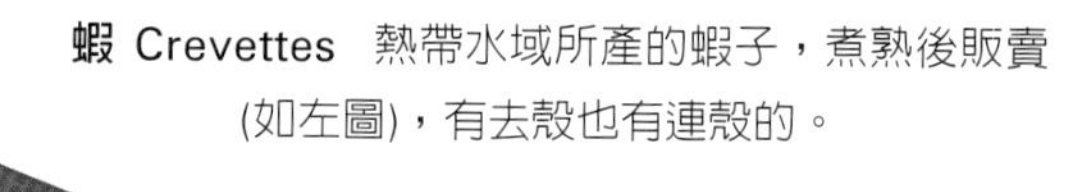

蝦 Crevettes 熱帶水域所產的蝦子，煮熟後販賣(如左圖)，有去殼也有連殼的。

它們和龍蝦屬於同一家族。小蝦(shrimps)比明蝦(prawns)小得多，並常是煮過後販賣，它有兩種：棕色小蝦(brown shrimps)，和粉紅小蝦(pink shrimps)。

今日我們所吃的蝦子(prawns)，大多都是養殖的，尤其是虎蝦(tiger prawns)，並且幾乎都需要冷凍。蝦子的口味，依產地和養殖方式而有變化。許多養殖的蝦子口味平淡，不過野放覓食的養殖蝦，則有較好的滋味和口感。北大西洋的寒冷海水所產的蝦，據說口味最好。

生的蝦子的天然顏色，從帶綠的棕色、藍灰色、帶棕的粉紅色，到淺橘色、粉紅、紅色不等。煮熟後，所有種類都會轉變成不同深淺的紅色。

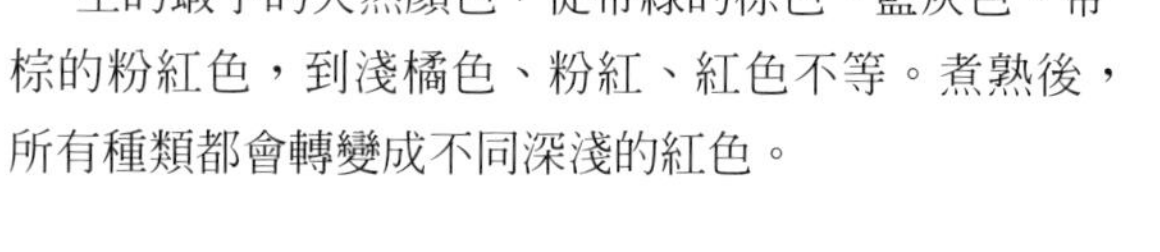

虎蝦 Tiger prawns 這是熱帶水域的蝦子。有不同的大小，有賣生的(如左下圖)，也有賣煮熟的(如右下圖)，有連頭也有去頭的(尾巴也是一樣)。也有賣去殼煮熟的。

如何選購 Choosing

蝦子應該看起來、聞起來新鮮，外殼有光澤。如果看起來乾縮而缺乏水分，則代表不新鮮，或是保存不佳。除了黑虎蝦(black tiger prawns)外，不要買外殼有黑點的蝦子，因爲這表示它們已腐敗了。也要避免外殼呈黃色或多沙，這可能表示已漂白過以去除黑點。如果有白色乾硬的斑點，則可能是凍傷(freezer burn)的痕跡。

最好購買冷凍的蝦子，然後自行解凍。也最好買帶殼的(不過要記住去殼後，會減少25%的重量)，已剝殼的蝦子會喪失部分風味。用手觸摸外包裝，以確認蝦子是冷凍完全的。

大型淡水蝦 Large fresh water prawns 外型很像虎蝦，不過體型較大而肥厚，也沒有條紋。一般是去頭後，賣生的。

小蝦 Shrimps 煮熟的小蝦是連殼販賣的。小型的粉紅蝦(pink shrimps)或棕蝦(brown shrimps)，可以整隻食用，如法國人的吃法。將頭部用手摘掉或用嘴巴咬掉，然後丟棄。然後整隻帶殼食用，可搭配新鮮麵包和奶油。

普通蝦子 Common prawns 它們主要來自於寒冷水域，長度從2.5到10cm不等，有煮熟去殼販賣的，也有連殼一新鮮或冷凍的。

> **注意**
> **Take care**
> 絕對不要將冷凍或已解凍的蝦子，放在溫暖的室內空間，因爲蝦子裡的天然細菌會繁殖得很快，使其腐壞，還可能造成食物中毒。

貯存 Storing

除非要馬上使用，一回到家應將冷凍的蝦子，立即放入冷凍。解凍的蝦子必須要覆蓋好，放入冷藏，準備使用時才取出，並且應該在解凍的當天使用。並且遵照包裝上的指示和保存期限。

份量 YIELD

500g(1¼ lb)的蝦 (prawns)

=

36—45隻小型(small)

=

25—40隻中型(medium)

=

21—30隻大型(large)

=

16—20隻加大型(extra large)

=

10隻特大(jumbo)

營養訊息 NUTRITIONAL INFORMATION

蝦子是很好的低脂蛋白質來源，富有omega-3脂肪酸。它的鉀(potassium)含量高，也富含鋅(zinc)—但相對的膽固醇也高。

蝦子的去殼和挑筋 PEELING AND DE-VEINING PRAWNS

蝦子的黑色血管，其實是腸道。它會產生一種苦味，口感也不好，所以在烹調生蝦前，應先取出。煮熟的大型蝦子，也可依同樣的方式將筋挑出；但煮熟的小蝦子則不易處理。

用小型的廚房剪刀，沿著大型蝦子的底部小心剪開。然後輕輕地將蝦殼剝除，小心保持蝦身的完整。想要的話，尾部可以留著。用銳利的小刀，沿著蝦背輕劃一刀，使深色腸道露出(注意：有些蝦子的腸道不是黑色的，可能不易發現)。

用刀尖將腸道取出，然後將蝦子放在水龍頭下清洗，再用廚房紙巾拍乾。

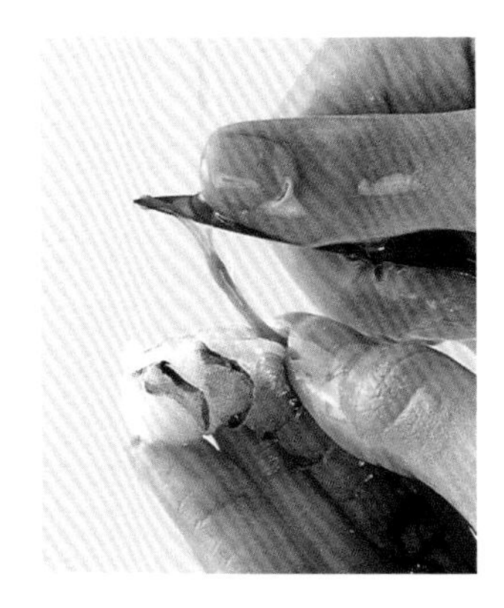

製作蝴蝶蝦 BUTTERFLYING A LARGE PRAWN

必要的話，去除蝦頭並丟棄。輕輕將蝦腳拉除，然後用小型廚房剪，沿著蝦殼底部中央一路剪開，直到尾部。用一把鋒利的刀，沿著蝦殼將蝦肉一路切開，但不要切穿蝦殼。

小心地取出腸道。將蝦子打開後，背部的蝦殼朝上放在砧板上。小心但有力地，沿著蝦殼中央向下壓，使蝦肉被推平成分開的蝴蝶狀。

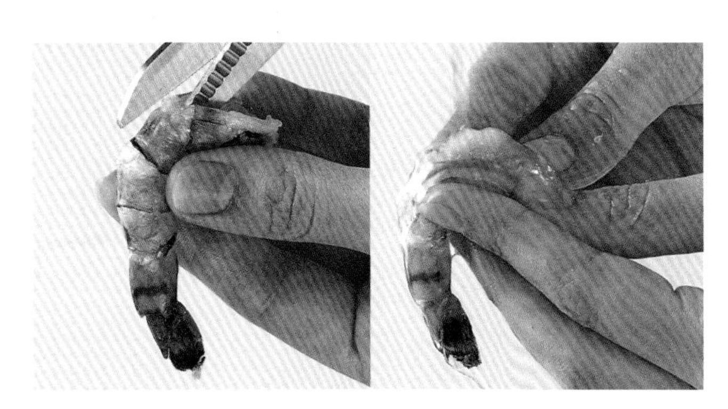

確認熟度 TESTING FOR DONENESS

不論是水煮、爐烤或煎炒，生的蝦子(無論有沒有帶殼)一轉成粉紅色時，大約3—5分鐘的時間，就代表煮熟了。然而非常大型的帶殼蝦，可能需要再多1—2分鐘，才能徹底煮熟。輕輕地擠壓蝦殼，蝦子應感覺結實而不鬆軟，就代表煮熟了。或者也可先切開其中一隻，看看蝦肉是否完全呈不透明即可。

配方 Recipes

蘆筍蒔蘿與芥末醬佐辣椒蝦
Chilli prawns and asparagus with dill and mustard sauce
味道辛辣，虎蝦沾上甜辣醬(sweet chilli sauce)和芝麻，搭配嫩蘆筍，以及攪拌過的芥末醬、醋和綿褐糖(soft brown sugar)所作成的醬汁。

明蝦冷盤
Prawn cocktail
剛煮熟的去殼明蝦，浸在辣味番茄醬汁中，下面鋪上一層生菜絲。

大蒜蝦
Prawns fried in garlic
簡單而美味的菜餚，以白蘭地調味，再配上檸檬角。

龍蝦 lobster

爲了頂級的美味，龍蝦一定要買活的，然後自行在家烹煮，以確保龍蝦不會煮得太老，或是用冰塊保存。若是煮得過久，龍蝦的肉質會變得老硬；而冰塊並無法增加龍蝦的美味。

大多數的龍蝦，都是以準備立即煮食的狀態販賣，所以要買活龍蝦時，一定要事先訂購。當地所產的龍蝦，在四月到十一月間是當季，夏季時節最爲美味。

歐洲龍蝦產自北大西洋和地中海，雙螯巨大，被認爲是甲殼類海鮮中最爲鮮美者。

岩龍蝦(spiny or rock lobster)則產自佛羅里達州、南加州和南美洲外海。它沒有雙螯，常以龍蝦尾(lobster tail)冷凍販售。

如何選購 Choosing

最好的龍蝦要到海岸邊，趁其剛捕上岸時購買—最好是還留在捕龍蝦的牢籠裡。其次理想的來源是可靠的魚販，按照下列標準來挑選。一定要買活的，並且在準備煮龍蝦的當天才購買。選擇活動力強的，並且身軀感覺沉重結實的。

體重較輕、行動遲緩的龍蝦，代表已被放置在水缸裡數天，沒有餵食。體重過輕也可能表示，這隻龍蝦剛剛換殼，而還沒有成長到適應新殼的重量。要避免有損傷的龍蝦，或外殼有如白色蜘蛛網的痕跡；這表示這隻龍蝦很老。也不要買冷凍的龍蝦，因其嘗起來水分多而平淡無味。

放大檢視龍蝦 A CLOSER LOOK AT A LOBSTER

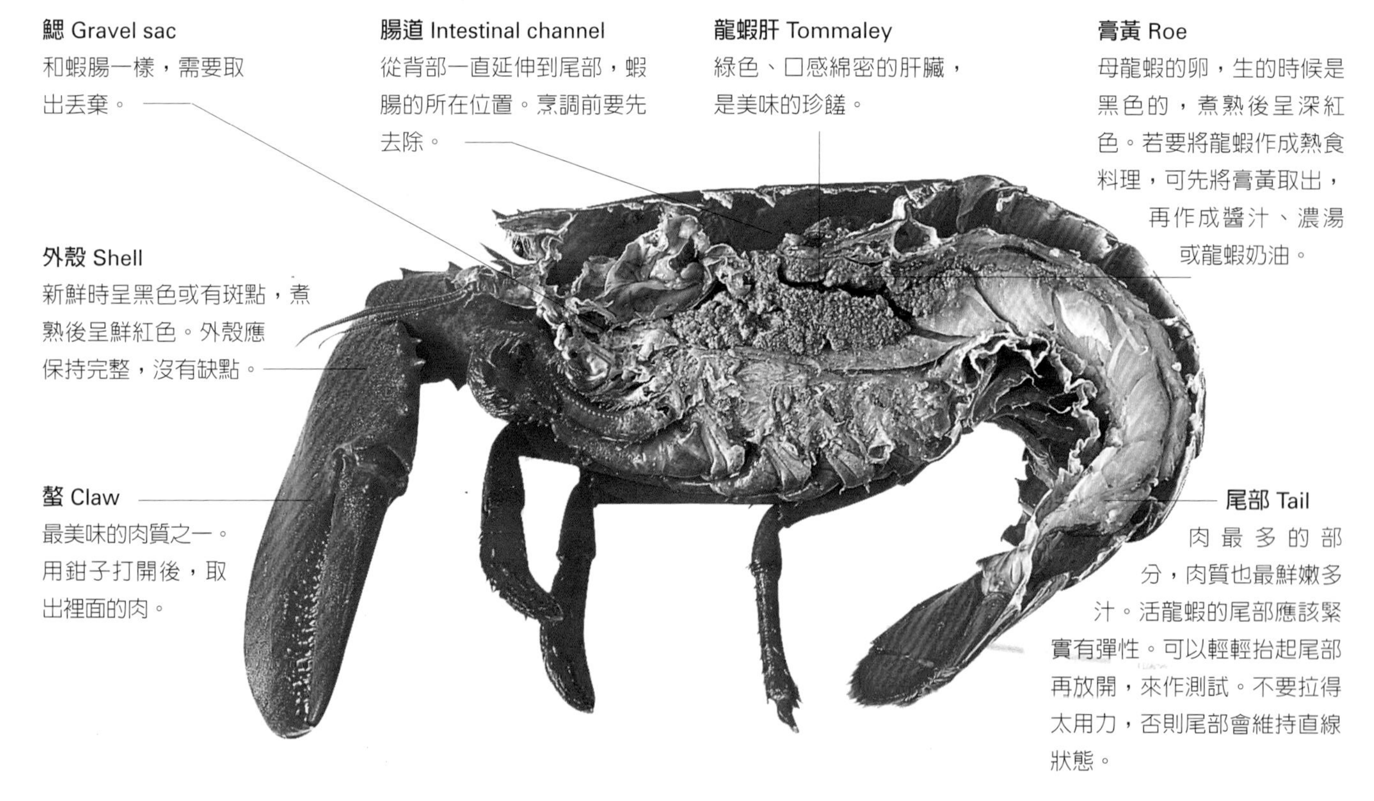

人道屠宰 HUMANE KILLING

對於最人道的屠宰龍蝦的方式，有很多說法。
防止殘忍對待動物皇家協會RSPCA(Royal Society for the Prevention of Cruelty to Animals建議，在料理前，將龍蝦放在塑膠袋內，放入冷藏庫至少兩小時，可以令龍蝦陷入昏迷，無法動彈，再放入滾水中烹煮，或用刀子屠宰。

若要用刀子屠宰，先將龍蝦背部朝上，放在砧板上。找到頭部後方十字突起的中央位置，選擇一把沉重的主廚刀，用其尖端用力插入，直到碰觸到砧板。龍蝦會立即死去，切斷的神經系統可能會導致抽搐。

將龍蝦縱切成兩半。然後取出頭部附近白色的鰓、腸泥和腸道下方灰綠色的肝臟，如果是母蝦的話，綠黑色的膏黃也一併取下。再將雙螯扭斷，切成想要的小塊。

活龍蝦的處理 Dealing with a live lobster

要料理熱食如
紐堡風味龍蝦時，
龍蝦最好是用小火慢煮，
而不要用大火沸騰的。
因為在沸騰的過程中，
龍蝦美味的汁液會
部分流失在水中。
而且烹煮前，
龍蝦必須要用刀子來宰殺
(見左方)。
使用這種方式，
因為刀子切斷了脊髓，
龍蝦會瞬間死去。

將肉取出 REVOVING MEAT

- 將螯部和蝦腳扭斷。小心地用鉗子咬開，然後將肉挑出。將頭部從尾巴扭斷，然後靜置一旁。
- 沿著腹部的薄殼兩邊切開，使肉露出。小心將尾部的肉完整地拉出。
- 沿著尾部外緣的弧度劃切，使深色腸泥露出。取出後丟棄。
- 取出並丟棄透明的胃囊和鰓。小心用湯匙舀出綠色的肝臟，和所有紅色的膏黃。從頭部的甲殼取出煮熟的部分，分成小塊後，將肉挑出。

配方 Recipes

龍蝦奶油 Lobster butter 用來使濃湯和醬汁更濃稠，由軟化的奶油和膏黃，再加上一點檸檬汁所做成。也可加入一點番茄泥(tomato purée)，不加也可以。

紐堡風味龍蝦 Lobster Newburg 極受歡迎的美國菜，龍蝦塊煮好後，澆上馬德拉(Medeira)或雪利酒調味的奶油白汁(velouté sauce)。

起司焗龍蝦 Lobster Thermidor 煮好的龍蝦，縱切成兩半。將肉從殼中取出，切成數塊，混入濃郁的帕馬善起司(Parmesan)和芥末醬，重新放回殼內。最後灑上一點帕馬善起司，再放入烤箱爐烤到其轉成棕色。

烤龍蝦 Grilled Lobster 龍蝦塊灑上鹽和胡椒，刷上奶油，爐烤後搭配檸檬片和巴西里(parsley)上桌。

螃蟹 crab

螃蟹在販賣時，常常已處理好，可供立即料理，魚販也多半加以調味過。雖然活蟹也可和龍蝦一樣水煮，不過最好還是讓專業的人來處理，用人道方式來宰殺。蟹腳、蟹螯和碎肉亦有販賣。

這裡最常見的螃蟹，是本地的可食棕蟹(brown crabs)和蜘蛛蟹(spider crabs)。可食棕蟹的前螯巨大而多肉。蜘蛛蟹一因其腳細長而名，它的肉則較少。螃蟹一年到頭都可捕捉到，可食棕蟹通常在四月到十一月間出產，蜘蛛蟹則是四月到十月。兩者都是在五月到八月之間最美味。

其他種類的螃蟹，可以在當地的海岸附近，向專業魚販購買。包括軟殼蟹(剛蛻殼的螃蟹，新殼還在成長中)，和克羅門蟹(Cromer crabs)，它的體型較小，肉質甜嫩多汁。

如何選購 Choosing

只購買絕對新鮮的螃蟹(不要買冷凍的)，而且只向信譽佳的魚販購買。購買當天就要食用完畢，尤其天氣炎熱時。選擇中至大型的螃蟹；太大的螃蟹，肉質較爲粗糙。小螃蟹又沒有甚麼肉。公蟹比母蟹多肉，有人說肉質亦較佳。辨認的方法，是將螃蟹翻轉過來，檢視尾部或臍蓋(apron flap)。公蟹的臍蓋小而尖；母蟹則較大而圓。螃蟹的雙螯，應該都要完整，並且感覺沉重。一隻1kg(2 ¼ lb)的螃蟹可供兩人食用。

放大檢視螃蟹
A CLOSER LOOK AT A LOBSTER

螯 Claws
用螃蟹鉗將其打開，取出裡面多汁的肉。

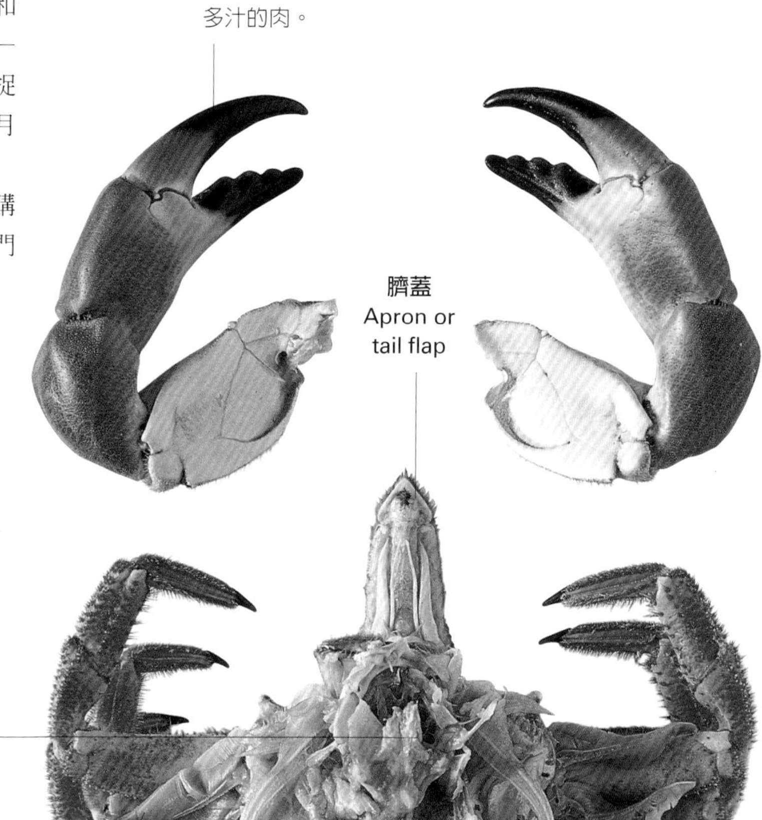

胃囊 Stomach sac
位於雙眼之間，應該取出丟棄。

蟹腳 Legs
用牙籤將裡面的肉取出，會比螯部的肉來得細碎。

死人指頭
Dead man's fingers
這是螃蟹的肺和鰓，如羽毛狀，位於身體四周。不可食用，應取出丟棄。

外殼 Shell
盛有棕色、口感綿密的肉。

煮熟螃蟹的前置作業 PREPARING A COOKED CRAB

可食的部份是白色片狀的肉，以及軟而綿密、口味較濃烈的肉。其顏色，會依螃蟹覓食的地點而有差異。將肉取出後，覆蓋好放入冷藏，要用時再取出。

▲ 將螃蟹翻轉過來，先取下兩隻前螯。從靠近身體處，握緊蟹腳，朝蟹腳所指的反方向扭斷取下。

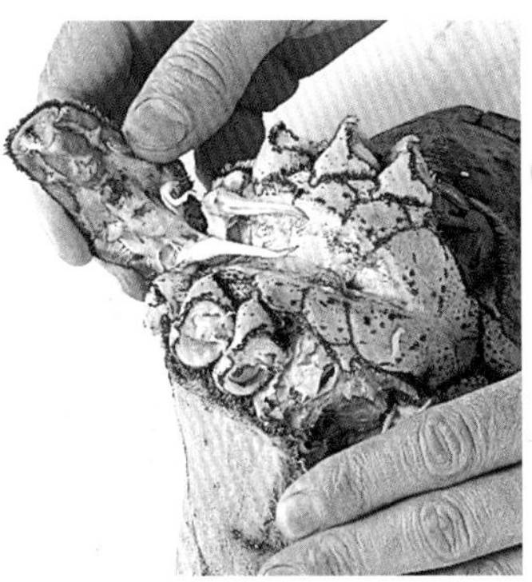

▲ 拉起臍蓋，必要的話，可用小刀的尖端將其鬆開，然後向外翻斷。臍蓋末端朝上，背部的外殼朝下，將螃蟹立起來翻斷。

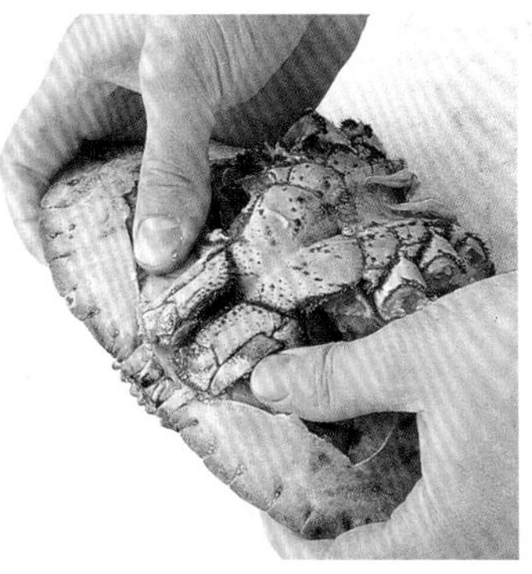

▲ 雙手緊握螃蟹，將大拇指放在身體中央(打開臍蓋的地方)，將身體從外殼向外用力推出。

▲ 取出並丟棄鰓(英文稱：死人指頭dead man's fingers)、胃囊和其他不可食部分。檢查這些部份是否掉入外殼裡，取出丟棄。用湯匙舀出棕色軟綿的肉，靜置一旁備用。

▲ 將身體部份放在砧板上，用沉重的主廚刀，切成四小塊。然後小心地將白色的肉，從小隔間裡挑出(用小刀或金屬籤)，放入碗裡。

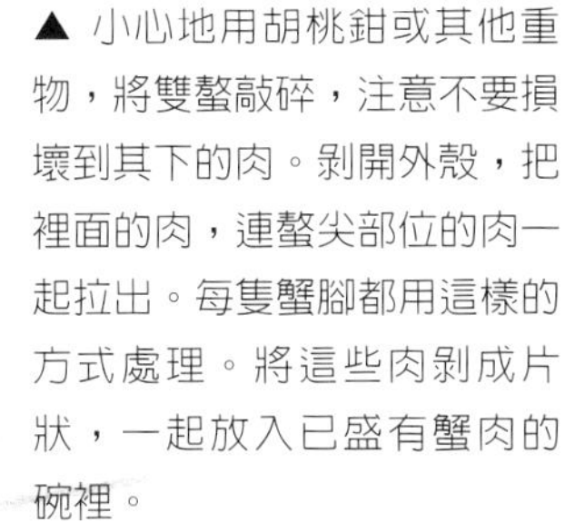

▲ 小心地用胡桃鉗或其他重物，將雙螯敲碎，注意不要損壞到其下的肉。剝開外殼，把裡面的肉，連螯尖部位的肉一起拉出。每隻蟹腳都用這樣的方式處理。將這些肉剝成片狀，一起放入已盛有蟹肉的碗裡。

享受最鮮美的螃蟹 CRAB AT ITS BEST

享受新鮮螃蟹最好的方式，就是用其外殼裝盛—外殼是上菜最完美的容器。腹部朝上，沿著其天然的弧線，小心地將外部的薄殼剝除。然後將外殼清洗乾淨，擦乾，稍微擦上一點油，以顯出光澤。填入調味好的蟹肉，將白色的肉舀在兩側，棕色的肉放在中間。沿著棕色肉的兩邊，放上兩排切碎的巴西里做裝飾。

搭配檸檬、雜糧麵包和奶油上桌。

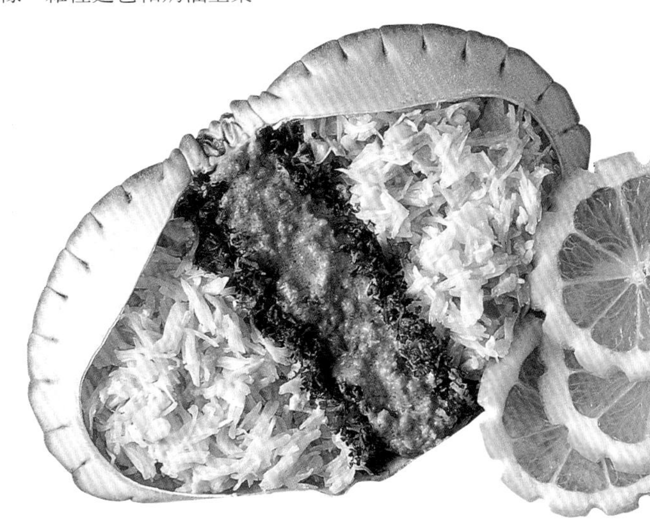

貝類 molluscs

蠔(oysters)一般都是生吃，因爲它們生長在特殊的養殖床內，受到嚴格的控管。但淡菜(mussels)、海扇(cockles)和蛤蠣(clams)都不能生吃，若是採集自受汙染的水域，會造成危險。

貝類會導致某些人的過敏反應。生的貝類一旦死亡後，腐壞的速度非常快，因此大部分的淡菜(mussels)、海扇(cockles)和蛤蠣(clams)，都是賣活的。測試的方法是，用手輕扣外殼，看貝殼是否闔上。若外殼仍是開啓的，代表這顆貝殼已死了。

如何選購 Choosing

爲了確保絕對新鮮的品質，應該只向信譽可靠的魚販，或汰換率高的超市購買。養殖的淡菜，比野生的多肉、口味較好，沙子也較少。一定要事先詢問，是否有被冷凍過，並且是否是當天進貨的。選擇外殼沒有破損，聞起來有新鮮海味的。也不要買感覺沉重的，裡面可能都是沙。若是感覺貝殼裡面的肉很輕，或是已經和外殼分開，則可能是死貝。

如何貯存 STORING

冷凍、生的或煮熟的貝類，應該要盡快帶回家中，最好是放置在保冷袋(cool-bag)中，除非要當天料理，否則應立即放入冷凍。解凍後，一定要當天使用，而且要放在冷藏室裡慢慢解凍。使用前才從冰箱取出，而且是儘快使用一最好是解凍後立即使用。

貝類的清洗 CLEANING SHELLFISH

因爲住在淺水中，大部分的貝類可能都有沙子，甚至有混濁的泥水。有些，如淡菜，可能還有藤壺附著。

▼ 淡菜 Mussels

拉出連在外殼裡的髮狀物。泡在水裡清洗，但要換好幾次水，或放在水龍頭下沖洗，再用小硬毛刷清洗。

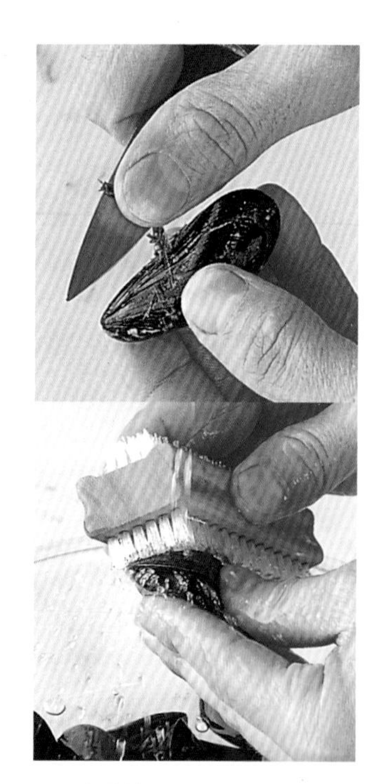

▲ 清洗後 After cleaning

將淡菜、海扇和蛤蠣，放在加了一點鹽的冷水碗中，泡2—3小時。若水變得混濁，就換一次水。加入一小把燕麥片(oatmeal)，可以幫助吐沙。

貝類 shellfish	產季 Season	烹調方式 Cooking methods	替代品 Substitute
蛤蠣 Clams	全年	清蒸，或加入湯或燉菜中	淡菜
海扇 Cockles	5月—11月	同上	小蛤蠣
淡菜 Mussels	9月—3月	同上	中型蛤蠣
生蠔 Oysters	9月—4月	生食、清蒸或烘烤	無
扇貝 Scallops	9月—3月	水波煮(pouched)、嫩煎(sauté)、加入湯或燉菜中	無
海螺 Whelks	2月—8月	購買時已料理好	煮熟的蛤蠣
田螺 Winkles	9月—4月	購買時已料理好	無

打開蛤蠣和淡菜的方法 OPENING CLAMS AND MUSSELS

可以用蒸煮的方式(請見31頁)，或清洗乾淨後用刀撬開。

◀ **用刀撬開** To prise open
將貝殼握緊，將刀子插入中間的縫隙，然後轉一下。切斷控制開關的肌肉。鬆開固定在底部外殼的肌肉，若不需要連殼上菜，可將裡面的肉和汁液，一起挑起倒入碗裡。

扇貝的前置作業 PREPARING SCALLOPS

在工作台上鋪好布，放上扇貝。一手包著布緊握扇貝，一手將刀尖伸入上下殼間。刀刃要插入上面較平的殼的底部，一路劃切，割斷內部肌肉。

將兩片外殼拉開。將刀尖插入包圍扇貝肉和橘色卵巢的裙狀組織下方，一路將連接的韌帶切斷。然後小心地用手指，將黑色的器官從白色的內收肌(adductor muscle)與橘色的卵巢(orange coral)上拉出來並丟棄。用冷水沖洗乾淨。輕輕地將扇貝肉側面，硬質的新月形肌肉剝下來。

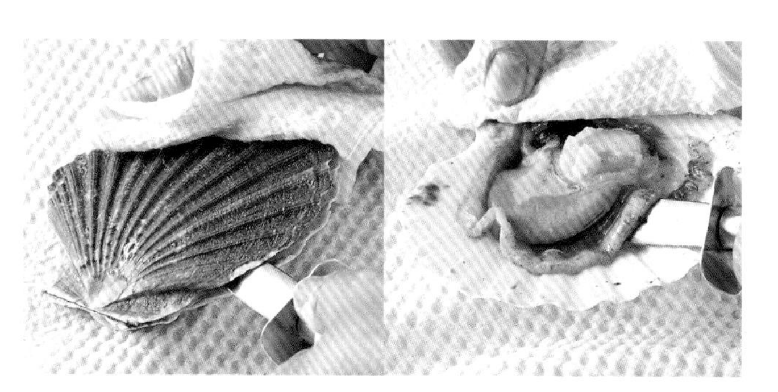

打開生蠔的方法 OPENING OYSTERS

一定要固定在堅硬、穩固的工作台上，並且用一塊布保護手掌，以免刀滑。將生蠔放在蓋好布的砧板或工作台上，較扁平的那面朝上。用布將生蠔握緊，將生蠔刀插入上下殼的鉸合區正下方。

將刀子插入上下殼間後，用力扭轉一下，撬開牡蠣殼。將刀子緊貼著上殼伸入，切斷相連的肌肉。丟棄扁平的上殼。將刀子伸入牡蠣肉下方，切斷與下殼連接的韌帶；注意不要破壞其甜美的汁液。

處理其他的生蠔時，將打開的生蠔，放在碎冰床上，以保持其低溫與穩定。

配方 Recipes

白酒煮淡菜
Moules marinière
將淡菜和美味的白酒肉湯(broth)一起蒸煮；淡菜和肉湯都可供食用。

焗烤扇貝
Coquilles St. Jacques
水煮過的扇貝，放回殼上，加上奶油起司醬汁(mornay sauce)，旁邊圍上一圈馬鈴薯泥，再灑上一點磨碎的起司，最後放入烤箱烘烤。

蛤蠣義大利寬麵
Fettuccine alle vongole
小蛤蠣和大蒜、白酒調味的醬汁同煮，再灑在義大利麵上。

生蠔刀 OYSTER KNIFE

為了確保安全，您需要一把適當的、附有護板的生蠔刀。護板可以保護使用者的手不被刀片，或不規則的蠔殼邊緣割傷。

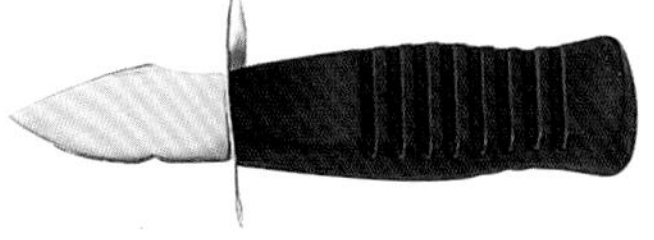

魚類和甲殼類海鮮的裝飾
garnishes for fish and shellfish

魚類料理有不少經典的裝飾，許多是由檸檬作成的，要吃的時候，可以將新鮮果汁擠在魚身上。若是正式場合，可用紗布將檸檬塊包起，以免種子掉在魚身上。有些裝飾，如巴西里枝(parsley sprigs)，可以用來擋住魚眼。其他適合搭配的香草植物有：山蘿蔔葉(chervil)、細香蔥(chives)、香蜂草(lemon balm)和西洋菜(watercress)。您也可以使用裝飾，來增加擺盤的設計和色彩變化。可以在裝飾物的尖端沾上肉凍汁(aspic)或美乃滋(mayonnaise)，使其固定在全魚上。

炭烤柑橘 Barbecued citrus fruits 將橙、檸檬和萊姆切成圓薄片，取出種籽，每面燒烤(grill)2—5分鐘。

酸豆花 Caper flowers 用指尖小心地將瀝乾的酸豆(續隨子)部分外層往後翻，變成花瓣。

橘皮捲 Citrus curls 用刨絲器(canelle knife)，從柳橙皮上刨下15 cm(6 in)的細長條。然後將其捲在金屬籤上，使其定型。

櫛瓜魚鱗 Courgette scales 櫛瓜先汆燙(blanch)，切片，再切成4等份。然後，把切好的櫛瓜片，疊在魚身上，做成像魚鱗的樣子。

鯷魚圈環 Anchovy loops 瀝乾罐頭鯷魚片，用廚房紙巾拍乾，切成長條狀。然後，用鯷魚條把續隨子圈起來。

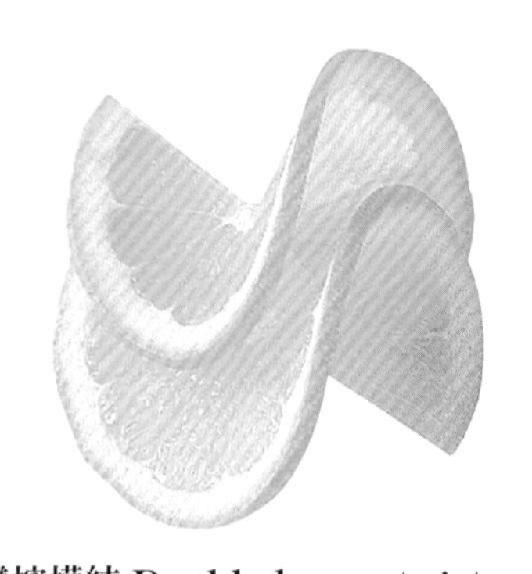

雙檸檬結 Double lemon twists 將檸檬切成圓薄片。從檸檬片的邊緣到中心劃一刀，然後將其扭轉成結。

萊姆蝴蝶 Lime butterflies 萊姆切片，再切成4等份。取兩小片切好的萊姆，擺在一起，中央放上一顆汆燙(blanch)過、切成星形的紅椒。

檸檬之翼 Winged lemon 用檸檬刀(zester)在檸檬皮上刨絲。將檸檬以180度切開，末端不要切斷，讓它還連在檸檬上，轉一下檸檬，重複同樣的動作。讓兩者的切點交疊在一起。

肉類

Meat

牛肉 Beef

如何選購 Choosing

購買牛肉時，讓傳統的肉販來處理牛肉，能夠比超市包裝好的牛肉達到更高的標準，如果您準備烹調某種特殊的菜餚，他們還能提供建議。如果要購買品質最佳的肉，不論在哪裡，都要有心理準備必須花多一點錢。有機飼養的牛肉，或特優品種牛肉，如亞伯丁安格斯牛肉(Aberdeen Angus)，都會比較昂貴。

- 雖然牛肉和其脂肪的顏色，主要決定於其飼養方式，一般說來，最好的牛肉是，深紅色的牛肉，滿佈乳白色的油花。牧草飼養的牛肉，脂肪會偏黃色。超市所販售的牛肉，大部分都是白色的脂肪。呈鮮紅色的肉，表示懸掛放血的時間還不夠長，因此較不柔嫩美味。
- 滿佈油花的肉，料理起來濃腴多汁：在烹煮的過程中，溶化的脂肪能夠滋潤肉質。因此沒有脂肪的瘦肉，可能會嘗起來乾柴無味。
- 處理帶骨、綁縛並捲起的大肉塊(joints)時，應切成厚薄一致，烹煮時才能受熱均勻。
- 帶骨販售的大肉塊(joints)，應用電鋸將骨頭整齊地切斷，不要用刀子砍剁。
- 新鮮的肉應該聞起來新鮮，看起來濕潤。如果聞起來有甜味，或看起來潮濕、黏滑，代表肉已腐敗了。如果看起來乾柴，則代表沒有被妥善地貯存。
- 如果在肌肉和脂肪外層之間，有一層軟骨(gristle)，可能表示這塊肉來自年紀較大的老牛。

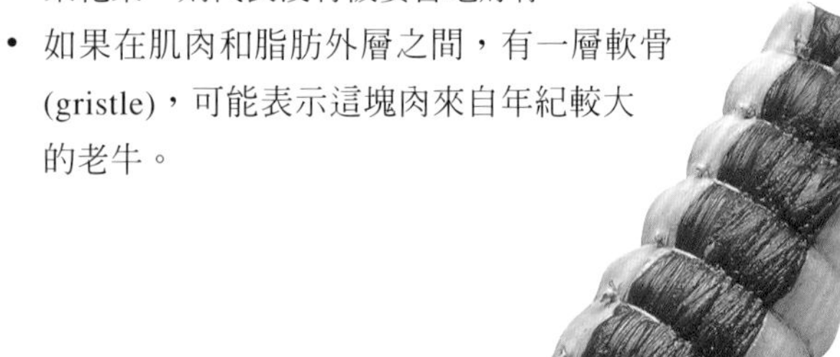

如何貯存 STORING

購買新鮮的牛肉後，要儘速帶回家，從原包裝中取出，存放在冰箱中(0—5°C或32—41°F)，準備使用時才取出。

帶骨大肉塊(joints)，應先放在小網架，或翻轉的碟子上，再放在一個大盤子裡，並用一隻大碗倒扣，以防止肉質變乾。在三天內使用完畢。將肉放在網架上的目的，是為了避免肉浸在流出的血水裡，血水裡的細菌繁殖得很快，會加速肉的腐敗。

絞肉，與切成小塊或薄片的牛肉，應放置在乾淨的盤子上，用碗倒扣，或用保鮮膜包起。在購買當天或24小時內煮食。

包裝好販售的牛肉 PRE-PACKED BEEF

- 一定要檢查包裝是否有損壞，如果有，不要購買。如果應該是緊繃的保鮮包裝，似乎有點鬆弛，也不要買，因爲只要有一點小孔，也會釋放出裡面的氣體，使肉腐壞。
- 購買包裝牛肉後，一定要注意包裝上的說明，尤其是保存期限。一般來說，用保麗龍盒盛裝、再用保鮮膜包起的牛肉，可以和新鮮牛肉一樣，用以上提到的方式貯存。封好的表面和保鮮包裝，要等到準備使用時才打開。

認識牛肉部位
Know your beef cuts

右頁的表格，列出了不同部位的牛肉名稱，但不同的地方有時會有不一樣的稱呼—尤其在傳統家庭式肉販購買時。超市會將大的肉塊標上名稱，如沙朗(*sirloin*)和頭刀(*topside*)，但其他部位的肉，如脛肉(*shin*)、腿肉(*leg*)和腹脅肉(*flank*)，則常常只標出適合的烹飪方法，如砂鍋燒(*casseroling*)、燉煮(*stewing*)與燜煮(*braising*)。

各部位的牛肉名稱 THE DIFFERENT CUTS OF BEEF

部位 Cut	描述 Description	烹調方式 Cooking methods
前腿心和肩胛肉 Blade and chuck	兩者是很相似的部位。瘦肉多而脂肪少。前腿心有透明的筋狀組織分佈，但不應去除，它們在燜煮和燉煮時，會溶化而變得滑嫩。兩者都可做成絞肉。切成薄片時，也稱為前腿心排(blade steak)和肩胛肉排(chuck steak)。也有販售切成方塊者。	兩者都適合燉煮(stewing)和燜煮(braising)，但需要長時間的慢火細燉，使肉質軟化。
牛腩 Brisket	帶骨販售，或是去骨後作成肉捲。可能含有較多的脂肪，所以選擇比骨頭和脂肪比例多的肉。也可能會加鹽後販賣。	用燜煮最好。亦可水波煮(poached)、水煮(boiled)或放鍋裡爐烤(pot-roasted)。
牛頸肉 Clod or sticking	這是頸部的肉，因此軟骨(gristle)比例高，但可將其去除。	用來作砂鍋燒(casseroles)和燉煮(stews)。
腿肉／脛肉 Leg／shin	腿肉是後腿肉。去骨後，切成厚片或塊狀販售。脛肉是前腿肉，軟骨可能較多。帶骨或去骨後，切片或切塊狀販售。	最適合用來製作高湯。適當修切後，可用來慢燉(stew)或燜煮(braise)。
絞肉 Minced beef	來自不同的部位，如頸部和被修剪下的肉。依不同的脂肪含量販售。	用來製作漢堡、醬汁、肉餅(meat loaves)、肉派(pies)、餡餅(pasties)和肉丸。
排骨肉塊 Rib joints	所有排骨肉塊和前排骨(fore ribs)，都應有優良的外層脂肪。	最好連著腰肉(loin)燒烤。
排骨 Rib	排骨排(rib steak)、上排骨(top)和背排骨(back)，比前排骨的骨頭要少，並且肉質細緻。	單根連骨的排骨，可以加以爐烤(roast)。
頂級排骨 Wing rib	排骨和沙朗(sirloin)之間的肉。應該要有明顯層次的脂肪與一些油花，和優良的外層脂肪。所有的排骨肉塊都可帶骨販售，或去骨作成肉捲。	若是去骨作成肉捲，排骨肉塊可放在鍋裡爐烤(pot-roasted)或燜煮(braised)。
後臀肉 Top rump (thick flank)	後腿上部的大肉塊(joint)。去骨後作成肉捲，或切成牛排販售。亦有去骨牛排販售，或切成塊狀用作砂鍋燒或燉肉。	關節肉塊(joints)—小火爐烤(roasted)或燜煮(braised)。牛排(Steaks)—燜煮(braised)或油煎。
頭刀 Topside	後腿內側的肉。肉質細緻的瘦肉。去骨販售，並有分層的脂肪環繞在外側。	燜煮(braise)、鍋燒(pot-roast)、或小火爐烤(roast)。
沙朗 Sirloin	又稱後腰脊肉(Sirloin)大塊的可供燒烤的肉塊(joint)，肉質十分細嫩。帶骨或去骨都有出售。亦包含菲力(the fillet)部位。	快速爐烤(roast)。牛排(steak)可以燒烤(grilled)或油煎。
銀邊三叉 Silverside	來自後腿肉的最上面部位。肉質比後臀肉和頭刀粗糙，但風味頗佳。	慢火爐烤(roast)、燜煮(braise)、以鹽或香料醃製、水波煮(poach)或水煮(boil)。
牛排 Steaks		都可以燒烤(grill)或油煎(pan-fry)。
• 夏多布里昂 Châteaubriand	從菲力中央切出的肉，極為柔嫩。只能供應兩人份。	
• 肋排肉 Entrecôte	沙朗(Sirloin)中的肉眼 (eye muscle) 部位。	
• 菲力 Fillet	連結在沙朗的底部(underside)。肉質較薄的一端，所切出的肉稱作小菲力(fillet mignon)或嫩牛肉片(tournedos)。	
• 上等腰肉牛排 Porterhouse	從沙朗肉較厚的一端（chump end），所切下的部位。	
• 上腿肉 Rump	一邊應該要有一層完整的脂肪。	
• 丁骨牛排 T-bone	從骨頭切下，介於沙朗和頂級排骨(Wing rib)之間的肉。	

營養資訊 NUTRITIONAL INFORMATION

牛肉是重要的高品質蛋白質、維他命和礦物質(尤其是鐵和鋅)來源。它含有葉酸以外的所有維他命B群。瘦肉部分的熱量相對要少，一般75 g(3 oz)的份量即可供應一半的RDI(每日建議攝取量)蛋白質所需。

將肉回升到室溫 Bring to room temperature

所有要作來爐烤*(roasting)*、燒烤*(grilling)*和油煎*(pan-frying)*的切塊肉，在煮食前，都要回升到室溫。但要注意不要留在溫暖的環境底下過久。

將牛肉冷凍 FREEZING BEEF

雖然牛肉可以加以冷凍，解凍時，卻不可避免地會失去一些美味的肉汁。

- 一定要在購買當天處理並冷凍。
- 用堅固的冷凍專用袋包起，或裝在塑膠保鮮盒裡，盡量將裡面的空氣排出。
- 將每個牛排、肉丸和漢堡肉，鋪上冷凍用的保鮮膜(freezer clingfilm)或防油紙(greaseproof paper)，以方便使用時能彼此分開。
- 用錫箔(foil)將大的肉塊(joint)包裹起來，加以保護。
- 將冷凍庫的設定開到最小，或先加以急速冷凍。
- 為了最佳效果，所有肉類都應放在冷藏室緩慢解凍；先將大肉塊的包裹鬆開一點。將冷凍的肉放在大盤子上，以接住解凍滴下的汁液。
- 一但解凍完成，要立即使用。
- 理想上，肉應處理好成烹飪所需的狀態，如切成燉煮、砂鍋燒需要的小塊，快炒的肉絲或絞肉，之後再加以冷凍。

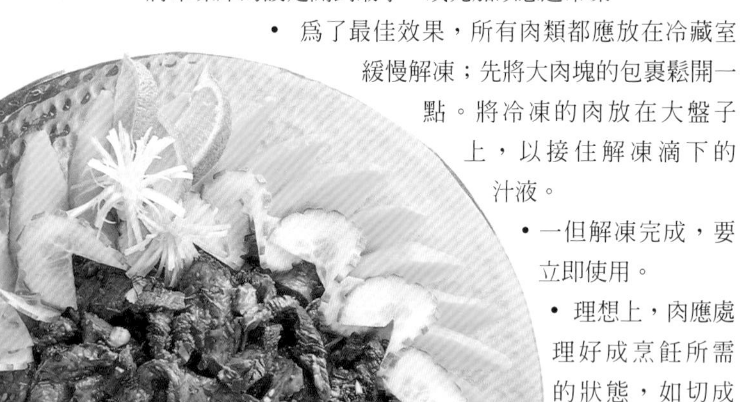

吃得健康 HEALTHY EATING

- 購買時認定有機標誌(Soil Association's organic symbol)，就可以確定牛肉養育的過程中，沒有使用不當的藥劑和化學食品，並經過動物福利協會控管。購買標誌有機飼養的肉品。有機方式飼養的動物，以有機植物作成的食物餵養。牠們不會被餵以任何動物蛋白質，或基因改造的食物。
- 雖然肉類食物含有脂肪，但一半以上都是不飽和脂肪，因此不需過於緊張，一定要在烹煮前將所有脂肪去除。事實上，脂肪在烹調過程中，也扮演很重要的角色，能夠使肉嘗起來豐美多汁。此外，今日我們畜養的動物，瘦肉都較多而脂肪較少。脂肪也可以在烹煮後，才去除或修剪掉。
- 請記得脂肪在烹調過程中，能夠增加肉的豐腴美味，所以不要太急切地將之完全切除，尤其是大肉塊(joints)的部分，如牛肉的排骨(ribs)。作燉煮(stewing)和燜煮(braising)時，最好也要留下一些脂肪，如以下所示的肩胛肉(chuck)。在烹調過程中，脂肪會溶化，使肉更為多汁腴美；脂肪也會浮到表面，能夠輕易地舀除。
- 肉塊(joint)放在網架上烹煮時，多餘的脂肪會往下滴，之後可以從鍋子裡舀起，作為醬汁(sauce)或肉汁(gravy)。
- 製作燉肉和砂鍋燒時，脂肪會浮到表面，可以在上菜前，輕易地舀除。若在前一天就作好，待其冷卻後，冷藏一整晚，脂肪會凝固在表面，可以在加熱前，輕易地舀除(另一個好處是，一天前先作好的燉肉和砂鍋燒，嘗起來滋味總是特別好！)。

修切菲力牛肉 TRIMMING BEEF FILLETS

購買已切成牛排的菲力時，應該已經修切好了，但若是購買整塊菲力時(用來製作填充餡料或酥皮威靈頓牛排)，腱狀薄膜可能還未去除。要將之切除時，小心地讓刀尖伸入菲力上方的薄膜底下，然後讓刀子盡量貼近薄膜，開始切下。當被分開的薄膜，大到能夠用手拉起時，一邊用手拉開，再一邊切除。

配方 Recipes

芥末胡椒俄式酸奶燉肉
Mustard and peppered beef Stroganoff
這是一道傳統俄國料理，牛肉切成條狀後油煎，再以黑胡椒和芥末籽(mustard seed)調味，加入蘑菇、白蘭地和一點鯷魚精(anchovy essence)共煮。

酥皮威靈頓牛排 Fillet of beef Wellington
(酥皮包裹的牛菲力 Filet de boeuf en croûte)
這是一道經典法國菜，在滑鐵盧戰役之後，為了紀念威靈頓公爵的功勳，而重新命名為威靈頓牛排(Beef Wellington)。今日的做法是，整塊菲力牛排，放上嫩煎蘑菇，再以酥皮(puff pastry)包裹製成。

勃根第紅酒燉牛肉 Boeuf bourguignon
選擇鮮嫩的瘦肉，加入勃根第紅酒和香草束(bouquet garni)，來慢燉二至三小時，直到肉質軟化。

義大利式生牛肉片 Beef carpaccio
義式開胃菜，將牛肉薄片切成條狀，以黑胡椒調味，搭配芥末(mustard)、細香蔥(chives)和紅洋蔥(red onion)做成的調味汁(dressing)上菜。

切成塊狀 CUTTING INTO CUBES

慢火而長時間的烹調方式，如燉煮(stewing)或燜煮(braising)一使粗硬的的肌肉軟化，而膠狀組織溶入湯汁裡一最好用前腿心(blade)或肩胛肉(chuck)的分切塊。為了能夠均勻受熱，肉要先切成均等大小的塊狀。燜煮(braising)時，切成較大的塊狀；燜煮(braising)時，則依需求切成大型、中型或小型的塊狀。

▼ 逆紋將肉切成3－4cm (1¼－1½英吋)寬的條狀。

▲ 將各條塊的側面朝下放，再縱切成兩半，如果肉很厚的話，可以切成三等分。然後再將其橫切成大的塊狀。

自行製作絞肉 MAKING YOUR OWN MINCE

自行製作絞肉，可以確保成品不含脂肪、軟骨和肌腱(sinew)。肉質較硬的部位，如頸肉或腹脅肉(flank)，最好用機器絞碎，但是少部分的分切塊，如菲力或上腿肉(rump)，則可以用兩把沉重、而大小重量相似的刀子來作成絞肉。肩胛肉排(chuck steak)和裙肉(skirt)，也可以同樣的方式處理。

將修切好的肉切成小塊，然後鬆鬆地握住兩把刀，使其平行。然後用充滿節奏的動作(如打鼓般)，將刀子間隔地舉起、落下。

一邊剁，一邊不時將肉翻面，以確保剁得平均。剁到達到需要的質感為止一粗、中、細。

小牛肉 veal

最好的小牛肉，是來自還在喝牛乳的小牛，因其細緻的風味，而受到重視。開始餵食穀粒和牧草的小牛，牛肉顏色較深、偏紅，味道也比較強烈，但仍是不錯的肉品。

飼養喝牛乳的小牛成本高，使得英國的小牛肉頗爲昂貴。另外一個成本，來自額外的事前準備工作，小牛肉大部分都以法式(Franch style)切割，極其小心地修切，並順著其天然的肌理來切割。

雖然小牛肉的天然肉質十分細嫩，仍然需要妥善的料理，以維持其鮮嫩。較粗硬的切塊，適合多汁的料理法，如燉煮和燜煮。瘦肉需要的時間較短，但要用小火，如燒烤(grilling)和油煎(pan-frying)。爐烤(roasting)時，使用中小型的烤箱，並不時刷上調味汁，保持濕潤。

如何選購 Choosing

用來選購和貯存牛肉的標準(見82頁)，也大多適用於小牛肉。小牛肉應該有平滑、細膩的肌理，色澤呈白(pale)至淡粉紅，透一點灰色(grey tinge)。所有的外層脂肪應該摸起來結實，並呈白色。

如何貯存 STORING

因為小牛肉的肉質滋潤，因此比一般牛肉腐敗得快，放在冰箱冷藏，也不能超過兩天。

動物福阯
Animal welfare

現在有越來越多的人，呼籲大家食用本地飼養、符合英國標準(見84頁的「吃得健康」)、維護動物福阯的小牛肉。在包裝上可看到產地，以及是否以自然的方式養殖。同時徵詢賓客的意見，再決定是否供應小牛肉。

小牛肉塊 Veal cuts	描述 Description	烹調方式 Cooking methods
高級頸肉 Best and neck	去骨或帶骨販售。亦有切片販售。	切片後爐烤(roast)、燒烤(grill)或油煎(pan-fry)。
胸肉 Breast	去骨或帶骨販售。	鍋燒(pot-roast)、燉煮(stew)、爐烤(roast)、燜煮(braise，去骨鑲餡捲肉)。
頭刀的薄肉片Escalopes	後腿和菲力的切塊。	用麵粉或麵包粉(breadcrumbs)裹起油煎。
菲力 Fillet	上部後腿肉，切成牛排或整塊販售。	牛排可燒烤(grill)或油煎(pan-fry)；整塊菲力可爐烤(roast)。
和尚頭 Knuckle	下部的腿肉。	燜煮(braise，義式米蘭燴小牛肉 osso buco)或燉煮(stew)
腿肉 Leg	頭刀(topside)是整塊販賣，稱為chshion of veal，或切成薄肉片(escalopes)。將關節去除後，可將整隻腿放入爐烤(roast)。頭刀去除後，剩下的腿部可切成小肉塊(joint)爐烤(roast)。	爐烤(roast)，或切成薄肉片油煎。
腰肉 Loin	整塊或切成骨排(chops)販賣。	爐烤(roast，整塊)，油煎(pan-fry)、燒烤(grill)、炙烤(barbecue，骨排)。
中頸肉 Middle neck	帶骨販賣，稱為小牛肉片(cutlets)。去骨販賣，稱為pie veal。	燜煮(braise)、燉煮(stew)、或砂鍋燒(casserole)。
頸肉 Scrag	主要切成帶骨的小塊販售。	砂鍋燒(casserole)
肩胛肉 Shoulder	去骨或帶骨販售。	爐烤(roast)或燜煮(braise)。

製作小牛薄肉片 PREPARING VEAL ESCALOPS

傳統上，薄肉片是先沾在蛋液裡，然後裹上麵包粉(breadcrumbs)，或調味好的麵粉，也可以用來包裹餡料，做成肉捲(apupiettes)，或薩魯提波卡(saltimbocca原義爲「跳進嘴裡」，即「入口即化」)。不過首先要將之拍薄，將結締組織(connective tissue)敲斷。

◀ **拍薄** Pounding until thin在每片薄肉片上，墊上兩張保鮮膜，然後用擀麵棍輕拍，到約3mm(1/8 英吋)的厚度。如果薄肉片過長，逆紋切成兩半。

▶ **裹上麵包粉** Coating with breadcrumbs 在碗裡打入1－2個蛋。將薄肉片沾上麵粉(翻過來均勻裹上)、蛋液和麵包粉，然後甩掉多餘的粉。

◀ **油煎**Frying 橄欖油加熱，一次放入數片薄肉片，兩面各煎1分鐘，或直到變成金黃色為止。上菜前，用廚房紙巾吸除多餘油份。

▶ **包裹餡料**Wrapping round a filling 要製作薩魯提波卡(saltimbocca)，先將帕瑪火腿(Parma ham)和新鮮鼠尾草(sage)，放在每片薄肉片上，然後將肉片捲起來。最後用木質雞尾酒籤固定。

小牛胸肉去骨 BONING A VEAL BREAST

去骨肉塊，比帶骨的用途更廣：製作砂鍋燒時，可切小塊；爐烤(roast)時，比較能夠均勻受熱，事後也比較容易切片。

先用去骨刀的前端沿著肋骨切劃，切開下面的肉。切穿軟骨，沿著胸骨的邊緣切。取出骨頭。取出肋骨後，再切除肉上所有的軟骨、肌腱、多餘脂肪。

爲去骨大肉塊塡充餡料 STUFFING A BONELESS JOINT

將肉放在兩張保鮮膜之間，脂肪那面朝下，並將其伸展成30x25 cm(12x10 英吋)的長方形。帶皮的那面朝下，在表面均勻地塗抹上餡料。從較窄的末端開始，把肉捲起。用繩線，縱向繞兩圈，打結。成整齊的形狀，準備綁縛。用繩線在另一手上繞，做1個圓圈，再用來套圓筒狀的肉捲。沿著肉捲，在每5 cm處重複同樣的動作。最後，打結固定。

骨排的口袋切割法 CUTTING A POCKET IN A CHOP

將骨排拍乾，然後以和工作台平行的方向，握住去骨刀，平行地切入骨排，一直橫切到另一邊的骨頭爲止。

小羊肉 lamb

小羊肉的肉質鮮甜嫩滑，因此在所有的肉類裡，特別受到珍視。它來自於一歲以下的綿羊；而春羔羊肉(spring lamb)則來自3—9個月的小羊。1—2歲的的羊肉稱爲仔羊(hoggets或yearlings)；2歲以上的則是成羊肉(mutton)。羊肉的色澤、口感和味道，會隨著年齡而有變化。仍在哺奶的小羊，通常還不到二個月大，具有特別溫和的口味。羊肉看起來柔軟、肌理細膩而顏色較淡。三至四個月的小羊，口味亦很細緻，但具有如玫瑰般棕紅的色澤。年齡越大的羊肉，脂肪會越多，色澤加深，口味也越強烈。

如何選購 Choosing

小羊肉可用來爐烤(roast)或燒烤(grill)；年齡較大的羊肉，則適合較滋潤的做法，如燜煮(braising)或燉煮(stewing)。在超市購買時，注意骨頭的部分。小羊肉的骨頭，帶一點粉紅偏藍。年齡較大的羊，骨頭則堅硬而偏白色，而肉的色澤較深。本地飼養的高品質小羊肉，脂肪應呈乳白色，看起來呈乾蠟狀。黃色的脂肪，可能表示年齡過大。一般來說，所有切塊的外層脂肪，應該厚度一致，並且可以清楚看到淡淡的油花分布。胸肉(breast)和肩肉(shoulder)的脂肪較明顯。骨頭的切口應該整齊，不要有碎骨或血塊。

包裝好販售的羊肉 PRE-PACKED LAMB

- 超市所販賣的羊肉，有放在保麗龍盒裡，用保鮮膜包起來的；或上面只有一層密封的透明膜。也有保鮮包裝的(用堅硬的塑膠盒盛裝，上面用透明膜密封)，裡面的特殊氣體，可以使肉品保鮮較久。
- 一定要檢查包裝，確認沒有損壞—若有損壞，不要購買。即使最細微的小洞，也會使氣體溢出，使肉產生腐敗。
- 購買包裝羊肉後，一定要注意包裝上的說明，尤其是保存期限。表面密封的包裝，尤其是保鮮包裝，要等到準備使用時才打開。若是打開後，而沒有馬上使用，保存期限則不再適用。
- 雖然小羊肉在販售前，一般都經過妥善的處理，但當您買回家後，還是需要一些額外的前置作業，如去除所謂的筋膜‘bark’—覆蓋脂肪的薄而乾、如羊皮紙的一層組織，以及去除多餘的脂肪。

如何貯存 STORING

帶骨大肉塊(joints)，可以冷藏保存至5天；骨排(chops)可保存2—3天。絞肉應該在購買的當天，或24小時內，就使用完畢。

烹調前，一定要將冷藏的小羊肉，回復到室溫狀態。

小羊肉用鋁箔紙、或冷凍專用的塑膠袋緊密包好，可以冷凍保存長達6—9個月之久。解凍時，將小羊肉放在盤子裡，以接住融化的水滴，放在冰箱裡慢慢解凍。每450g(1lb)，解凍約需6小時。解凍後，要立即使用。

營養資訊 NUTRITIONAL INFORMATION

每90g(3½oz)煮熟的羊肉，可以提供約20g(¾oz)的蛋白質—是每日建議攝取量的⅓—另外還有維他命B群和鐵質，這種血紅素鐵(haem iron)，容易被人體吸收，並幫助其他食物裡鐵質的吸收。雖然今日我們畜養的羊肉，脂肪已較以前減少，但肉裡仍然含有高比例的脂肪。

份量 YIELD

450g的生小羊肉

=

去骨的爐烤(roasts)—
3—4人份

=

帶骨爐烤(roasts)和骨排—
2—3人份

=

小排骨(riblets)和
腿腱(shanks)—
1—2人份

製作皇冠羊排 TO PREPARE A CROWN ROAST

它的名稱源自於將羊排綁縛在一起後，外觀看起來就像是個皇冠。您需要2個已切除脊骨的骨排(從排骨和脊骨backbone相連處鋸開)。如果肉販還未加以處理，您可以先從撕除骨排上的筋膜bark—像羊皮紙的外層薄膜(membrane)開始。將羊排放在砧板上，帶脂肪的那面朝上。用刀尖從薄膜的一角伸入，當刀子將足夠的薄膜撕除時，用手緊握薄膜，用力撕開—另一隻手同時緊握骨排。必要的話，修切多餘的脂肪。骨排的一邊，可能還連著肩胛骨(shoulder blade)，可用刀尖將其切除。

從距離骨頭邊緣5—7.5cm(2—3英吋)處，用刀子向下劃切，切開脂肪，直達肋骨。然後將刀尖伸入一端的脂肪和肉底下，小心地切除肉和脂肪，使骨頭邊緣露出，切的時候盡量靠近骨頭。然後用刀尖，將骨頭與骨頭間的小塊肥肉削切下來。最後用刀子，刮除骨頭上所有殘餘的脂肪和肉。

大廚訣竅
Cook's tip

好的肉販可以依照顧客的需求，準備好所需的羊肉，但較複雜、昂貴的爐烤切塊，如皇冠羊排*(crown roast)*和羊排拱門*(guard of honour)*，需要在數天前預約，因爲這些肉比較費工。然而，只要一點耐心，和一把鋒利的去骨刀，您也可以輕易地製作這些肉品，帶來成就感又經濟實惠。無論是爐烤*(roast)*、炙烤*(barbecue)*、燒烤*(grill)*、或油煎*(pan-frying)*，爲了保持口感和滋味，最好上菜時，還帶著一點粉紅色。若在烹飪過程中，皇冠羊排*(crown roast)*和羊排拱門*(guard of honour)*的骨頭開始烤焦，就包上錫箔加以保護。

▲ **皇冠羊排** A crown roast 小心地將脊骨，從骨排較厚的那一面切除。在每根肋骨之間，劃一小刀，使羊排容易彎折。將兩個羊排並排立起，有肉的部份為底，骨頭朝上。脂肪部分朝內，將其彎曲成皇冠的形狀。

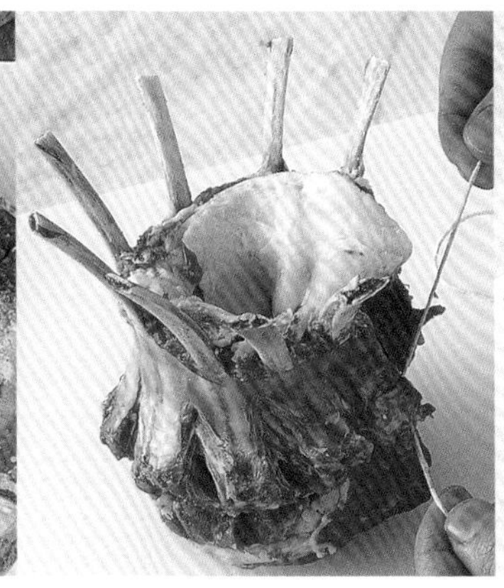

▲ 用線在中央繞圈，綁好固定。中央部份可以保持原狀，或裝入您喜愛的餡料。也可以將從骨頭上方取下的肉條捲起，放在裡面(上菜時要取出)。

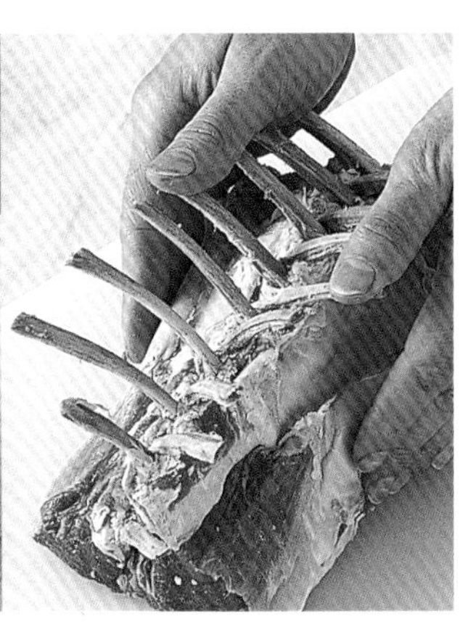

▲ **羊排拱門** A guard of honour 像皇冠羊排一樣，準備2個骨排，但是使骨頭露出7.5—10 cm(3—4 英吋)。將2個羊排骨相扣—帶脂肪的部分向外。用乾淨的棉繩，等距將其固定。想要的話，中央的缺口，可以填入混合餡料，或具辛香味的蔬菜(如大蒜和洋蔥)和香草植物。

小羊肉的不同部位 THE DIFFERENT CUTS OF LAMB

小羊肉分切塊 Cut	描述 Description	烹調方式 Cooking methods
頸肉與中頸 Scrag end and middle neck	雖然脂肪含量比例高，這兩種肉的口味都很好，傳統上用來製作愛爾蘭燉肉(Irish stew)。需要小火慢燉，使肉質軟化。兩者都有整隻、切片或切塊販售。中頸亦有切成骨排(chops)販售。	燉煮(stew)或燜煮(braise)。
頸肉菲力 Neck fillet	從頸肉與中頸部分，切下的一片無骨的肉，口味極佳。	醃過後做成串燒(kebabs)、燉煮(stew)或燜煮(braise)。
頸部肋條 Best end of neck	高價而肉質細嫩。雖然名稱叫做best end of neck，其實來自於腰脊肉(loin)上方，靠近胸骨(rib end)的位置。	爐烤(roast)。
頸部肉片 Neck Cutlets	當切成骨排時，也叫做高級頸肉片(best end of neck cutlets)。	油煎(pan-fry)或燒烤(grill)。
羊排 Racks	製作皇冠羊排(crown roast)和羊排拱門(guard of honour)，所需要的一副羊排，即來自這裡。每副羊排，通常有7根肋條。	爐烤(roast)。
小塊瘦肉 Noisettes	約2.5cm(1英吋)厚的圓型肉片，來自去骨、做成肉捲並綁縛的頸部肋條(best end of neck)。	油煎(pan-fry)或燒烤(grill)。
腰脊肉 Loin cuts 鞍狀腰脊肉 Saddle	從頸部肋條(best end)一直到腿部之間，的兩塊腰脊肉。亦包括菲力，小羊肉最細嫩的部位。若不連著腰臀的肉(chump end)，叫做短鞍狀腰脊肉(short saddle)；帶有腰臀的肉(chump end)，則叫做長鞍狀腰脊肉(short saddle)。適合在特殊場合供應。	爐烤(roast)。
骨排 Chops	腰脊的T骨，與腰臀的後腿骨／股骨(round bone)。	燒烤(grill)、炙烤(barbecue)、油煎(pan-fry)、燜煮(braise)。亦可做砂鍋燒(casserole)。
蝴蝶形骨排 Butterfly chops	兩片腰脊骨排，以脊骨(backbone)連接在一起。	同上。
小塊瘦肉 Noisettes	亦可能來自去骨的腰脊肉捲，比從頸部肋條切下的來得大塊。	油煎(pan-fry)或燒烤(grill)。
胸肉 BREAST	腰脊切下的長條狀肉。通常去骨販售。將兩片胸肉稍微重疊，適合包入或捲入，爐烤用的帶骨肉塊(joint)。	爐烤(roast)。
肩肉 SHOULDER	整塊販售或分成兩塊：一塊是連著前腿(blade end)的部份；一塊是連著和尚頭(knuckle end)的部份。可以去骨後，填入餡料。	爐烤(roast)、燒烤(grill)和燜煮(braise)。
腿肉 LEG	整隻販賣，或切成兩部分—連接菲力(fillet)的一半，和連接腿腱(shank)的一半。去骨、切成小塊後，可做成傳統的慕薩卡(moussaka)。	去骨後可以爐烤(roast)、燜煮(braise)或炙烤(barbecue)。亦可在火上叉烤(spit-roasted)。
小羊腿排 Gigot chops	腿肉亦可切成圓形的羊排，稱為「小羊腿排“gigot chops”」。	炙烤(barbecue)、燒烤(grill)、油煎(pan-fry)或燜煮(braise)。
腿腱 Shank ends	從腿部末端切下的小型帶骨肉塊(joints)。每一塊剛好是一人份。	小火燜煮(braise)三個小時。

準備鑲餡的前置作業
PREPARING LAMB FOR STUFFING

除了頸肉與中頸(Scrag end and middle neck)，其他的分切羊肉塊都可用來鑲餡。在肉或骨排上，切出一個簡單的口袋，裝入餡料。也可以將餡料，鋪在去骨頸部肋條或腰脊肉上，然後捲起，或在製作小塊瘦肉(Noisettes)時鑲餡。去骨後的肩肉、腿肉和鞍狀腰脊肉(saddle)，所產生的大型缺口，也可填入餡料。當鑲餡一整塊帶有腰臀的(chump end)鞍狀腰脊肉(Saddle)時，最好不要去除腰臀骨(chump bone)，因爲這樣上菜時比較好看。

小塊瘦肉
NOISETTES

從頸部肋條(best end of neck)上，可以切下6塊小塊瘦肉(noisette)。先切除脊骨(chine bone)，然後用刀尖，小心地沿著肋骨旁邊和底下切割，將骨頭切除。盡量沿著骨頭切割，才能留下最多的肉。脂肪的部分朝外，將去骨後的肉塊捲起，然後在每隔2.5cm(1英吋)處，用一段棉繩綁緊。最後依照棉繩所標的位置，切出厚度2.5—5cm(1—2英吋)的圓型肉片。

▶ 腿肉的削掘去骨 Tunnel boning 切除肉塊外側的多餘脂肪，再切穿在小腿(shank)底部上的肌腱(tendons)。沿著骨盆的骨骼(pelvic bone)切，再切穿肌腱。取出骨頭。將肉從小腿骨(shank bone)上刮開，切開腿關節上的肌腱，取出小腿骨。

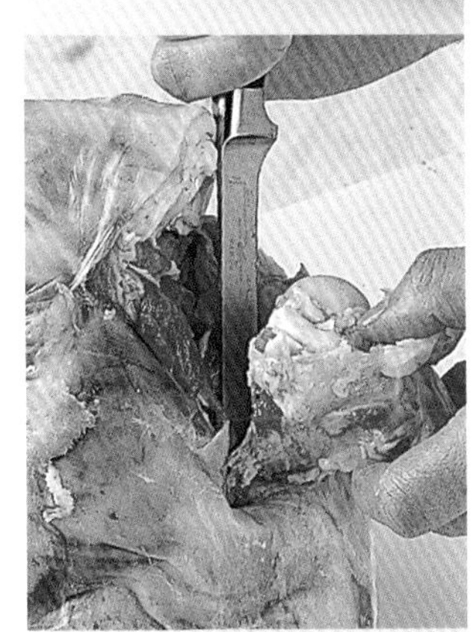

▶ 接著用刀尖，沿著腿骨上方的周圍切割，使骨頭露出。當露出的骨頭，能夠用手抓住時，另一手小心地一路沿著骨頭四周切割，直到腿骨鬆脫，然後扭斷拉出。

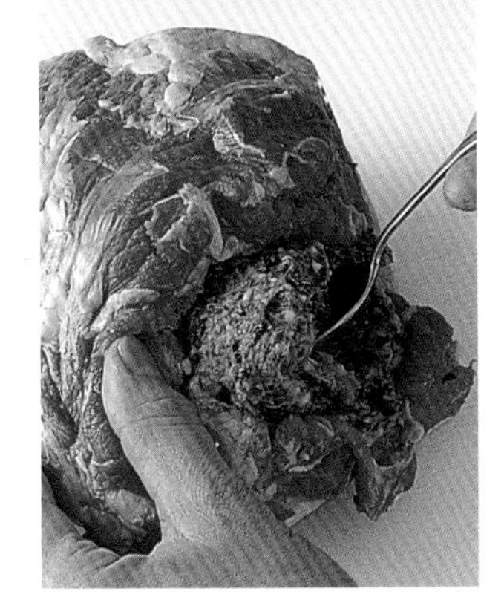

▶ 鑲餡 Stuffing 用湯匙將餡料，舀入腿肉裡的袋狀空間，再用手指推入(不要塞得太緊，餡料在烹調過程中會膨脹)。用線將肉綁縛起來，然後爐烤(roast)或燜煮(braise)。

配方 Recipes

蒜味迷迭香烤羊腿 Garlic and rosemary scented roast leg of lamb 經典烤羊腿的變化，用迷迭香、大蒜和紅酒肉汁(gravy)，來調味小羊肉。

愛爾蘭燉肉 Irish stew 洋蔥和馬鈴薯，排列在美味的肉湯裡，並配上珍珠麥(pearl barley)。

蘭開斯火鍋 Lancashire hotpot 小羊肉塊和韭蔥(leek)、紅蘿蔔和馬鈴薯同煮，再以渥斯特醬(Worcester sauce)調味。

慕薩卡 Moussaka 希臘和土耳其的常見菜餚。將一層茄子(aubergine)和一層小羊肉，一起放在起司醬汁裡烹調。

羊腿肉的蝴蝶形肉片切法
BUTTERFLIED LEG OF LAMB

將小羊腿肉切割成蝴蝶形，使其能夠受熱均勻。使用鋒利的去骨刀，切入肉裡，脂肪部份朝下，使骨頭露出。小心地沿著骨頭切割，直到膝蓋關節(knee joint)的部分。

一手握住露出的骨頭，一手用刀尖在膝蓋關節四周切割，直到可將其取出爲止。然後繼續切割，直到整隻腿骨露出。爲了讓腿肉的兩邊厚度均勻，將刀子從腿肉的正中央切下，但不要切太深，讓肉塊像書本般可以打開。修切掉多餘的脂肪。

豬肉 Pork

今日的豬肉，因爲來自脂肪較從前少的豬隻，因此在料理上要格外小心，才能保持肉的鮮美多汁─舊時代會將豬肉煮至全熟(well-done)，以確保食用的安全，但這種做法卻只會使今日的豬肉，嘗起來過於老柴無味。因爲完全根絕了旋毛蟲的危險，現在可以很安心地食用帶一點生的(slightly pink)豬肉─大型肉塊如腿肉，內部溫度是77℃(170℉)；小型切塊則是67℃(153℉)。也就是說豬肉不需烹調過久，尤其是爐烤(roasting)和燒烤(grilling)。不過我們仍需注意，豬肉烹調時有達到上面所說的溫度，以確保沒有食物中毒的可能性。

貯存 Storing

貯存豬肉的規則和牛肉一樣，請見82頁。

雖然豬肉可以冷凍，但因為冷藏後的豬肉會變硬，一般並不建議這麼做。然而，煮好的豬肉料理，如燉肉(stew)和砂鍋燒(casserole)，很適合冷凍保存。

豬肉分切塊 Cut	描述 Description	烹調方式 Cooking methods
頸肉 Neck end	來自肩胛排骨(shoulder rib)的上部，不可和豬肋排(sapre ribs)混淆。應該有均勻分布的油花，和大比例的瘦肉。排骨的部分也切成骨排販售。	兩者都可爐烤(roast)。肩胛骨(blade)的部分，可帶骨爐烤(roast)，或去骨、鑲餡、捲起再爐烤(roast)。排骨的部分可以爐烤(roast)、燉煮(stew)或燜煮(braise)。
前腰脊肉 Fore loin	重要的分切肉，可以切成骨排，或用作爐烤的大肉塊(joint)，整塊販售。可以像小羊肉一樣，做成皇冠豬排(crown roast)或豬排拱門(guard of honour)(請見89頁)。	整隻爐烤(roast)。骨排可燒烤(grill)、油煎(pan-fry)、炙烤(barbecue)、爐烤(roast)或燜煮(braise)。
中腰脊肉 Middle loin	整塊販售，或去骨捲起販售。也有切成骨排販賣。	爐烤(roast)或燜煮(braise)。非常適合用來鑲餡。燒烤(grill)、油煎(pan-fry)或炙烤(barbecue)。
裡脊肉 Fillet 腰內肉 tenderloin	位於中腰脊肉和大肉骨排(Chump end)的下方。	整隻填餡或不填餡爐烤(roast)。可切片或切塊後油煎、燜煮(braise)或快炒(stir-frying)。
大肉骨排 Chump end	整隻或切成骨排販售。	整隻燜煮(braise)或爐烤(roast)。骨排可燒烤(grill)、油煎(pan-fry)、燜煮(braise)或爐烤(roast)。
腿肉 Leg	整隻販賣，或切成菲力部位(fillet end)、蹄膀(knuckle end)和豬腳(trotters)。	整隻或分成肉塊(joints)，來燜煮(braise)或爐烤(roast)。較小的肉塊可以鍋燒(pot-roasted)。豬腳(trotters)可以水波煮(poached)。
豬腹脅肉 Belly	整隻販賣，或切成厚、薄兩塊來賣。亦可切成薄片。肋排(spare ribs)來自較厚的那一塊。	爐烤(roast)或鍋燒(pot-roasted)。切片可以燒烤(grill)、炙烤(barbecue)、燉煮(stew)。刷上濃稠的醬汁來爐烤(roasted)。
肩胛肉 Shoulder	整隻販售時，叫做(hand and spring)。亦可去骨做成肉捲販賣，或切成小塊。	爐烤(roasted)或燜煮(braise)。燉煮(stew)或砂鍋燒(casserole)。

如何選購 Choosing

盡可能購買有機豬肉，因爲這些豬隻在天然的條件下畜養，有足夠的空間自由放牧。牠們每隔一段時間，就會遷移到新的牧草地，因此不容易受到虱子等害蟲的侵擾一同時也得以攝取有機的植物性食物。因爲在戶外放牧，這些豬隻和其他在室內密集飼養的種類，截然不同。爲了適應天然多變的氣候，牠們的體內也產生了較多的脂肪。雖然有機豬肉的脂肪比例較高，但其風味較佳。

一般來說，豬肉的脂肪比例很低，並且質感比牛肉和小羊肉的脂肪光滑，看起來應該是呈蠟質的白色。

豬皮(rind)上的毛應去除乾淨，光滑而柔韌。豬肉應結實、光滑、滋潤，但不潮濕，色澤呈淡粉紅色。骨頭切面應帶血紅色，整齊而無碎骨。如果豬肉紋理粗糙，骨頭堅硬而呈白色，可能表示來自較老的豬隻。所有的分切塊，應修切乾淨。捲起並加以綁縛的肉捲，應該厚度均勻，以確保烹飪時受熱均勻。

去骨豬腰肉的鑲餡 TO STUFF A BONED LOIN

肉販可以幫你完成豬腰肉(loin of pork)的去骨，不過只要遵照製作皇冠羊排的程序(請見89頁)，您也可以輕易地自行完成。

將去骨後的豬腰肉打開，攤平，肉的部分朝上，在肉上縱切2道，但是不要將肉整個切穿。

將準備好的餡料(這裡示範的是，鼠尾草葉和浸過白酒的杏桃)，塞入切口裡，用鹽和胡椒將肉調味好(參照左列)。然後將豬腰肉捲起，再用料理用繩線緊緊地綁縛起來。

豬肉骨排的鑲餡 TO STUFF PORK CHOPS

用鋒利的刀子，切除骨排上大部分的脂肪。用刀尖從帶脂肪的部分，插入肉的中央，然後以和骨頭平行的方向，橫切一刀，就可以做出一個鑲餡用的口袋。

用湯匙將餡料舀入口袋裡，然後用力將邊緣壓合。想要的話，可以用繩線將開口緊緊地綁縛起來。

修除多餘的脂肪
Trimming off excess fat

將豬肉的脂肪去除後，就表示豬肉在烹調過程中，得不到滋潤。為了彌補這個缺點，豬肉可以先醃過，或刷上健康的脂肪，如富有多元不飽和脂肪酸的橄欖油，可幫助降低膽固醇。亦可填入餡料，不但可以增加豬肉的味道，也可以從內部保持滋潤。

豬腰內肉的前置作業 PREPARING PORT FILLET

去骨的豬腰內肉(pork fillet，亦稱為tenderloin)，是質地細嫩的瘦肉，料理起來快速，非常受到快炒類和中國料理的歡迎。它亦可切成肉片(medallions)，用來油煎(pan-frying)，或切成肉塊用來做串燒(kebab)，或在不鑲餡或鑲餡的情況下，整塊燒烤(grilling)、爐烤(roasted)或燜煮(braised)。脂肪、薄膜(membrane)和肌腱(tendon)，必須在烹調前切除。

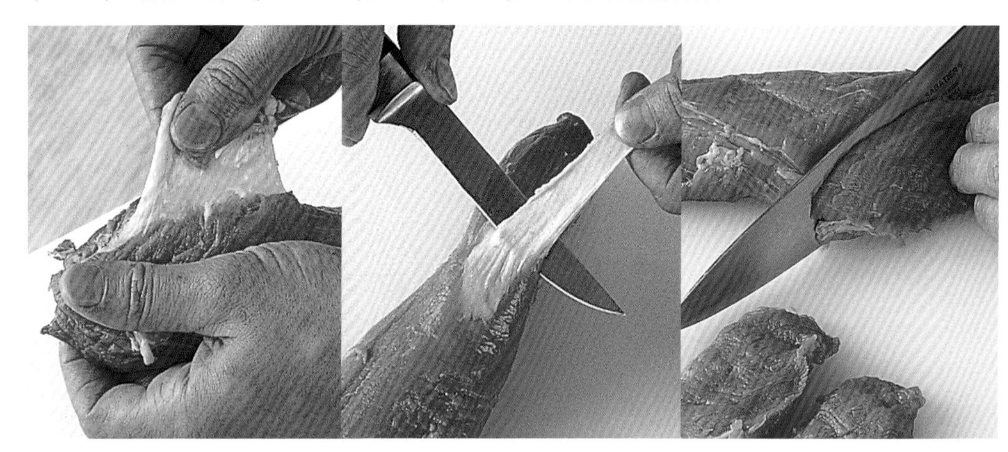

▲ **處理腰內肉**
To prepare a fillet
小心地剝除任何腰內肉上的脂肪與薄膜，然後丟棄。將刀尖插入白色的肌腱下方，然後切開，直到肌腱能夠從肉上拉開。

▲ 一手握住肌腱，另一手小心地用刀子將其從肉上切開，刀刃要盡量靠近肌腱部分。

▲ **切割小塊瘦肉**
Cutting noisettes
將豬腰內肉斜切成1－2cm (½－¾英吋)厚的肉片。裹上調味好的麵粉，然後甩掉多餘的粉，再用奶油和食用油油煎。

炒豬肉絲 STRIPS FOR STIR-FRYING

如上方說明，切好豬裡脊肉片，然後切成條狀，放入碗裡。加入選擇好的醃料，在室溫下醃1－2個小時，或放在冰箱一整晚。要開始炒時，先將肉絲瀝乾，然後分批用中國式炒鍋(wok)，或大型平底鍋來炒—用加熱好的花生油—直到肉絲轉成金黃色。不要一次放太多肉絲，因為這樣肉絲會被蒸熟，而不是炒熟。

配方 Recipes

諾曼第豬肉 Normandy pork 裡脊肉和白酒、蘋果和蘑菇共煮，佐以蘋果酒奶油醬(Calvados and cream sauce)。

炭烤排骨 Barbecued spare ribs 小支的肋排(back ribs)，裹上濃稠的烤肉醬(barbecue glaze)，然後放入烤箱爐烤(roasted)。

糖醋豬肉 Sweet and sour pork 絞肉做成肉丸，煎到呈金黃色，佐以糖醋鳳梨醬汁。

戈根索拉起司佐豬排 Pork steaks with gorgonzola 調味好的豬排，和白酒、紅蔥頭(shallots)、大蒜、鮮奶油(cream)和戈根索拉起司，一起煎。

茴香烤豬排 Roast pork with fennel，garlic and apple 豬腰脊肉(loin)抹上茴香和大蒜泥、洋蔥和蘋果混合後，再和豬肉一起放入爐烤(roasted)。

波特酒和黑胡椒肉醬 Chunky pâté with port and peppercorns 使用五花肉(belly of pork)、雞肉、鴨肉、培根和胡椒做成，再加上波特酒和吉利丁(gelatine)做成的膠汁(glaze)。

酥脆外皮CRISPY CRACKLING

要烤出酥脆完美的外皮(crackling)，要先用廚房紙巾將外皮拍乾，必要的話，去除所有殘餘的毛髮(用火燒掉，或使用全新的拋棄型剃刀)。用鋒利的刀子，在皮上等距劃切刀痕(score)，直達脂肪層。在皮上抹上一點橄欖油，與大量的細鹽。將肉塊放在鋪了網架的烤盤上烤，但不要用烤汁澆淋。

測試熟度 TESTING FOR DONENESS

要測試骨排(chops)和其他小型分切塊，是否徹底煮熟了，可將一把鋒利小刀的刀尖，插入肉的中央，讓肉汁流出。如果不再帶血色，則表示煮熟了。如果仍稍帶一點粉紅色，則繼續加熱到煮熟爲止。

大型肉塊(joints)在爐烤時，應該在最厚的部分，插入煮肉專用溫度計(meat thermometer)，但不要碰到骨頭，以免影響讀數。不時地檢查溫度，當它到達所需溫度2℃(35.5℉)以下時，就將肉移出烤箱。稍微用錫箔蓋住，靜置10—15分鐘，讓它繼續以其內部溫度加熱。

別緻的擺盤 IMPRESSIVE PRESENTATIONS

一副前腰脊肉的肋排，可以做成皇冠豬排或豬排拱門(使用小羊肉頸部肋條(Best end of neck)的同樣技巧，請見89頁)。這兩種菜餚，都很適合晚宴或特殊場合，尤其是填入美味的餡料後爐烤，再以小心準備的蔬菜優雅地加以圍繞，如這裡示範的嫩煎小番茄和櫛瓜(courgettes)。

營養資訊 NUTRITIONAL INFORMATION

豬肉富有蛋白質、礦物質和維他命B群一特別是硫胺素thiamin (維他命B1)，為釋出碳水化合物能量不可或缺的物質。

火腿與培根 ham and bacon

雖然這兩者都來自豬肉，卻各有獨特風味。火腿來自後腿肉的五花肉side of pork，切下後利用曬乾、鹽巴醃製，或煙燻等做法來處理。我們可以買到不同種類的火腿。整隻未煮熟的、處理好可以馬上料理的、煮熟的、醃製好的、風乾的、到可供生食的(如帕馬火腿Parma、巴詠納火腿Bayonne和威斯特法倫火腿Westphalian)。最好的英國火腿，還是以傳統方式醃製的一如約克(York)、薩福克(Suffolk)和威爾特郡(Wiltshire)火腿。煮熟風乾的火腿，在大部分超市的熟食櫃檯(delicatessen counter)都可買到，切成想要的份量。工廠包裝好、切片好的火腿，也很容易購得。

格蒙(gammon)也來自豬的後腿一但是連著五花肉side of pork的部分，一起泡在鹽水中醃製。醃過後，將腿部切下，再進行下一步的風乾和煙燻步驟(如果要作爲煙燻格蒙販賣)。

培根來自豬的軀體。其風味會因醃製材料，和煙燻時所使用的木材而有變化。以鹽水醃製並成熟的培根，稱爲「綠培根」"green"，或未煙燻培根。它比煙燻培根顏色淺，味道較細緻，並且有一圈白色的邊緣。煙燻培根是用鹽水醃製後，再進一步風乾和煙燻一因此顏色較深，味道較濃烈，邊緣呈淺棕色。條狀培根(streaky bacon)和義大利培根(Pancetta)，取自多脂的腹脅肉(belly of pork)，非常適合用來包裹準備爐烤(roasting)的魚類或肉類。這種多脂培根在使用前，要先拉長撐大，以防因爲加熱而縮小。

如何選購 Choosing

所有的培根和格蒙(gammon)切塊，都應看起來結實濕潤，但不潮濕。脂肪應呈白色至淡棕色，沒有任何黃色或綠色斑點。

完美的訣竅 COOKING TO PERFECTION

將大隻的培根、格蒙(gammon)和火腿肉塊(joints)，放入水裡煮時，我們稱爲水煮(boiled)。但若要維持其肉質的甜美柔嫩多汁，則不能讓水煮到沸騰。應先將這些肉塊浸入冷水中，然後加熱直至水面開始冒泡。然後立即轉成小火，每450g(1 lb)慢煮15分鐘。時間一到離火，讓肉塊在水中冷卻。

大型火腿和格蒙
Large hams and gammon

除非您有非常龐大的鍋子，否則要料理一整隻火腿或格蒙，可能並不容易。可以用錫箔包好，以維持肉質的滋潤，再放入烤箱，效果不錯。更好的做法是，用中筋麵粉加水做成的麵糰，將它密實地包起來一這種傳統的做法，能夠將水分和風味完整保存。若使用這種方法，一支*6.3 kg(14 lb)*的火腿，以中型烤箱爐烤，約需時*3*小時。

如何貯存 STORING

以前，醃製好的豬肉能夠不靠冰箱冷藏，而能長時間保存。但今日的醃製程序，使培根和格蒙(gammon)最多只能保存2週，並且最好在7天內使用完畢。應該將其覆蓋好，放在冰箱冷藏。包裝好的條狀培根(rashers)和肉塊(joints)，應按照包裝上的說明保存。一旦開封，應盡快使用。

煮熟的大塊火腿，可以保存10天，如果購買的是真空包裝，則依照上面的說明而定。為了避免變乾，應該用保鮮膜包緊，或放在盤子上，再用碗倒扣著。

從熟食櫃檯(delicatessen counter)購買的火腿切片，應在1—2天內使用。包裝好的火腿，開封後要盡快食用一或遵照包裝上的說明。

培根或火腿分切塊 Bacon or ham cut	描述 Description	烹調方式 Cooking methods
分為End collar，middle collar，prime collar	3個部位都來自豬的肩膀與前背部份(frontal part)。	皆可水波煮(poached)或爐烤(roasted)。肩背肉Collar joints雖然脂肪較多，但風味極佳。end and middle collar部位都很適合做成濃湯，尤其是乾燥後加入豌豆湯中。
Fore hock，fore slipper，butt，small hock	來自前腿。	烘焙(baking)和水波煮(poaching)。
培根片 Bacon rashers	來自背部(腰脊肉的上方)和腹部(flank，the belly)。	燒烤(grill)或煎炒炸(fry)。
Top back rashers	來自背部。	
Middle cut	亦稱為through cut，並包括一些條狀培根streaky。也有整隻做為小肉塊(joint)販售。	
Short back rashers	來自背部。	
Oyster cut rashers	也有整隻做為小肉塊(joint)販售。	
Long back rashers	來自背部。	
條狀培根 Streaky rashers	來自腹部(belly)。可以整塊或是數片購買。	未煙燻及煙燻的條狀培根(green and smoked streaky bacon)很適合用來穿油條與包油片(larding and barding)。從一片條狀培根切下的厚培根條，尤其能做成絕佳的培根丁(lardons)。
醃肉切塊 Gammon cuts	可以整塊購買或分成小肉塊(joints)：包括corner gammon，middle gammon or hock。	水波煮(poach)或用錫箔包好烘烤(bake)。
Gammon rashers	來自後腿。	燒烤(grill)或油煎(pan-fry)。

＊編註：歐洲肉品的分切方式與本地有異，上表中的部位以歐洲肉品為準。

製作培根丁
MAKING LARDONS

培根丁能爲肉類料理，增添一股濃郁、香鹹的口味，因此常被當做調香用的材料使用。先將厚的培根，縱切成長條狀，再疊起來，切成方塊狀。

最後修飾
FINISHING TOUCHES

無論是熱食或冷菜，所有的培根、格蒙(gammon)和火腿的肉塊(joints)，都應先去皮，再上菜，否則會很難切開。但是皮下的脂肪看起來並不美觀，可以灑上炒成金黃色的麵包粉(breadcrumbs)、巴西里(parsley)末，或其他香草植物來修飾外表。另一個方法是做出膠化火腿(glazed ham)。

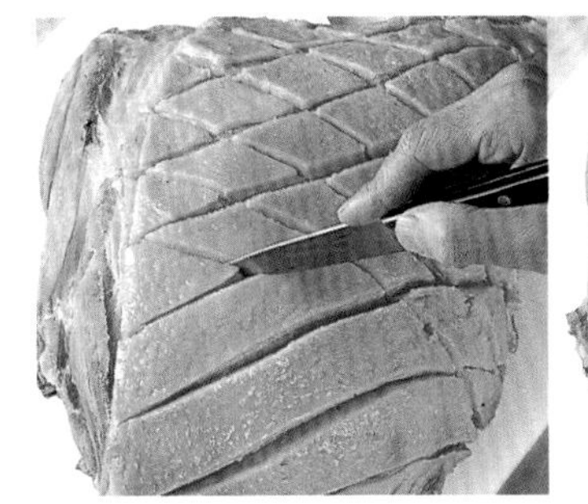

▲ 劃切脂肪 Scoring the fat
用小刀的前端，在煮熟的火腿脂肪上，劃切出鑽石狀的交叉紋路。這樣做，可以讓膠汁滲透到肉裡，增添風味。

▲ 抹上膠汁 Spread the glaze
用抹刀(palette knife)均勻地將膠汁(glaze)，塗抹在劃切好的脂肪上。在烹調前，讓膠汁滲透入切口內。

雜碎 offal

雜碎就是，我們所吃的動物，在切除肉塊(joints)後，所剩下其他可食部分的統稱。一般指的是內臟，如心臟、肝臟、腎臟和舌，但也包括外部的足蹄和頭部。

如何選購 Choosing

超市只能買到一小部分的雜碎，但一家好的肉販，應該能夠供應所有種類。因爲雜碎比其他種類的肉腐敗得更快，所以最好在購買的當天就烹調食用完畢—特別是胸腺(sweetbreads)。

所有的雜碎都應看起來、聞起來絕對新鮮。避免顏色偏綠，表面有黏液，或氣味濃烈、有臭味者。肝臟、腎臟和心臟，應該看起來有光澤，無乾燥的斑點。胸腺(sweetbreads)應該有珍珠光澤(pearly sheen)，並呈淡粉紅色。

營養資訊 NUTRITIONAL INFORMATION

肝臟和腎臟，是豐富的蛋白質和礦物質來源，而且不像一般肉品，它們也富含維他命A和葉酸。然而兩者也有大量的膽固醇。牛(ox)和小牛(calf)的肝臟，也含有大量的鐵質。

如何貯存 STORING

購買後，要馬上帶回家，立即放進冰箱冷藏保存。包裝好的雜碎，應留在原包裝中，並在保存期限內用畢。沒有包裝的新鮮雜碎，則應放在乾淨的盤子上，上面用碗倒扣著，或用保鮮膜包起。

肝臟的前置作業 PREPARING LIVER

從包覆著肝臟的薄膜一角，小心地將刀尖伸入並慢慢剝除，當能夠用手握住薄膜時，小心地用手撕開，然後丟棄。不論是要整顆烹煮或切片料理，都要先切除任何內部導管。切片的話，較易進行這項手續。如果切片，切成5mm(¼英吋)厚的切片。

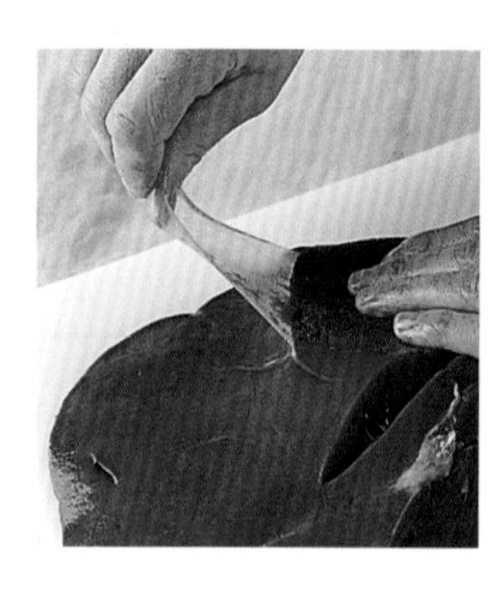

種類 Type	描述和烹飪方法 Description and cooking methods
肝臟 Liver 小牛的肝臟 Calf's	淡棕色，風味細膩。整顆爐烤(roast)或切片油煎、燒烤(grill)。
雞的肝臟 Chicken's	口味溫和細膩。用奶油嫩煎或做成抹醬(pâtés)。
豬的肝臟 Pig's	質感柔軟，但口味比小牛和小羊的肝臟強烈。油煎或燒烤(grill)。
羊的肝臟 Lamb's	淡棕色的肝臟來自年輕的小羊。顏色較深的肝臟，則來自年齡較大的羊，口味也較濃烈。
舌肉 Tongue 牛舌 Ox	需要長時間的小火慢煮，使其軟化。壓製pressing和上菜前要先去皮去骨。
羊舌 Lamb's	先在鹽水中浸泡，再放在滾水中煮或燜煮(braising)。
心臟 Heart 牛、小牛、羊或豬 Ox，calf's，lamb's or pig's	包括小羊的心臟，這些都需要長時間的慢煮，才能軟化。
胸腺 Sweetbreads 小牛或羊 Calf's or lamb's	長而相連的腺體，也就是喉嚨裡的胸腺(thymus glands)。小牛的胸腺口味最細膩。兩者都可嫩煎、油炸或稍微燜煮。
腎臟 Kidney 牛 Ox	口味最強烈。最適合和燉菜共煮，或以燜煮(braising)的方式，和牛排(steak)一起做成派和燉菜。
小牛或豬 Calf's or pig's	煎炒炸或燒烤(grilling)。其強烈的口味適合做成抹醬(pâtés)與凍派(terrines)。
羊 Lamb's	最適合用來油煎和燒烤(grilling)。

香腸 sausages

如何貯存 STORING

超市所販賣的包裝好的香腸，因為含有防腐劑(preservatives)，因此會比自己或肉販手工製作的(最好在製作或購買的當天使用完畢)，保存得久。

包裝好的香腸，應包裹好，放在冰箱最冷的地方，並在保存期限內使用完畢。

大部分的香腸，都是用豬肉做成的，但是用其他肉類所做成的香腸，也越來越普遍了。除了傳統的豬肉香腸，您現在可以買到小牛肉(veal)、小羊肉(lamb)、鹿肉(venison)、野豬肉(wild boar)、雞肉、和土雞肉做成的香腸，也有黃豆製成的素香腸和黑布丁(black pudding)——一種豬血製成的香腸。

無論是自行製作或購買，香腸裡都包括粗細不等的絞肉，調味也從清淡到辛辣不一。香草植物也常用來調味香腸，最常見的是鼠尾草(sage)，其他較特殊的有野蘑菇、紅椒、菠菜、洋蔥和蘋果。

香腸的外部薄膜
Sausage casings

大部分的香腸，是將絞肉塞入薄膜裡製成，這種薄膜可能是天然的(將豬、羊或牛的腸子清理後製成)，或人工生產的。然而有時候，這些薄膜並非完全必要，因爲絞肉可以事先塑型、裏上麵粉再料理，或者可以自行用豬網膜(*caul*)包裹起來。用這種方式製作的香腸，叫做網膜香腸(*crepinettes*)，法文的*crepine*即意指網膜(*caul*)。

烹調購買的香腸 COOKING BOUGHT SAUSAGES

大部分的香腸，尤其是英國香腸，可以油煎或爐烤，但有的香腸適合水波煮，如法國的燻安杜列香腸(andouille)、塞爾維拉特香腸(cervelat)、白香腸(boudin blanc)、德國的法蘭克福香腸(Frankfurters)、波克爾司特熟香腸(Bockwurst)、德國蒜腸(Knackwurst)，和蘇格蘭有名的哈吉斯(haggis，雖然形狀和一般香腸不同，仍被視爲香腸的一種)。

油煎(frying)和燒烤(grilling)坎伯蘭香腸(Cumberland sausages)時，圈成圓盤狀，用竹籤固定好，以免在烹調過程中鬆脫。

▲ **水波煮** Poaching　在淺而寬的平底深鍋或平底鍋裡，加入2/3 的水，加熱至沸騰。將香腸放進滾水中，煮35分鐘，依其大小而定。如果是這裡示範的法蘭克福香腸(Frankfurters)，只需要1－2分鐘。

▲ **油煎和燒烤** Frying and grilling　香腸若以高溫加熱，肉可能會膨脹而爆裂。所以，請先在香腸外皮上打洞，並以中溫油煎，若是燒烤(grilling)，則不要太靠近加熱的電圈。不論是油煎或爐烤，大部分的香腸約需時10分鐘。

加工保藏肉類 cured meats

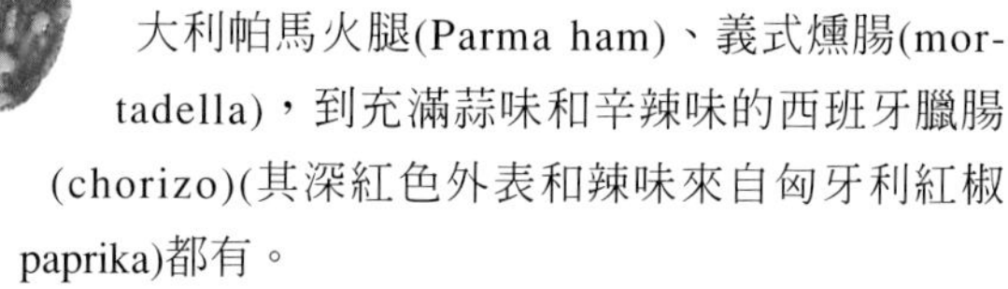

保藏(curing)，就是利用鹽巴來阻礙細菌的生長。最初是爲了使豬肉得到保存，今日則是爲了增添肉的風味和質感。傳統的方法包括乾醃(dry-curing)，也就是將鹽和辛香料抹在肉上，然後將肉泡在鹽和香料製成的水中來醃。今日較快速的作法是，將鹽水注射入肉裡，但其品質較低—因此傳統醃製的肉品成本較高。用鹽醃過後，再將肉風乾或煙燻，或兩項手續並用，以增加肉的色澤和風味。

這些美味的肉品和香腸，風味各異，從溫和的義大利帕馬火腿(Parma ham)、義式燻腸(mortadella)，到充滿蒜味和辛辣味的西班牙臘腸(chorizo)(其深紅色外表和辣味來自匈牙利紅椒paprika)都有。

大部分的加工保藏肉類，是由豬肉製成，但是有些是用牛肉作的，如義式風乾牛肉(bresaola)；有些則是混和牛肉和豬肉作成的，如波蘭臘腸(keilbasa)。其質感也富有變化，有義式燻腸(mortadella)的細緻溫和，也有如德國啤酒腸(Bierwurst)般粗獷的口感。

種類 Meat	描述 Description
義大利 義式風乾牛肉 Bresaola	細嫩的瘦肉，用鹽醃製後風乾。因為醃製過程耗時，因而價昂。
義式燻腸 Mortadella	義大利人也稱為波隆那(Bologna)。義大利最大也是最有名的香腸之一。含有大塊的脂肪和黑胡椒粒(peppercorns)，有時還有開心果(pistachio)。最好的是用純豬肉製成的。
煙燻牛肉 Pastrami	牛胸肉(brisket)，用糖、辛香料和大蒜乾醃後，再加以煙燻。
義大利辣味香腸 Pepperoni	因為用紅椒和茴香(fennel)調味，而呈深紅色。常用來做披薩的表面餡料。
薩拉米 Salami	種類繁多，由粗絞肉和脂肪做成。有些含有牛肉和小牛肉(veal)。以辛香料、大蒜、匈牙利紅椒(paprika)和胡椒粒(peppercorns)調味。
帕馬火腿 Prosciutto (Parma ham)	真正的帕馬火腿，來自Emilia-Romagna地區的帕馬鎮周圍。San Daniele火腿則來自Friuli區。
義大利培根 Pancetta	用鹽醃製的生腹脅肉(belly of pork)。
德國 啤酒火腿 Bierschinken	用豬肉和火腿製成，含有開心果和胡椒粒。
啤酒腸 Bierwurst	用豬肉和牛肉製成。用小荳蔻(cardamom)和杜松子(juniper berries)調味。
鄉村臘腸 Landjager	用豬肉和牛肉製成，以葛縷子(caraway seeds)和大蒜調味，再風乾或煙燻而成。
西班牙 西班牙臘腸 Chorizo	由豬肉、鮮紅色的匈牙利紅椒(paprika)、大蒜、辛香料、香草植物和其他調味料製成。
波蘭 波蘭風乾香腸 Kabanos	一種長而細的煙燻香腸，辛香味重。

如何選購 Choosing

購買時一定要確認，這些肉品或香腸看起來新鮮。避免看起來乾燥、邊緣捲起者。若是購買已切片並包裝好的，要在使用時才開封，並在包裝指示的保存期限內使用。

如何貯存 STORING

整隻或大塊的薩拉米(salami)、波蘭風乾香腸(kabanos)、西班牙臘腸(chorizo)、蘇希松香腸(saucisson)和帕馬火腿(Parma ham)能保存較久，需放入冷藏，使用時再依喜好切片。若是購買已切片好的，很容易腐敗，因此應在2天內使用完畢。用保鮮膜包好後，放入冰箱保存。

禽鳥與野味

poultry and game

雞 chicken

雞肉是優質、價廉的蛋白質來源，並含有許多維他命B群。它的脂肪含量低，尤其是飽和性脂肪。今日可供選擇的雞肉比以前來得多，但若要追求傳統的品質和口味，還是價錢稍貴的有機雞肉最好。現在的選擇，不但有新鮮或冷凍的全雞或雞塊，還有一般養殖(standard)、自由放牧(free-range)、有機養殖的方式。雞肉養殖的方式和所食的飼料，會大大影響肉的風味，因此在購買前，應先花一點時間考慮一下自己的選擇。

一般養殖的雞肉，雞隻養在專門的雞舍裡，地板上鋪滿木屑或稻草，雞隻可以自由走動，接觸食物和飲水。自由放牧(free-range)的雞隻又分三種：自由放牧(free-range)、傳統自由放牧(traditional free-range)，和完全自由放牧(free-range total freedom)。其基本差異在於每平方公尺的範圍內之家禽數量，標準各不相同。完全自由放牧的雞隻，能夠自由地漫遊在戶外，而沒有任何籬笆的限制。

有機養殖的雞隻，是以有機植物做成的飼料飼養，大部分也是採取完全自由放牧的方式。

烤雞 Roasting chicken　小型烤雞重1.3－1.8 kg(3－4 lb)，能供應4人份。大型烤雞重1.8－2.75 kg(4－6 lb)，可供應6人份。

如何選購 Choosing

請選擇外觀看起來形狀漂亮，豐滿，胸部堅挺。皮膚應看起來乾淨濕潤，而不潮濕；潮濕表示這隻禽鳥曾被冷凍過。皮膚應該毫無疤痕或斑點。拆封時，新鮮的禽鳥有時帶有強烈的氣味，但與空氣接觸後，這股氣味應很快就消散。若非如此，則應和店家退貨。確認所有新鮮或冷凍雞肉的外包裝都完好無損。

玉米飼料雞 Corn-fed chicken　包括一般養殖(standard)和自由放牧(free-range)，餵食的飼料含有50%以上的玉米(maize grain)(相對其他穀物而言)－因此肉呈淡黃色。

如何貯存 STORING

購買雞肉後，要盡快帶回家中，放進冰箱冷藏或放入冷凍(購買冷凍雞肉時)。在標示的保存期限內使用，若是向肉販購買，則應在2天內食用。

將原有的包裝物從新鮮家禽上除去，再把家禽放在網架或倒扣的碟子上，然後再放盤子上，以盛接滴出的血水。用一只大碗倒扣加以覆蓋。封在保鮮包裝(controlled atmosphere packs)裡販售的雞肉、雞塊、絞肉、肉絲等，要等到使用時才開封。內臟(giblets)要放在碗裡，密封好，分開存放，並在24小時內使用。

應存放在冰箱最冷的角落，通常在靠近底部的位置，或冷藏室的正下方。

烹調前，用流動的清水，將禽鳥內部徹底清洗乾淨，再用廚房紙巾拍乾。

煮熟的雞肉覆蓋好，可以在冰箱裡貯存2－3天。

春雞 Poussin　4－6週大的小雞。每隻重約450g(1 lb)，供應1人份。

份量 YIELD	小至中型的雞肉	烤雞	醃雞(CAPON)	春雞
	1.2－1.6 kg (21/2－31/2 lb) ＝ 2－3人份	2.25－3.1 kg (5－7 lb) ＝ 6－7人份	2.75－3.6 kg (6－8 lb) ＝ 6－8人份	450g (1 lb) ＝ 1人份

雞肉解凍
Thawing chicken

要解凍雞肉(和其他的家禽)時，最安全的方法是放在冰箱內慢慢解凍，因為低溫能夠抑制細菌的生長。讓家禽維持原包裝的狀態，刺一、二個洞，使血水能夠流出。擺在網架或倒扣的碟子上，再放在大盤子上，以盛接滴出的血水。解凍全雞時，每1 kg(2 ¼ lb)，約需12小時，解凍雞肉分切塊時，需時一整晚。

解剖全雞 MASTERING THE SIMPLE ART OF JOINTING

先用刀子沿著胸部中央，切下一道口子，要深及骨頭。盡量貼近脊骨，小心地沿著胸骨的一側，一直到翅膀和軀體相連的部分，把胸肉剪開。另一邊也以同樣的動作進行。把腿部、大腿和翅膀，從軀體剪下。想要的話，您也可以切下腿部關節，將腿排和棒棒腿分開。

冷凍須知 HOME-FREEZING

- 先將新鮮雞肉的外包裝拆除，然後再用保鮮膜或錫箔重新包緊，也可放入冷凍專用塑膠袋，將空氣擠出後封好。將冷凍調到最冷或急凍(fast freeze)。
- 放在保鮮包裝(controlled atmosphere packs)裡販售的雞肉分切塊，可以原包裝放入冷凍。
- 所有內臟應分別取出、清洗、擦乾和冷凍。

安全第一 FOOD SAFETY

雞肉可能帶有沙門氏桿菌(salmonella)，因此在進行前置作業和烹調時，需格外小心。

- 在觸摸生雞肉前後，一定要洗手，尤其是要再處理其他食物時。
- 進行前置作業時所使用過的砧板、工作台表面與器具，用畢一定要徹底洗淨。
- 絕對不要用接觸過生雞肉的砧板，來準備生菜或煮熟的肉類。
- 將生的雞肉放入冰箱時，應存放在其他可供生食或冷食的食物下方。
- 保存煮熟的家禽時，要待其完全冷卻後，再覆蓋好，放進冰箱冷藏或冷凍。
- 不要重覆加熱雞肉。

家禽剪 POULTRY SHEARS

家禽剪上附有向上彎曲的堅固刀片，富有彈性的握柄，用來解剖全雞輕鬆方便。使用後，用熱肥皂水將刀刃清洗乾淨、擦乾，再套回套環，讓刀片保持合起的狀態。

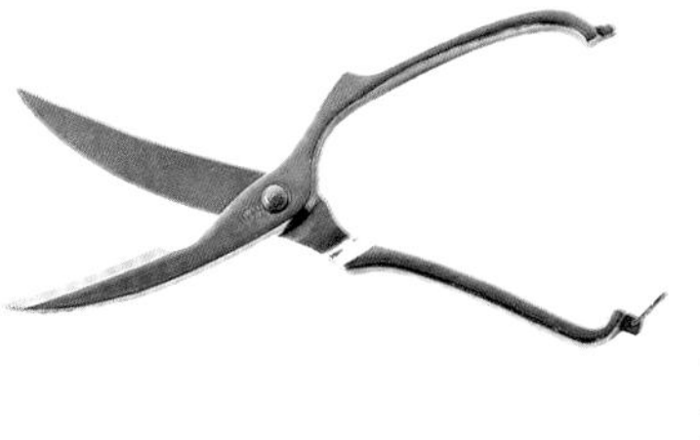

腿排的前置作業 PREPARING THIGH MEAT

腿排肉的色澤較深，比白色的雞胸肉更具滋味。它的價格低廉，適合用來做燉肉和砂鍋燒(casserole)。亦可去骨後，做成烤肉串(kebab)。

◀ 去皮。將腿排放在砧板上，帶皮的部分朝下。用刀尖從骨頭的一端切下，拉起骨頭，把肉刮下，再把骨頭從肉上切除。

◀ 將腿排肉切成大塊，切除附著的肌腱。若要製作烤肉串，先醃1－2小時或一整夜。準備開始烹調時，將醃好的肉用金屬籤串起來，間隔地串上蔬菜，如紅椒(red pepper)和小蘑菇。

大廚訣竅
Cook's tip

若是不分割腿部，
要在烹調過程中，
保持它形狀的完整，
可以先將膝蓋關節上的皮
拉開一點，使肉露出。
然後在大腿骨和小腿骨
相連的地方，
劃一個1 cm(1/2 英吋)深的
切口。把皮重新蓋上後，
將雞腿擺成U字型；
這道切口可以避免
肉在加熱時膨脹。

製作無骨胸肉 CHICKEN SUPREMES

無骨雞胸肉，就是去皮，去骨的雞胸肉。用手指將皮與薄膜從雞胸肉上拉除。丟棄皮與薄膜(membrane)。若是購買帶骨的雞胸肉，用鋒利的去骨刀將雞胸肉切下。將肌腱(tendons)從雞胸肉上切除。翻面，讓原本帶皮的那面朝上，切除邊緣的脂肪。必要的話，再修切一下粗糙的邊緣。

去除雞胸肉的肌腱 REMOVING TENDONS FROM A CHICKEN BREAST

雞胸肉上有兩條肌腱，一條在小塊的裡脊肉片(fillet)上，另一條在主要的胸肉上。雖然去除肌腱並非絕對必要，但是，若是切除，吃起來的口感較佳。並且由於肌腱在加熱時會收縮，也會導致雞胸肉捲起，影響上菜時的美觀。輕輕地將裡脊肉片(fillet)，從雞胸肉底下撕下。將刀尖伸入肌腱一端，將其刮下，直到能用手握住爲止。然後小心地用刀子將整條肌腱刮下。以同樣的方式，把胸肉上的肌腱切除。

製作薄肉片 PREPARING ESCALOPES

薄片可以原味或裹上麵包粉料理。用橄欖油和食用油來煎，或醃過後用條紋鍋(ridged frying pan)來炭烤(chargrill)。如果有人不吃小牛肉，雞肉薄肉片是製作煎肉排(schnitzels)很好的替代品。

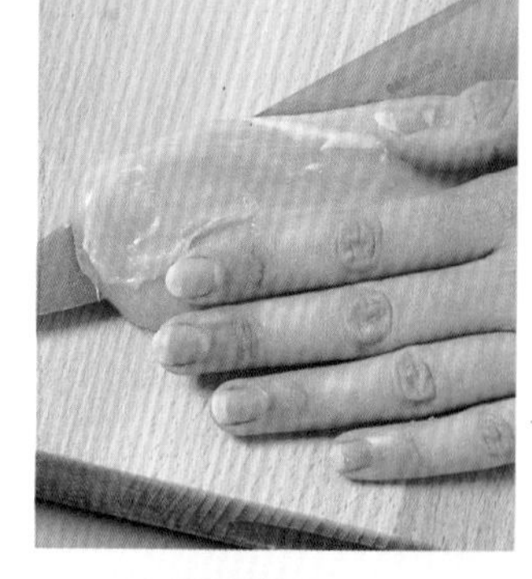

▶ 去除雞胸肉上的皮與肌腱。小的雞胸肉可保持原狀，大的雞胸肉，用刀平行橫切成兩半。將每塊肉，夾在2張烤盤紙或保鮮膜之間，均勻地將其敲平成約1 cm(1/2 英吋)的厚度。

▶ **製作煎肉排 For schnitzels**
薄肉片先沾上麵粉、蛋液和麵包粉。用刀背在上面劃切出交叉紋路，然後用油與奶油，以中火將兩面各煎2－3分鐘。

配方 Recipes

法式紅酒燴雞 Coq au vin　全雞或分切後的雞塊，用白蘭地澆酒火燒後，再用濃郁的紅酒醬，和蘑菇及洋蔥共煮。

基輔雞 Chicken Kiev　雞胸肉片塞入蒜味奶油、裹上麵包粉後油炸。奶油在烹調過程中會融化，在刀子切下雞胸肉時流出。

咖哩雞 Chicken korma　用印度酥油(ghee)、洋蔥、大蒜、辛香料和綿密的優格醬，所煮成的雞胸肉片料理。

南方炸雞配玉米餡餅 Southern fried chicken with corn fritters　棒棒腿(drumsticks)裹上辛香料和麵粉，高溫油炸到金黃酥脆。和玉米餡餅及番茄莎莎醬(salsa)搭配上菜。

雞肉酥皮派 Chicken puff pie　過餐剩下或現煮的雞肉，加上格蒙(gammon)或火腿，再配上蔬菜和綿密的起司醬汁，表面放上酥皮(flaky puff pastry)後烘焙。

雞肉的填充餡料 STUFFING CHICKEN

在全雞裡的缺口，或在雞胸肉和肉片(fillet)做出口袋(請見24頁)，填入餡料，就可以將之轉變成風格獨具的料理。

製作沙嗲 MAKING SATAY

沙嗲是種用長條狀的雞胸肉，醃過後，插在浸泡過的竹籤上燒烤(grill)的小烤肉串。傳統上搭配花生醬來吃。

▶ 把厚雞胸肉，逆紋斜切成長條薄片。醃漬1－2小時，能夠醃漬一晚更好。竹籤先用水浸泡30分鐘。

▶ 將醃漬過的雞肉，以螺旋的方式，串在竹籤上。將雞肉放在高溫的熱烤爐內，烤的時間不要超過4－5分鐘。烤的時候，要不斷地翻轉竹籤，並在肉上塗抹醃醬。若是烤得太久，雞肉會變得太乾。

善用棒棒腿
MAKING GOOD USE OF THE DRUMSTICKS

雞的棒棒腿肉(和腿排部分)，因為比雞胸肉含有較多的脂肪，使肉質能夠得到滋潤，保持鮮嫩，所以特別適合用來炙烤(barbecuing)。多油的(oil-based)醃醬(marinade)，不但能使皮入味、酥脆，還可以防止棒棒腿沾黏在烤架上。

將棒棒腿放在一個大盤子裡。準備喜歡的醃醬，均勻地刷上整支棒棒腿(也可以用刀在皮上切，切入肉裡，讓醃醬更容易入味。蓋好，以室溫醃1小時(若是很熱，則放進冰箱冷藏)。

將棒棒腿放在燒烤盤(grill pan)的網架上，用高溫，距離熱源6 cm(2½英吋)遠，或是在火熱的(white-hot)煤炭15 cm(6 英吋)以上的高度，燒烤15－20分鐘。中途要不斷地翻面，塗抹上醃醬。

火雞 turkey

以前只有聖誕節才有供應火雞，但現在全年都可買到，有新鮮、冷凍的；也有全雞、切成肉塊(joints)的；有去骨、作成絞肉的；也有切成小塊狀和肉絲狀。全雞的重量從2.75 kg至18kg，最常見的是4.5－6 kg。

如何選購 Choosing

整隻火雞應看起來豐滿，胸部和腿部形狀圓滾。皮膚應是帶點淺黃的白色，滋潤但不潮溼，並毫無斑點疤痕。

若要追求風味與品質俱佳的火雞，就選擇自由放牧(free-range)和有機養殖的(沒有注射抗生素)。認定Norfolk Black和Cambridge Bronze的品種，因爲牠們的肉質最美味多汁。牠們也經由傳統的吊掛拔毛(dry-plucked)手續處理。

如何貯存 STORING

依照102頁貯存雞肉的方法，來貯存新鮮和冷凍的火雞一包括全雞、肉塊(joints)和包裝好的分切塊。全雞可以室溫解凍，每公斤需4－6小時，或放在冷藏室慢慢解凍，每公斤需10－12小時。同時請參見103頁的安全須知。

大廚訣竅
Cook's tip

烹調火雞前，
應先將其內部，
用流動的清水，
將可能帶有細菌的
血水髒汙洗淨。
洗淨後，用廚房紙巾拍乾，
然後用鑷子拔除
殘餘的羽毛根部。

綁縛火雞 TRUSSING

要使火雞在烹調過程中，仍能維持形狀的完整，則應在烹調前，先將腿部和翅膀綁縛住固定。您可以使用金屬籤，也可以使用大型綁縛針(trussing needle)，和乾淨的廚房棉繩。

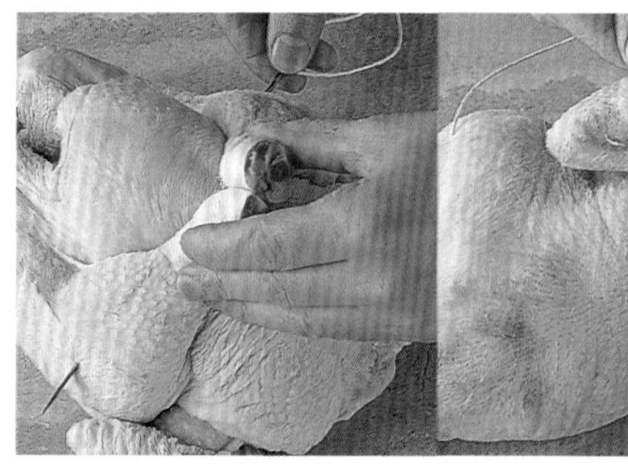

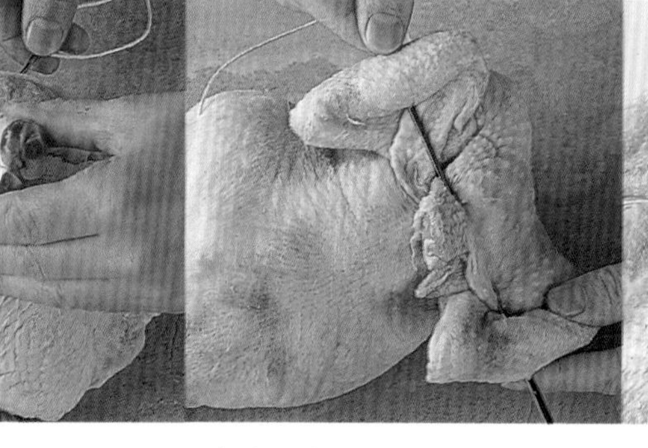

▲ **使用針線** Using a needle and thread　把針從腿部(drumstick)最厚的部分插入，穿過整個身體，再從另一腿穿出，預留15cm(6 英吋)長的棉繩在禽鳥身體外。將翅尖朝身體下面塞，把頸部的皮膚往下翻，蓋起來。然後，讓針線穿過雙翅與頸部的皮上。用露在腿外那端的棉繩，與從翅膀那端穿出的棉繩，打兩個結。剪除兩端多餘的棉繩。

把針重新穿上棉繩，先從尾巴的末端穿過，並留下15cm長的棉繩在身體外。再把針從其中一腿的下方穿過，通過胸部，再從另一腿穿出。用露在尾巴外那端的棉繩，與從雙腿那端穿出的棉繩，打兩個結。剪除兩端多餘的棉繩。

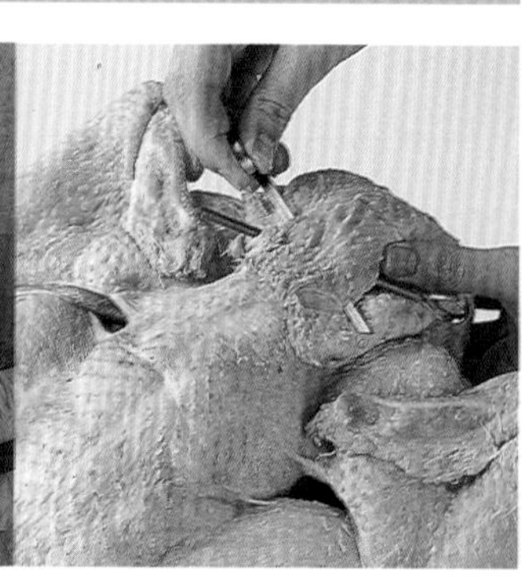

▲ **使用金屬籤** Using skewers　若是要將頸部的皮，固定在塞入餡料的開口上方，可以使用1或2隻金屬籤。將1支大金屬籤，從翅膀插入，穿過頸部的皮，從另一側的翅膀穿出。另一支，則從腿部穿入，穿過腿排(thigh)與軀幹，再從另一邊的腿排和腿部穿出。

火雞胸肉的去骨 BONING A TURKEY BREAST

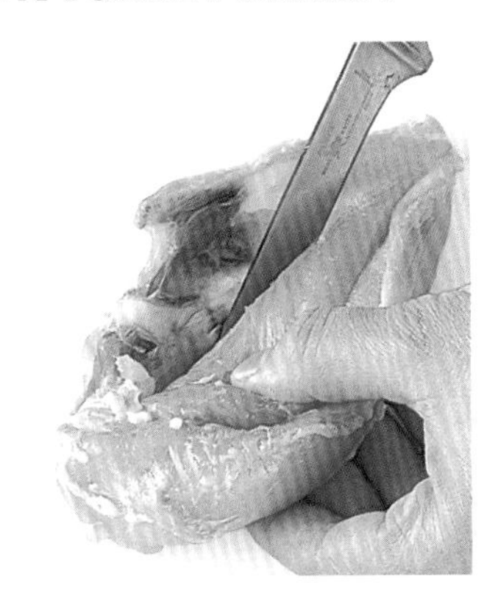

▶ 將刀子和骨頭、胸廓(rib-cage)呈平行，然後小心將肉刮除，再把骨頭整根拔出並丟棄。小心地將雞皮去除，並切除白色的肌腱(tendon)。

禽鳥的內臟、殘餘物 GIBLETS

所有和火雞一起買回來的內臟，回家後應馬上取出，放在流動的清水下洗淨，擦乾。裝入有蓋的容器中，放進冰箱內，保存24小時。這些內臟，肝臟除外，可用來製作成調味肉汁(gravy)的高湯。肝臟可以切粗塊後，用奶油嫩煎，用來製作填充餡料。

火雞的鑲餡 STUFFING A TURKEY

我們並不建議將餡料填塞入大型禽鳥的身體內，因爲這樣會導致熱度無法穿透內部。爲了使肉質濕潤、增加風味，烹調前，可將四分之一的剝皮洋蔥、切半的檸檬、蘋果或橙，以及迷迭香(rosemary)、百里香(thyme)、巴西里(parsley)等香草植物塞入體內，來增加香味。

▶ 餡料可從頸部的缺口塞入，或塞入外皮底下，均勻抹在胸部。亦可將原味或調味奶油，塞入皮下，以保持胸部肉質的潤澤。

餡料不要事先加熱，並且應該在烹調前一刻，才塞入。

爐烤的要訣 ROASTING TO PERFECTION

火雞要怎麼爐烤才會好吃，有許多說法—胸部朝下，用浸上奶油的紗布覆蓋；或是用錫箔將火雞完全包覆起來，這只是少數幾種可能性而已。一般來說，傳統的方式，將火雞放在爐烤盤的網架上快烤或慢烤，還是最理想的作法。然而，火雞本身的品質，亦大致決定烤火雞的最終風味。

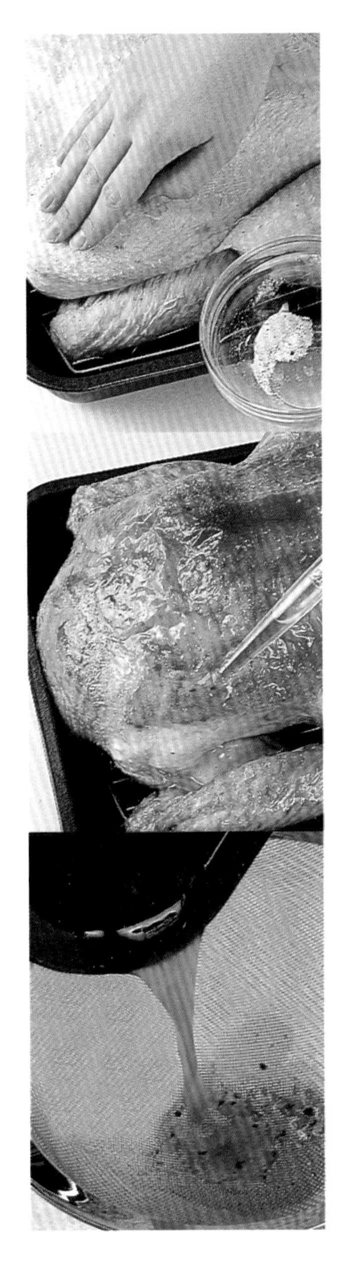

▶ 爲了使火雞在烤的時候保持濕潤，在火雞的頸部缺口和胸腔內部，塞入調香餡料(請見左下欄)。鑲餡後，將整隻火雞秤重，以估計烹調所需的時間(請見37頁)。

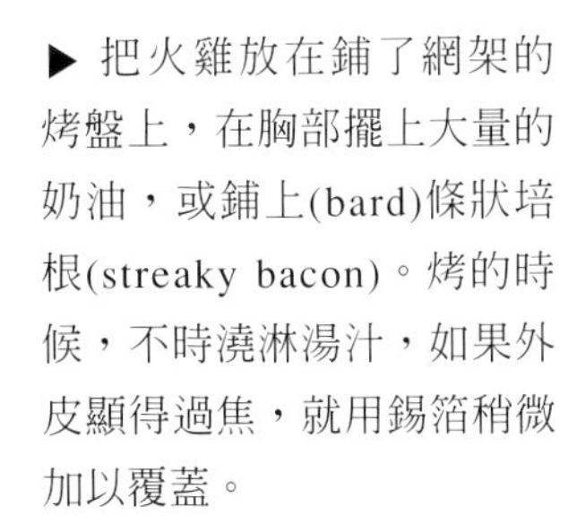

▶ 把火雞放在鋪了網架的烤盤上，在胸部擺上大量的奶油，或鋪上(bard)條狀培根(streaky bacon)。烤的時候，不時澆淋湯汁，如果外皮顯得過焦，就用錫箔稍微加以覆蓋。

▶ 烤好後，小心地將火雞從烤架上，移到上菜的盤子裡，稍微用錫箔覆蓋。靜置一旁備用，同時，將滴在烤盤裡的湯汁過篩，以製作調味肉汁(gravy)(請見35頁)。火雞在靜置的過程中，能夠再一次吸收湯汁，同時也有助於分切(carving)的動作。

鴨 duck

可供食用的鴨子，有數種品種，不過英國所販售的，多是一種以北平白羽毛鴨爲主，而培育出的林肯郡(Lincolnshire)的混種。其他的種類包括，從法國進口的南特鴨(Nantes)和北非鴨(Barbary duck)。南特鴨體形較小，重約1.3－1.8 kg，肉質細緻，口味內斂；北非鴨則帶有較強烈的野禽味，肉質也可能較堅韌。原本的英國愛里斯伯里(Aylesbury)鴨，已不復存在，只剩下它的混種。所謂的「鴨」(duck)，指的是二個月以上的鴨子；不到這個年齡的鴨子，我們稱爲「幼鴨」(duckling)。若要完整品味鴨肉獨特的豐腴滋味，尤其是烤鴨，則非使用已完全長成的鴨子不可。

如何選購 Choosing

鴨和幼鴨(ducklings)全年都可買到，有新鮮或冷凍的、整隻或包裝好的，包括半隻、四分之一隻或鴨胸肉。北非鴨(Barbary duck)胸肉通常以眞空包裝販售。鴨和幼鴨的外皮應看起來滋潤、呈蠟質，身體細長而胸部豐滿。若連著足部，應看起來柔軟有彈性。幼鴨體重在1.6－1.8 kg之間，可供2人份；成鴨則介於1.8－2.7 kg之間，能供應2－4人份。

如何貯存 STORING

貯存新鮮和冷凍鴨肉的方法，請參見102頁雞肉的部分。解凍的程序可見103頁雞肉的部分。食物安全須知則見103頁。

將鴨切成4塊 QUARTERING A DUCK

因爲鴨身細長，牠不像雞一樣能夠分切成許多部分，最好是只切成4塊。帶骨肉塊(joints)，可以用來爐烤(roasting)、燜煮(braising)或砂鍋燒(casseroling)。或者，也可用來做油封鴨(duck confit)。

- 剪除翅尖(wing tips)(參照第103頁對雞肉的說明)，取出叉骨(wish bone)。
- 用家禽剪(poultry shear)從尾巴往頸部，把胸骨(breast bone)剪開。
- 沿著兩側，將脊骨(backbone)剪開，取出，把鴨子分開成兩半。
- 用家禽剪，再把這兩半各斜剪成兩半。

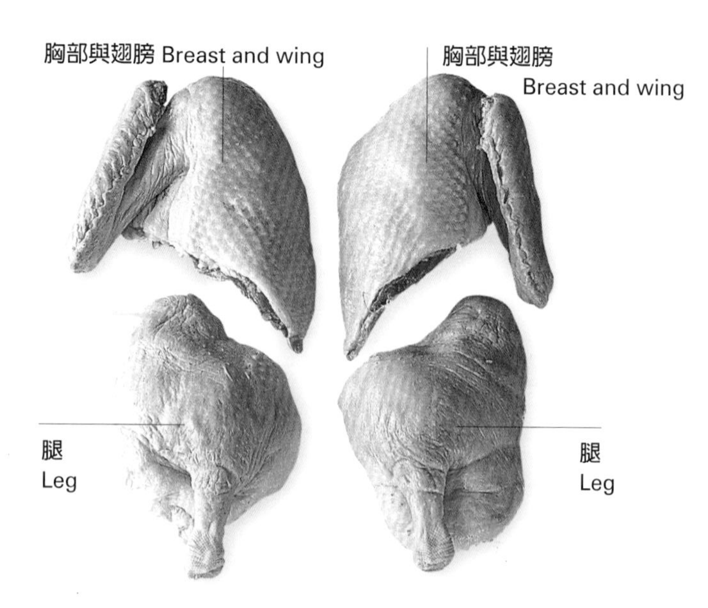

鴨胸肉的前置作業 DUCK BREASTS

鴨胸肉可以在肉店買到現成的，尤其是北非鴨(Barbary duck)的鴨胸肉。不過自行製作更經濟實惠，而且還能留下腿部和腿排(thigh)，以供下次使用。腿部的肉可以用來爐烤(roast)或燜煮(braise)，也可以去皮、去骨後，做成快炒(stir-frying)或烤肉串(kebabs)。

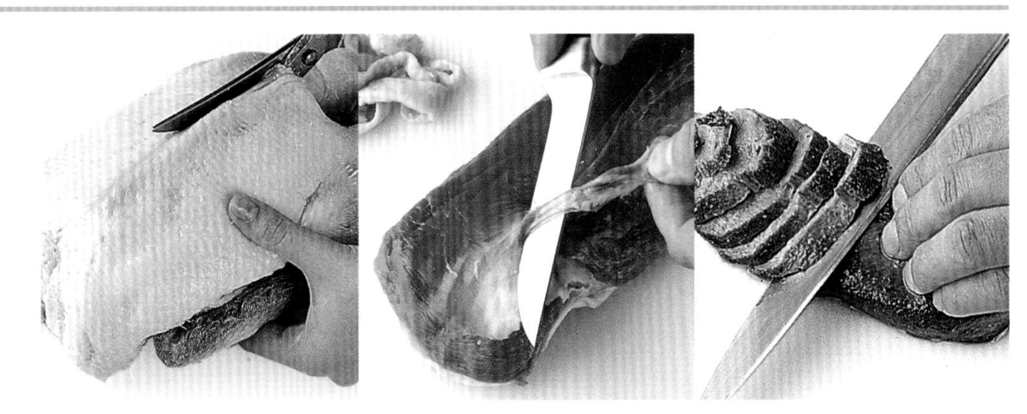

▲ 依照103頁針對雞肉的說明，將胸部從鴨身卸下，不要去皮。

▲ 必要的話，修除鴨胸肉上粗糙的鴨皮邊緣，然後用去骨刀或鋒利小刀，切除肉上的肌腱(tendon)。

▲ 翻面，用刀在鴨皮上劃切菱形，讓油脂在烹調的過程中被釋出。以爐烤(roast)或油煎(pan-fry)的方式料理。覆蓋後，靜置一會兒，再斜切成薄片上菜。

配方 Recipes

鴨肉芒果沙拉 Duck and mango salad 鴨胸肉以蜂蜜和辛香料油煎，搭配沙拉，和帶堅果味的熱醬油米酒醬汁上菜。

橙醬佐烤鴨 Roast duck with orange sauce 幼鴨肉以橙皮和百里香(thyme)鑲餡，搭配甜橙醬上菜。

甜菜根和紅洋蔥開胃菜佐鴨肉 Duck with beetroot and red onion relish 烤鴨胸肉搭配橙、薑、葡萄酒、波特酒和甜菜根做成的醬汁。

傳統烤幼鴨 Traditional roast duckling 搭配醬和stuffing balls食用。

爐烤鴨肉的前置作業 PREPARING DUCK FOR ROASTING

因為鴨肉多脂，可以在烹調前，先取出部分脂肪。然後放在鋪上網架的烤盤內烤，以盛接爐烤時滴下的多餘脂肪。鵝肉也應使用同樣的方式爐烤。

首先將禽鳥的內部用流動的清水洗淨，然後用廚房紙巾拭乾。將禽鳥的胸部朝上放在砧板上，從胸腔與尾部的交接處，切除多餘的脂肪。

用鹽與胡椒，和現磨肉荳蔻(nutmeg)、荳蔻皮(mace)等辛香料，調味禽鳥內部，再塞入1－2片月桂葉(bay leaves)與數塊柳橙角。

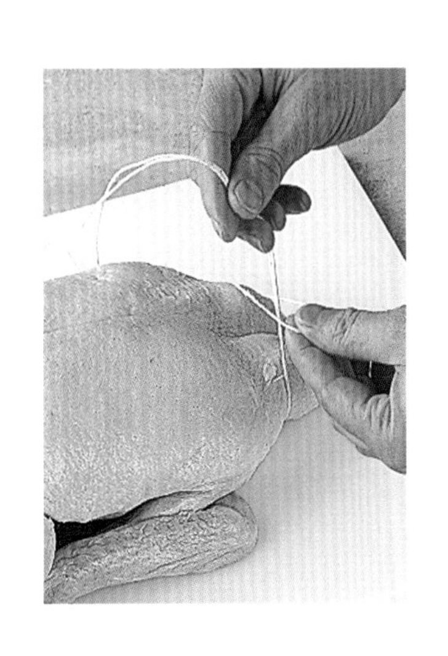

◀ 用廚房棉繩將尾部和腿部綁縛起來。將禽鳥胸部朝上，放在附有網架的中型烤盤上。

▶ 用金屬籤在禽鳥身上到處打洞，使脂肪在爐烤時能夠流出。

北平烤鴨 PEKING DUCK

香脆的烤鴨一皮的部分另外切成小塊，鴨肉剝成絲狀一傳統上是搭配小而薄的麵皮，和黃瓜條、蔥絲和海鮮醬(hoisin sauce)一起吃。吃的時候，先取一張麵皮，舀上一點海鮮醬，放上一些鴨皮、鴨肉、黃瓜和蔥。最後再將麵皮捲起來，用筷子或用手拿著吃。

肉凍汁鴨肉冷盤 CHAUDFROID DUCK

肉凍冷盤(chaudfroid)，是將煮熟的肉凍汁(aspic)，澆淋在煮好的肉上，然後待其冷卻凝結的一道料理。然後再用蔬菜和水果塊，放在肉凍上，作為裝飾。

▶ 將250 ml調味過的肉凍汁(liquid aspic)，倒入500 ml正在慢滾、濃縮的高湯裡攪拌，直到充分混合。待其冷卻後，用湯杓澆淋在網架上煮好的鴨胸肉。冷藏使其凝結，然後重覆同樣的步驟3－4次。

▶ 鴨胸肉冷卻後，用汆燙過的橙皮絲，和擠花的肉類抹醬(pâté)在表面做裝飾。

慢燉鴨 SALMIS OF DUCK

salmis傳統上，是一種用野禽做成的燉肉，但是也可以用烤鴨來做。先將全鴨烤(roast)好後，切成準備上菜的大小，再放在濃郁的醬汁裡重新加熱，醬汁是由烤鴨時滴下的油脂做成的，有時還配上嫩煎的蘑菇。傳統上鴨肉會搭配，裝飾成心形或三角形的麵包塊(croûtes)或煎麵包(fried bread)，一起上桌。

鴨肉的裝飾 DUCK GARNISHES

加糖調味後的蘋果、橙或其他水果，滋味酸甜，可和鴨肉濃烈的味道相得益彰。肉凍冷盤(chaudfroid)，是將煮熟的肉凍汁(aspic)，澆淋在鴨肉上待其凝結的一道料理，可以做進一步的裝飾(請見上方說明)。

▼ **焦糖柳橙** Caramelised orange 柳橙片用淡度糖漿—250g的糖加入500ml的水中，然後加熱一下，直到柳橙呈黃褐色。在每片柳橙的中央，添上巴西里(parsley)做點綴。

▼ **糖膠蘋果** Glazed apples 將細砂糖(caster sugar)撒在帶皮的蘋果(golden apple)切片上，燒烤(grill)2－3分鐘，到變成金黃色，冒泡。

▼ **水波洋梨** Poached pears 用淡度糖漿(請見最左欄)，水波煮削皮的整隻洋梨。斜切頂端，取出果核。然後，填入紅醋栗果凍(redcurrant jelly)，把頂部蓋回去。

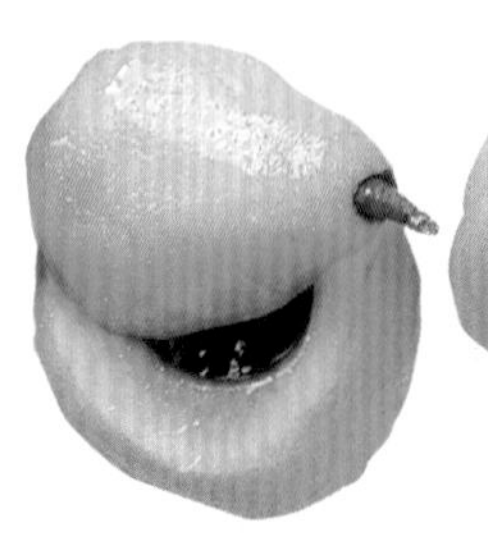

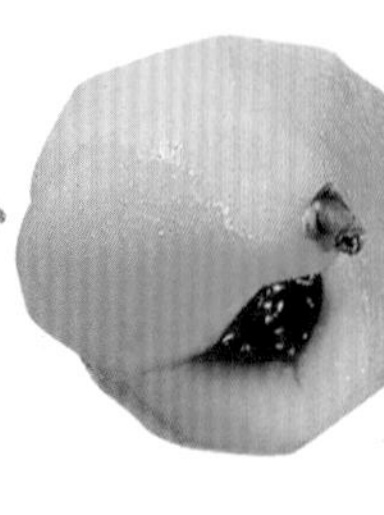

鵝 goose

鵝肉是所有禽鳥中，最為肥美的，以前英國的傳統，是在聖米迦勒節（Michaelmas Day即九月二十九日）時，也就是鵝肉最味美時，開始享用，然後一直到聖誕節為止。在聖米迦勒節時，一隻鵝約重達4.5－6.3 kg，但仍會一直成長，直到聖誕節的8.2 kg左右—所以有這樣的童謠：聖誕節來到，鵝肉長肥真美妙‘Chrisimas is coming,the goose is getting fat’。

如何選購 Choosing

鵝肉多脂，並且和深色的鵝肉相比，骨頭的比例很高。也就是說，即使是一隻大型的鵝，也只能供應6－8人份，而且還不是十分充裕的份量。雖然鵝的脂肪多，但都在皮下，而不是在鵝肉上。像鴨一樣，脂肪會在烹調的過程中融化，使肉質得到滋潤，增加美味。

並不是所有的超市都買得到鵝肉，有賣的話也通常是冷凍的。可靠的肉販是最佳的購買地點，因為您能夠當場檢視，挑選其中優良的—最好是選年輕的幼鵝。分辨鵝的年齡大小很容易，鵝的足部柔軟呈黃色，腿部仍有一些羽絨附著。較大的鵝，足蹼則較乾而僵硬。

鵝的胸部應該看起來豐滿，脊骨有彈性，膚色偏淡呈蠟質，體內有黃色的脂肪。雖然新鮮的鵝可以在聖誕時節買到，但最好是事先預訂。冷凍的鵝，在一年裡其他的時候，通常也可買到。品質也很不錯，因為鵝肉很適合冷凍。

鵝肉的烹調 COOKING GOOSE

- 準備爐烤（roasting）的前置作業，請參見109頁鴨肉的說明。
- 若要製作燜煮(braising)、紅酒燉肉(cooking en daube)和油封鵝(confit)，先將鵝肉切成小塊，請見103頁雞肉的說明。
- 有些食譜的作法，是將鵝在滾水裡燙洗（scalding），使皮縮緊，以利爐烤時脂肪的釋出。
- 鵝肉可以用料理雞肉的方式處理，但更適合烹飪火雞的方式。
- 選擇年輕的幼鵝來爐烤，年齡較大的鵝，可用來燜煮、紅酒燉肉或做油封(confit)。

配方 Recipes

蘋果洋李乾佐烤鵝 Roast goose with apples and prunes　調味好的鵝，配上鵝肝及波特酒餡料，一起爐烤。搭配蘋果、洋李乾和葡萄酒一起上菜。

酸櫻桃醬佐烤鵝 Roast goose with sour cherry sauce　準備爐烤的鵝，塞入洋蔥角、紅蘿蔔片、芹菜、月桂葉和百里香。搭配光滑鮮紅的櫻桃醬上菜，表面再放上新鮮櫻桃。

鵝肝 FOIE GRAS

鵝肝，特別增肥的鵝或鴨的肝臟，是世界上最奢華的食物之一。早在2000年前，羅馬人就開始用許多方法，來增肥鵝鴨，以取得如天鵝絨般柔滑濃腴的鵝肝醬（Pâté de foie gras）（見右圖）。最好的鵝肝，來自亞爾薩斯（Alsace）和法國西南部，所飼養的鵝。新鮮的生鵝肝，可以在非常專門的食品店，買到真空包裝的。新鮮鵝肝的顏色和質感，是檢驗品質的標準—理想上應呈乳白帶一點粉紅色，質地非常結實。亦可以買到罐頭裝的熟鵝肝，但品質不如新鮮的鵝肝。用手拿取鵝肝時，尤其是將肝葉(lobes)分開時，要格外小心，因為它的質地非常脆弱。

野禽 game birds

所有爲了食用和運動，所獵捕的野生動物，都稱作「野禽」(‘game’)。獵捕的季節，稱爲打獵季(game season)，侷限在秋冬兩季一以8月的松雞季開始，到隔年3月告終。其他的時候是禁獵季節(close season)。鴿子(pigeons)則不受到這項法律的約束，全年都可獵捕。野禽的狩獵法，不但約束狩獵行爲，對野禽的販賣也有規定一狩獵季結束後十天，就不許販賣一冷凍的野禽肉除外。鵪鶉(quail)和珠雞(guinea fowl)，本是野生的，現在已有人工飼養，所以全年都可買到。

野禽只有在領有執照的店家、肉販和超市才可買到，傳統上都是向某些領有執照的魚販購買。若是過了狩獵季，也可買到冷凍的。可靠的店家，會告知野禽的年齡，並提供烹調方式的建議。

如何選購 Choosing

購買野禽時，應選擇外觀圓滾漂亮，豐滿多肉的。若是還未拔毛，羽毛應看起來光滑，並牢固地連在身體上。雖然野禽的味道都很強烈，但不應有刺鼻的腐臭味。

野禽的味道，除了和吊掛時間的長短有關外，也會受到其食物的影響。例如，紅腿松雞通常在石南花(heather)荒原覓食；黑松雞則是在多草的林間空地裡；而英國斑鳩(wood-pigeons)則以玉米、山毛櫸堅果(beechnuts)和橡實爲食。

野禽 Game bird	產季 Season
鴨 Duck（綠頭鴨mallard，水鴨teal，赤頸鴨wigeon	內陸(Inland)：9月1日一1月31日。海岸地(Foreshore)：9月1日一2月20日。11月到12月的綠頭鴨mallard最佳。10月－11月的水鴨和赤頸鴨wigeon最佳。
松雞 Grouse（在得文Devon及薩摩塞特Somerset的黑色松雞	8月20日一12月10日。 新森林(New Forest)：9月1日一12月10日。8月－9月的松雞最佳。
紅松雞 Grouse（red)	8月12日一12月10日。8月－10月的紅松雞最佳。
珠雞 Guinea fowl（養殖的)	全年。
鷓鴣 Partridge	9月1日一2月1日。10月－11月最佳。
雉雞 Pheasant	10月1日一2月1日。10月－1月最佳。
鵪鶉 Quail （養殖的)	全年。
鷸 Snipe	8月12日一1月31日。12月－1月最佳。
山鷸 Woodcock	英格蘭和威爾斯：10月1日一1月31日。蘇格蘭：9月1日一1月31日。11月－12月最佳。
斑鳩(Wood pigeon	全年。

野禽的吊掛
Hanging game birds

我們可以將野禽掛在陰涼通風處數天，
使肉裡的酵素產生變化，藉以軟化肉質，
產生獨特的「野味」。
吊掛的時間越久，這股風味就越強烈。大部分的野禽，
是帶著羽毛，從頸部吊掛起來達1至10天不等。
判斷野禽吊掛時間是否足夠、已能夠開始烹飪的標準之一，
就是看尾巴上的羽毛是否能被輕易地拔下。
然而若您喜歡吊掛得久一點，使味道具有較「嗆」的野味，
則可以再多吊掛1至2天。若是有人送來未經吊掛的野禽，
可以將牠掛在陰涼通風的室外空間，
如車庫或工具間(shed)裡。
吊掛時，不應讓野禽彼此碰觸到，或是碰到牆壁，
否則會導致腐壞。

烹調野禽須知 COOKING GAME BIRDS

- 所有的野禽，脂肪含量都很少，所以應小心料理，以免煮得過老或過乾。
- 爐烤(roast)年輕的禽鳥時，應在胸部包上豬肉背脂，或條狀培根(見第34頁)，可以增添肉質的風味。小型野禽如鵪鶉和雉雞，可以包上葡萄葉(vine leaves)，也可以增加肉質的滋潤度。
- 一般來說，年輕的禽鳥最適合燜煮、砂鍋燒或鍋燒，如下方所示範的小松雞食譜。烹調前先醃過(請見105頁)，也有助於軟化肉質，增添滋潤與風味。

如何貯存 STORING

從肉販買回來，已經過妥善吊掛、去毛的野禽，應在購買後的24小時內，使用完畢，並應存放在冰箱內，等到要用時才取出。

判斷野禽的年齡 VISIBLE SIGNS OF AGE

- **鷓鴣和松雞** Partridges and grouse 較年輕的鳥，最外面的飛行羽毛應有突出的尖端。年齡較大的鳥，尖端較圓。胸骨豐滿，鳥喙有彈性。年輕、灰色的鷓鴣，腳呈黃色；年齡較大的則呈灰色。
- **雉雞** Pheasants 較年輕的鳥，腿上的距(spurs)末端較圓；年齡較大的鳥，則較長而尖。
- **鴿子** Pigeons 年輕的鴿子，粉紅色的腳柔軟；年齡越大，腳的顏色會轉紅。

鍋燒松雞 POT-ROASTING GROUSE

用鹽和胡椒將野禽調味後，用豬肉背脂（back fat）或條狀培根，將胸部包起來，再用料理用繩線綁好。在大型防火砂鍋內，用熱油把野禽煎到變成褐色，不時翻面。

加入芳香蔬菜，如紅蘿蔔與洋蔥，以小火加熱約5分鐘，不時攪動，使野禽裡融化的脂肪覆蓋上去。

注入紅酒，到淹沒半隻野禽的高度。蓋上鍋蓋，慢煮約30分鐘，或用烤箱，以180℃，加熱1小時，到肉變軟，湯汁水分減少，變濃稠。用調味料調味後，就可以上菜了一以煎過的麵包塊(croûtes)做裝飾。

鵪鶉的去骨和鑲餡 BONING AND STUFFING QUAIL

若要食用帶骨爐烤的(roast)鵪鶉，可能要用到雙手，影響吃相的雅觀，其實只要運用下方所示的技巧，不但能使鵪鶉方便食用，也能將之轉變成一道美麗的料理－尤其是搭配波特酒和葡萄酒醬汁。

▶ 用鋒利的小刀，取出鵪鶉的叉骨(wishbone)。將腿骨從骨架上拉出，然後將翅膀從身體上切除(請見103頁雞肉的說明)。從頸部開始，將刀伸入胸廓與肉間，小心地把肉從胸廓周圍刮開。

▶ 骨架鬆開後，用手指拉出。(製作醬汁時，可加入骨頭和翅膀，和洋蔥一起煎到變褐色。)調味鵪鶉的內部後，塞入您想要的餡料，不要填塞得太滿。綁縛後放入烤箱，以200℃爐烤(roast)(最好用鴨脂或鵝脂來烤)15－20分鐘。

◀ 上菜時，將烤好的鵪鶉，放在裝滿醬汁的大盤子裡，以嫩煎的野菇、迷迭香和巴西里(parsley)裝飾。

野禽的傳統配菜 CLASSIC ACCOMPANIMENTS FOR GAME BIRDS

除了以下所列的配菜外，以鮮奶油、葡萄酒和烈酒(spirits)所製成的濃郁醬汁，也常常和野禽一起搭配，如阿瑪尼亞克醬汁(Armagnac)。

- **松雞和鷓鴣 Grouse and partridge** 和心形煎麵包、麵包醬(bread sauce)和細薯條(straw potatoes)(請見165頁)搭配上菜。西洋菜(watercress)、花楸(rowan)或蘋果凍(apple jelly)、小紅莓(cranberry)醬，都是很好的配菜。
- **雉雞 Pheasant** 麵包醬(bread sauce)、澄清調味肉汁(clear gravy)、炸麵包粉、薯條(game chips)和西洋菜(watercress)。用尾部的羽毛裝飾。
- **野鴨 Wild duck** 薯條(game chips)或細薯條(straw potatoes)(請見165頁)、調味肉汁(gravy)(請見35頁)或酸橙(bigarade)醬(亦可使用橙醬)。
- **山鷸 Woodcock** 爐烤(roast)前先拔毛，但不要放血，先將一片麵包的其中一面烤過，然後將山鷸放在麵包未烤過的那一面再上菜。

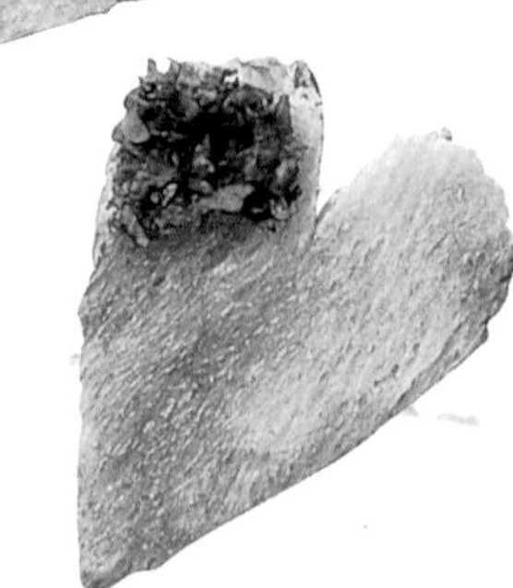

營養資訊
NUTRITIONAL INFORMATION

和家禽相比，野禽的脂肪(尤其是飽和性脂肪)和熱量都較低。牠們的鈉(sodium)含量，亦比雞、火雞、鴨、鵝來得少。蛋白質含量高，也富於維他命B群和鐵質。

毛皮類動物野味 furred game

最常見的毛皮類動物野味，是野鹿和兔子。兩者都是經人獵捕的，不過超市所販售的兔子，大多是養殖的。

野鹿肉，也就是venison，全年都有供應，因爲不同種類的野鹿，其狩獵季節彼此重疊。人工養殖的鹿肉，也是全年都有。野鹿肉可在專門的肉販買到，有些超市也有販售某些部位的分切塊。

如何選購 Choosing

野鹿肉應呈深紅色，肉紋細緻，脂肪結實、呈白色。最好的野鹿肉，來自1歲半－2歲的年輕雄鹿。野鹿肉是切成帶骨肉塊(joints)販售，而獐(roe)和淡黃色鹿(fallow deer)的肉塊，會比紅鹿(red deer)的來得小。野鹿肉可以買到新鮮和冷凍的。

兔子可以買到整隻的或是切成肉塊的—如鞍狀腰脊肉(saddle即主要軀體部分)和腿肉。

鹿肉分切塊 Venison cut	描述 Description	烹調方式 Cooking methods
腿部 Leg	最好的部分，亦稱為the haunch。可切成長形或短形。	爐烤(roast)或燜煮(braise)。
鞍狀腰脊肉 saddle	最好的部分，亦包括里肌肉(the fillets)。亦可切成骨排(chops)。	整隻爐烤(roast)。骨排可燒烤(grill)、嫩煎(sauté)或燜煮(braise)。
肩部 Shoulder	整隻、切成塊狀或製成絞肉販售。	整隻燜煮(braise)。切成塊狀的肉可做成砂鍋燒(casserole)或燉肉(stew)。絞肉可製成漢堡。
頸肉 Neck	切成塊狀或製成香腸。	切成塊狀的肉，可做成燉肉(stew)。

烹調鹿肉須知 COOKING VENISON

- 烹調鹿肉前，因爲脂肪的味道不佳，應先將其去除並丟棄。
- 鹿肉的油花極少，因此烹調時要格外注意—否則肉質會變得老柴無味。
- 爲了保持肉質的滋潤，在爐烤(roast)前應先用豬肉背脂，或條狀未煙燻培根，來將肉塊包油片(bard)或穿油條(lard)(請見34頁)，或用網膜(caul)包起。
- 烹調前，用紅酒或橄欖油醃過，也有助於軟化肉質，使其保持柔嫩多汁。烹調時，要不時澆淋湯汁。
- 鹿肉和牛肉一樣，最好吃三分熟(rare)—已煮熟，但肉的中心帶點粉紅色而多汁。
- 像所有的肉類一樣，鹿肉烤好後，應用鋁箔稍微覆蓋，靜置15－20分鐘再分切。如此可使肉再一次吸取湯汁，變得美味多汁，也更容易分切。

野生和飼養的兔子
Wild and farmed rabbit

雖然野生和人工飼養的
兔子種類相同，
但嘗起來的味道完全不同。
野生的兔子，肉色較深，
帶有強烈的野味；
人工飼養的的兔子，
肉色較淡，味道溫和，
頗像雞肉。

烹調兔肉須知 COOKING RABBIT

- 整隻烹調時，用豬肉背脂來包油片(bard)或穿油條(lard)，或用網膜(caul)包起，以保持肉的滋潤柔嫩。或者整隻去骨後鑲餡。烹調時要不時澆淋湯汁。
- 烹調前用葡萄酒或橄欖油醃，加上芳香的蔬菜和調味料，可幫助軟化肉質。
- 年輕的小兔子，用來水波煮(poach)或燜煮(braise)；年齡較大的，用來做燉肉(stew)或砂鍋燒(casserole)。
- 用1 隻兔子來做凍派(terrine)(見右圖)。兔肉和2個紅蔥頭(shallots)一起絞碎，加入2顆蛋、150 ml的濃縮鮮奶油(double cream)、2大匙(30ml)的去皮開心果(pistachios)、1大匙(15 ml)的小紅莓乾、2大匙(30 ml)切碎的新鮮巴西里(parsley)和調味料。將條狀培根鋪在凍派模內，以隔水加熱(bain marie)的方式，用180℃烤2小時。烤好後，倒上300ml的液態肉凍汁(aspic)。放涼，再放進冰箱冷藏，直到凝固。

切割兔子
JOINTING A RABBIT

兔子可以鑲餡或不鑲餡，整隻用來爐烤(roast)。但是更普遍的作法，則是切開成塊後，用砂鍋燒(casserole)或燉煮(stew)等慢煮的方式來烹調。野兔(整隻販售—新鮮或真空包裝)需要自行分割。人工飼養的兔子，在販售時大都已分割成腿肉、鞍狀肉等，但在烹調前，仍須要再切成小塊。

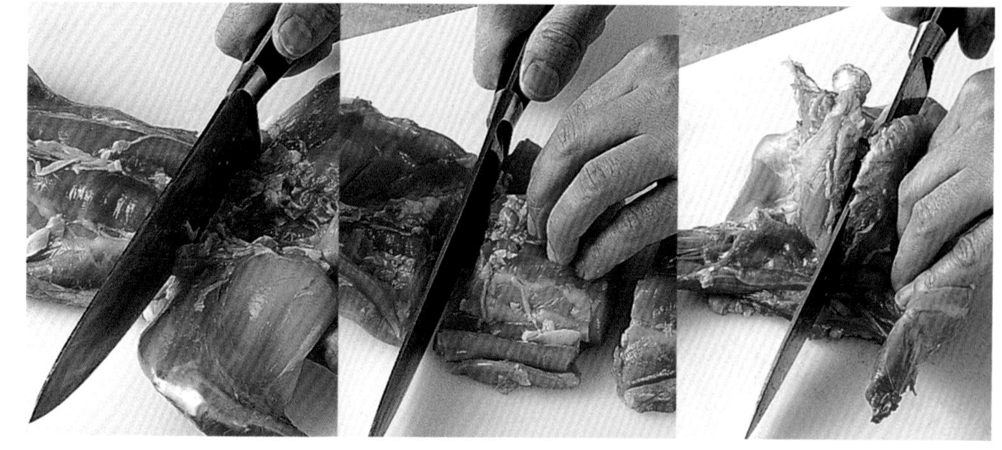

將兔子胸部朝上，放在砧板上。用大型主廚刀將後腿從身體上切下來。(要切斷骨頭，可能須要用廚房紙鎮或槌子，在刀背用一塊布墊著保護，再敲一下。)

從雙腿中間切下，將其分開。從膝蓋關節切下，再將每隻腿分成2塊。將身體部分切成3－4塊，最後一刀要從胸腔下切開。

從胸骨的中央縱切，把肋骨部分切成兩半。若要去除胸骨四周的小骨頭，可用鉗子或手指拉出。

乳製品

dairy products

牛奶 milk

雖然牛奶大多當作飲料使用，它也是許多食譜裡的主要材料，尤其是甜點。它也可用來製作醬汁、用來浸泡(soaking medium)、以及做爲水波煮(poach)的液體。

如何選購 Choosing

購買牛奶時，先檢視標籤。它需要冷藏，並且可以保存3－4天。若將牛奶留在室溫中，很容易腐壞－天氣炎熱時，數小時就會變質。我們通常不建議將鮮奶冷凍， 因爲解凍後只能用來烹飪。如果您須要儲備牛奶，可以購買保久乳(longlife)或奶粉。

全脂鮮乳 Whole 如同其英文名稱所指，這是完整的牛奶，沒有添加或減少任何物質。您可以買到未經消毒的鮮奶，但市面上大都已經消毒。全脂鮮乳的脂肪含量約為4%，但會隨著季節和牛所吃的飼料，而有差異－夏天時，鮮乳的脂肪較高，顏色呈淡黃色。

標準鮮乳 Standardised 小部分的脂肪被去除，含量約為3.5%。這種鮮乳在歐洲國家很普遍，和歐盟法規一致，英國也開始增加其普及率。

脫脂和零脂鮮乳 Semi-skimmed and skimmed 零脂鮮乳幾乎不含任何脂肪(0.1%)，脫脂鮮乳的脂含量，則不到全脂鮮乳的一半(1.6%)。維他命A只存在牛乳的脂肪部份，因此脫脂鮮乳的維他命A含量較少，而零脂鮮乳則完全沒有。但是它們其他的維他命和礦物質，都和全脂鮮乳一樣。

格恩西鮮乳 Guernsey／breakfast 所有鮮乳中，脂肪含量最高者。呈淡黃色，味道濃郁鮮美。脂肪含量約為5%，可以看到明顯的脂肪部分。很適合用來製作卡士達(custards)，和其他濃郁的醬汁，也適合加在早餐的麥片中。

均脂鮮乳 Homogenised 均脂鮮乳經過特殊處理，將脂肪球打碎。脂肪不會浮到鮮乳的表面，而是均勻地分散其中。這種鮮乳有獨特的「奶味」'creamy' flavour，加在熱咖啡中味道很好，若不經加熱，味道並不理想。

保久乳 Longlife／UHT UHT代表超高溫(ulter-high temperature)。均脂鮮乳加熱到132℃，1－2秒鐘，然後快速冷卻後包裝。若不開封，可以保存數月，一但開封後，則需要和普通牛奶一樣，放入冷藏。

白脫鮮乳 Buttermilk 在從前，這是製作奶油時所剩下的鮮奶－也就是說，大部分的固體脂肪都已去除。和零脂鮮乳不同的是，它的味道略帶酸味。今天的白脫鮮乳，大多來自零脂鮮乳，以乳酸(lactic acid)調味。它常和小蘇打(bicarbonate)一起使用，以製作蘇打麵包和司康(scones)。

山羊奶 Goat's 所有哺乳類動物的乳汁裡都有乳糖(lactose)，而山羊奶裡的乳糖，比牛奶更容易消化，因此尤其適合那些無法消化牛奶的人飲用。山羊奶的營養成分和牛奶類似。它有獨特的麝香味，因此特別為製造起司的人所喜愛，數世紀以來持續做出優質的羊奶起司。

豆奶Soya 由黃豆製成，作為動物性乳製品的替代品，很受到歡迎。比普通牛奶來的濃稠，有溫和的堅果味，很適合用來代替牛奶，製作成醬汁，或加在茶或咖啡裡。

濃縮鮮乳 Condensed 將全脂鮮乳去除一半以上的水份，並加入糖而成。通常包含40－45%的糖份。

煉乳 Evaporated 鮮乳經過加熱，以去除約60%的水份，然後裝罐、加熱消毒。加入等量的水後沖泡。

脫脂奶粉 Non-fat dry or powdered 將消毒後的零脂鮮乳，去除所有的水份而成。加入溫水後沖泡。

鮮乳種類 Type of milk	熱量每100g Energy	蛋白質每100g Protein	脂肪每100g Fat	維他命 A	維他命 B1	維他命 B2	維他命 B12	鈣
全脂和均脂鮮乳	66kcal (275 kj)	3.2	3.9	***	***	****	****	****
脫脂鮮乳	46 kcal (195 kj)	3.3	1.6	**	***	****	****	****
零脂鮮乳	33 kcal (140 kj)	3.3	0.1	*	***	****	****	*

****優質來源　*極少

調酸牛奶 SOURING MILK

若食譜需要用到白脫牛奶(buttermilk)，但手邊正好沒有，您可以嘗試下列方法。將15 ml(1大匙)的新鮮檸檬汁或蒸餾過的白醋，倒入玻璃量杯中，然後倒入牛奶到250 ml處，攪拌均勻。讓牛奶靜置5分鐘使其變稠後，再使用。

做出完美的卡士達 SUCCESS WITH CUSTARDS

在火爐上加熱卡士達時，要特別留意，不要使卡士達凝結。注意不可使牛奶沸騰。烘烤卡士達最好以隔水加熱的方式料理。

- 保持小火，並不時攪拌鍋緣和鍋底，以免卡士達燒焦。
- 以小火加熱卡士達混合液，並不斷以木匙攪拌，直到它變稠。用手指劃過木匙背面，來測試稠度。手指劃過的地方，應該要留下一道清楚的痕跡。將一人份卡士達皿，放在烤盤(baking dish)上，然後加入一半高度的水。依照指示烘焙。
- 脂肪會浮到牛奶的表面，所以卡士達和醬汁上總會形成一層外皮。要避免這種情形，可以在醬汁上鋪上一層保鮮膜，或塗了奶油的防油紙(greaseproof paper)。

製作白色系醬汁 MAKING A WHITE SAUCE

如果是要製作成淋醬(pouring sauce)，就用各15g的奶油與麵粉，加上300 ml牛奶。如果是要製作成沾醬(coating sauce)，就用各25g的奶油與麵粉。將奶油用小平底鍋加熱，然後加入麵粉，邊以小火加熱，邊用木匙攪拌，約1－2分鐘，做成白色油糊(white roux)。將鍋子從爐火移開。然後，將熱牛奶慢慢地倒入鍋內，邊不斷地攪拌，與油糊混合。邊加熱到沸騰，邊不斷地攪拌。然後，把火調小，繼續慢滾(simmer)1－2分鐘。適當調味。

配方 Recipes

帕提西耶奶油醬
Crème patissière
卡士達加入低筋麵粉(plain flour)和玉米澱粉(cornflour)，使其變得濃稠，然後作為舒芙雷的底部，或蛋糕和塔(tarts)的填充餡料。

英式奶油醬
Crème anglaise
濃郁的卡士達醬，傳統上以香草調味。

加泰拉那醬
Crème catalana
一種更濃稠的糕點用鮮奶油，加入了奶油，作為海綿蛋糕的填充餡料，或點心的底層。

浸漬牛奶 INFUSING MILK

傳統的貝夏美醬汁(béchamel sauce)，就只是一種用調香料浸漬過的牛奶，所製成的白色系醬汁。更精確而言，調香料應該使用洋蔥、丁香(cloves)、月桂葉(bay leaves)、現磨荳蔻(nutmeg)、鹽、胡椒。不過，除此之外，還有很多種不同的作法。

加熱牛奶與調香料，偶爾攪拌一下。然後，從爐火移開，用盤子蓋好，靜置10分鐘。用過濾器過濾浸漬牛奶，丟棄調香料。然後，將熱浸漬牛奶倒入，製作白色系醬汁的油糊(roux)內。

奶油與優格 cream and yogurt

奶油 CREAM

這是鮮乳中濃縮的脂肪部份，口感柔滑，能夠爲各種甜味或鹹味的菜餚，增添美味。不幸的是，它的脂肪含量高，若是加得太多被認爲是「很不好」的事。奶油的稠度和味道，受到許多因素影響，如乳脂含量、製作方式，甚至是乳牛的品種和季節都有影響。

鮮奶油 Single cream 乳脂含量少，因此無法用來打發(whipped)，但可當做稀奶油(pouring cream)來使用，或加在醬汁或濃湯裡。特濃鮮奶油(extra thick single cream)的乳汁含量和鮮奶油相同，但經過均脂處理，達到匙形濃度(spooning consistency)。

濃縮鮮奶油 Double cream 質感濃稠，很適合用來打發和裝飾海綿蛋糕，或作為蛋糕、閃電泡芙(éclairs)和其他甜點的填充餡料。特濃濃縮鮮奶油(extra thick double cream)，是由均脂鮮乳做成的，因此雖然含有相同的乳脂量，但達到匙形濃度(spooning consistency)。

打發用鮮奶油 Whipping cream 乳脂含量比濃縮鮮奶油低，但達到適合打發的程度。最好使用電動或網狀攪拌器來打發。打發後鮮奶油的體積應變為原來的2倍，但要小心不要打發過度。這種鮮奶油，也適合加入醬汁和調味肉汁(gravy)中，因為它加熱後不會油水分離。

酸奶油 Soured cream 具有濃郁的質感，它是在鮮奶油(single cream)裡加入乳酸所製成。數世紀來，廣泛運用在斯堪地那維亞、蘇俄和波蘭料理上，目前在英國也漸漸受到喜愛。市面上也可買到低脂的酸奶油，使用方式和普通酸奶油相同。

優格 YOGURT

優格是種發酵過的牛乳，發酵的過程使優格會帶點酸味。它通常使用低脂鮮乳做成，但也可以使用其他的鮮乳。優格的稠度各不相同。希臘優格(Greek yogurt)由脫脂(semi-skimmed)或全脂鮮乳製成，脂肪含量較高，質地較濃稠。這些優格可以小心地加入煮好的菜餚裡，不過低脂優格最好和水果或甜點一起搭配，或用來做成低脂沙拉調味汁(dressings)。

桑麥塔那鮮奶油 Smetana 俄式桑麥塔那鮮奶油，是由甜味濃縮鮮奶油，和酸奶油所製成的濃郁酸奶油(sour-cream)。英國可以買到的版本，是由脫脂鮮乳所製成的，和濃郁的白脫鮮奶很類似。但和真正的桑麥塔那鮮奶油不同的是，如果過度加熱，它會油水分離。以對待濃郁優格的方式來使用。

法式濃鮮奶油 Crème fraîche 比酸奶油濃郁，質感柔滑。脂肪含量高，因此不會在煮的過程中油水分離。

凝塊奶油 Clotted cream 這是傳統的丹佛(Devon)和康沃(Cornwall)特產，由鮮奶加熱後，撈起表面的脂肪後製成。傳統的奶油茶點(cream tea)作法是，搭配司康(scones)及草莓果醬一起享用。

奶油 Cream	脂肪量 Fat content
半鮮奶油 Half cream	12%
鮮奶油 Single cream	18%
特濃鮮奶油 Extra thick single cream	18%
酸奶油 Soured cream	18%
打發用鮮奶油 Whipping cream	34%
濃縮鮮奶油 Double cream	48%
法式濃鮮奶油 Crème fraîche	48%
特濃雙奶油 Extra think cream	48%
凝塊奶油 Clotted cream	55%

大廚訣竅
Cook's tip

製作奶油醬汁
(cream-enriched sauces)
時，記得不要在加入
奶油(cream)後，
再煮沸醬汁，
如此奶油通常都會凝塊。
一般建議將熱的液體
倒在奶油上，
而不是將奶油倒入熱的
液體中攪拌。

設備 EQUIPMENT

電動攪拌器
ELECTRIC WHISK
手持的電動攪拌器並不昂貴，但要選購有變速設定的。

網狀攪拌器
BALLOON WHISK
將U形不鏽鋼絲，固定在把手處所製成，簡單但有效率。您可以更準確地判斷奶油的濃度，可以避免過度打發的危險—不過使用起來頗耗費力氣。

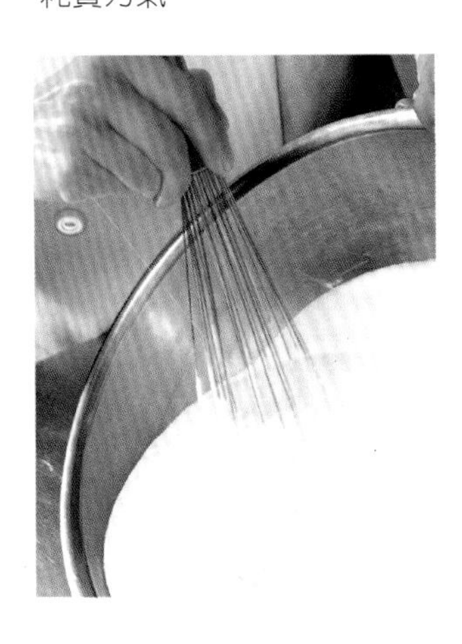

自行製作鮮奶油 MAKING CREAMS

酸奶油 Soured cream 如果您手邊沒有，或買不到酸奶油，可以在新鮮鮮奶油(single cream)裡加一點檸檬汁，或一小滴醋。將250 ml的鮮奶油(single cream)倒入玻璃攪拌盆內，加入15 ml(1湯匙)新鮮檸檬汁，攪拌混合。靜置室溫下10－30分鐘，或到質地變濃稠爲止。然後，蓋好攪拌盆，放進冰箱，冷藏到可以使用爲止。

法式濃鮮奶油 Crème fraîche 這種帶有酸味，口味刺激的奶油，是先混合白脫牛奶、酸奶油和濃縮鮮奶油(double cream)後，加熱，靜置冷卻所製成。您也可以買到已經做好，可馬上使用的。

在攪拌盆裡，混合500 ml白脫牛奶、250 ml濃縮鮮奶油，和250 ml的酸奶油。將攪拌盆放在鍋子上，用熱水隔水加熱到30℃。將熱好的混合液倒入玻璃碗內，半掩加蓋，靜置室溫下6－8小時。

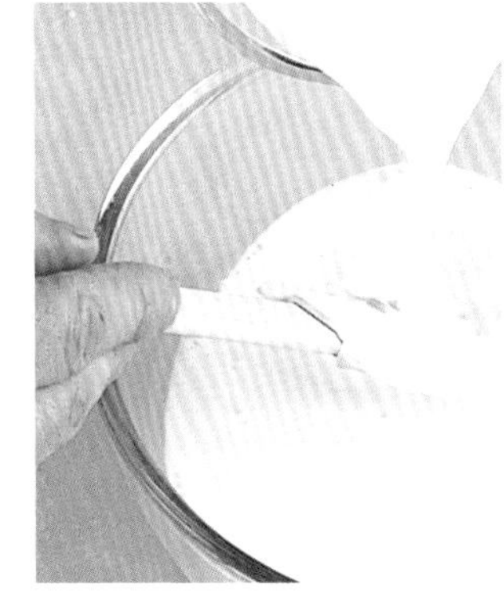

用鮮奶油裝飾 DECORATING WITH CREAM

要讓顏色鮮豔的奶油濃湯，有絕佳的視覺效果，可以用湯匙將鮮奶油舀在中央處，或以漩渦狀澆上，或做出美麗的圖案。成功的秘訣，是要確保鮮奶油的濃度和濃湯一致。在大部分的情況下，鮮奶油應該先稍微打發。上菜前一刻，才開始製作鮮奶油圖案。

凱薩琳之輪 Catherine wheel
鮮奶油稍微打發後，加入少許香草醬(pesto)混合。然後，各舀15 ml(1大匙)在每碗湯的正中央，用刀刃的前端，從中心往外劃，做成渦輪狀。

▶ 浪漫圓環 Romantic rim
將鮮奶油滴在湯的邊緣，成一圈。用刀刃的前端，劃過每一滴奶油，做成連成一圈的心型。

打發鮮奶油 WHIPPING CREAM

在5℃時，鮮奶油(cream)最容易被打發，若是剛從冰箱取出的鮮奶油，通常不容易打發到足夠的體積。若是天氣炎熱，可在每150 ml的鮮奶油裡，加上1湯匙的冷鮮奶，以防止鮮奶油(cream)變成奶油(butter)。使用大容量的碗，因爲打發後體積會加倍。

▼ 打發成軟波浪 Soft peaks
使用電動攪拌器，從低速開始，慢慢增加速度。當鮮奶油形成軟波浪狀(gentle folds)時停止。

▲ 打發成立體 Stiff peaks
當抬起攪拌器後，鮮奶油仍能維持立體狀時停止。這時的鮮奶油可用來做爲派(pies)的表面餡料、霜飾(icing)蛋糕，和作爲塡充餡料使用。

奶油與其它油脂 butter and other fats

奶油可單獨使用，塗在三明治上，或作爲表面餡料；也可爲各種菜餚增添濃郁的風味。它是數種重要醬汁(sauces)的主要原料，重要的烹飪材料，也可用做裝飾。

無鹽奶油 Unsalted butter 要製作甜糕點或蛋糕時，所應選擇的奶油。它帶有溫和的甜味，非常適合放在餐桌上，供抹在麵包和土司上所需。有些人，已經習慣加鹽奶油的重口味，可能會覺得它過於平淡。

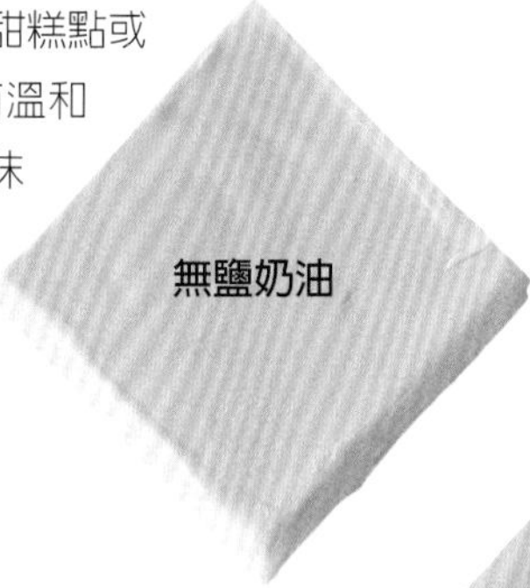

無鹽奶油

加鹽奶油 Salted butter 因為鹽是很好的防腐劑，所以從製造奶油初期起，就開始加入鹽。有的只加微量；有些卻加得太多，不過這主要是由個人品味決定—沒有既定規則，不過我們通常建議不要使用加鹽奶油，來製作細緻的甜味醬汁。

加鹽奶油

印度酥油 Ghee 將奶油加熱後，從奶油脂肪(butterfat)所分離出來的沉澱物，經過過濾，所製成的澄清奶油。它可為食物增添濃郁的奶油味，常使用在許多印度菜餚上。因為純度高，可以不放冰箱而保存數月。

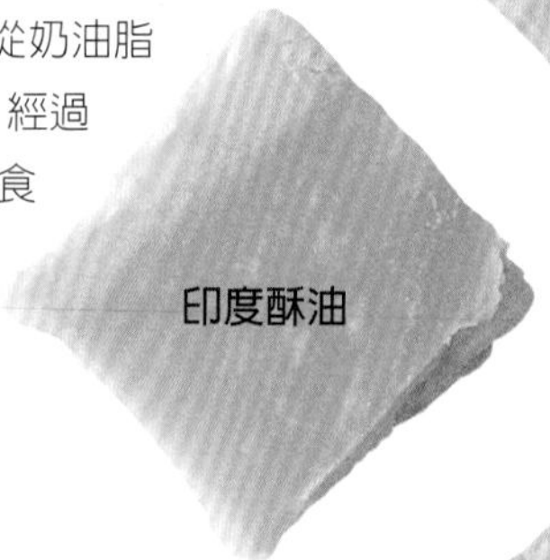

印度酥油

瑪格琳(乳瑪琳) Margarine 可替代奶油的非乳製脂肪，和奶油一樣用途很廣，可用在餐桌上、烹飪或烘焙。大部分由植物性脂肪製成，但是有些牌子添加鮮乳，或其他動物性脂肪，所以若要避免乳製品，必須小心檢查包裝上的說明。低脂瑪格琳，因為含有較多的水份，所以不適合烹調和烘焙。軟質(soft)瑪格琳不適合煎炒炸，因為容易燒焦。硬質(hard)瑪格琳能夠做出很好的糕點。

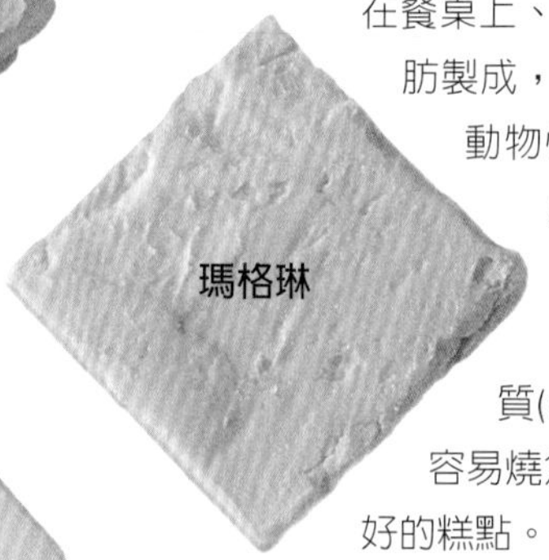

瑪格琳

豬油 Lard 動物性油脂，經過過濾(purified)的豬肉脂肪。在動物性油脂(尤其是豬油)，還沒被冠上充滿飽和性脂肪的惡名前，它常用來煎炒炸，尤其是炸薯條。不過，豬油還是為一些糕點師傅所愛用，因為和奶油一起各使用半量時，可做出優質的輕盈糕點。

豬油

板油 Suet 小羊和公牛的腎臟周圍的白色脂肪，就是板油。可以向肉販買到新鮮的(需要自行刨絲)，也可以買到包裝好現成的。板油可用來製作板油布丁(suet pudding)、牛排和腎臟布丁(steak and kidney pudding)、果醬布丁捲(jam rolypoly)和其他廣受喜愛的食品。它常用在聖誕布丁裡，所以素食者要小心檢查外包裝的說明。

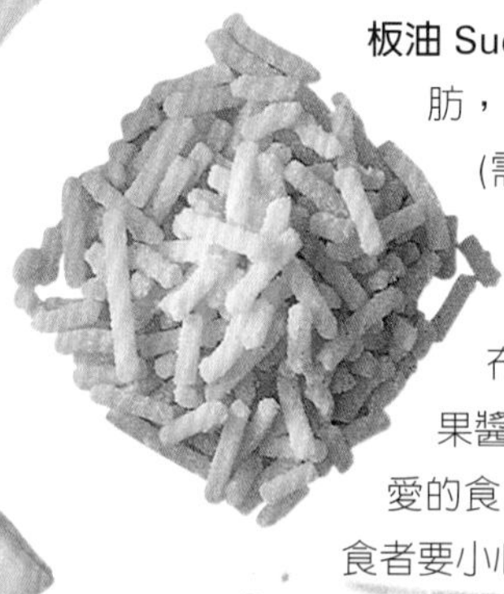

板油

起酥油 Shortening 植物和動物性油脂的綜合。顏色純白，沒有任何芳香或味道。極受歡迎的糕點製作材料，因此得名，因為在糕點製作的專用術語裡，它能夠做出多層的外皮(a 'short' crust)。它的質感柔軟，因此容易揉入麵糰中。可用來製作鹹味糕點—肉類或雞肉糕點(pastries)、發糕(raised pies)或派皮糕點(shortcrust pastries)。

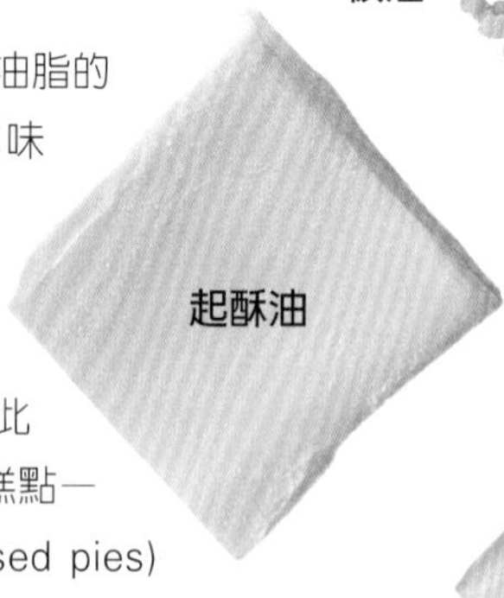

起酥油

植物性油脂 Vegetable fat 這是從植物提煉出來的油脂，和動物性油脂一樣，可以用在煎炒炸、烘焙和製作糕點上。可以由各種植物油製成，有些生產商從葵花(sunflower)或紅花(safflower)中，提煉出富含多元不飽和脂肪的植物性油脂。

植物性油脂

奶油系醬汁 BUTTER SAUCES

許多經典的法式醬汁，以蛋黃和奶油調成的乳液爲基礎。其他的醬汁，如白色奶油系醬汁(white butter sauce)，則使用鮮奶油(cream)。

▶ **荷蘭醬汁** Hollandaise sauce 可以用手製作，但是使用食物處理機最簡單，而且大大降低凝塊的風險。將蛋黃與水，放進已暖機運作過、乾燥、裝上了金屬刀片的食物料理機(food processor)內，開動機器數秒，使其混合，在仍然開動機器的情況下，加入微熱的澄清奶油，以細流狀往下倒。最後，加入檸檬汁與調味料。

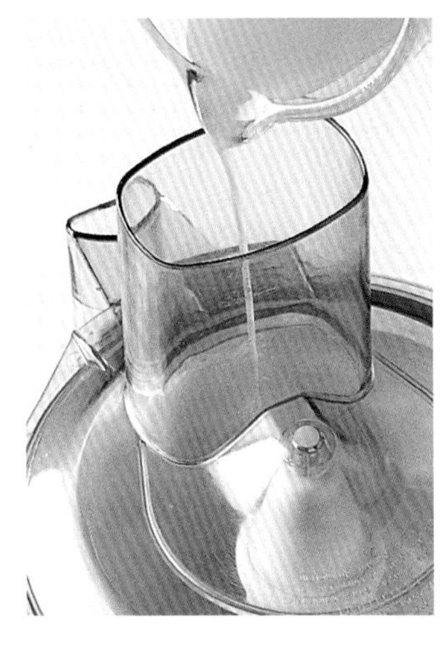

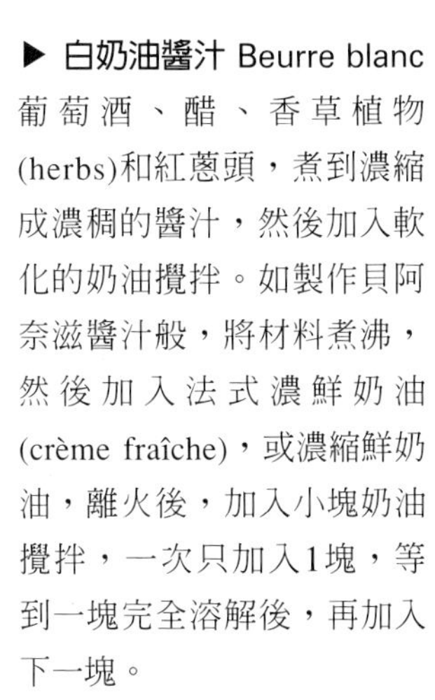

◀ **貝阿奈滋醬汁** Béarnaise 貝阿奈滋醬汁，比荷蘭醬汁來得濃郁而辛辣。將磨碎的黑胡椒粒、切碎的紅蔥頭(shallots)、茵陳蒿(tarragon)、醋(vinegar)混合，煮沸到湯汁濃縮減少。冷卻後，加入打散的蛋黃和水，把火調得極小，打發成緞帶狀態(ribbon stage)。將澄清奶油(clarified butter)，一次加一點進去，每次加入後，就迅速攪拌。

▶ **白奶油醬汁** Beurre blanc 葡萄酒、醋、香草植物(herbs)和紅蔥頭，煮到濃縮成濃稠的醬汁，然後加入軟化的奶油攪拌。如製作貝阿奈滋醬汁般，將材料煮沸，然後加入法式濃鮮奶油(crème fraîche)，或濃縮鮮奶油，離火後，加入小塊奶油攪拌，一次只加入1塊，等到一塊完全溶解後，再加入下一塊。

澄清奶油 CLARIFYING BUTTER

亦稱爲drawn butter，印度料理裡稱爲印度酥油(ghee)，澄清奶油就是無鹽奶油去除了所含的牛乳固形物(milk solids)後，所得的奶油。它是質地非常純淨的脂肪，廣泛運用在許多菜餚上。

將奶油用很小的火，慢慢融化，不要攪拌。將鍋子離火，將表面的泡沫撈掉。用湯匙將奶油舀到小碗裡，將乳狀沉澱物留在鍋裡。

大廚訣竅
Cook's tip

因為澄清奶油去除了乳狀沉澱物，它能夠保存較久而不腐壞，也比一般奶油的沸點高，可以高溫加熱而不燒焦，因此很適合用來嫩煎(sautéeing)和快炒(frying)。製作醬汁時，它更能夠為醬汁增添光澤與細緻風味，是不可或缺的材料。

白奶油醬汁 BEURRE MANIÉ

混合等量的奶油和麵粉製成，可用來增加砂鍋燒(casserole)、醬汁和其他液體的濃稠度。用湯匙將奶油軟化後，加入麵粉裡混合。

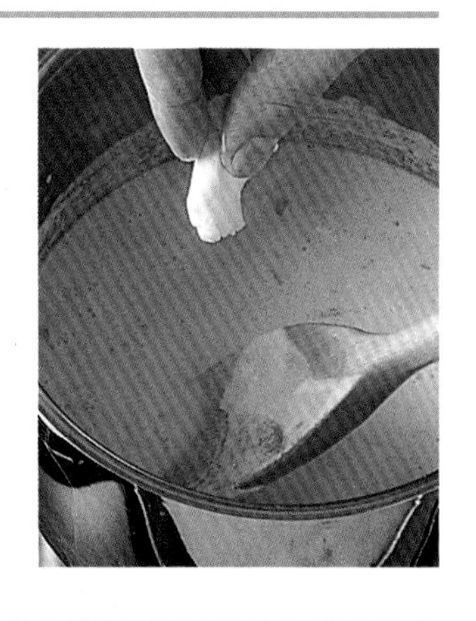

荷蘭醬汁與貝阿奈滋醬汁的補救法 WHAT WENT WRONG

荷蘭醬汁與貝阿奈滋醬汁，並不容易製作。香料和調味料應該小心地慢慢加入，不過最常見的問題是產生油水分離或凝結的現象。在以下情況下，會產生這種問題：

- 加入奶油的速度過快，或鍋子過熱。

補救的方法是：

- 將1湯匙的沸水，加入乾淨的平底鍋內，然後一邊攪拌，一邊慢慢地加入已凝結的醬汁，或
- 將1個蛋黃放入乾淨的平底鍋內，在小火(gentle heat)上方，稍微攪拌。離火，然後將凝結的醬汁加入。

起司 cheese

無論是生食或熟食，起司是最美味的鹹食之一。它的原料是奶汁(乳牛、山羊、綿羊和野牛的乳汁都可使用)，將凝乳(curds)從奶清(whey)分開後所製成。凝乳經過壓縮後，再靜置成熟，就轉變成起司。英國和歐洲的起司，共有數百種，都是很好的蛋白質、脂肪和礦物質來源。

如何選購 Choosing

軟質起司的外皮應色澤均勻，帶點濕潤，外觀像覆蓋了一層粉衣(bloomy)。硬質起司的外皮，不應太乾燥或有裂紋，也不能看起來潮濕或冒汗。在紗布(cheesecloth)內熟成後，應呈黏糊狀。硬質起司的質地應勻稱、結實或易碎，而且沒有斑點。新鮮起司，應該濕潤而雪白，完全沒有發霉的跡象。硬質藍黴起司，應該有均勻的紋路分佈在起司內，質地呈乳黃色。有些軟質起司有經過洗浸(washed)的橙色外皮，它應該色澤勻稱，看不到裂紋。

新鮮起司 FRESH CHEESES 這些起司未經熟成，沒有外皮，濃度從柔滑的乳狀，如新鮮白起司(fromage frais)、奶油起司(cream cheese)、瑪斯卡邦(mascarpone)，到濃稠的凝乳狀，如瑞可塔(ricotta)、鬆軟白起司(pot cheese)、鄉村起司(cottage cheese)。脂肪含量各不相同，可以買得到許多低脂(low-fat)，或脫脂牛奶(skimmed-milk)製成的產品。在包裝標示的使用期限內使用完畢，是非常重要的。

軟質起司 SOFT CHEESES 脂肪與水分的含量比例很高，經過短暫的熟成，質地多汁，容易塗抹。有些軟起司，如布里(Brie)與卡蒙貝爾(Camembert)，在完全成熟後，會滲出一點乳汁。這類起司還有個特徵，就是外皮有一層粉衣(bloomy)。其它起司，例如：龐雷維克(Pont L'Evêque)、麗瓦侯(Livarot)，外皮經過洗浸(washed)，味道強烈，濃郁。軟質起司的觸感應有彈性，聞起來有堅果味，芳香而帶有甜味。避免購買任何中央有白粉(chalky)，或有強烈阿摩尼亞(ammonia)氣味者。

半硬質起司 SEMI-HARD CHEESES 如瑞布羅森(Reblochon)與波特撒魯(Port Salut)等，熟成時間較長，而且因為水分含量較少，所以質地較硬，切的時候也能夠保持形狀完整。

硬質起司 HARD CHEESES 大多為高脂，含水量低，經過長時間的熟成，味道從柔和到強烈，質地從柔軟到易碎都有。硬質起司中，如艾摩塔(Emmenthal)，質地裡有特殊的氣孔，就是在起司熟成的過程中，由產生氣體的細菌造成的。

硬質磨碎起司 HARD-GRATING CHEESES 如義大利帕瑪善(Italian Parmesan)與佩科里諾(Pecorino)，是最乾燥的硬質起司。起司經長時間的熟成，使質地變得乾燥，成粒狀(granular)，若是包裝得夠緊密，放置冰箱冷藏可保存數月。購買時，如果可能，就先試吃看看，避免選擇味道太鹹或帶苦味者。起司的外皮應是硬的，黃色，內部則為淡黃色。

藍黴起司 BLUE CHEESES 這是種採用了細菌培養方式，所製造出具有藍綠紋模樣的起司。未熟成的藍黴起司，會有一些紋路在靠近外皮的地方。所以，請選擇有堅硬外皮，而且皮下無變色徵兆者。藍黴起司可能聞起來味道強烈，但是不應該有阿摩尼亞的氣味。如果可能，購買前最好先試吃看看。避免購買太鹹(over-salty)，或質地裡看得到白粉(chalky)者。

山羊奶與羊奶起司 GOAT AND SHEEP CHEESES 山羊奶所製成的凝乳，會裝入小模型裡，以做成不同形狀與大小的起司。這種起司，可以在任何階段的熟成度出售，而熟成度決定了起司的不同特質。熟成初期質地柔軟，味道溫和，熟成後就會變得較硬，帶有刺激而強烈的味道。請到貨品流通迅速的商店，購買山羊奶起司，以確保產品新鮮。山羊奶起司如果新鮮，應該是質地濕潤，而且帶著淡淡的刺鼻味，但不是酸味。由於脂肪含量適中，大部分母羊奶所做的起司，味道就比用母牛奶所做的起司還柔和。不過，也有例外，最著名的例子就是洛克福起司(Roquefort)、佩克里諾起司(pecorino)、希臘羊奶起司(ewe's milk feta)。

烹飪用起司 CHEESES FOR COOKING

切達起司 Cheddar 極受歡迎的多用途起司，生吃或熟食皆可。很適合磨碎使用—用來製作醬汁、放在土司、蛋餅(omelettes)、法式鹹派(quiches)、派(pies)和糕點(pastries)上。

紐夏特起司 Neufchâtel 來自諾曼第(Normandy)的法國起司，外皮乾而平滑，質地結實柔滑。切片後放在酥脆的麵包上燒烤(grill)，十分美味，或切成小塊，拌在生菜沙拉裡，佐以法式醬汁(French dressing)。

艾摩塔起司 Emmenthal 常用來加熱使其融化，和格律耶爾起司(Gruyère)類似(兩者都來自瑞士)—用在起司鍋(fondues)和法式鹹派上。很適合用在烤三明治和烘焙糕點上。

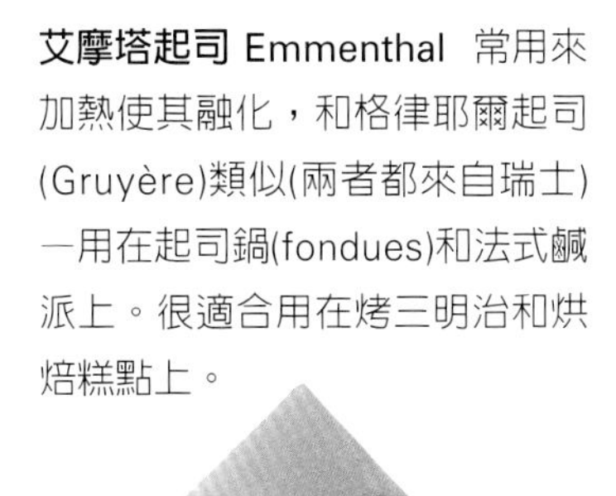

莫扎里拉起司 Mozzarella 放在沙拉裡十分美味，但最常用來當做披薩的表面餡料，和用在傳統的義大利菜餚裡。

戈根索拉起司 Gorgonzola 這種柔軟的藍紋義大利起司，很適合做成義大利麵的奶油醬汁，或和蘋果、洋梨加在一起，作成迷你塔(tartlets)。

瑞可塔起司Ricotta 可使用在甜味或鹹味的食物上，如慕薩卡(moussaka)和起司蛋糕。這種柔滑、呈粒狀的起司，可煮熟或生食使用。

帕瑪善起司 Parmesan 撒在義大利麵上，或加在醬汁和烘焙義大利麵食上，可賦予真正的義大利風味。避免乾掉的帕瑪善起司—它有一股臭味，嘗起來完全不能和新鮮的相比。

確認起司的熟成度
TESTING A CHEESE FOR RIPENESS

當軟質起司已形成了其特殊的質地、味道和香味，就表示已經熟成了。因爲軟質起司非常容易變質，尤其在外皮被切除後，所以最好在最佳狀態時食用。

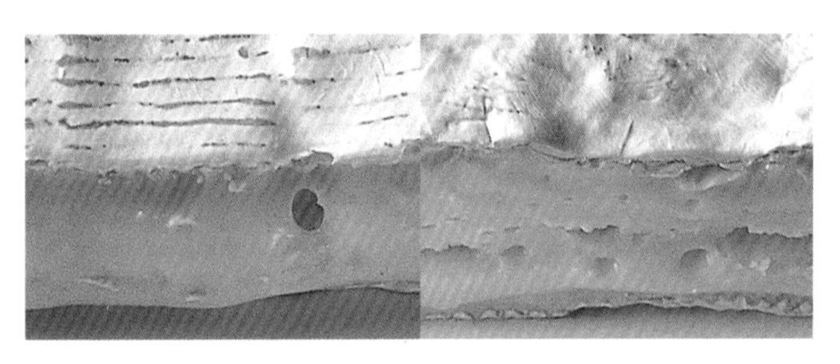

剛剛熟成的布里 Brie that is just ripe　中央部分的質感應該有彈性，而且全部的質地都是濕潤柔滑。

過度熟成的布里 Over-ripe brie　外皮薄而不勻稱，帶著苦味，聞起來有阿摩尼亞的氣味，而且會過度滲漏出乳汁來。

融化起司 MELTING

融化磨碎的起司時，一定要用質地厚重的鍋子，以小火加熱，慢慢融化。這樣做，可以避免起司融化後變成黏稠的絲狀(stringy)，粒狀(grainy)，或油水分離。不過，由於不同的起司有不同的脂肪與水分含量比例，加熱後會產生不同的變化，所以不是所有的起司都適合用來融化。

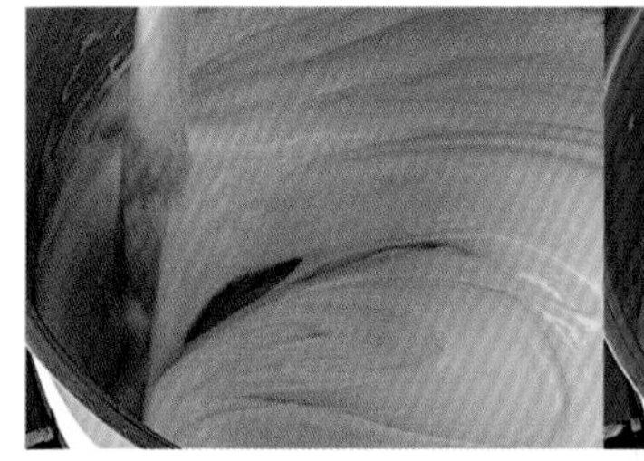

正確 CORRECT　起司用小火慢慢地融化，質地就會均勻而光滑。

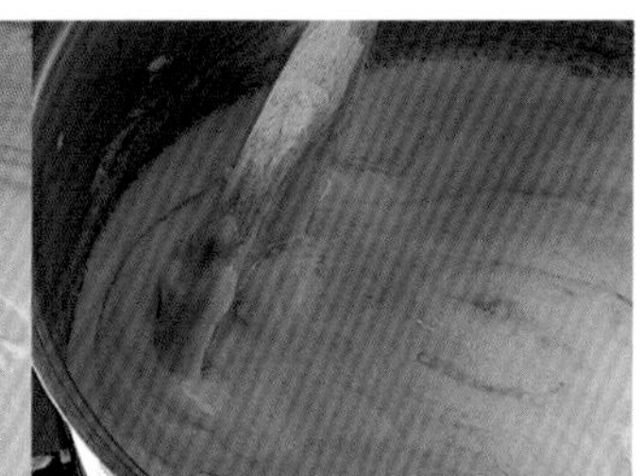

錯誤 INCORRECT　起司如果用大火迅速地融化，就會變成油水分離的狀態。

製作焗烤表面餡料 MAKING A GRATIN TOPPING

最後需要用烤爐(grill)燒烤或放進烤箱烤的方式，將表面烤成褐色的料理，通常都會放上磨碎的起司來做爲表面餡料。起司會迅速融化，形成硬脆的金黃色外皮，成爲美味的焗烤表面餡料。

適合融化的起司 GOOD MELTING CHEESES

有幾種起司，由於加熱後，比較能夠變成某種特定的濃度，因而獲得比較高的評價。軟質起司，如莫扎里拉起司(mozzarella)，只需切片，就可以輕易地融化。硬質起司，如格律耶爾起司(Gruyère)，就要磨碎後再融化，效果比較好。

- 莫扎里拉起司(mozzarella)，是種傳統的披薩用表面餡料(topping)，可以均勻地融化，拉成絲。
- 方汀那起司(fontina)，是種硬度適中(well-tempered)，帶有堅果風味的起司，可以耐高溫，甚至可以沾裹上麵包粉(breadcrumbs)，用來油炸。
- 格律耶爾起司(Gruyère)，是法國最受歡迎的焗烤用起司，最好磨碎後再融化，質地比較勻稱。如果要用來製作起司鍋(fondue)，就要選擇較熟成者。
- 山羊奶起司(goat's cheese)，在加熱的情況下，還是可以維持原本的形狀，不會變形，而且會變成令人垂涎的金黃色，適合疊在麵包塊(croûtes)上。
- 切達起司(cheddar)的融化效果佳，又可以加熱成漂亮的褐色，非常適合用來焗烤(grilling)。

迴轉式磨碎器 ROTARY GRATER

由數個可供選擇的滾輪所組成，可以將硬質起司輕易地磨碎成不同的大小，是種極為省時的便利器具(亦稱為mouli grater)。

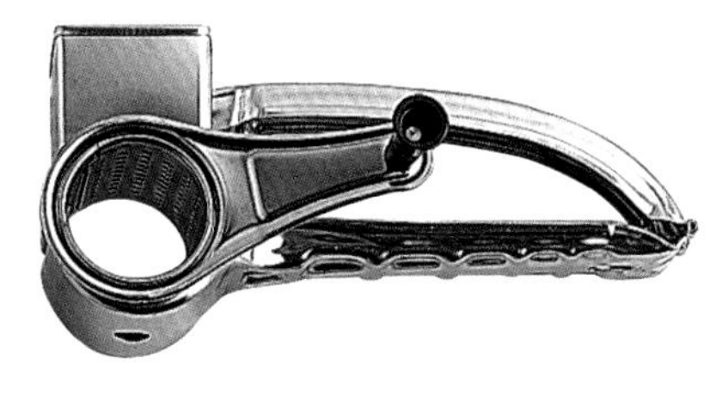

配方 Recipes

威爾斯乾酪 Welsh rarebit 最受歡迎的起司點心之一。使用適合融化的起司，如切達(Cheddar)、蘭開郡(Lancashire)或傳統的威爾斯卡爾菲利起司(Caerphilly)。

凱撒沙拉 Caesar salad 帕瑪善(Parmesan)起司，是這道美味沙拉的主要原料。若要完全品嘗這種起司的美味，可以使用蔬菜削皮刀來削出薄片(見右方)。調味汁是由橄欖油、蛋、大蒜、鯷魚片(anchovy fillets)、芥末醬(mustard)，和巴薩米可醋(balsamic vinegar)所做成的。

三色沙拉 Tricolore salad 在莫扎里拉起司(mozzarella)、番茄、酪梨和羅勒(basil)上，用湯匙澆上簡單的檸檬油醋調味汁(vinaigrette)，灑上切碎的巴西里(parsley)。這是義大利最有名，也最受歡迎的沙拉之一。

法國土司 Croque monsieur 對應英國的烤三明治，這是法國人的版本。最簡單的做法是只加起司和火腿。可以使用切達(cheddar)或其他英國起司，但法國人只用格律耶爾起司(Gruyère)，和艾摩塔起司(Emmenthal)。

起司風杜(起司鍋) Cheese fondou 在瑞士，風杜是由格律耶爾起司(Gruyère)，和艾摩塔起司(Emmenthal)做成的。法國人使用他們自己的格律耶爾起司(Gruyère)，也就是包福特起司(Beaufort)。不論是哪種起司，結果都是一樣的一融化的起司和葡萄酒所組成的佳餚，搭配用來沾料的酥脆熱麵包。

起司的前置作業 PREPARING CHEESE

磨碎起司時，針對不同種類的起司，與需要磨碎的程度，有許多不同種類的磨碎器可供選擇。

◀ **細絲** Grating fine shreds 使用剛從冰箱取出的起司，效果最好。迴轉式磨碎器，可以輕易地將起司磨成絲。只要將起司放進槽內，再轉動把手即可。

▶ **粗絲** Coarse shreds 一種直立式磨碎器，可以磨成較粗的碎片，用來撒在沙拉上，或用來做融化起司時，融化得更均勻。

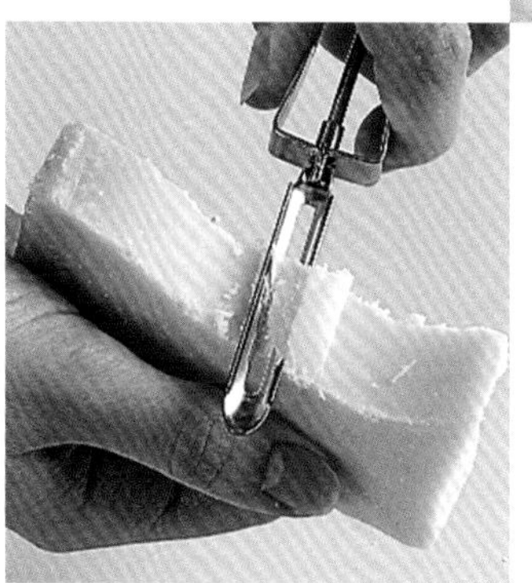

◀ **薄片** Cheese shavings 使用蔬菜削皮器(vegetable peeler)，來從一塊硬質起司，如帕瑪善(Parmesan)削出薄片。

▶ **帕瑪善起司** Parmesan 使用一種特殊的，小型帕瑪善磨碎器(Parmesan grater)，來將這種極硬的起司磨成小細絲。

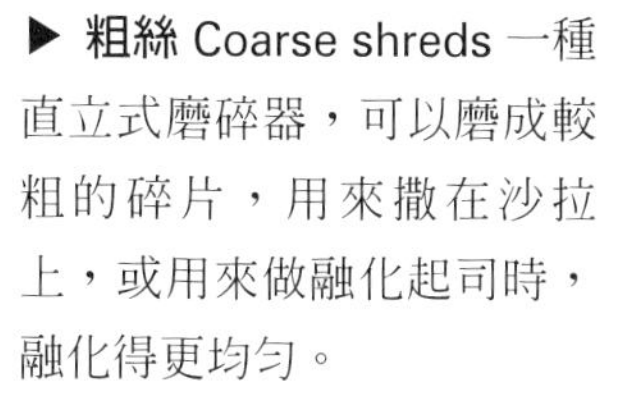

蛋 eggs

蛋可說是廚房中最具價值、最實用、用途最廣的食材之一。它可利用各種料理方式，來單獨烹調，蛋白可以做成蛋白霜(meringue)，增加料理的體積，澄清高湯；蛋黃可以乳化(emulsifying)醬汁。全蛋可以產生黏性，使食材附著在一起，它是製作膠汁(glazes)的主要原料，也可用來稠化(thicken)醬汁和混合液。

如何選購 Choosing

購買最新鮮的蛋，是很重要的。檢查包裝上的使用期限。若沒有日期，可以將蛋浸入水中，以測試新鮮度(請見右頁說明)。當蛋放置得越久，水份會從蛋殼流失，使蛋殼裡的氣孔變大—所以蛋放得越久，重量越輕。蛋白呈混濁，不代表不新鮮，反而是新鮮的表示，這是當蛋生下來時，所產生的大量二氧化碳造成的。

如何貯存 STORING

蛋在購買後，就要儘快放進冰箱冷藏。蛋在室溫下放置一天，會比在冰箱放一週，還來得不新鮮。蛋在冰箱裡，可以保存超過保存期限的4－5週。蛋殼的表面，有數千個細孔，會吸收外界的氣味。因此應將蛋留置在原來的紙盒內保存，並遠離氣味強烈的食品。將蛋的尖端朝下放，蛋黃就可以保持在蛋的正中央。

分開的蛋白、蛋黃，或已破殼的全蛋，應放置在密閉容器內，放進冰箱冷藏。蛋白可以保存1星期，蛋黃與全蛋最久可保存2天。

含有生蛋的食物，必須在2天內用畢。

放大檢視蛋 A CLOSER LOOK AT AN EGG

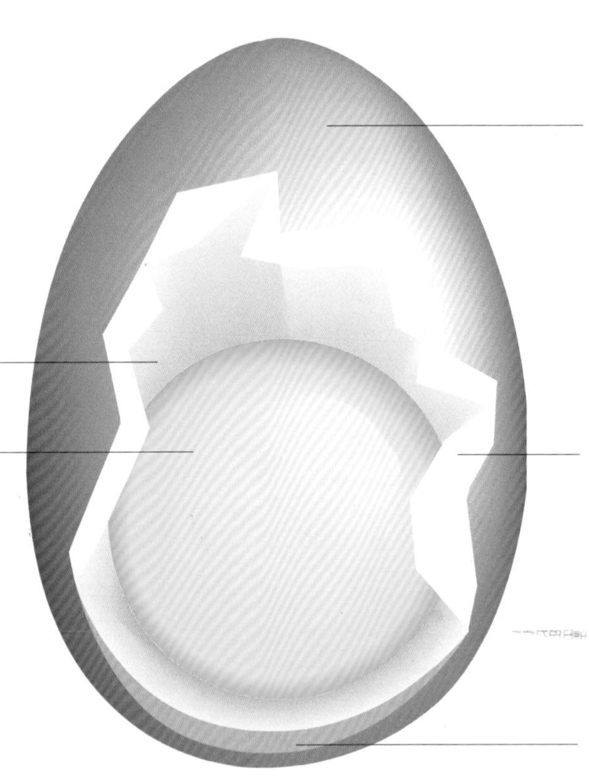

蛋白 White

亦稱做albumen。蛋白含有整顆蛋一半的蛋白質。新鮮時，蛋黃周圍的蛋白較厚。將蛋黃和蛋白連繫起來的紐帶，叫做繫帶(chalazae)；若要製作卡士達(custard)或醬汁，最好過濾取出。蛋白約含有17卡路里。

蛋黃 Yolk

蛋黃含有其餘的蛋白質。它也是少數含有維他命D的食物，同時富含維他命A。它含有5g的脂肪、整顆蛋裡所有的膽固醇，和59卡路里。蛋黃的顏色，會受到母雞的飼料不同而有差異。若是飼料含有玉米，蛋黃顏色會很黃；若是穀物(wheat)和大麥(barley)飼料，所生產的蛋黃顏色較淡。

蛋殼 Shell

組成整顆蛋12%的重量。大部分是由鈣質所構成。因為含有氣孔，所以會吸收外界的氣味。蛋殼的顏色由母雞品種決定；但不會影響蛋的營養價值、品質、味道和外觀。

薄膜 Membrane

氣孔 Air pocket

薄膜在蛋的圓形底部向內縮，產生充滿空氣的空間。蛋放置得越久，空氣會穿透蛋殼上的氣孔，使這個空間變大，減輕蛋的重量。

雞蛋 Hen's eggs 我們所吃的蛋，幾乎都是來自母雞下的蛋。大多數是混種的，不過有較小的品種，如Bantam和Silkies，所生的蛋較小。它們的味道和一般的蛋相同，但若要使用小份量時很有用(如準備兒童餐)，若是要用做烘焙，則要記得加倍份量。雞蛋現在有小型(4或5號)、中型(3號)和大型(1或2號)。

鵪鶉蛋 Quail's eggs 這是我們能買到最小的蛋，只有雞蛋的1/3大。可作為前菜或開胃菜(canapes)的美麗裝飾，或整顆加入匹拉夫(pilafs)或沙拉中，但要小心不要煮得過老。

營養資訊 NUTRITIONAL INFORMATION

蛋是極為重要的豐富蛋白質來源(1個大蛋含有12－15% 每個成人每日應攝取的建議量)，可以供給人體所需的所有重要胺基酸(amino acids)。蛋裡還含有鐵、碘、鈣這些礦物質，還有維他命A、B、D、E、K。總之，維他命C是蛋裡唯一缺乏的一種維他命。

蛋的熱量也不高，每個蛋約可以提供75個卡路里。從前，基於蛋裡含有膽固醇，所以，專家建議每個人對蛋的食用量應有所限制。然而，近來的研究卻顯示，從飲食中所吸收的飽和脂肪(saturated fat)，才是提高血液中膽固醇含量的主因。所以，除了1個蛋確實含有213mg的膽固醇，而且全都在蛋黃裡之外，其實，蛋的飽和脂肪含量是很低的。

目前英國所制定的飲食指南(dietary guideline)，建議每位成人每週之蛋的食用量為2－3個。

測試新鮮度 TESTING FOR FRESHNESS

如果不確定雞蛋的新鮮度，可以透過一個簡單的實驗來檢測。

新鮮的蛋，因為水分含量高，所以較重。這樣的蛋在沉入水中時，會平躺在玻璃杯的底部(上圖)。

比較沒有那麼新鮮的蛋，由於氣孔增大，水份透過蛋殼流失，蛋就會垂直地浮起，尖端朝下。

放得較久，不新鮮的蛋，由於內含大量的空氣，就會漂浮在近水面處(下圖)。切勿使用這樣的蛋。

預防沙門桿菌中毒 Preventing salmonella poisoning

雞蛋含有沙門桿菌，在極少的情況下，會造成食物中毒。將雞蛋完全煮熟，可以預防沙門桿菌中毒。大部分沙門桿菌中毒的例子，是因為雞蛋未煮熟或使用生蛋所引起的。年長者、懷孕婦女、嬰兒與免疫系統差的人，對沙門氏桿菌的感染，較缺乏抵抗力。為了確保安全，將蛋加熱到60℃，並維持這樣的溫度再煮3分鐘20秒，或加熱到70℃。若不想按照食譜，使用生蛋白時，可以用蛋白霜粉(meringue powder)，或粉末狀的蛋白(powdered egg whites)，它們是經過消毒的替代品。

將蛋黃和蛋白分離 SEPERATING THE YOLK FROM THE WHITE

在蛋的溫度冰涼時，最容易將蛋黃與蛋白分開。因為，在這樣的狀況下，蛋黃較結實，也比較不會與蛋白混合在一起。此外，打發蛋白時，如果有絲毫的蛋黃混在裡面，就無法打發成功了。

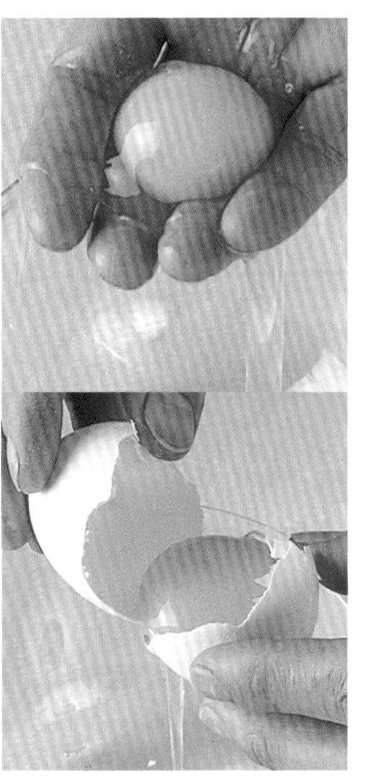

▶ **徒手分蛋 HAND METHOD**
將蛋打進攪拌盆裡，再用手撈起蛋，讓蛋白從指縫間流下去。

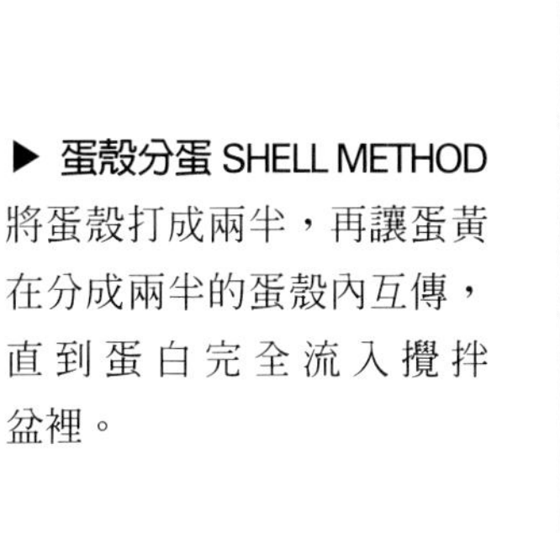

▶ **蛋殼分蛋 SHELL METHOD**
將蛋殼打成兩半，再讓蛋黃在分成兩半的蛋殼內互傳，直到蛋白完全流入攪拌盆裡。

打發蛋白 WHISKING EGG WHITE

先將蛋白放在攪拌盆內，稍微覆蓋，放置在室溫下約1小時，再打發，就能夠打發出多量而穩定性高的打發蛋白。無論是用人工，或機器來打發，都要先檢查所有使用的器具內，完全沒有沾上任何油脂，而且攪拌盆夠深，容量足以容納打發好的蛋白。

手工打發 By hand 將蛋白放進不鏽鋼或玻璃攪拌盆內，從底部往上，以繞圈的方式打發。若要打發出大量的蛋白，就用大型的網狀攪拌器(balloon whisk)。

機器打發 By machine 使用電動攪拌機(mixer)的打發零件(whisk attachment)，先調低速，打碎蛋白，等到變得濃稠後，再加速。加入少許的鹽，可以鬆弛蛋白質的結構，讓打發進行得更順利。

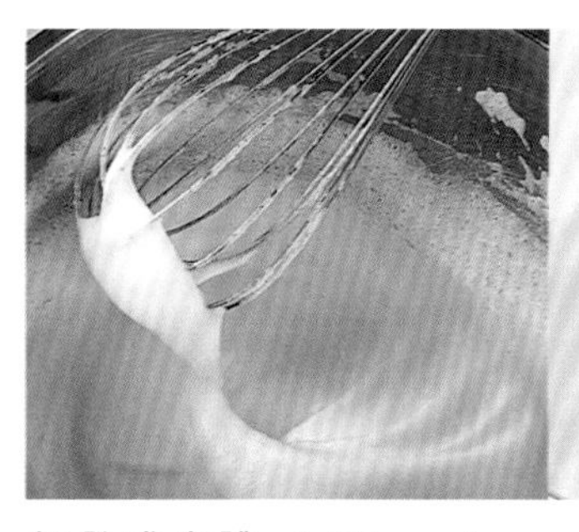

打發成立體 Stiff peaks 適度打發的蛋白，會形成明顯的立體，但不會變乾。當抬起攪拌器後，蛋白仍能維持立體狀，而不會崩塌。

打發成軟波浪 Soft peaks 當蛋白剛好形成固定形狀的立體時停止。抬起攪拌器時，波浪狀蛋白的頂端，只會稍微落下。

大廚訣竅
Cook's tip

即使只是一點點的蛋黃混在蛋白裡，就會使蛋白無法打發成功。

用一小片蛋殼來將殘留的蛋黃取出；任何其他的工具，如小湯匙，都會使您陷入無止盡的追逐。

若是蛋白過度打發，挽救的方法是，在小碗裡攪拌另外一點未經打發的蛋白，然後加入一些過度打發的蛋白，然後把這小碗混合過的蛋白，加入過度打發的蛋白裡，再打發30秒。

混合蛋白 FOLDING IN EGG WHITES

打發後的蛋白質地脆弱，常用來爲質地較厚重的混合料，增加含氣量。混合時，若是不小心，很容易破壞了打發後的蛋白。爲了避免混合時，過度壓擠出裡面所含的空氣，可用橡皮刮刀，以舀起、切下的動作(scooping and cutting action)來混合。每混合一次，就將攪拌盆轉動一下。

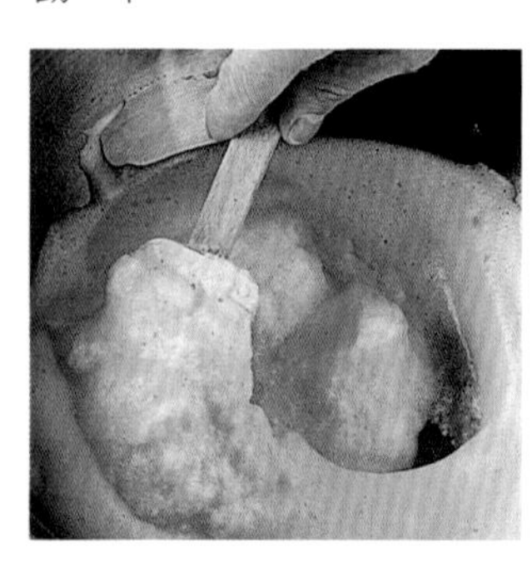

配方 Recipes

阿諾巴奈特蛋捲 Omelette Arnold Bennett 這位著名的作家和批評家，在晚間欣賞戲劇後，總是在沙威酒店(the Savoy Hotel)用晚餐。這道加了煙燻鱈魚(haddock)和鮮奶油(cream)的蛋捲，就是該家酒店為了他所發明的。

起司舒芙雷 Cheese soufflé 這道由蛋和起司製成的料理，源自法國，但現在世界各地都廣受喜愛。蛋和麵粉做成的麵糊，加入蛋白後變得輕盈。起司和蘑菇，大概是最受歡迎的舒芙雷配料，但蟹肉、煙燻魚肉和火腿也很棒。甜味舒芙雷，可作為有趣的甜點。

班尼迪克蛋 Eggs Benedict 熱量高但十分美味的點心。由烤馬芬(muffins)或麵包、火腿和水波煮蛋(poached egg)製成，澆上荷蘭醬汁(hollandaise sauce)。

蘇格蘭蛋 Scotch eggs 水煮蛋(hard-boiled)裹上香腸肉和麵包粉後油炸，時至今日，仍是受歡迎的野餐食物。

焦糖奶油醬 Crème caramel 沒有任何單一國家，能聲稱擁有這道歷時不衰的甜點。這種綿密美味的布丁，在希臘、西班牙、摩洛哥、英國和法國，都有它們自己的版本。

西班牙蛋捲 Spanish tortilla 由略微煎過的馬鈴薯和洋蔥，所做成的厚蛋捲—西班牙最著名的小菜(tapas)之一。

薩巴雍 Zabaglion 蛋黃、糖和馬沙拉酒(Marsala)，經過攪拌、加熱製成這道廣受喜愛的義大利甜點。

設備 EQUIPMENT

用蛋來製作料理時，有各式各樣的工具可供運用，其中有些是不可或缺的。

煮蛋計時器 EGG TIMER
如果您喜愛水煮蛋，它是有用的工具。經典的沙漏狀計時器，大約需時三分鐘，來煮出嫩水煮蛋(soft-boiled egg)，不過會隨著蛋的大小、溫度、緯度，以及您喜歡的程度而定。最好購買使用電池的多用途計時器。

刺洞器 EGG PIERCER
可用來在蛋殼的一端，刺出一個細孔，以避免在加熱過程中裂開。

木匙 WOODEN SPOON
準備好幾個不同尺寸的，用來製作麵糊、醬汁、炒蛋等等。

蛋捲鍋 OMELETTE PAN
非常有用，但不要用來做其他用途。邊緣有弧度，底部厚重，直徑18cm，由白金(aluminium)、鋼鐵或鑄鐵(cast-iron)製成(見下圖)。

做出完美的舒芙雷 SOUFFLÉ SUCCESS

所有廚師的終極挑戰，就是完美呈現的舒芙雷。以下是一些能讓舒芙雷適當澎起，送上餐桌的秘訣。

- 在混合液裡多加一個蛋白，增加舒芙雷的含氣量和體積。
- 使用邊緣垂直的(straight-sided)舒芙雷皿(soufflé dish)，或中等高度的砂鍋(casserole)，以呈現出高而壯觀的舒芙雷。填充時，到3/4的高度，以確保加熱後，舒芙雷會膨脹到超過邊緣。
- 混合液準備好後，留在原容器裡，以室溫靜置至少30分鐘，再烘焙。
- 在烘烤過程中，不要打開烤箱的門查看，否則冷空氣會使脆弱的混合液崩塌。
- 舒芙雷一從烤箱取出，就要馬上上桌。

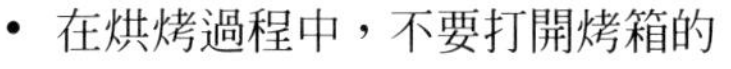

製作刷蛋水 MAKING EGG WASH

刷蛋水，是用蛋黃和水調製而成的混合液，用來刷抹在未烤的麵包或糕點表面，使其在烤過後呈現出滑潤，金黃，明亮的光澤。

用叉子混合1個蛋黃、15 ml (1大匙)水、1撮鹽，攪拌均勻。用毛刷(pastry brush)，將刷蛋水塗抹在即將放進烤箱內烤的，麵包或糕點表面。

麵糊 BATTER

雞蛋是製作麵糊的主要材料，常和麵粉、鹽、牛奶或牛奶和水，一起混合。世界各地都使用麵糊來製作不同吃法的煎餅一從傳統的簡單搭配檸檬和糖的懺悔星期二煎餅(Shrove Tuesday pancake)、法國可麗餅(crêpes)或烘餅(galettes)，到中國的春捲，和蘇俄薄餅(blinis)。

麵糊也可用來製作蘇格蘭煎餅(Scotch pancakes)(如右圖)、格子鬆餅(waffles)和烤鬆餅(popovers)。烹調前最好先將麵糊靜置30分鐘。使用前再攪拌均勻。

蛋白霜的種類 TYPES OF MERINGUE

• **法式** French 作法最簡單，質地最輕柔的蛋白霜，通常用來擠花或做成花式形狀，或者做成雪花蛋奶(oeufs à la neige)，還有烤成維切林(vacherin)與鳥巢蛋白餅。材料比例爲115g糖，加上2個蛋白。亦可加入磨碎的堅果，如榛果(hazelnuts)。

• **義式** Italian 這是種質地結實，又像絲絨般光滑的蛋白霜，添加了熱糖漿，利用這種熱度來「加熱」蛋白。通常用來製作不需加熱的甜點，例如：冷慕斯(cold mousses)、舒芙雷(soufflés)與冰沙(sorbets)。由於義式蛋白霜不易變形，所以，也適合用來擠花(piping)。若是要製作出400g義式蛋白霜，就先用250g糖與60 ml水，煮成軟球狀態(soft-ball stage，118℃)的糖漿，再慢慢地加入已打發成立體的蛋白(由5個蛋白所打發)內混合。

• **瑞士式** Swiss 打發後的質地，比法式蛋白霜還結實。通常用來擠花，或做裝飾用。材料配比爲125g糖，加上2個蛋白。

製作蛋白霜 MAKING MERINGUE

務必先檢查所有的器具，確認完全是乾淨的，無任何油脂附著在上。此外，要讓蛋白先裝在加蓋的容器中，置於室溫下1小時，以打發出最多量的蛋白霜。以下，爲3種製作蛋白霜的方法，請依照食譜與用途，決定採用何種方式來製作。

法式 French 用攪拌器，打發蛋白到質地結實，可以做出角狀。然後，慢慢地加入½量的糖，攪拌混合好後，再加入剩餘的½糖混合。

義式 Italian 用桌上型攪拌機(mixer)，邊從攪拌機槽的邊緣，慢慢地將熱糖漿以穩定的水柱狀，注入打發蛋白內，邊以低速混合。

瑞士式 Swiss 將蛋白與糖放進攪拌盆內打發，同時下面墊著一鍋微滾的熱水，而且要不斷地轉動攪拌盆，以防蛋白局部被加熱到變熟。

蛋白霜的食用方式 SERVING MERINGUES

可以用調味過的奶油來填塞蛋白霜，或做爲夾心餡料，製成夾心餅吃。你也可以嘗試以下的幾種吃法。

• 用貝殼形蛋白餅，夾著甘那許巧克力(chocolate ganache)，撒上巧克力捲片(chocolate curls)，再撒上糖粉(icing sugar)與可可粉(cocoa powder)。

• 用少許康圖酒(Cointreau)，拌上數種當季水果，再疊放在鳥巢形蛋白餅內。

• 將圓盤形蛋白霜，用來作爲巧克力或水果慕斯間的夾層，製作成蛋糕(gâteau)(見右圖)。

豆類與穀物

pulse and grains

豆類 pulse

扁豆和扁豆仁 LENTILS AND DHAL

扁豆在世界各地都有種植。它非常營養，並且供人類食用已有數千年的歷史。食用前需要先煮熟，但不需經過浸泡。

Dhal或Dal是印度話，指分成兩半的扁豆，或豌豆pea(gram)。這個字也指由扁豆或乾燥豆類做成的菜餚。

印度所生產的扁豆種類，令人嘆爲觀止。少數常見的種類，可以在超市買到，但去印度雜貨店，可以有更多的選擇。

褐扁豆
Brown lentils

扁豆種類 Lentil type	描述 Description	烹調時間 Cooking time	用途 Use for
紅扁豆 Red Split	這種亮橘色的小扁豆，是所有扁豆中最知名的。它在烹調時，會轉變成濃稠的泥狀。	20分鐘	扁豆菜餚(Dahls)，增進湯或砂鍋燒(casseroles)的濃稠度。
綠扁豆和褐扁豆 Green and brown	這些圓盤狀的豆類，又稱為歐洲扁豆(Continental lentils)，在烹調時能維持原本的形狀。它們有一種獨特的、些微霉味，很適合和香草植物和辛香料搭配。	40－45分鐘。	沙拉、豆泥(purées)、濃湯、砂鍋燒。
普依扁豆 Puy	被視為是所有扁豆中最優質的。呈墨綠色，烹調時仍能維持其形狀，有一種獨特而美味的胡椒(peppery)味。	25－30分鐘。	豆泥(purées)、濃湯、砂鍋燒、前菜(hors d'oeuvre)。

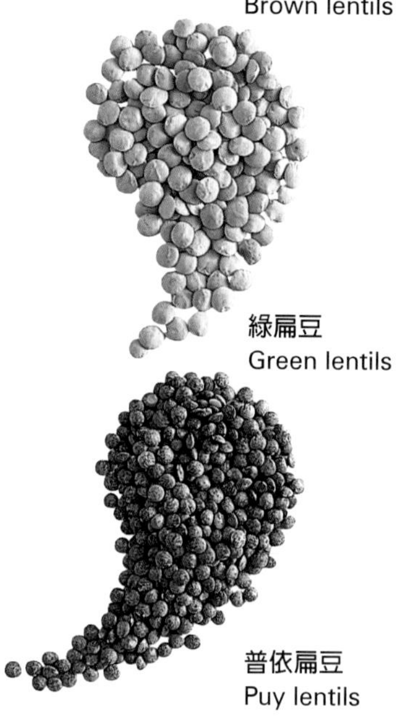

綠扁豆
Green lentils

普依扁豆
Puy lentils

▼ Masoor 和印度紅扁豆仁相似，在印度被視為是最低賤的扁豆。但其實是用途廣而頗受歡迎的豆類。

▼ 綠豆 Mung 綠豆仁，是印度最受歡迎的扁豆。容易消化，所需烹調時間相對較短。

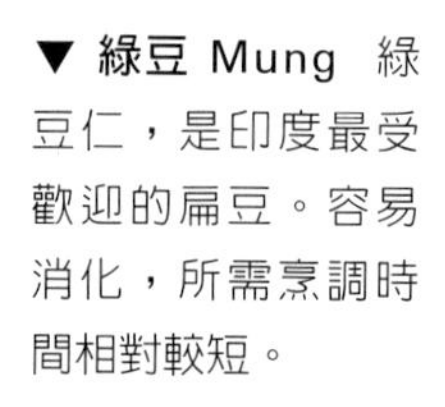

▼ Toovar dhal 呈淺橘色，有獨特的土質(earthy)味。

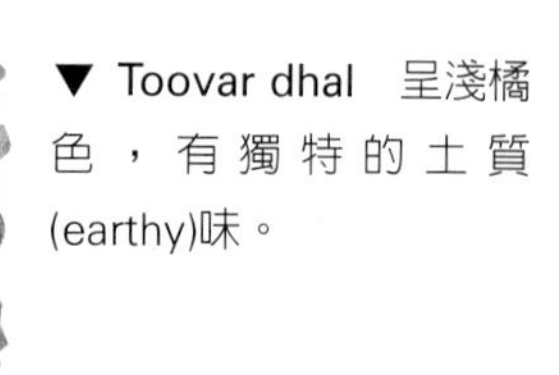

▲ Chana dhal 和黃豌豆仁相似，但尺寸較小、口感較粗、顏色較淡。嘗起來帶一點甜味。

▲ Urid dhal 尺寸很小，常常磨碎後，用來製作印度脆餅(poppadoms)。

黃豆和豆腐 SOYA AND TOFU

黃豆可用來製造許多非食品，如肥皂、塑膠、油漆、燃料等，這只是其中的一小部份而已。它也常出現在加工食品(processed food)裡，作為乳化劑(emulsifier)，同時也可做成素食替代品，如素香腸、素雞等。黃豆也可用來做成味噌(miso)、醬油(soy sauce)、大豆油(soy oil)和豆腐。

新鮮和乾燥的黃豆，可做爲蔬菜食用，並製造成牛乳的替代品，受到世界各地的喜愛。若加入水份，再予加工，可做成豆腐。

豆腐，又稱爲bean curd，用途十分廣泛。日本和中國，有各式各樣的豆腐製品。在英國最常見的產品如下所示。

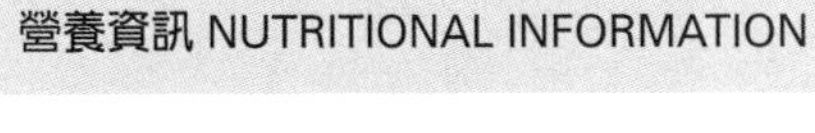

營養資訊 NUTRITIONAL INFORMATION

豆類(beans and pulses)，對人體十分有益。黃豆的營養完整，因此常被稱為「大地之肉」(meat of the soil)」。豆類(beans)的脂肪和鈉都很低，但纖維素高。因為豆類含有碳水化合物(complex carbohydrates)，一份四季豆(haricot)或大紅豆(kidney beans)，所提供的飽足感，比肉、蛋和起司所組成的一餐更久。所有的豆類都是優質蛋白質的來源，尤其是黃豆，它含有35%的蛋白質。豆類也富含鐵質、鎂、鈣質、鉀(potassium)、鋅、銅、許多維他命B群，尤其是B6和B3。豆類也是葉酸(folate)的最佳來源之一，人體需要葉酸來產生新血，與增加免疫力。豆類的溶解性纖維高，而且大部分的脂肪含量都很低。

黃豆
Soya beans

▶ **軟豆腐** Silken tofu 比硬豆腐軟，口感如絲般柔滑，適合用來做醬汁、沾醬，和加在湯裡。

▼ **硬豆腐** Firm tofu 成塊販售。切片或切塊後，用來做快炒(stir-fry)、煮湯、拌沙拉和做串燒。它沒有強烈的味道，適合用來滷(marinated)，因為它多孔的質感，可以吸收其它的味道。

▶ TVP 結構性植物性蛋白質(textured vegetable protein)在大部份的超市都買得到，適合不吃肉的人。可以買到塊狀或肉末狀的，和豆腐一樣，它也可以吸收其它的味道。有些使用前需要再用水浸泡還原。

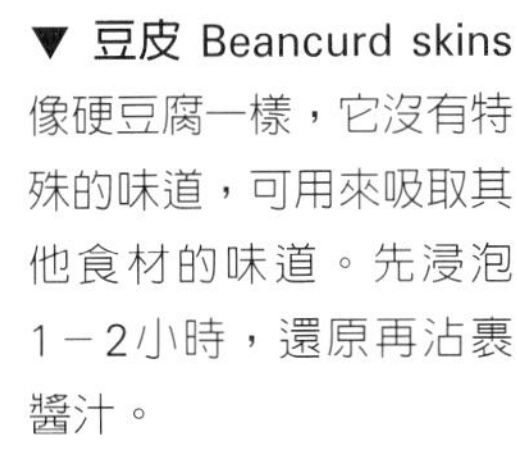

▼ **豆皮** Beancurd skins 像硬豆腐一樣，它沒有特殊的味道，可用來吸取其他食材的味道。先浸泡1－2小時，還原再沾裹醬汁。

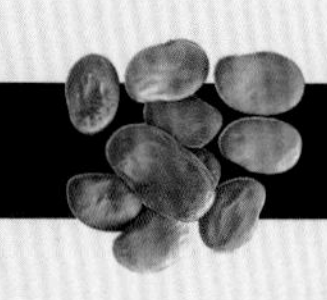

不同的豆類 THE DIFFERENT TYPES OF BEANS

種類 Type	別名 Other name	描述 Description	浸泡時間 Soaking time	烹調時間 Cooking time	料理建議 Cooking tip
四季豆 Haricot beans	White bean，French bean，navy bean 和 Boston bean	品種繁多，但都呈小橢圓型，白色。the navy bean(因為曾是美國海軍的食物，因有此稱呼)很常用來烹調波士頓烤豆(Boston baked beans)。這就是Heinz用來做成烤豆(baked beans)罐頭的豆子。	3－4小時	1－1 ½ 小時	用途很廣，適合搭配味道較強烈的食材。可用在乾扁豆燜肉(cassoulets)，和其他豆類燉菜。
蘇瓦松 Soissons		大型的白色四季豆，風味絶佳。	3－4小時	1－1 ½ 小時	有人認為是最好的四季豆(white beans)，在法國很受歡迎。是用來製作乾扁豆燜肉(cassoulet)的豆子。
青四季豆 Flageolets		這是提早採收、未成熟的四季豆。呈腎形，淡綠色。在法國可以買到半乾燥的，可用來製作許多美味的經典菜餚。在英國只能買到乾燥的，但仍有不錯的新鮮風味。	3－4小時	1－1 ½ 小時	使用在法國豆類(legume)食譜中，如羊腿肉(gigot d'agneau)。亦適合做成沙拉。
加納立豆 Cannellini beans	White kidney bean，fazola bean	大型的白色豆子，在義大利很受歡迎， 尤其是托斯卡尼(Toscany)地區。可能是原生於阿根廷。有一股堅果味。	8－12小時，或一整晚。	1小時。	製作義式蔬菜濃湯(minestrone)的經典豆子。也用在其他需要白色豆子的義大利菜餚，如青豆麵(pasta e fagioli)。
大紅豆 Red kidney bean	Mexcican bean、chilli bean	最知名的豆類，最有名的用來做成墨西哥辣豆醬(chile con carne)。	8－12小時，或一整晚。	1－1 ½ 小時。	大火煮沸10分鐘。和味道強烈的食材搭配，如大蒜和辛辣料。用來製作受歡迎的墨西哥回鍋豆泥(refried beans)：frijoles refritos。
黑豆 Black beans	Turtle bean，Mexican black bean，Spanish black bean，frijole negro	大型腎型豆，外殼黑亮。	8－12小時，或一整晚。	1小時。	使用方法和大紅豆相同。巴西國民料理黑豆餐(feijoada)的主要食材。在美國也常用來做成濃湯。
眉豆 Black-eyed beans	black-eyed peas，cowpea	米色的豆子，上有一個明顯的黑點。質感柔細，口味細緻。	8－12小時，或一整晚。	1－1 ½ 小時。	適合做成濃湯和砂鍋燒。克里奧爾(Creole)料理中的基本材料，也用來製作美國南方傳統菜餚「跳躍約翰」(Hoppin John)，也就是將眉豆、米和培根，混合在一起煮，在新年元旦那一天供應。

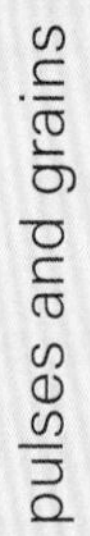

種類 Type	別名 Other name	描述 Description	浸泡時間 Soaking time	烹調時間 Cooking time	料理建議 Cooking tip
珍珠豆 Borlotti beans	Cranberry bean	粉紅色、有褐色條紋的豆子。在義大利很受歡迎。	8－12小時，或一整晚。	1－1 ½ 小時。	用在義大利菜餚裡，如義大利麵豆湯(the soup pasta e fagioli)和義大利燉飯(risottos)。
斑豆 Pinto beans		米色、有褐色條紋的豆子，和珍珠豆類似。	3－4小時。	1－1 ½ 小時。	在西班牙豆類菜餚中很受歡迎。Pinto是西班牙文，意指有斑紋的(painted)。
蠶豆 Broad bean	Fava bean，Windsor bean，horse bean	大型的紅褐色豆子，味道強烈。	8－12小時，或一整晚。	1－1 ½ 小時。	在西班牙很受歡迎，用來和保藏肉品(cured meat)、香腸和大蒜，作成一道豐盛的菜餚。烹調前要先浸泡，去皮。
白鳳豆 Butter bean	lima bean，Madagascar bean	大型的白色豆子，形狀扁平。在美國很受歡迎。	8－12小時，或一整晚。	1－1 ½ 小時。	白鳳豆煮過後，會變軟、呈粉狀，最好用來做成豆泥(purée)或濃湯。
紅豆 Adzuki beans	Asuki bean，aduki bean	被視為最美味的豆類之一。紅豆是小型紅褐色的豆子，帶有甜味。原產於中國和日本，廣泛地使用在各式甜、鹹菜餚上。	4－8小時，或一整晚。	30－45分鐘。	在日本，會將這種豆子磨碎，用來製作甜點和蛋糕，以及一種非常受歡迎的料理，稱為紅飯(red rice)。
鷹嘴豆 Chickpeas	Channa，Egyptian bean，garbanzo beans	小而堅硬的豆子，如榛果形。黎凡特地區(Levant)的重要食材。數世紀以來， 一直是近東、中東、遠東地區，製作豆類菜餚和素菜的重要原料。它也可以磨成粉，稱為gram，用來做成餡餅(fritters)和扁麵包(flat breads)。	8－12小時，或一整晚。	1 ½ －2 ½ 小時。	在中東和印度的素菜料理中，做成沙拉食用。鷹嘴豆可製作成鷹嘴豆泥(hummus)、炸豆丸(falafels)等經典菜餚，也可做成回教徒在齋月(Ramadan)期間所喝的湯，Harira。烹調前要經過充分的浸泡。若要做出柔滑的抹醬(pâté)和豆泥(purée)，豆子煮好後再去皮。
埃及豆 Ful medames	Egyptian brown bean，field bean	小型褐豆。	4－6小時，或一整晚。	1 ½ －2小時。	同名埃及菜餚的基本原料。
黃豆 Soya beans	Soybeans	一種圓形硬質的豆子，有不同的顏色。非常營養，數千年來中國用它來做出各式各樣的菜餚。	12小時，或一整晚。	2小時。	因為本身沒有特殊味道，所以適合和味道強烈的食材搭配，如大蒜、香草植物和辛香料。可加入濃湯、沙拉、砂鍋燒、烘焙料理裡，增加營養。

乾燥豌豆和豆仁 DRIED PEAS AND SPLIT PEAS

乾燥豌豆和新鮮菜豆(garden pea)，是不同的種類。兩者都可整顆或分成兩半煮食，並且烹調時都會形成軟爛的泥狀，因此適合用來做豆泥、濃湯和豆類菜餚(dhals)。豌豆仁(split peas)呈綠或黃色，通常用來製作濃湯。綠豌豆(marrow fat peas)，用來做成傳統的英國豌豆糊(mushy peas)，和豌豆仁不同的是，它需要經過浸泡。

如何貯存 STORING

向流動率大的商店，購買小份量的豆子。貯存在乾燥的密閉容器內，遠離陽光直射，在6－9個月內使用完畢。認為豆類可以無限期的保存是錯誤的。若是放得太久，菜豆和豌豆會變硬，扁豆會產生霉味。

綠豌豆仁
Green split peas

黃豌豆仁
Yellow split peas

綠豌豆
Marrow fat peas

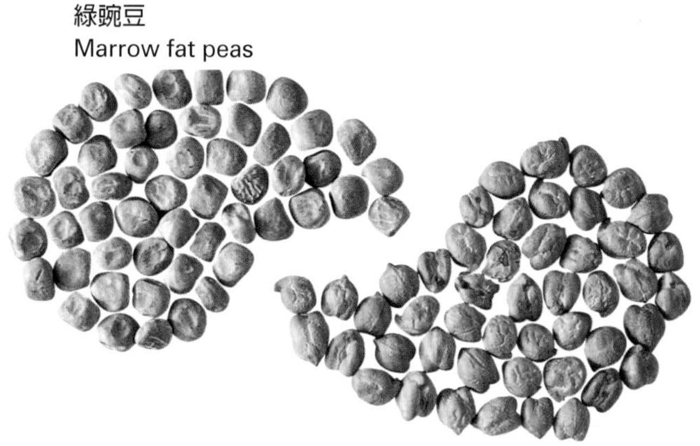

鷹嘴豆
Chickpeas

浸泡與烹調 SOAKING AND COOKING

乾燥菜豆(beans)與豌豆(peas)，需要先泡軟後，再烹調。基本上有兩種方式。一種是6－12小時，或一整晚的長時間浸泡；另一種快速浸泡法，是先用大量的水煮2分鐘，再加蓋，浸泡2小時。不論使用哪一種方法，浸泡後都要煮到軟化。

▶ **浸泡** Soaking 將豆子放進大攪拌盆內，注入冷水，淹沒所有的豆子。浸泡6－12小時，或一整晚。將豆子倒入濾鍋(colander)內，放在水龍頭下，用冷水徹底沖洗。現在豆子可以依照建議的烹調時間來煮食了。

大廚訣竅
Cook's tip

豆類(beans)含有三種人體無法分解的醣類。
解決的方法是，用大量的冷水浸泡，
可以幫助去除一些我們無法消化的醣類。
大部分的豆類都需要經過浸泡再烹調。
例外的有眉豆(black-eyed beans)、綠豆(mung beans)、
綠豌豆仁、黃豌豆仁、和所有的扁豆。為達到最好的效果，
用9杯(cup)水來對1杯的豆子。浸泡過的水要丟棄。
浸泡時換水，也能幫助去除多餘的糖份。
浸泡時間的長短各不相同，但最簡單的方法是浸泡一整晚。
烹調時，一樣使用大量的清水，不要放鹽，
因為鹽會使豆子的外殼變硬。若要避免脹氣，
可在烹調過程中換水，或在水中加入一小撮大茴香(aniseed)、
葛縷子(caraway)、茴香籽(fennel seeds)。

穀物 grains

穀物(grains)，就是可食用的禾本科(grasses)種籽，包括一般食用的燕麥(oats)、大麥(barley)、玉米(corn)、稻米、古司古司(cous cous)和義大利玉米(polenta)。穀物可整顆使用，如義大利燉飯(risotto)裡的米，或製成薄片(flaked)，如做成燕麥粥，或磨成粉末製成最普遍的穀物產品—麵粉。穀物也可加以膨脹(puffed up)，或製成薄片後調味，做成早餐麥片粥。

放大檢視穀物 A CLOSER LOOK AT WHEAT

胚芽 Wheat germ

植物的胚芽，富含蛋白質、脂肪、礦物質，和維他命B1、B2、B6、E。全麥麵粉裡含有胚芽，但黑麵粉(brown flour)裡只含有部分，而白麵粉(white flour)則完全將此部分去除。可以單獨購買。

胚乳
Wheat kernel or endosperm

穀粒裡的澱粉質內部。它含有澱粉和蛋白質，而蛋白質的種類，則決定了該麵粉，是否適合用來製作麵包。

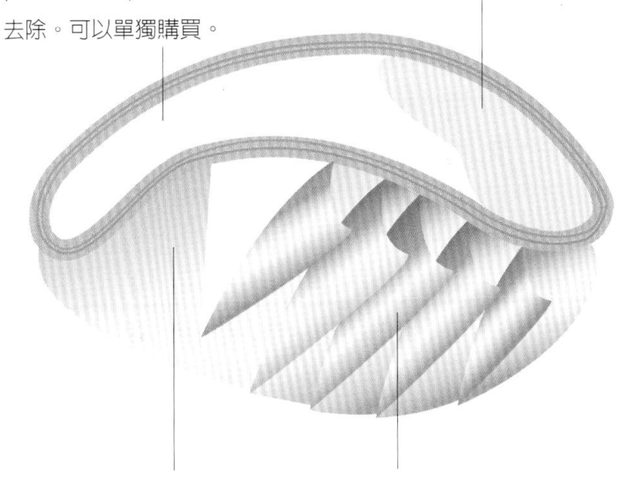

穀粒 The wheat grain

穀粒成熟時，應呈金黃色，長約5 mm。在研磨前，已被清洗過，但若是全麥麵粉，則保留了所有的部分。

糠 Bran

覆蓋在穀粒上的紙質外皮。它沒有任何味道，也不能被消化，但為我們的膳食，提供了重要的纖維。全麥麵粉含有全部的糠質，而黑麵粉含有部分。白麵粉則完全不含這個部分。

營養資訊 NUTRITIONAL INFORMATION

穀物是一種複合碳水化合物，含有蛋白質、維他命B1、B2、B6，維他命E，和礦物質鐵、硒和鋅。完整的穀物(也就是全麥麵粉)營養最豐富，含有較高比例維他命、礦物質和膳食纖維。玉米含有維他命A和某些維他命B，也富含鐵質。

燕麥的營養價值很高，富含蛋白質、維他命E、鐵、鋅和菸鹼酸(niacin)和維他命B1。它所含的的水溶性纖維，可幫助控制血液中的膽固醇含量。

黑麥(rye)含有蛋白質、鐵、磷(phosphorus)、鉀(potassium)和鈣。它也是很好的葉酸來源，並含有大量纖維。

大麥(barley)含有菸鹼酸、維他命B6、葉酸和鋅、銅、鐵、和鈣。未經去糠的全麥較為營養。

小米(millet)是很好的鐵，和維他命B1、B2、B3的來源。

蕎麥(buckwheat)非常營養，包含所有8種基本胺基酸(amino acid)。亦富含鐵和某些維他命B。

不同的穀物 THE DIFFERENT TYPES OF GRAINS

種類 Type	描述 Description
麥仁 Wheat berries	小麥通常磨成麵粉，但未經加工的全麥，稱為麥仁(the wheat berry)，可在健康食品店買到。先浸泡、煮熟後，再加入麵包、濃湯、沙拉裡，增添一股堅果甜味。有時也加入鮮奶裡，和肉桂、糖一起煮，做成名為frumenty的布丁。
麥片 Wheat flakes	用滾壓(rolled)、軟化過的麥仁製成。可製成麥片早餐粥(muesli)，或加入麵包、餅乾或蛋糕中。
麥粉 Cracked wheat	和布格麥粉類似。將整顆麥仁磨碎後製成，因此含有所有全麥的營養素。可加入沙拉或匹拉夫(pilaf)裡。
布格麥粉 Bulgar wheat	和麥粉(Cracked wheat)不同的是，麥粒經過煮熟後，乾燥，磨碎，過篩，去除糠質(bran)。布格麥粉應浸泡20分鐘。
胚芽 Wheat germ	麥粒中的細小種籽，有一股迷人的堅果味。可加入白麵粉中做麵包、司康(scones)，或加入麥片早餐粥(muesli)中。它的保存期限很短，應放冰箱冷藏，並檢查使用期限。
糠 Bran	麥粒周圍的紙狀物質，無法被人體消化，但有重要的食用價值，因為富含珍貴的纖維。做麵包時，可大量撒上，或撒在麥片粥(cereal)上。
北非米(古司古司) Cous cous	由杜蘭小麥(durum wheat)製成。一種裹上麵粉的謝莫利那(semolina)， 帶有美好的穀物口感。口味溫和，能夠吸收其他味道，因此廣受歡迎，用來製作燉菜(stew)的配菜，和沙拉基底。
謝莫利那 Semolina	在英國最有名的是製成牛奶布丁(milk pudding)，但它的用途很廣。可以加入蛋糕、麵包、餅乾中，在義大利製成馬鈴薯麵疙瘩(gnocchi)，在中東和印度做成麵包、蛋糕和甜品。
玉米粗粉 Cornmeal／polenta	將玉米磨碎後製成。雖然玉米不含麩質(gluten)，不能製成膨脹的麵包，但玉米粗粉被廣泛使用製成扁麵包(flatbreads)。Polenta是義大利文，就是cornmeal的意思。它有不同的粗細質地可供選擇，通常放入加了鹽的沸水中煮食。

名稱 Name	描述 Description
玉米渣 Hominy	它是將整顆、去蒂的玉米浸泡、煮沸到外皮可剝除而成。仍當做澱粉食用，但多經過乾燥、磨成粗粉(hominy grits)。
玉米粉 Cornflour	大部份用來增加醬汁的濃稠度，但也可用來製作蛋糕和餅乾。
爆米花 Popcorn	使用某種品種的玉米製成。加熱時，胚乳裡的澱粉部分會膨脹，使堅硬的外殼爆炸，將內部翻出。
燕麥 Oats	燕麥，和小麥以外的大多數穀物相同，不含麩質(gluten)，因此無法做成麵包，但經過滾壓(rolled)後，可製作燕麥粥(porridge)或磨碎後，做成燕麥餅(oat cakes)和煎餅(pancakes)。將滾壓燕麥做成燕麥粥、麥片早餐粥(muesli)、燕麥甜餅(flapjacks)和餅乾；中型燕麥可製成蛋糕和餅乾；細燕麥可做成煎餅。燕麥糠(oatbran)可撒在麥片粥(cereal)上。
黑麥／裸麥 Rye	在德國北方和東部，常用來做成麵包。這種穀類可做成顏色偏深、質地結實、味道獨特的麵包，適合酸麵糰發酵製法(the sour-dough method of leavening)。市面上可以買得到黑麥穀粒、黑麥片、黑麥粉。
大麥 Barley	歷史最悠久的食用穀物之一。口味溫和，帶一絲堅果味，常被用來做湯或燉肉，也可和麵粉混合，做成麵包、餅乾和司康(scones)。可買到不同產品：pot barley是整顆的全麥(whole grain)；珍珠大麥(pearl barley)是去除了糠質。也可買到大麥片(barley flakes)和大麥粉(barley flour)。
小米 Millet	營養豐富，迷人的耐嚼口感和堅果味。全粒可搭配砂鍋燒和咖哩食用；小米粉有時用做烘焙，不過應該和麵粉一起混合，用來製作膨鬆麵包(leavened bread)。
蕎麥 Buckwheat	有堅果和土質味。在東歐與中歐，處理過的蕎麥，用來做成布丁，叫做kasha。蕎麥粉可以製成麵包，或混合麵粉，做成蘇俄薄餅(blinis)，與布列塔尼(Brittany)的蕎麥煎餅。在日本則被製成蕎麥麵(soba noodles)。
昆諾阿藜 Quinoa	最先由印加人(Incas)開始種植。可以代替米使用，做成配菜，或用來煮湯。帶一點苦味，質感結實。

製作布格麥粉 PREPARING BULGAR WHEAT

這是將麥子煮到裂開後，再乾燥而成。要恢復原狀時，將布格麥粉放進攪拌盆裡，倒入足以淹沒的冷水，靜置浸泡15分鐘。將細孔徑的過濾器架在另一個攪拌盆上，把布格麥粉倒入。浸泡後，要儘可能地擠乾水分。

製作義大利玉米糕 PREPARING POLENTA

這是一種質地粗糙的玉米粗粉(cornmeal)，可以加入奶油與磨碎的帕瑪善起司(Parmesan cheese)攪拌混合，讓味道更香濃，以濕潤的狀態來吃，或者用油煎或炭烤(chargrill)的方式，將炭烤的蔬菜放在玉米糕上，或在上面澆淋上新鮮蕃茄醬汁(fresh tomato sauce)。

將加了鹽的1.75公升水加熱到沸騰。調降成極小火，慢煮。慢慢地加入300g玉米粗粉(polenta)，不斷地攪拌混合。繼續加熱，攪拌20分鐘，直到開始飛散噴濺。然後，就可以加入奶油與磨碎的帕瑪森起司，攪拌混合後，上菜。義大利玉米糕，若是要以油煎或炭烤的方式烹調，就不需要加入奶油與帕瑪善起司，將玉米糕抹勻在方皿中，約2cm厚，放涼。切成等邊三角形。將等邊三角形的玉米糕分開。刷上橄欖油。油煎或炭烤時，中途要不斷地翻面，刷上更多的橄欖油，直到變成金褐色，約需6分鐘。

配方 Recipes

北非米搭配夏季蔬菜 Cous cous with summer vegetables 這是摩洛哥名菜北非米搭七蔬(cous cous aux sept legumes)的另一種變化。北非米通常和肉類、家禽肉和魚類搭配食用。

麥粒番茄生菜沙拉 Tabbouleh　源自黎巴嫩，是中東地區最受歡迎的沙拉，材料有布格麥粉、切碎的巴西里(parsley)、薄荷、番茄、小黃瓜、和洋蔥，用薄荷枝、檸檬汁和橄欖油，來做調味汁。

蘇俄薄餅 Blinis　源自蘇俄的一種酵母發酵的厚煎餅，傳統上全部或部份使用蕎麥粉。搭配酸奶油及魚子醬，或煙燻魚肉，非常美味。

義大利玉米糕 Polenta　玉米在義大利，是極受歡迎的穀物，尤其在其廣泛種植的義大利北部。最簡單的做法是，煮成濃稠的粥狀後，放涼，再切成方塊狀。可和奶油、帕瑪善起司、甚至一些松露(truffle)薄片，一起食用。

製作北非米 PREPARING COUS COUS

大部分市面上販售的北非米(古司古司)，都已經是煮過的，購買後，只需要按照包裝上的指示，用蒸煮等方式讓它變得濕潤即可。食用時，搭配摩洛哥鍋(tagine)，或冷卻後，混合蔬菜、香草植物和調味汁後，做成沙拉。將250g北非米放進稍微塗抹了奶油的鍋內，再加入500 ml熱水，用叉子攪拌，混合均勻。用中火加熱5－10分鐘，再把火調小，加入50g奶油，攪拌混合。用叉子翻鬆，讓古司古司顆粒分開，表面沾上融化奶油。

北非米(古司古司)燉鍋 COUSCOUSIÈRE

在北非，古司古司(cous cous)的名稱，源自於一種用特殊的球根形容器，來煮肉與蔬菜所成的辛辣菜餚。這種容器，被稱為「couscousière」，可以分成兩個部分。燉肉是在容器的下層加熱，而北非米則是在上層，被穿過孔洞的蒸氣煮熟，同時薰染下層燉肉所散發出的香氣。煮好後，燉肉與北非米，就可以這樣一起端上桌了。

米 rice

美國長粒與易炊米
American long-grain and easy-cook

野米 Wild rice

米，是世界上用途最廣的食材之一，在地球的各個角落，都有自己傳統的的米料理。印度有匹拉夫(pilaf)，做法是將米在熱油或熱奶油中炒香，再加入高湯烹煮，使米顆粒分明。日本的米較有澱粉質，而泰國北部是用雙手，來食用一種較有黏性的米。米的種類超過了4萬種。

阿波里歐米
Arborio rice

褐色巴斯瑪提米
Brown basmati rice

米的清洗和浸泡 WASHING AND SOAKING RICE

大部分的米，包括巴斯瑪提米、泰國米和一般的長粒米，都最好在烹調前，經過清洗和／或浸泡。惟一的例外是需要熱炒的米，如義大利燉飯或特殊炒飯。

米經過浸泡後，米粒裡的水份增加，因此可縮短烹調時間。白色或褐色長粒米都需要浸泡，而對巴斯瑪提米尤其重要。將米倒入攪拌盆內，加入兩倍的冷水。靜置30分鐘，或依包裝說明，再用網篩或濾鍋過濾。

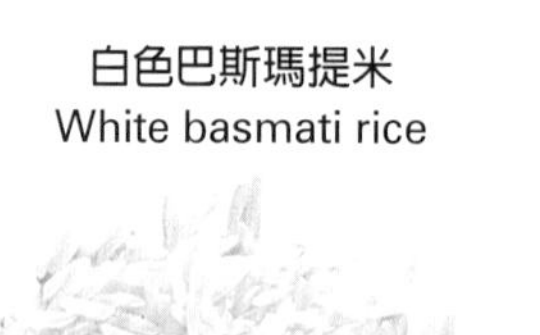

日本米
Japanese rice

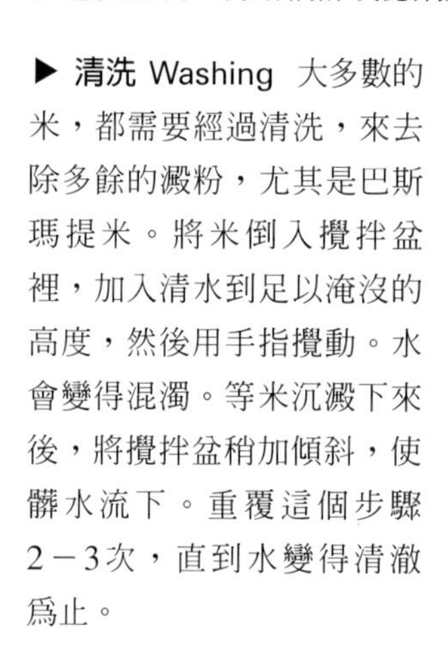

白色巴斯瑪提米
White basmati rice

▶ **清洗 Washing** 大多數的米，都需要經過清洗，來去除多餘的澱粉，尤其是巴斯瑪提米。將米倒入攪拌盆裡，加入清水到足以淹沒的高度，然後用手指攪動。水會變得混濁。等米沉澱下來後，將攪拌盆稍加傾斜，使髒水流下。重覆這個步驟2－3次，直到水變得清澈為止。

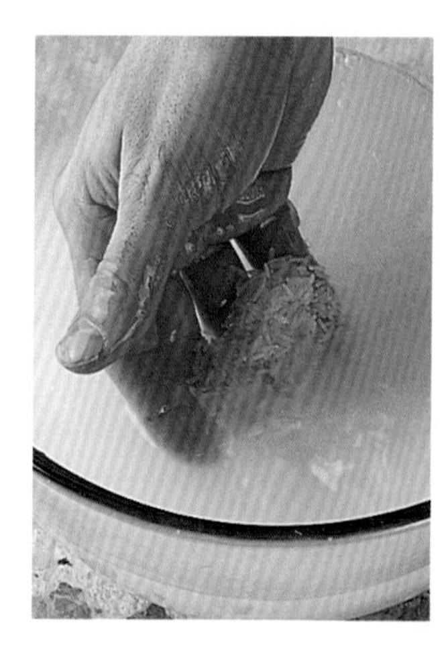

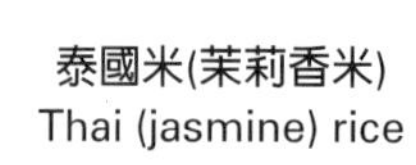

泰國米(茉莉香米)
Thai (jasmine) rice

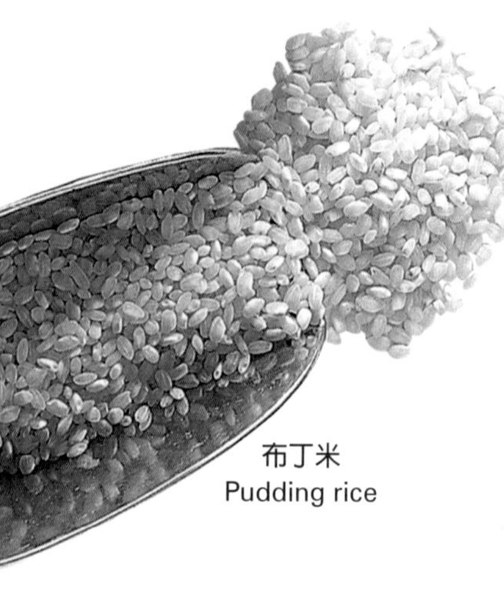

布丁米
Pudding rice

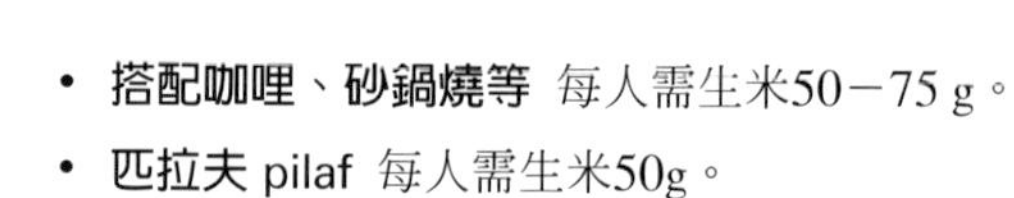

烹調份量 COOKING QUANTITIES

- **搭配咖哩、砂鍋燒等** 每人需生米50－75 g。
- **匹拉夫 pilaf** 每人需生米50g。
- **沙拉** 每人需生米25－40 g
- **米布丁 rice pudding** 每人需生米15－20 g

米的種類 THE DIFFERENT TYPES OF RICE

名稱 RICE	市面上的種類 Types available	描述 Description	烹調方式 Cooking methods
美國長粒米 Long-grain or patna or American long-grain	白色的、褐色的、有機的、混合野米的。	最普遍的米。大部分的長粒米來自美國(中國和遠東所出產的米，多只供內銷)。米粒的長度約是寬度的3－4倍。煮熟後，顆顆分明，不會沾黏。	熱水法 (hot water method)、微波爐。
巴斯馬提米 Basmati	白色的、褐色的、有機的、混合野米的。	來自印度北部Punjab區的長粒米。味道芳香，被視為米中王子。	熱水法(hot water method)、吸收法(absorption method)、微波爐。
泰國米 Thai fragrant or jasmine rice	只有白色的、有機的。	芳香的長粒米。比巴斯瑪提米略微有黏性。適合做甜點或鹹食。	吸收法(absorption method)、微波爐。
布丁米 Pudding rice	只有白色的。	短粒米，長度和寬度幾乎相等。煮好後，米粒會有黏性。	依照食譜指示。大部分的布丁米，使用烤箱長時間烘烤。
義大利燉飯米 Risotto rice	Arborio、Vialone、Nano、Carnaroli	特別為了製作義大利燉飯，所發展出的短粒米。Arborio最為普遍；Vialone、Nano、Carnaroli被認為更為優質，因為其口感較為綿密(creamier)，煮熟後更有咬勁(more 'bite')。	吸收法(absorption method)，通常是持續地一邊攪拌，一邊加入液體。
壽司米 Sushi rice	只有白色的；通常是Japanese Rose、Kokuho Rose，Calrose	白色短粒米。雖然具有黏性，不像義大利燉飯米那般富於澱粉感(starchy)。製作壽司的最佳選擇。	吸收法(absorption method)、參照包裝上的說明。
糯米 Glutinous rice	黑色的、較普遍的白色。	黏性很強，在中國用來做點心(dim sum)，在亞洲其他地區用來製作甜點。	吸收法。
紅米或卡瑪格米 Red or Camargue rice	只有紅色的。	在法國卡瑪格地區(Camargue)所發展出來的半野米。顏色鮮紅，帶有迷人的堅果味，和糙米(brown rice)有些類似。	熱水法。
野米 Wild rice	American or Giant Canadian	不是真正的米，而是種水生草本植物。帶有堅果香味的，質地飽滿結實。	熱水法。
易炊米 Easy-cook or parboiled rice	白色的長粒米、白色的巴斯瑪提米。	經過加工，可以將營養成份鎖住，並且保持顆粒分明，不沾黏、不軟爛。	熱水法(hot water method)、微波爐。

煮食方法 COOKING RICE

請見上一頁，參照每種稻米所適合的煮食方式。

- **熱水法** Hot water method 將米放入鍋裡，加入大量的滾水。依照建議的時間來煮(參照下方說明)，然後用濾鍋(colander)過濾。可以用水沖洗，以去除飯粒上多餘的澱粉質。這個方法尤其適合製作沙拉，或其他冷食。
- **吸收法** Absorpton method 用事先量好的水量來煮米(水量與米約爲2：1的比例)，等到煮好時，水分會完全被飯粒吸收。以小火加熱，鍋蓋蓋緊，讓米被鍋內的蒸氣悶熟。將水、米、鹽，放進鍋內，加熱到沸騰。攪拌，把火調小，加蓋。慢滾(simmer)15分鐘後，靜置15分鐘，再用叉子翻鬆飯粒。
- **微波爐** Microwave method 將米和滾水或高湯，在大碗裡混合後，以保鮮膜覆蓋後，以高溫(full power)來煮。檢查包裝說明，來決定烹調時間。煮好後，靜置10分鐘。

營養資訊 NUTRITIONAL INFORMATION

米的營養價值很高，富含複合碳水化合物。它不會導致過敏反應，因此對那些會對小麥(wheat)過敏的人，尤其重要。糙米(brown rice)含有一些蛋白質，是優質的碳水化合物食物，能夠提供熱量，卻不含脂肪。大部分的維他命和礦物質都在糠(bran)裡，糙米富含磷、鎂、鉀、鋅、維他命E、硫胺素、核黃素、菸鹼酸、B6和葉酸。它也含有纖維質。

白米(white rice)含有和糙米相同的碳水化合物和蛋白質。然而它只有糙米一小部份的維他命和礦物質。

如何貯存 STORING

買回來的米應存放在陰涼處，可保存3年之久。一定要記得保持乾燥，因為若放在潮濕處，米粒會吸收濕氣，而發霉。因此，越不新鮮的米，在烹調時需要越多的水。

米的種類 Rice variety	水量 Amount of liquid	烹調時間(熱水法) Cooking time	煮好的份量 Cooked yield
糙米 Brown	550－575 ml	45－5分鐘	600－800 g
長粒米 Long-grain	400－450 ml	18－20分鐘	600 g
義大利燉飯米 Risotto	350－400 ml	8－20分鐘	600 g
野米 Wild	450－575 ml	45－60分鐘	450 g

煮出完美的米飯
Perfect rice

除了義大利燉飯以外，絕對不要在烹煮時加以攪拌；如此會破壞讓蒸氣溢散的氣孔。要測試熟度時，可將米粒夾在手指間：米粒應感覺柔軟，中心處不會覺得堅硬。

做出完美的義大利燉飯 SUCCESSFUL RISOTTO

要做出完美的義大利燉飯，使用質地厚重的鍋子，讓米粒能夠在小火慢煮時，受熱均勻。高湯一定要持續慢慢加入，使米粒隨時保持濕潤，但又不會淹沒在液體中。一開始先不斷攪動，然後隨著米粒開始煮熟，攪動的次數可以減少。煮好後，立即上桌，因爲米飯會持續吸收湯汁。

用油或奶油，將米粒炒1－2分鐘，使米粒均勻裹上。加入第一批的高湯，確認米粒稍有煮沸到冒泡，等到高湯被幾乎完全吸收後，再加入下一批高湯。

重覆這個步驟，加入更多高湯，直到米粒接近軟化，變得綿密，但仍有些微咬勁爲止。

配方 Recipes

壽司 Sushi 極受歡迎的日本米食，以米酒和醋調味，上面放上，或捲入，生魚片或蔬菜。通常和芥末醬(wasabi)和甜醃薑(pickled ginger)搭配食用。

香料飯 Biryani 由米和優格做成的一道完整佳餚。裡面有巴斯馬提米(basmati rice)，雞肉或牛肉、蔬菜、堅果、辛香料(spices)和香草植物。

西班牙海鮮飯 Paella 色彩鮮豔的西班牙料理，混合了番紅花(saffron)、米和其他材料。最初的瓦倫西亞(Valencian)海鮮飯，含有鰻魚、田螺和菜豆。然而今日的海鮮飯，沒有任何特殊限制，因此可加入自己喜愛的食材，做出最佳效果。米和番紅花是必需材料，除此之外，可加入任何你喜歡的食物—魚、貝類、墨魚、雞肉、兔肉、西班牙臘腸(chorizo sausage)等，只是一小部分可能性而已，還可搭配蕃茄、洋蔥及所有叫得出名稱的蔬菜。

野菇義大利燉飯 Wild mushroom risotto 義大利燉飯，是義大利Piedmont地區的有名料理。高湯要逐漸慢慢地加入富含澱粉的短粒米中，使成品濃郁綿密。除了野菇和乾燥菇以外，也可加入魚類、貝類、雞肉、香腸、和菜豆等其他食材。然而，帕瑪善起司(Parmesan cheese)是絕對必備的。

料理米的設備 RICE EQUIPMENT

電子煮飯鍋 ELECTRICAL RICE COOKER
如果您常煮飯，則可以考慮投資一台電鍋，確保每次都能煮出完美的米飯。所有的米類都可用它來烹煮。同時米煮好後，也可保溫，而不會變乾或變潮。

飯匙 RICE PADDLE
在日本，這個用木頭或竹子做成，小而平坦的器具，是用來將煮熟具黏性的飯翻鬆時所使用的器具。這種技巧，除了可以讓飯粒變得鬆軟不沾黏之外，還可以讓飯粒的外觀看起來更漂亮。飯匙也是用來將飯盛裝到容器內，以個別端給客人食用時所使用的器具。每一個人約是盛2飯匙的飯到碗內。將飯翻鬆時，要用飯匙，以切東西般的動作來翻動。

日式竹簡 JAPANESE ROLLING MAT
若想製作壽司，您需要添購一個這種簡單但有效率的竹簡。它可以用來將米飯和／或海苔(nori)捲成形。

麵粉 flours

麵粉是製作麵包、義大利麵食、麵條、蛋糕和餅乾的
基本材料，不同的麵粉，是由不同部位的穀粒磨製而成。
雖然麵粉在廚房中還有其他用途—用來沾裹和使醬汁濃稠，
但大多是用來做成麵糰。
不同種類的麵粉，會產生不同效果的麵糰。

白麵粉 White flour 去除了所有的糠質(bran)和胚芽(wheat germ)，只剩下小麥的白色澱粉質部分。

黑麵粉 Brown flour 含有原來整顆穀粒的85%成份，去除了少部分的糠質和胚芽。黑麵粉所做出的成品，比100%的全麥麵粉輕盈一些，很適合用來製作糕點(pastry)和某些醬汁。

格拉那利麵粉 Granary flour 格拉那利麵粉是一個專利名稱，指混合了黑麵粉、黑麥麵粉(rye flour)、和發芽小麥的麵粉。用它做成的麵包，因為發芽小麥的緣故，帶一點甜味和黏性。

小麥麵粉 Wheat flour 它是非常重要的原料，可用來製作醬汁、糕點、蛋糕、餅乾和最重要的，麵包。和大多數的穀類不同(黑麥除外)，小麥含有麩質(gluten)，缺少了麩質，麵包和蛋糕就不會膨脹。選擇食譜所需的麵粉種類。

全麥麵粉 Wholemeal 全麥麵粉，或稱為百分之百萃取麵粉，是由整顆穀粒製成的，含有糠質和胚芽。今天大多數的麵粉，都是用鋼鐵滾壓磨製的。石磨麵粉，是用傳統方法製作的，在兩塊石磨之間磨出，因為過程緩慢，有人認為這種麵粉風味較佳。

低筋(plain)全麥麵粉，可單獨使用，作成全麥糕點(pastry)，或混合一定比例的白麵粉，使質地更輕盈。

斯佩特小麥粉 Spelt 這種小麥，質地較粗，是人類種植最古老的小麥之一。它帶點堅果味，含有比其他小麥更多的蛋白質和維他命B群，因此受到營養師的歡迎。大部分的健康食品店都可買到。

高筋麵粉 Strong flour or bread flour 高筋麵粉含有較高比例的特殊蛋白質，和水混合後，會形成麩質。麩質使麵糰產生彈性，加以適當揉搓後，就可膨脹製成鬆軟的麵包。市面上可買到高筋全麥麵粉、高筋黑麵粉和高筋白麵粉，都是製作麵包的最佳選擇。

美國蛋糕麵粉 American cake flour 這是磨得非常細的麵粉，質地柔軟，適合製作蛋糕使用。美國多用途麵粉(American all-purpose flour)介於英國高筋和低筋(plain)麵粉之間。

如何使用麵粉 WORKING WITH FLOUR

▼ **過篩** Sifting 麵粉過篩後，可增加含氣量，使做出來的糕點酥脆輕盈。使用過篩器(sifter)，或將細孔過濾器(sieve)架在大碗上，倒入麵粉以搖晃的方式過篩。

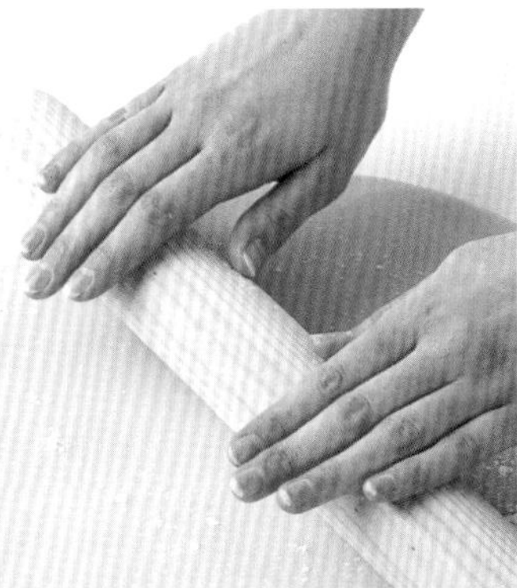

▼ **做成凹槽** Making a well 許多麵糰，都需要先做出中央凹槽，來混合液體材料。將麵粉放在乾淨的工作台上，將麵粉從中央向周邊推出，使中央形成凹陷，再加入蛋或其他的液體。

▲ **擀平** Rolling out 在工作台和擀麵棍上撒上麵粉，可防止麵糰沾黏。

▲ **沾裹** Coating 麵粉通常先用鹽和胡椒調味，有時加入切碎的香草植物，然後用來沾裹薄肉片、魚片等。將一些麵粉倒入盤子裡，加入調味料。將肉片放入，使兩面都均勻地沾裹上麵粉。

漂白麵粉
Bleached flour

麵粉生產商曾經會用氯(chlorine)來漂白麵粉。今日這種現象已不常見了。未經漂白的麵粉呈淺米白色。若要避免買到漂白麵粉，最好檢查包裝說明。

揉麵糰 BREAD DOUGHS

穩定而有力的揉麵動作，可以將麵糰裡的麩質推展開來，使做出的麵包質地均勻，沒有氣孔或太過稠密。若是使用過多的麵粉，會使麵包乾燥、厚重。

用靠近手腕的手心部分，將麵糰往前推，另一手往後拉。將麵糰摺疊起來，轉45度，再揉一次。重複這樣的揉和動作5－10分鐘，直到麵糰變得光滑有彈性。

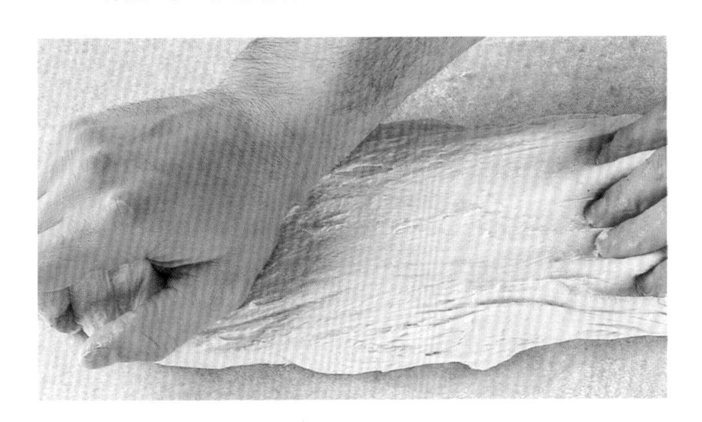

如何貯存 STORING

細麵粉可放在密閉容器內，置於乾燥陰涼處，可保存6個月。若放在冰箱冷藏，白麵粉可保存1年。

全麥麵粉，因為含有多油份的胚芽和糠質，所以比較容易腐壞。應該保存在密閉容器內，然後在3個月內使用完畢。避免污染，應將加工過的細麵粉和全麥麵粉，分開存放。

麵包與酵母 breads and yeast

麵包是製作三明治、麵包布丁和含蛋麵包的基本材料，
而當它轉變成麵包粉(crumbs)、麵包丁(croutons)和麵包塊(croûtes)時，
用途尤其廣泛。麵包粉可以包裹在食材的表面，油炸或烘焙時，
可發揮保護外皮的效果。它也可用來增加湯的稠度，或做爲餡料的黏合劑。
麵包丁可以增加濃湯和沙拉的口感。麵包塊可和濃湯搭配著吃、
用來吸收野禽或肉類的湯汁、或漂浮在濃湯的表面，如法國洋蔥湯。

麵包粉 BREADCRUMBS

如果要製作乾燥麵包粉，先將新鮮麵包粉，以190℃，烤3－5分鐘。如果要製作用來搭配野味(game)用的油炸麵包粉，就先用熱油與奶油，油炸新鮮麵包粉3－5分鐘，直到變成金黃色。若要製作新鮮麵包粉，先將已去了麵包皮的麵包撕成塊，放進食物料理機內，按脈衝按鈕(pulse button)，攪拌成細碎的麵包粉。若要使質地變得更均勻、細膩，可用細孔的金屬過濾器，將麵包粉過濾到大攪拌盆內，以去除所有結塊。

梅爾巴吐司 MELBA TOAST

這種三角形的捲曲薄吐司片，是傳統的英式配菜，可以塗抹上質地柔細的肝醬(pâtés)或鹹味慕斯，還是用來搭配濃湯，或沙拉。運用這種技巧時，若使用已存放了1天以上，稍微烤過兩面，切成薄片的白吐司，效果更佳。

去除土司的外皮。用鋸齒刀(Serrated Knife)，平行切開烤吐司片。然後，將沒有烤的那面朝上，放在烤盤上。以190℃，烤5－10分鐘，到吐司變成金黃色，末端捲曲起來。烤好後，放在網架上冷卻。

麵包丁與麵包塊 CROUTONS AND CROÛTES

麵包丁(croutons)，就是極小的方形麵包；麵包塊(croûtes)比較大。麵包塊可以從厚片白麵包或全麥麵包切下，形狀不拘。法國的廚師，通常都使用已存放了1天的麵包，以做出最香脆的麵包丁與麵包塊。

▶ 油炸麵包丁 Frying croûtons 將橄欖油(1cm深的量)與1小塊奶油放進鍋內加熱，直到冒泡。把麵包丁放進去，以大火油炸2分鐘，直到變脆。瀝乾。

◀ 烘烤麵包塊 Toasting croûtes 將棍子麵包(baguette)，切成一般厚度的切片，放在熱的燒烤爐(grill)上烤約2分鐘，到變成黃褐色。然後，翻面，烤另一面。

▶ 特殊形狀的麵包塊 Shaped croûtes 使用餅乾切模(biscuit cutter)來切割出想要的形狀。如同上方說明般燒烤(grill)，或放在烤盤紙上，以190℃烘焙10－15分鐘，直到變成金黃色，中途要翻面一次。若要增加味道，可用切開的一瓣大蒜，在烤好的麵包塊上摩擦。

烤司堤尼與布其塔 CROSTINI AND BRUSCHETTA

烤司堤尼是烤過的麵包薄片，上面擺上鹹味的混合餡料。布其塔是烤過(grilled or toasted)的鄉村麵包厚片。兩者都可用切開的大蒜摩擦，淋上充滿果香的橄欖油(參見下方說明)，再擺上許多種不同的餡料。

橄欖油烤司堤尼 Olive oil crostini 先將麵包片烤過(toasted)，趁熱，在每片的單面刷上初榨橄欖油(virgin olive oil)。

大蒜布其塔 Garlic bruschetta 將麵包切成2cm厚的切片。用已去皮切成兩半的大蒜瓣的切面，磨擦麵包的兩面後，再烤成金黃色。

麵包做成的布丁 BREAD-BASED PUDDINGS

若要製作麵包和奶油型的布丁(bread-and-butter type pudding)，則一定要使用品質好的麵包，如傳統吐司麵包，或皮力歐許(brioche)，才能達到最佳效果。將麵包舖上布丁盆時(如右圖所示範的夏季布丁)，要仔細排列，使成品的外觀更吸引人。先按照碗底的形狀，切出麵包片，舖好這個部分後，再在碗的周邊，以平均重疊的方式排上麵包片。使用放了一段時間的麵包效果最好，因爲它舖在濕潤的水果外圍，仍能維持形狀。

發粉的種類 RAISING AGENTS

酵母 Yeasts 在各食譜中，新鮮酵母與乾酵母，可以互換使用。一般而言，15g新鮮酵母，等同於15 ml(1大匙)乾酵母粒。這兩種酵母的溫度極限最高為30°C，若是超過這個溫度，就會死亡。

小蘇打 Bicarbonate of soda 在美國稱為烘焙蘇打(baking soda)，有時也只稱為蘇打(soda)。與酸性材料和液體混合後，會釋放出二氧化碳，使麵糊、蛋糕或麵包膨脹。檸檬汁、醋或酸牛奶，都可當作酸性材料使用。製作蘇打麵包(soda bread)時，傳統上是使用白脫牛奶(buttermilk)，但我們也常使用塔塔鮮奶油(cream of tartar)，一種由發酵葡萄製成的酸劑。

泡打粉 Baking powder 混合了小蘇打和乾燥酸劑。和液體，如麵糊，混合後，乾燥酸劑和小蘇打會產生作用，釋放出二氧化碳。一旦將液體加入乾燥材料中後，就要立即進行下一步驟，因為二氧化碳會很快逸散。

使用酵母 USING YEAST

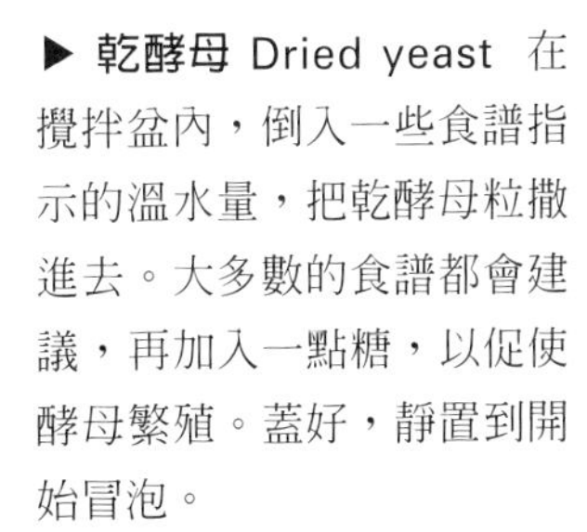

▶ **新鮮酵母 Fresh yeast** 將新鮮酵母捏碎，放進攪拌盆內，加入一點食譜指示的溫水量。蓋好，靜置到表面開始冒泡。

▶ **乾酵母 Dried yeast** 在攪拌盆內，倒入一些食譜指示的溫水量，把乾酵母粒撒進去。大多數的食譜都會建議，再加入一點糖，以促使酵母繁殖。蓋好，靜置到開始冒泡。

▶ **速溶酵母 Easy-blend yeast** 直接加入乾燥的材料裡，攪拌混合。然後，加入溫熱的液體，混合。請確認包裝上的說明，因爲部分廠牌的產品，只需要發酵一次。也要注意使用期限，因爲這種速溶酵母和快速酵母(fast-action yeasts)的保存期限，相對較短。

義大利麵食與麵條 pasta and noodles

義大利南方的義大利麵，大多只是由麵粉和水製成；
但在北部，麵糰裡通常會加入雞蛋(pasta all'uovo)。
起初，雞蛋義大利麵只能在自家製造，但出產商逐漸找出
生產雞蛋義大利麵的方法，因此現在到處都可買到。
雞蛋義大利麵比一般的義大利麵，味道濃郁，
而且非常適合搭配奶油醬汁。一般義大利麵，適合加入傳統的
南方食材一番茄、大蒜、洋蔥、橄欖油。某些義大利麵，
如(spaghetti)，基本上都是不加蛋的，
不過還是要檢查一下包裝上的說明來確認。

煮義大利麵
COOKING PASTA

用大鍋子煮，讓義大利麵可以在沸水中自由地浮動。一般的參考標準為：5公升水，加15 ml(1大匙)鹽，煮450g義大利麵。在水中添加鹽和15 ml(1大匙)的油，可以防止義大利麵在烹調的過程中，互相沾黏。煮的時候不加蓋，滾煮(rolling boil)到義大利麵變成「彈牙(al dente)」狀態(參照下一頁)，要不時地攪拌。

◀ **短型義大利麵** Short pasta 將1大鍋水煮滾，再加入鹽與1大匙橄欖油。將義大利麵一次全倒進鍋內，再度煮滾，不加蓋，滾煮(rolling boil)到義大利麵變成「彈牙(al dente)」狀態，要不時地攪拌。將義大利麵倒入濾鍋(colander)內，用力地搖晃，把水徹底瀝乾。然後，倒回鍋內，加入1小塊奶油或15－30 ml(1－2大匙)橄欖油，再度加熱。或者倒入已溫過的餐碗內，用醬汁拌過。

◀ **長型義大利麵** Long pasta 煮長型乾燥義大利麵，如細麵條(spaghetti)、長寬麵(long tagliatelle)的技巧，就是將麵條慢慢地鬆開，放進水中。義大利麵條浸泡在滾水中後，就會變軟，因此可以再向裡推進鍋中，盤繞在鍋內，而不會折斷。等到義大利麵全都浸泡在水中，又再度煮滾後，才開始計算烹調時間。煮好後，將義大利麵條徹底瀝乾。洗淨鍋子後，加熱鍋子，放進1小塊奶油或1－2大匙橄欖油。然後，把煮過的義大利麵條放回鍋內，邊用大火加熱，用油拌到光滑晶亮。

彈牙
Al dente

雖然「彈牙」(‘al dente’)這個詞，可用在料理各種食物上，但它和煮義大利麵的關係最密切。它是義大利文，意指帶有咬勁(‘firm to the bite’)，所有的義大利麵煮好時，都應是這種狀態。如果煮過頭了，就會變糊。測試熟度時，可在建議的烹調時間快要結束時，從滾水中撈出一些義大利麵。如果義大利麵已經煮好了，應該感覺柔軟，一點都不會感到還是半生不熟的狀態，但是，咬下時應該又帶著點韌度。

烹調時間 COOKING TIMES

以下所列的烹調時間，是當義大利麵放進水中後，水再度煮滾時，才開始計算，而且一定要先檢查熟度，再瀝乾。如果義大利麵還要再另行烹調(如烘烤千層麵(lasagne)，就要稍微縮短最初的烹調時間。

- **新鮮義大利麵** Fresh pasta 1－3分鐘，或按照包裝上的說明。
- **新鮮義大利餃** Fresh stuffed pasta 3－7分鐘，或按照包裝上的說明。
- **乾燥義大利麵條** Dried pasta noodles 8－15分鐘，或按照包裝上的說明。
- **乾燥花式義大利麵** Dried pasta shapes 10－12分鐘，或按照包裝上的說明。

不同形狀的義大利麵和搭配的醬汁 WHICH SHAPE FOR WHICH SAUCE

義大利廚師會先查看手中義大利麵的形狀，再決定製作醬汁。濃郁的奶油醬汁，最適合較大塊的義大利麵，如尖管麵(penne)或螺旋麵(fusilli)。橄欖油醬汁，最好和較細的麵一起搭配，如細條麵(spaghetti)或細扁麵(linguine)；而含有肉塊的醬汁，則適合片狀義大利麵，如烤千層麵(lasagne)或圓筒麵(cannelloni)。

配方 Recipes

義式蔬菜濃湯 Minestrone 這是一道有名的義大利濃湯，裡面有蔬菜、義大利麵和菜豆，可以加入星形麵(stellette)、通心粉(macaroni)，或其他適合濃湯的乾燥義大利麵。肉類如未煙燻的培根也可增添風味。溫暖的濃湯，本身就是一道饗宴。

奶油培根義大利麵 Spaghetti alla carbonara 最知名也最受喜愛的義大利麵之一。奶油醬汁主要是由蛋、培根和鮮奶油所做成的。

阿爾費雷多麵 Fettuccine Alfredo(亦可用寬麵tagliatelle) 濃縮鮮奶油(double cream)和帕瑪善起司(Parmesan cheese)所製成的濃郁醬汁。它是由叫做Alfredo的羅馬廚師所發明的，因此得名。製作起來簡單快速。

蔬菜義大利麵 Pasta primavera 口味清新的料理。寬麵(tagliatelle)配上各種香草植物(herbs)，和什錦夏季蔬菜，趁熱上桌後，灑上帕瑪善起司(Parmesan cheese)薄片。

義大利麵器具 PASTA EQUIPMENT

義大利麵鍋 PASTA COOKER

若要煮大量的義大利麵，這是非常划算的投資，而且它還可以運用在其它的烹調用途上。這種鍋子，為不鏽鋼材質，附有1個有孔的內鍋，可以嵌入1個實心的外鍋內。當義大利麵煮好後，可以直接舉起裝著義大利麵的有孔內鍋，讓水流到外鍋裡。

義大利製麵機 PASTA MACHINE

若要自行在家製作義大利麵，您需要一台義大利製麵機，以將麵糰壓平到所需的厚度，並可切成所需的形狀。不靠機器的話，您需要十倍以上的時間來擀麵！

義大利麵杓 PASTA TONGS

可以輕鬆地將長條狀的細麵條(spaghetti)和寬麵(tagliatelle)一眾所周知，這兩者都不容易乾淨俐落地上菜—從水中撈出，放到盤子上。這種杓子的齒耙，可以抓住麵條，而不會將其切斷，而且很適合用來撈起一兩條，檢查熟度。

義大利麵的種類 DIFFERENT TYPES OF PASTA

名稱 NAME	種類 Type	描述 Description	類似的義大利麵 Similar pastas
細麵條 spaghetti	長型義大利麵	最普遍的義大利麵，在發源地，那布勒斯(Naples)，仍是最受歡迎的義大利麵種類。其長度和寬度，隨著區域而不同，有許多不同的顏色和口味，如菠菜、番茄、全麥和辣椒。	細扁麵(linguine)(非常扁的義大利麵，邊緣也是扁的)；小扁麵(linguinette)更扁。螺旋型義大利麵(Fusilli)。
寬麵 tagliatelle	長型義大利麵	來自義大利北部的波隆那Bologna地區。通常捲成鳥巢形(乾燥的)或鬆鬆的圓圈(新鮮的)。如緞帶形，可加蛋或不加蛋。有不同的口味可選擇，除了原味以外，最普遍的是菠菜口味。	羅馬寬麵(Futtuccine)(羅馬地區的寬麵一麵身比一般寬麵tagliatelle略微扁平)、寬扁麵tagliatelline(tagliarini)(比較扁的寬麵)、波浪寬麵(pappardelle)一通常是新鮮販售一麵身比寬麵寬，而且傳統的波浪寬麵，有波浪般的邊緣。
髮絲麵 Vermicelli	長型義大利麵	非常細的細麵條(spaghetti)。源自那不勒斯(Naples)。原味和加蛋的，都有販售。	Capelli d'angelo(天使之髮)。
通心粉 Macaroni	短型義大利麵	中空的短型義大利麵。有許多造型，大小和長度各不相同。原味和加蛋的，都有販售。	尖管麵(penne)(斜切的細管形)、rigatoni(脊狀管型)、tubetti(迷你型的通心粉，用在濃湯裡)、ziti(略比長型管麵Maccheroni修長)、chifferini(小型有弧度的管型麵、有原型與脊狀)。
通心麵 Maccheroni	長型管麵	在義大利南方很受歡迎的管形意大利麵。	
貝殼麵 Conchiglie (shells)	短型義大利麵	貝殼形義大利麵。有不同的大小、顏色、口味可供選擇。	Lumache(蝸牛形)。
蝴蝶麵或領結麵 Farfalle	短型義大利麵	形狀漂亮的領結型義大利麵。通常有皺狀邊緣，原型與脊狀都有。可買到不同的顏色。	
螺旋麵 Fusilli	短型義大利麵	細長的螺旋形義大利麵。烹調時，螺旋會打開。傳統的螺旋麵，只有原味原色的，但現在有加蛋和菠菜口味的。	Eliche(和螺旋麵很類似，但螺旋較像螺絲(screw)，它的螺旋不會在烹調時打開。
千層麵 Lasagne	扁型義大利麵	這種麵皮有原味的、脊狀的、單邊或雙邊有凹槽紋路的。原味和加蛋的，都有販售，最常見的三種顏色和口味是：原味(黃色)、菠菜(綠色)和全麥(棕色)。千層麵通常是先煮過，交錯包入醬汁後，再放入烤箱烘焙(al forno)。	義大利肉捲麵(Cannelloni)。工廠生產的義大利肉捲麵，是大型的管狀義大利麵。如同千層麵，它也是要放入烤箱，和肉類、蔬菜，和／或起司醬一起烘烤。小千層麵(Lasagnette)(寬麵和千層麵的混種，單邊或雙邊有凹槽紋路)。
迷你義大利麵 Pastina	濃湯用義大利麵	泛指幾乎是無數種的小形義大利麵，煮湯(broth and soup)專用。	Stellette(星型麵)、米形(Risoni)、小薄餅形(Anellini)、小蝴蝶形(Farfalline)。
枕形義大利餃 Ravioli	義大利餃	有填充餡料的方形餃。麵皮本身有原味、全麥、或加蛋的，並以菠菜、番茄、墨魚或番紅花調味。餡料的變化幾乎是無限多種。	Rotondi(橢圓形餃)、Tortelloni (一種用圓形麵皮填餡後摺起，捏成雲吞狀的義大利麵)。Cappelletti(和tortelloni類似，但用方形麵皮製作)。

不同的形狀 THE DIFFERENT SHAPES

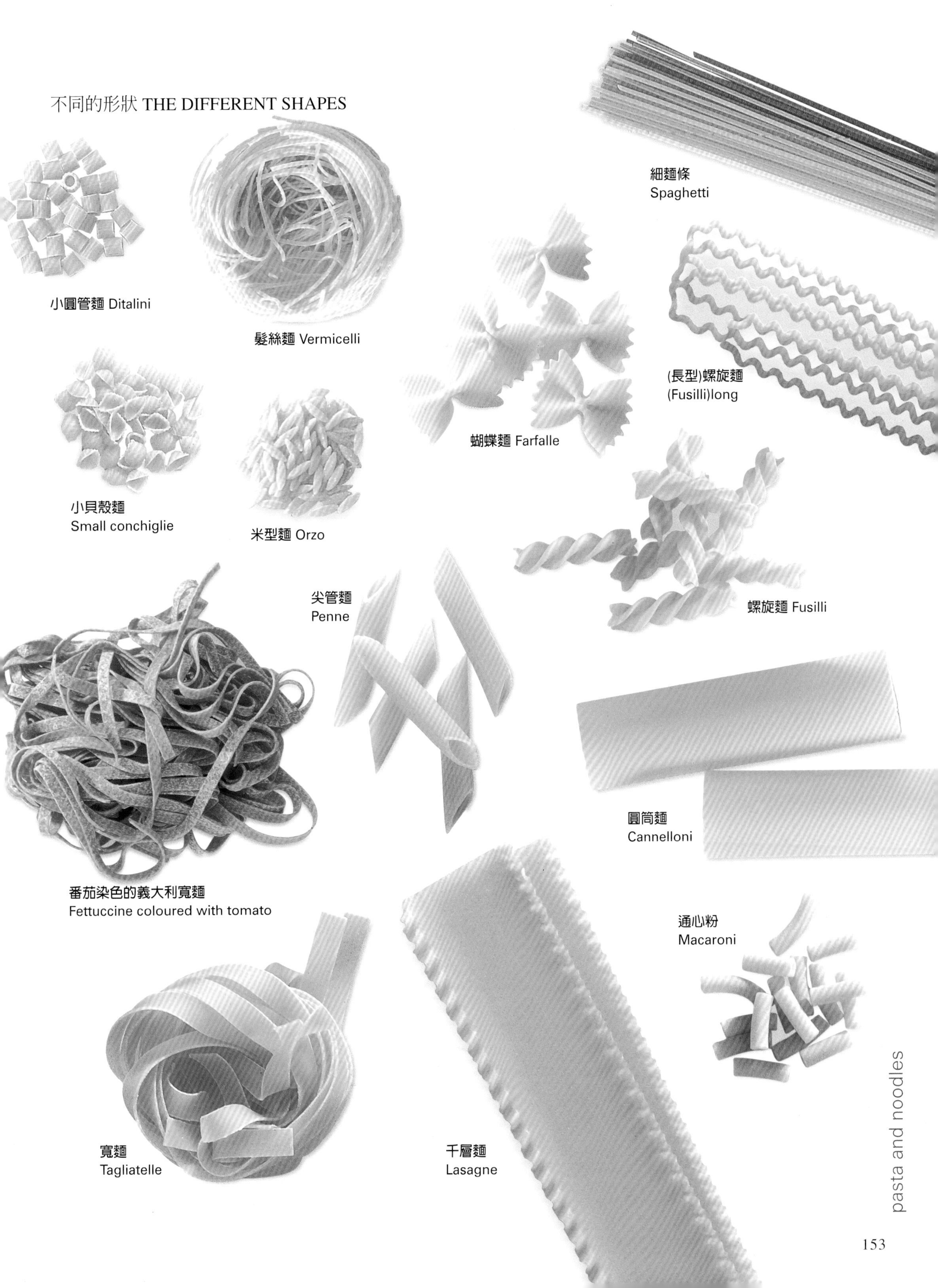

米粉 rice noodles

粿仔條 Flat rice noodles

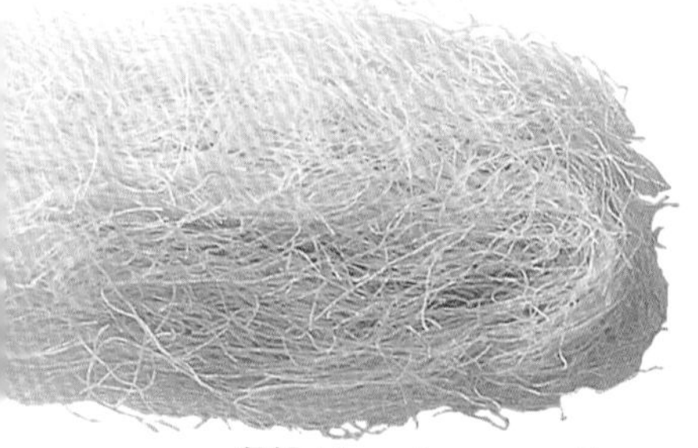

冬粉 Mung bean noodles

蛋麵 Egg noodles

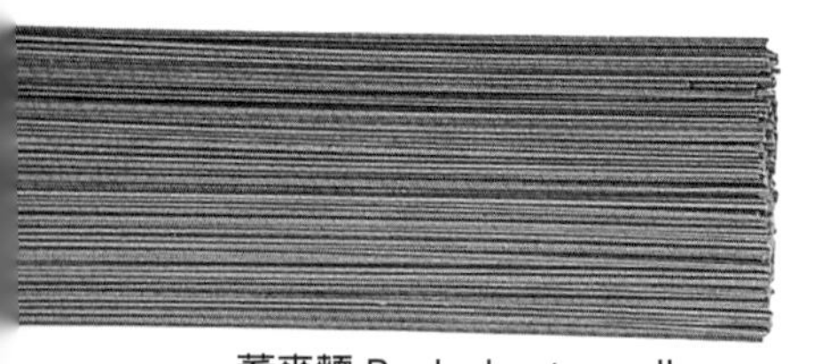

蕎麥麵 Buckwheat noodles

烏龍麵 Udon noodles

亞洲麵條 ASIAN NOODLES

中國人吃麵條的歷史，從西元前第一世紀就開始了，以後更傳播到亞洲其他的國家，受到普遍的喜愛。像義大利麵一樣，它有許多不同的種類。大部分的亞洲麵條，是由小麥、米、蕎麥，或綠豆製成的，有些地區還有玉米和海帶(seaweed)做成的麵條。

米粉 rice noodles 在中國產米的地區，和東南亞，最受歡迎。顏色很淡，質地硬脆。厚度各不相同，大多捲成圈狀販賣。米粉已經事先煮過，所以所需的烹調時間短。查看包裝的說明，來決定烹煮的時間。

冬粉 Mung bean noodles 亦稱為cellophane noodles、玻璃麵、或粉絲(bean thread vermicelli)。雖然看起來很像米粉，但和米製品不同，它的質地驚人地強韌，不會折斷。依照食譜的需要，用剪刀將冬粉剪成小段(因其不像米粉一樣會折斷)。因為能夠吸收其他食材的美味，很適合用來做成砂鍋燒、濃湯和春捲。使用前先用熱水浸泡。

蛋麵 Egg noodles 在中國和日本很普遍，日本人稱為拉麵(Ramen noodles)。厚度各不相同，有新鮮也有乾燥的。所有小麥製的麵條，都應煮熟，可以單獨煮，或和其他食材搭配。大部分的麵條，能夠事先浸泡過更好，但最好還是查看包裝說明。

蕎麥麵 Buckwheat noodles Soba noodles是其中最知名的。顏色呈灰／棕色，比一般小麥製麵條味道強烈。查看包裝來決定煮食時間，因為麵條的厚度會產生影響。

烏龍麵 Udon and somen noodles 日本麵條。新鮮或乾燥的都有。查看包裝來決定煮食時間。乾燥的麵條，能夠事先浸泡過更好。

煮麵條 COOKING NOODLES

大部分中國與日本的麵條，必須先煮過後，再用來炒。只有冬粉(cellophane)與米粉(rice noodles)例外，只需先浸泡過即可。

▼ 先用加了鹽的滾水，將麵條煮到剛變軟，瀝乾，放在水龍頭下，用冷水沖洗冷卻，以免麵條加熱過度。然後，再次瀝乾麵條，徹底瀝除多餘的水分。

▲ 現在麵條準備好可以開始炒了。加熱中式炒鍋(wok)，直到變熱，但未冒煙的程度。加入15－30 ml(1－2大匙)蔬菜油，加熱到高溫。將麵條與調香料放進鍋內，用大火炒2－3分鐘，翻炒麵條，直到變得油亮，熟透。

蔬菜

vegetables

洋蔥 onions

洋蔥家族成員既廣且多；洋蔥和大蒜通常是圓形的，有紙般的外皮，而韭蔥(leeks)與蔥(spring onions)細長而呈綠色，具有球根末端。

如何選購 Choosing

洋蔥的顏色應看起來健康，無明顯傷痕或發芽徵兆。摸起來應感覺結實—暴露在寒霜裡的洋蔥，會變得鬆軟，因此要留意是否天氣寒冷。

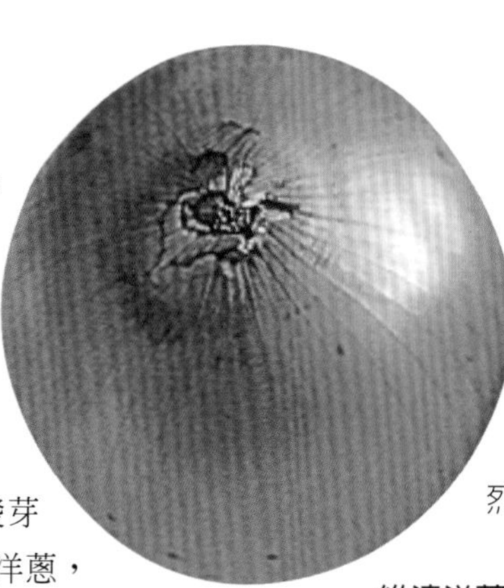

黃洋蔥
Yellow onion

黃洋蔥 Yellow onion
最普遍的洋蔥，如紙般的外皮呈金褐色。有強烈的洋蔥味道，適合用在任何煮熟的菜餚內。

維達洋蔥 Vidalia onions
很受歡迎的美國洋蔥，生長在喬治亞州的東南部。這種洋蔥甜脆而多汁，帶一絲嗆味。很適合切成薄片，加入沙拉裡生食。也適合爐烤(roast)。

百慕達洋蔥 Bermuda onions
另一種大型洋蔥，比西班牙洋蔥(Spanish onions)略為矮胖。味道溫和，適合做沙拉生食。

紅洋蔥
Red onion

紅洋蔥 Red onion
也稱為義大利洋蔥(Italian onions)。在美麗的深紅／紫色外皮下，洋蔥肉是白色的，帶有紅色線條。味道很甜而多汁。適合做沙拉生食，或做成某些需要獨特甜味的菜餚。

份量 YIELD

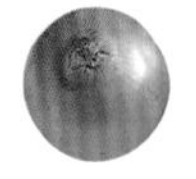

1顆小洋蔥

⅓ 杯

=

5 ml(1小匙)
洋蔥粉(onion powder)

=

15 ml(1大匙)乾燥洋蔥

白洋蔥
White onion

白洋蔥 White onions
一種美國洋蔥，外皮是純白色。口味非常明顯強烈。大部份用於熟食，可為食物增加絕佳風味。如果沙拉裡需要強烈的洋蔥味，也可使用。

紅蔥頭
Shallots

紅蔥頭 Shallots
小型洋蔥，剝皮後，可分成2瓣以上。氣味不如一般洋蔥強烈，一般認為比較容易消化。它是法國料理裡常使用的香氣蔬菜，常出現在許多傳統食譜中。紅蔥頭煮熟後，幾乎沒有甚麼味道，但不要煎(sautée)到變色，否則會變苦。

如何貯存 STORING

洋蔥應存放在陰涼乾燥處，如食品室(larder)或室外儲藏室(outhouse)，可保存3－4星期。不要放入冰箱，否則會變軟。不要保留切開的洋蔥，因為其氣味會影響其他與之接觸的食物。

醃漬用洋蔥
Pickling onions

醃漬用洋蔥 Pickling onions
小型白色或淡色洋蔥。巴黎銀皮(Paris silverskin)呈純白色，如玻璃珠大小。捷丹巨人(The Giant Zittau)體型較大，顏色也較深。大多用來醃漬，但也可用來串燒(kebabs)，或任何需要小洋蔥的菜餚。

珍珠小洋蔥 Pearl onions
比醃漬用洋蔥大，亦稱為迷你洋蔥(baby onions)或鈕扣洋蔥(button onions)。口感細緻美味。它的味道特別甜，可用在許多不同的料理中。

烹調洋蔥 COOKING ONIONS

洋蔥煮過後，因為其揮發性酸(volatile acid)在烹煮過程中揮發了，味道不會像生洋蔥一樣強烈，但是不同的料理方式，仍會影響洋蔥的風味，自然也會影響您所要製作的菜餚口味。

▶ **煮沸** Boiling 可產生強烈的、略帶一點生洋蔥的味道，煮得越久，味道越淡。紅蔥頭常使用這種方式料理，最後會變成糊狀，留下一股內斂的洋蔥味。

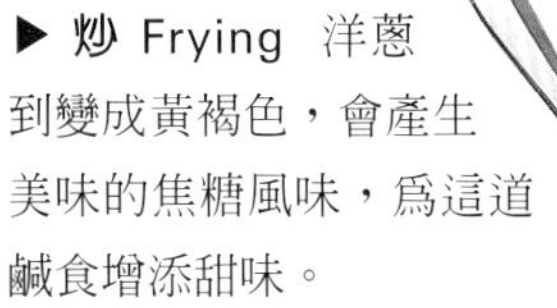

◀ **嫩煎** Sautéeing 切片或切碎的洋蔥，可使洋蔥變軟，只要不煎到變黃，產生的味道很好，不會嗆鼻。

▶ **炒** Frying 洋蔥到變成黃褐色，會產生美味的焦糖風味，為這道鹹食增添甜味。

◀ **爐烤** Roasting 洋蔥，不論是單獨或和其他的蔬菜，都可以產生絕佳風味，這種方法可以帶出它天然的甜味。

切洋蔥不流淚 PREVENTING TEARS

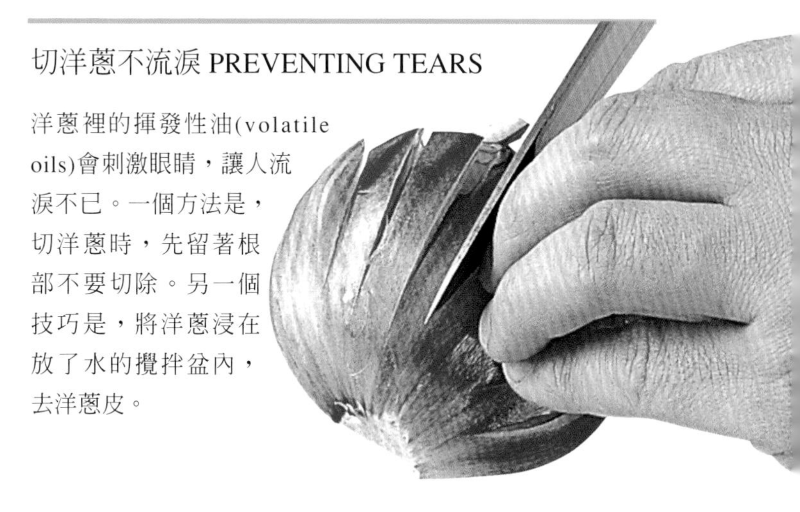

洋蔥裡的揮發性油(volatile oils)會刺激眼睛，讓人流淚不已。一個方法是，切洋蔥時，先留著根部不要切除。另一個技巧是，將洋蔥浸在放了水的攪拌盆內，去洋蔥皮。

洋蔥去皮 REMOVING ONION SKINS

若要更容易地去除小洋蔥的外皮，如珍珠小洋蔥(pearl onions)，可放在熱水裡浸泡數分鐘。如此外皮便會很容易地剝下了。

配方 Recipes

Pissaladière parcel 傳統尼斯(Nice)料理的變化。派皮裡(pastry)填充一層慢煮(slow-cooked)的洋蔥，再擺上朝鮮薊和羊奶起司。

法國洋蔥湯 French onion soup 這道傳統而溫暖的洋蔥湯，會擺上烤麵包片和格律耶爾起司 (Gruyère cheese)一起搭配。

熱洋蔥填餡沙拉 Warm stuffed onion salad 整顆洋蔥去皮後，挖成中空，塞入火腿、起司、番茄和麵包粉餡料，再加以烘焙。

洋蔥巴哈吉 Onion bhaji 洋蔥切片後，和麵粉混合，做成球狀，再加以油炸，口味辛辣。做為開胃菜或配菜。

炸洋蔥圈 Fried onion rings 洋蔥切片、裹上麵粉，用熱油油炸。常作為牛肉漢堡的配菜。

韭蔥與蔥 leeks and spring onions

韭蔥和洋蔥與大蒜，屬於同一家族，但口味較爲溫和，且帶有含蓄的甜味。在所有洋蔥家族裡，只有韭蔥需要經過徹底的清潔。它必須完全煮熟，以避免不舒服的生味。但是生食熟食皆可。蔥，亦稱scallions，其味道溫和內斂，可以用在沙拉或熟食中，以避免使用味道較強烈的洋蔥。莖部常作爲調味料使用。

亞洲式切蔥法 ASIAN SLICING

在許多亞洲料理中，蔥白與蔥青都可以使用。從蔥的深綠色頂端開始，一直斜切到根部那端。用指關節輔助，邊移動，邊斜切。

蔥 Spring onions 就是未成熟的嫩洋蔥，在球根變大前，莖部還新鮮呈綠色時，就加以採收。

韭蔥 Leek 的葉片，應看起來有光澤，毫無斑點損傷。小至中型的韭蔥(直徑小於2.5 cm)，質感最佳。

清洗韭蔥 WASHING LEEKS

將韭蔥的葉片分開，放在水龍頭下，用冷水徹底沖洗，因爲泥土暗藏在緊貼一起的葉片間。

如何貯存 STORING

蔥應放置在冰箱的沙拉抽屜內，可保存三天。韭蔥應用塑膠袋包起後，放在冰箱底部，或置於陰涼處，可保存一周。

營養資訊 NUTRITIONAL INFORMATION

韭蔥和蔥，含有不少維他命C和鈣、鐵。一般認為大蒜可以降低血液中的膽固醇，因而減低心血管疾病的風險。生的大蒜，含有非常有力的抗生素，據說可幫助維他命的吸收，有證據顯示，對於癌症和中風，也很有幫助。有些專家則表示，大蒜的強身特質，並未得到證實，而且一天至少要食用7瓣大蒜，才會有效果。

大蒜 garlic

大蒜是廚房裡，最神奇的食材之一，它可爲許多鹹食料理，增添絕佳的風味和香氣。大蒜和洋蔥、細香蔥一樣，都是百合(lily)家族的一員。大蒜球，由紙般的外皮所包覆著，裡面包括大蒜瓣(cloves)，也由紙般的外皮所覆蓋。

大蒜的辛辣味，據說和生長的氣候有關。西班牙南部、葡萄牙和土耳其，白天長而炎熱，夜晚溫度低，出產品質最好的大蒜。

選購摸起來結實飽滿的蒜瓣，外皮應呈透明。避免已經發芽的大蒜。

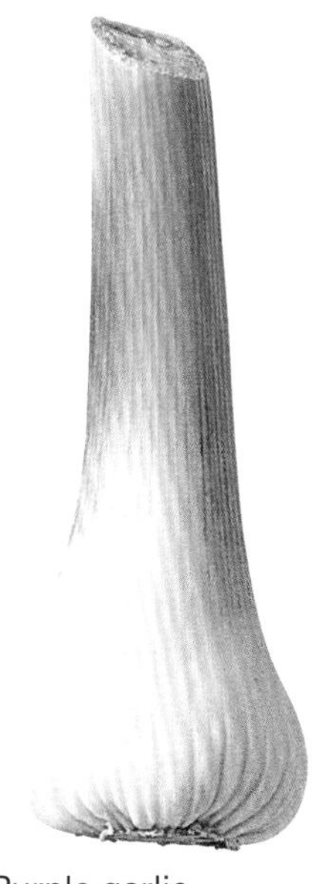

新鮮蒜苗 Fresh garlic
逐漸受到歡迎，夏季開始時，就可在超市看到它的身影。味道比成熟大蒜，來得溫和含蓄。

紫色大蒜 Purple garlic
除非造訪專門的食品店，否則大概沒有甚麼機會挑選不同種類的大蒜。不過，有一種出產於法國Lautrec地區，帶一點紫紅色的大蒜，在八月底的時候上市，蒜瓣大而多汁，風味絕佳。

切碎大蒜 CRUSHING GARLIC

若要釋出大蒜的揮發性油，使剝皮更容易，傳統的方法是，將主廚刀的平面放在大蒜瓣上，用拳頭敲。

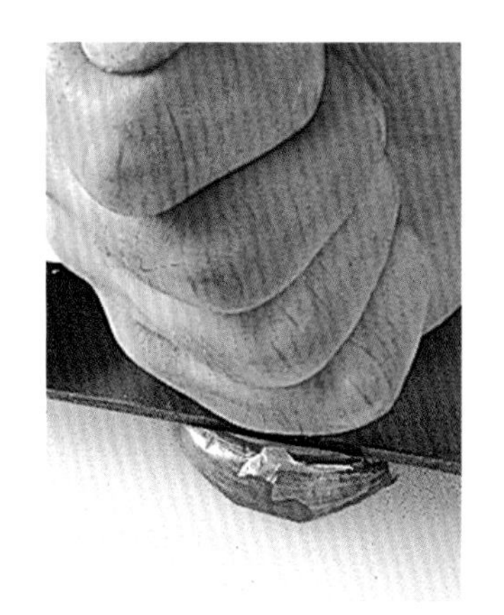

初收大蒜
new season garlic
在成熟前採收，莖部仍然新鮮嫩綠。可以整顆爐烤(roast)，或將球根和葉子切片後，加入沙拉內。

壓蒜器 GARLIC PRESS

這種工具，可以很方便地壓碎大蒜，比用刀背敲簡單，比用研缽(pestle and mortar)乾淨。選擇堅固的鋁或不鏽鋼材質。有的在叉齒處可翻轉，方便清洗。

如何貯存 STORING

存放在陰涼通風處。若太過潮濕，大蒜會開始發芽；若溫度太高，大蒜會變成灰色的粉末狀。整顆大蒜球，可放在小陶鍋裡；一整條(a string of)的大蒜，可掛在食品室(larder)內，或其他陰涼處。

爐烤大蒜花 ROASTED GARLIC

用爐烤的方式，可以讓大蒜的風味變得更濃郁，味道更香甜，可以作爲配菜、調香用材料或裝飾。您可以先修切大蒜球的頂端，就可以變成漂亮的花形，刷上油後，再放入烤箱爐烤。

芽菜類蔬菜與莖 shoots and stems

這類蔬菜，是大自然最鮮美的蔬菜之一，被視爲是蔬菜王國裡的貴族。

如何選購 Choosing

芹菜應看起來濕潤、鮮脆、莖部結實飽滿無損傷，葉部新鮮。顏色越深，味道越強烈。白芹菜一般認爲比綠芹菜好，因爲味道較嫩而沒有苦味，但只能在冬季買到。

選購結實、無裂痕的球莖茴香，應呈淡綠色而無變色。綠色的葉子應看起來新鮮。球根若已擴散到頂部，則表示較老。

刺菜薊 Cardoon 看起來像一把野芹菜，處理的方式是，丟棄外側的葉柄，剝除葉片，削除主莖上的老筋，留下內部的葉脈和心。它的味道不易形容，有人說介於朝鮮薊(artichoke)、芹菜和婆羅門參(salsify)之間；有人說它嘗起來像蘆筍。可生吃，或烤30－40分鐘，使肉質軟化。

白芹菜 White celery 有時稱為漂白或冬季芹菜(blanched or winter celery)，在成長期間，莖部四周用泥土圍住，因此沒有受到陽光的照射，而呈現白色。

綠芹菜 Green celery 全年都可收獲，以天然的方式成長。

海篷子 Samphire 沒有人工種植，但常可在夏末秋初當季時，在魚販看到。它生長在河口，和沼澤裡，具有明顯的海鹽和碘味。

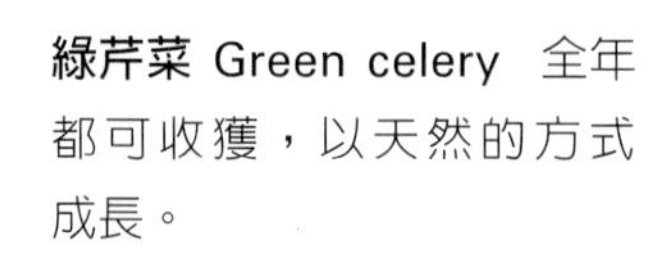

球莖茴香的前置作業 PREPARING FENNEL

將球莖放在冰水中浸泡；切除頂部與根部。將球根縱切成兩半。

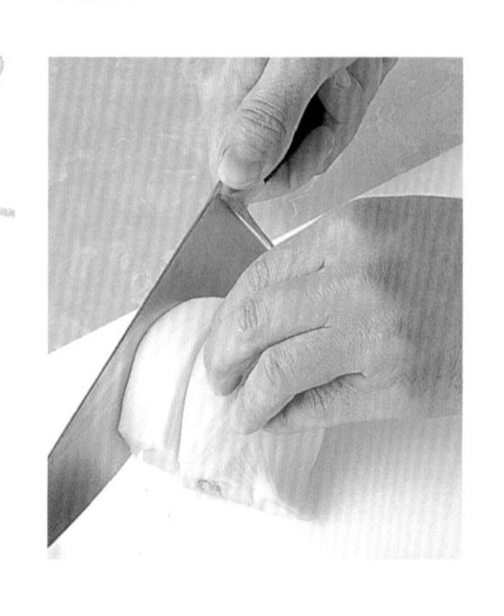

球莖茴香 Fennel 從球根、莖部、到葉子，全部都可食用。可生吃或煮熟吃；爐烤或燜煮等慢煮方式，能帶出它的甜味，和緩原本強烈的甘草(liquorice) 味。

配方 Recipes

焗烤球莖茴香 Fennel au gratin 球莖茴香先水波煮(poached)到軟，澆上奶油醬汁，再放在燒烤爐(grill)下烤。

甜味爐烤球莖茴香 Sweet roasted fennel 以檸檬汁和百里香調味，再加上糖以後，放入烤箱爐烤。

蒜泥蛋黃醬佐蘆筍 Asparagus with aioli sauce 這種醬汁是以大蒜做成的，為普羅旺斯地區的美乃滋(mayonnaise)，質地濃稠，適合搭配蘆筍食用。

蘆筍協奏曲 Asparagus accompaniments 通常是溫或熱食。傳統上會搭配芥末、油醋調味汁、澄清奶油、荷蘭醬汁(hollandaise)或慕斯林醬汁(mousseline)一起享用。

芹菜和球莖茴香，含有維他命C和鉀，前者亦含有鈣質。蘆筍含有維他命A、B2和C，亦富含葉酸，還有一些鐵質和鈣質。它也作為利尿劑使用。

蘆筍的烹調方式 COOKING ASPARAGUS

▼ **蒸煮 Steaming** 如果您沒有蘆筍蒸鍋(請見31頁)，可將整束蘆筍，豎直放進平底深鍋內，注入10cm高微滾的(simmering)水。旁邊放入用錫箔捏好的球，使蘆筍固定在鍋中，用錫箔做成圓頂狀加蓋，慢煮5－7分鐘，到蘆筍莖變軟。

▲ **爐烤 Roasting** 可增加蘆筍的風味。若是莖部較粗，最好先稍微燙過(請見22頁)，然後澆上一點橄欖油，爐烤8－10分鐘，或直到蘆筍變軟。

蘆筍 ASPARAGUS

蘆筍一向受到世界各地的喜愛，它有3種種類：白蘆筍、綠蘆筍和紫蘆筍。一種莖部較細的「sprue」，也有販售。蘆筍可熱食或冷食，但都應該先煮熟。若是作爲前菜，1人份約需300g。

如何選購 Choosing

不分種類，一定要挑選有光澤、莖部結實、筍尖鱗片緊密者，避免莖部粗老者。最好大小一致，才方便烹煮時間一致。

如何貯存 STORING

芹菜可在冰箱的沙拉櫃中，最久可保存2周。若是變得乾枯，可將其豎直放入水中。修切底部，稍加覆蓋，將蘆筍豎直放入一杯2－3 cm高的水中。

紫蘆筍 Purple asparagus 生長數公分高後採收，味道飽滿香甜。

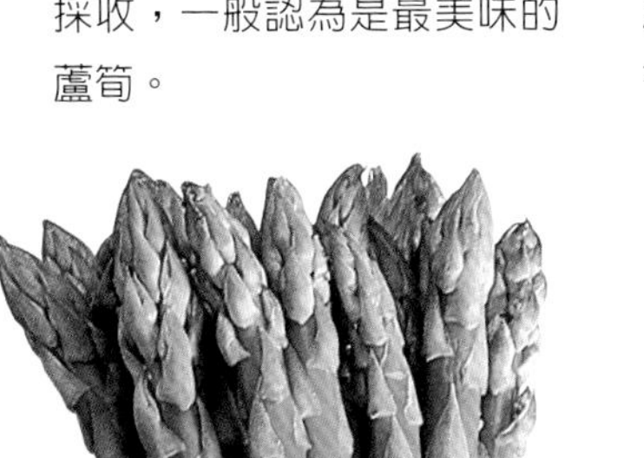

綠蘆筍 Green asparagus 的莖部成長至約15 cm高後採收，一般認為是最美味的蘆筍。

白蘆筍 White asparagus 是一當筍尖從地面冒出時，就採收。莖部肥厚多汁，沒有特殊味道。

球狀朝鮮薊 globe artichokes

其它的芽菜類蔬菜與莖(shoots and stems)，都不需要甚麼前置作業，所需的烹調時間也短，但球狀朝鮮薊卻需要廚師費一點功夫，有時候甚至在進食時也不輕鬆。它需要先修切過，然後煮上好長一段時間，然後再將內部的葉片和毛叢去除。然而球狀朝鮮薊值得特別的功夫，因為它具有獨特的質感和奢華的風味。

如何選購 Choosing

只購買當季的朝鮮薊，約在七月到年底之間。品質好的朝鮮薊，應感覺沈重，花型飽滿。檢查頂部以確認內部的葉片，緊密地包圍著中央的毛叢和心。

如何貯存 STORING

朝鮮薊可以稍微包起來，放在冰箱保存3－4天。如果有機會一次買很多，則可以將朝鮮薊心先氽燙8－10分鐘，再冷凍，這樣可以保存一年之久。

放大檢視朝鮮薊 A CLOSER LOOK AT AN ARTICHOKE

內側葉片 Inner leaves
這個部分十分柔軟，幾乎能夠食用，但多半被丟棄。

外側葉片 Outer leaves
剝除並丟棄任何過老或受損的外側葉片。葉片頂端不可食用，但煮熟後，底部應該柔軟多汁。可以沾上自選的醬汁或奶油，嚼食這個部分。

心 Heart
朝鮮薊最柔軟美味的部分。若要生食，將這個部分浸泡在酸性水中(加了新鮮檸檬汁的水)，以防止變色。

莖部 Stem
在烹調前應加以拔除，若朝鮮薊十分幼嫩，則可以食用。剝除外層的纖維，然後縱切成細條狀。放入加了鹽的滾水煮，並加一點檸檬汁。

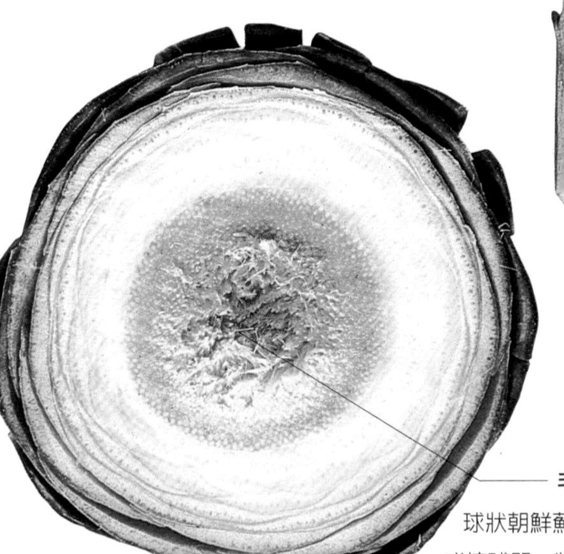

毛叢 Choke
球狀朝鮮薊的有毛部分。用湯匙或挖球器，將之挖出後丟棄。

您知道嗎？
Did you know?

朝鮮薊含有洋薊酸(cynarin)，一種化學物質，會對某些人(但不是所有人)的味蕾產生影響，使甜味突出，原本內斂的味道更不明顯。因此，不要用好酒來搭配朝鮮薊喝；最好配著開水即可。

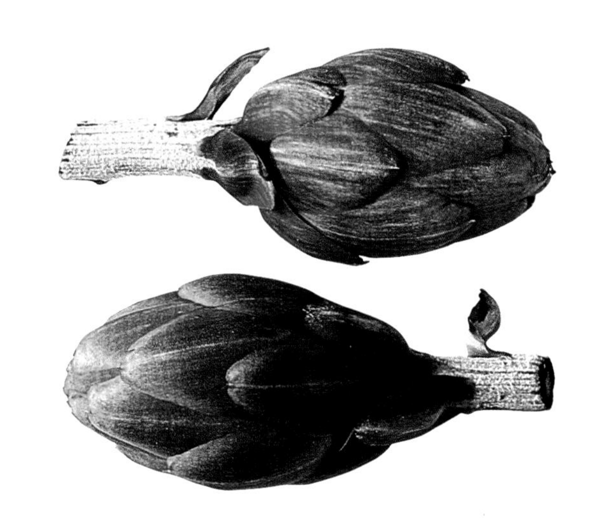

幼嫩朝鮮薊 Baby artichokes 是一種特殊的美味，現在逐漸能在超市和蔬果店買到。它可以整顆食用，包括莖、外側葉片和毛叢(choke)，因為它還沒完全長成。在地中海國家，幼嫩朝鮮薊可做為沙拉和配菜的一部分，但大多作為法式或義式前菜(antipasto)食用。

整顆朝鮮薊的前置作業與烹調 PREPARING AND COOKING WHOLE ARTICHOKES

成熟的朝鮮薊，一定是以熟食來上菜。請按照以下的方式來準備，然後放入鍋子裡，注入滾水，加入鹽和1顆檸檬汁。將1個盤子放進鍋裡鎮壓，慢煮(simmer)30－40分鐘，也有專門的朝鮮薊容器，可使其在烹煮時保持直立。如果可以輕易地剝下底部的葉片時，就表示已經煮熟了。待其冷卻後，就可取出中心部分和毛叢了。

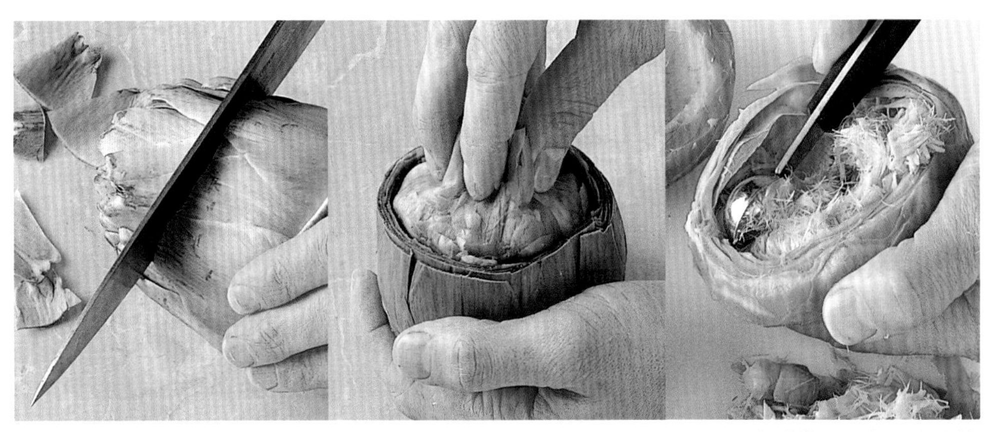

▲ **去除外側葉片** 折斷底部的莖，拉出連接著的硬質纖維。切除朝鮮薊頂上1/3的部分，並修切任何硬的外側葉片。

▲ **取出中心部分** 冷卻後，剝除柔軟的中央葉片，丟棄。

▲ **取出毛叢** 用小湯匙或挖球器，刮除毛叢，丟棄。小心不要浪費下方的心。

配方 Recipes

朝鮮薊起司披薩
Artichoke and dolcelatte pizza
在剛烤好的披薩麵皮上，鋪上番茄醬，再放上朝鮮薊心、甜味起司dolcelatte、橄欖、奧瑞岡(oregano)和帕瑪善起司。

朝鮮薊和芝麻菜義式蛋餅
Artichoke and rocket frittata
朝鮮薊心稍微煎過，加入打散的蛋，一起慢煮，形成義式蛋餅(frittata)。切成塊狀(wedge)、灑上芝麻菜沙拉上桌。

燜煮羊肉配朝鮮薊和新馬鈴薯 Lamb braised with artichoke and new potatoes
新鮮的幼嫩朝鮮薊，或朝鮮薊心，加入羊肉砂鍋燒，加上香草，灑上切碎的百里香上桌。

朝鮮薊配薄荷和蒔蘿
Artichoke with mint and dill
朝鮮薊球莖先煎過，加入大蒜、香菜、迷迭香、白酒和檸檬汁做成的醬汁裡燜煮。灑上薄荷和蒔蘿，靜置使其入味。

馬鈴薯 potatoes

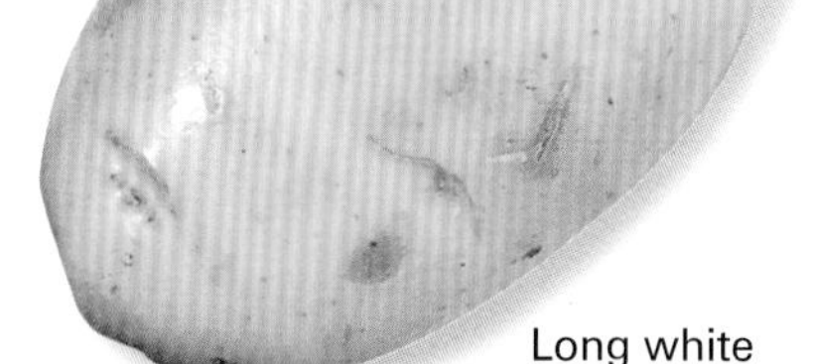

Long white

Russet

Round red

New

營養資訊 NUTRITIONAL INFORMATION

馬鈴薯是優質的碳水化合物來源。它富含維他命C、beta胡蘿蔔素和鉀。馬鈴薯皮含有許多營養素，大部分也存在馬鈴薯肉裡，尤其是接近表皮處。所以削皮的時候，最好只削除表面薄薄的一層。若要保存新馬鈴薯的養份，就稍微清除表面即可，再加以水煮。若不想帶皮食用，可以等其煮熟後，再將外皮磨掉。

份量 YIELD

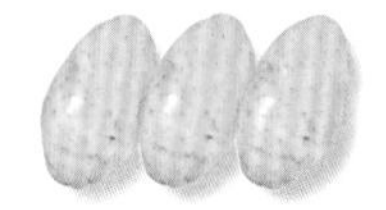

3個中型的馬鈴薯

=

500g

=

約為2杯馬鈴薯泥

=

約為3杯馬鈴薯切片

=

約為2 ¼ 杯馬鈴薯切塊

如何選購 Choosing

馬鈴薯的種類是由形狀(長或圓)，和外皮顏色(白色、棕色或紅色)來決定。所謂的新馬鈴薯，不是品種的名稱，而是剛收穫的馬鈴薯。根據食譜的需求，來挑選馬鈴薯的種類－蠟質或粉質(請見下方說明)。若不確定，則選擇多用途的品種，如卡拉馬鈴薯(Cara)。

要挑選質地結實、外皮光滑、無明顯損傷和芽眼的馬鈴薯。避免外皮帶有綠色的。購買新馬鈴薯時，要挑選絕對新鮮的，因爲它的維他命C會很快流失，並且比舊馬鈴薯(old potatoes)容易腐壞。

蠟質或粉質 Waxy or floury？

雖然馬鈴薯的種類繁多，大致上可分爲兩大類：水分含量高，澱粉含量較低的蠟質；與水分含量低，澱粉含量較高的粉質。前者因爲烹調後，仍能保持其形狀，所以適合用來水煮(boiling)，或做成沙拉(salads)。後者因爲烹調後，會變得鬆軟，所以非常適合用來烘烤，或搗成泥。新馬鈴薯，如(Jerseys)，通常屬於蠟質；而舊馬鈴薯，如Maris Pipers和King Edwards，則屬粉質。若您在烹調前，不確定手邊的馬鈴薯，屬於哪一種類，可以將馬鈴薯放入一比十一的鹽水裡，蠟質馬鈴薯通常會浮起，而粉質馬鈴薯則會沈下。

如何貯存 STORING

新舊馬鈴薯，都應存放在乾燥、陰涼、通風處，如食品室(larder)或蔬菜架(vegetable rack)上。如果接觸到陽光，馬鈴薯會帶上綠色，並可能有中毒的風險。若是存放的地方太過潮濕，馬鈴薯會發黴。您可以削除小部分的綠斑，但若是綠斑已擴散到整顆馬鈴薯，則應予以丟棄。不要將馬鈴薯放在冰箱裡。

如果一次購買大量的馬鈴薯，可以讓它留在原本的紙袋內，但若是塑膠袋包裝，則應將其取出，因為塑膠袋會保留濕氣，使馬鈴薯發黴。

舊馬鈴薯可以保存數個月，但其營養價值會逐漸流失，而變得粉質化。新馬鈴薯則應在購買後的2－3天內，食用完畢。

可做出完美馬鈴薯泥的工具 TOOLS FOR THE PERFECT MASH

絕對不要用食物處理機，來製作馬鈴薯泥，因為馬鈴薯會變成湯狀，若要做出完美的馬鈴薯泥，應採用下列的工具：

馬鈴薯搗碎器 POTATO MASHER

有各種不同的設計，最常見的一種是，一個上面有孔洞的圓盤，附在2條支架上；或是有鋸齒狀的粗網架，連接到一個中央握柄上。有彈簧的搗碎器，有兩個搗碎頭(mashing heads)，壓下把手時，上方的搗碎頭會下移到下方搗碎頭旁邊。

馬鈴薯壓泥器 POTATO RICER

由不鏽鋼或鋁製成，它的上下雙臂連接在一起，下臂附著一個底部有細孔的籃子，用來裝食物，上臂附著一個平坦的圓盤，可以用來將煮熟的馬鈴薯壓過細孔。

食物磨碎器 MOULI

如果要將馬鈴薯泥做成柔滑鬆軟的質地，將食物磨碎器架在攪拌盆上，再把煮過的馬鈴薯放進去。然後，搖動握柄，將馬鈴薯壓過食物磨碎器，落入攪拌盆內。

炸薯條 FRENCH FRIES

油炸馬鈴薯，有很多種不同的名稱，依其形狀而定。最受歡迎的是條狀馬鈴薯，有不同的大小。

- 要制作油炸馬鈴薯時，先將馬鈴薯放進酸性冷水(請見169頁)中浸泡，然後徹底擦乾再使用。
- 一次不要在油鍋裡，加入太多的馬鈴薯，因爲這樣會降低油溫，而使馬鈴薯變得油膩。
- 油炸好後，再加上鹽巴，否則馬鈴薯會變得軟濕而不酥脆。

麥桿薯條 Straw potatoes (Pommes pailles)非常細的薯條，約為 7.5 cm長。

法式薯條 Chips (Pommes frites) 5mm x 7.5 cm

火柴薯條 Matchstick potatoes (Pommes allumettes) 3mm x 6 cm

新橋薯條 Straight cut (Pont neuf) 1 cm x 7.5 cm 邊緣修切整齊，疊起來後上菜。

配方 Recipes

安娜馬鈴薯 Pommes Anna 以法國名媛Anna Deslions命名，這道馬鈴薯菜餚，是為了搭配爐烤肉類和家禽所設計。

法國傳統焗烤馬鈴薯 Gratin dauphinois 馬鈴薯切片，裹上奶油，加上奶油蛋液醬汁和起司，放在淺盆子裡烘烤。

伯爵夫人馬鈴薯 Dochesse potatoes 馬鈴薯泥(puréed)，加上奶油和蛋，擠花成裝飾用的形狀，放入烤箱烘焙；做為配菜和裝飾。

城堡馬鈴薯 Château potatoes 新馬鈴薯用奶油小火煎到呈金黃色，變軟，傳統上搭配牛排享用。

馬鈴薯煎餅 Potato rösti 這是瑞士名菜，水煮後的馬鈴薯磨碎後，煎成金黃色的薄餅。傳統上留在雪裡一整晚，使其乾燥。

里昂馬鈴薯 Lyonnaise potatoes 洋蔥切薄片，和煮熟的馬鈴薯片，一起嫩煎。

做出完美的烤馬鈴薯 PERFECT ROAST POTATOES

先將馬鈴薯水煮過，使烘烤時受熱均勻。將水瀝乾，馬鈴薯仍留在鍋內，蓋上蓋子，關火，使馬鈴薯完全變乾爲止。將鍋子搖晃一下，以磨平馬鈴薯的邊緣，或用叉子劃切。

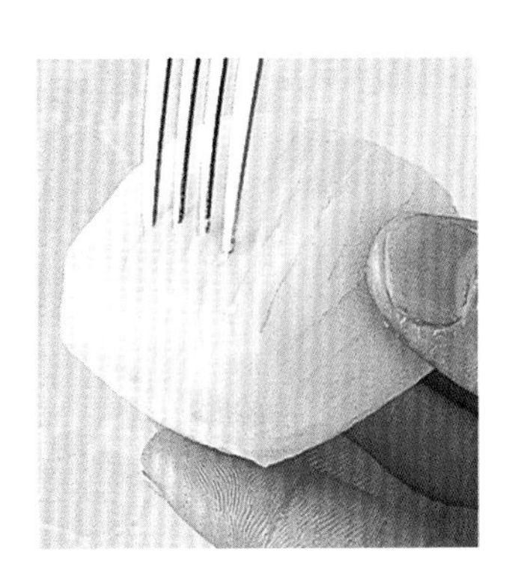

其它根菜類蔬菜 other root vegetables

蕪菁 Turnips 甘藍家族的一員，和瑞典蕪菁是近親，若是沒有煮得過熟，會有一股甜椒(pepper)香，與絕佳的口感。應選擇幼嫩的小蕪菁，體呈白色，頂端帶點綠色。navets，是一種普遍的歐洲品種，則帶著紫色。選購時，應挑選相對沈重的蕪菁，外皮光滑無損傷。

防風草根 Parsnips 帶有堅果般的甜味。選擇小至中型的，味道較好；大型的防風草根，中心部分會呈木質。如果壓下去覺得柔軟，或外皮粗糙有裂痕，則不要購買。

甜菜根 Beetroots 和甜菜(the sugar beet)有親戚關系，它的糖份是蔬菜中最高的，而卡路里很低。挑選質地結實、無損傷的中至小型甜菜根。可能的話，購買帶有頂部葉片的，這些葉莖可以依照烹調菠菜的方式處理。葉片應看起來新鮮健康。

瑞典蕪菁 Swede 和蕪菁一樣，屬于甘藍家族，但體型較大、口感較粗老，不如蕪菁受到歡迎。原名turnip-rooted cabbages，當瑞典開始將這種蔬菜，出口到英國時，改成了今日的稱呼。選擇質地堅硬、沈重的瑞典蕪菁，外皮光滑無腐敗跡象。

紅蘿蔔 Carrot 非常營養，一根紅蘿蔔可以供應一天的維他命A所需。選擇質地堅硬、色彩明亮、外皮光滑者。幼嫩紅蘿蔔(baby carrots)是很漂亮的裝飾，小紅蘿蔔(young carrots)常連著頂部的葉片一起販售，但是成熟的紅蘿蔔，甜味最高，營養也最多。

削圓蔬菜
TURNED VEGETABLES

大部分的根菜類蔬菜、小黃瓜和櫛瓜(courgettes)，都可以切成整齊的筒形或橄欖形，使它看起來像小蔬菜的樣子(baby versions)。傳統的作法為削成七面，但只要大小一致，也可以只削成五面以下。

▼ 用小型削皮刀，小心地削除稜角。由頂端往下，一點點地削除切割後所形成的稜角，每削切一次，就轉個方向，讓蔬菜的形狀變成筒形。

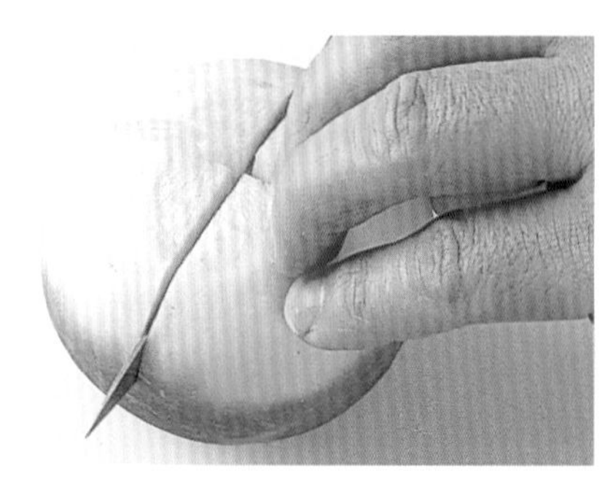

◀ 將蕪菁和其他的圓形蔬菜，切成4等份，紅蘿蔔等管狀的蔬菜，就切成5cm長的塊狀。

有節瘤蔬菜 KNOBBLY VEGETABLES

一旦將根芹菜(celeriac)、菊芋(Jerusalem artichokes)、和球莖甘藍／大頭菜(kohlrabi)的粗糙外皮削除後，它們立即轉變成用途很廣的三種蔬菜，可以切片、切塊、切絲、或刨絲。先用小型削皮刀去皮，再依烹調所需切片。因爲切好的蔬菜，接觸空氣後會變色，所以要立刻放進酸性水中浸泡(參照第169頁)。

球莖甘藍／大頭菜 kohlrabi 甘藍家族的一員，這種淡綠的球根，頂部通常有葉片生長。球根嘗起來像蕪菁，葉片則類似菠菜的味道。選擇小而沈重的球根，葉片呈深綠色，較大的球根有木質口感。

根芹菜Celeriac 它有獨特的圓形多節瘤根部，在冬季時味道最佳，有明顯的芹菜味，和類似蕪菁的結實口感。挑選小型(直徑10 cm以下)堅硬的的球根，頂部無發芽跡象，節瘤最少者。若連著根部，則應是乾淨的。體型較大的，通常會是木質。

菊芋 Jerusalem artichokes 和葵花(sunflower)有親屬關係。其口感酥脆，帶有堅果甜味。挑選質地結實、無損傷、無軟爛處、無綠斑、節瘤最少者。

如何貯存 STORING

根菜類蔬菜(root vegetables)最好存放在陰涼通風處。以下標有星號＊的，代表可放在冰箱冷藏。如果購買時，帶有頂端的葉片，則應先將其去除後，再行貯存。

紅蘿蔔 Carrot	2－3天＊
防風草根 Parsnips	8－10天＊
蕪菁(大) Turnips	2周以上＊
蕪菁(小) Turnips	2－3天＊
瑞典蕪菁 Swedes	2周以上
甜菜根 Beetroots	3－5天＊
菊芋 Jerusalem artichokes	10－14天＊
球莖甘藍／大頭菜 Kohlrabi	5－7天＊
根芹菜 Celeriac	5－6天＊
櫻桃蘿蔔 Radish	5－6天＊

櫻桃蘿蔔 RADISHES

這種根莖蔬菜有許多不同的形狀，圓形或長形，紅色、白色、黑色、紫色、淡綠色或帶糖果般條紋。暗紅色的櫻桃蘿蔔，是其中最小，口味最辛辣的(peppery)。黑色的櫻桃蘿蔔比紅色的味道強烈，並且能長達30 cm以上。挑選外皮光滑、質地結實、摸起來沒有海綿鬆弛感的。櫻桃蘿蔔通常生食，但也可以煮熟，或作爲裝飾。

櫻桃蘿蔔裝飾 RADISH GARNISHES

▼ **櫻桃蘿蔔螺旋 Radish spiral** 將1顆大型的櫻桃蘿蔔，插入金屬簽(skewer)，一邊轉動，一邊以螺旋狀的方式縱向削切。

▲ **櫻桃蘿蔔玫瑰 Radish roses** 將櫻桃蘿蔔的尖端切除，再切成細方格狀，不要切到底，下端要連接在莖上。放進冰水中打開。

特殊與外來的根菜類蔬菜
unusual and exotic roots

如何貯存 STORING

存放在陰涼處。標有星號＊的可以放入冷藏。

樹薯 Cassava	1－2周
球根牽牛(切塊)Jicama	1－2周＊
球根牽牛(整塊)Jicama	1－2周
婆羅門參 Salsify	3天以內＊
地瓜 Sweet potato	3－4天
水芋 Taro	3－5天
山藥 Yam	2－3周

婆羅門參和鴨蔥 Salsify and scorzonera 這兩種根莖類的關係很親近，兩者都呈細長狀，有土味，不容易清理。它們的味道獨特，有人說像生蠔，有人則認為像蘆筍和朝鮮薊。它們的外皮顏色不同，但其下的肉都呈雪白色。烹調方式和其它根莖類植物差不多：做成泥狀(puréed)、嫩煎或水煮。

編註：scorzonera指菊科鴉蔥屬多年生草本植物。

黑婆羅門參 Black salsify (鴨蔥scorzonera) 外皮深褐或黑色，裡面的肉近白色。

白婆羅門參 White salsify 有時也稱為oyster plant，據說味道最好，它的外皮顏色較淡。

地瓜 Sweet potatoes

和一般的馬鈴薯沒有關系，通常有兩種種類：一種外皮是橘紅色，裡面的肉則是粉紅色；另一種的外皮是暗紅色，裡面的肉顏色較淡。兩者都帶有一點刺激的甜味。選擇外皮光滑、乾燥、沒有發芽跡象者。削皮後，放入酸性水中浸泡。

水芋、山藥和樹薯的前置作業 PREPARING TARO，YAM AND CASSAVA

水芋、山藥和樹薯的表皮下方，含有一種有毒物質，但經過烹煮後，會消失。若要去皮食用，務必削去較厚的一層皮。小心地將皮丟棄，處理完後一定要洗手。

球根牽牛 Jicama

它是一種菜豆植物的球根，有整塊販售，重達500 g－3 kg不等，也有切成小塊販售。它的形狀像蕪菁，有薄的褐色外皮，和白色的肉。它的味道和質感，很接近荸薺(water chestnut)，可以切成薄片生食。選擇小型的球根牽牛，口感較脆嫩；若外皮較厚，則表示這顆蔬菜太老了。在流動的冷水下擦洗，再削皮、切成薄片。

水芋 Taro

在非洲、亞洲和加勒比海地區，因其富含碳水化合物，而廣泛地被使用。較小的品種，稱為青芋(eddo)或芋頭(dasheen)，體型和新馬鈴薯差不多，也有大型的桶狀。外皮粗糙，裡面的肉像櫻桃蘿蔔(radish)一樣呈淡色。它的味道據說，很像馬鈴薯和荸薺。水芋在烹煮過程中，會吸收大量的水份，最好用來製作濃湯和燉菜。它也可油炸、水煮後磨成泥(mashed)，做成餡餅(fritters)。趁熱上桌，因為水芋變冷後，會變得黏膩。

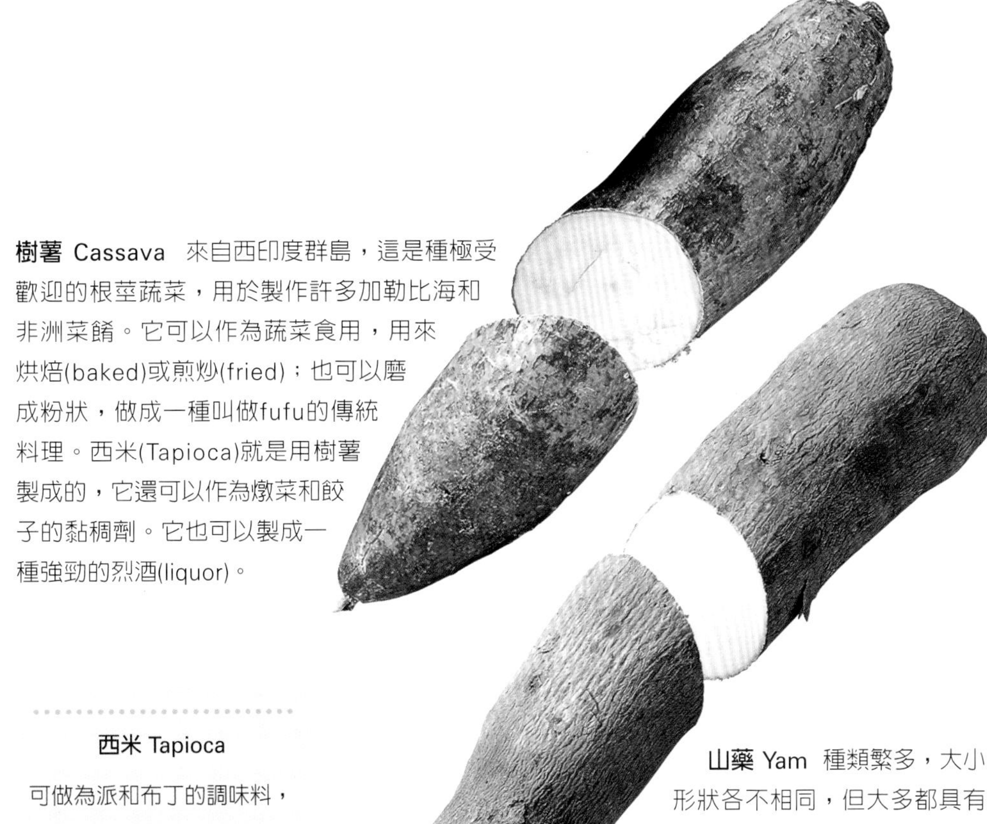

樹薯 Cassava　來自西印度群島，這是種極受歡迎的根莖蔬菜，用於製作許多加勒比海和非洲菜餚。它可以作為蔬菜食用，用來烘焙(baked)或煎炒(fried)；也可以磨成粉狀，做成一種叫做fufu的傳統料理。西米(Tapioca)就是用樹薯製成的，它還可以作為燉菜和餃子的黏稠劑。它也可以製成一種強勁的烈酒(liquor)。

西米 Tapioca

可做為派和布丁的調味料，以及醬汁和濃湯的濃稠劑。它的原料是磨碎的樹薯根，加以乾燥後製成膏狀。可以買到粉末狀、顆粒狀或薄片狀。

山藥 Yam　種類繁多，大小形狀各不相同，但大多都具有粗糙的褐色外皮，和白色的肉質。處理時，削去厚厚的一層外皮。然後放入酸性水中浸泡，以防止變色(請見右下方說明)。山藥的味道相對平淡，但像馬鈴薯一樣，用途很廣，能作為主食。用來油炸，滋味特別好。

外來根莖類植物的前置作業 PREPARING EXOTIC ROOTS

▼ 大部分的根莖蔬菜，都需要經過徹底的清洗、再削皮，才可烹調。削皮時，要削去厚厚的一層。

▼ 先將中央木質的部分去除，再切成片狀、條狀或塊狀。削皮後，要馬上放入酸性水中浸泡(請見下方說明)。

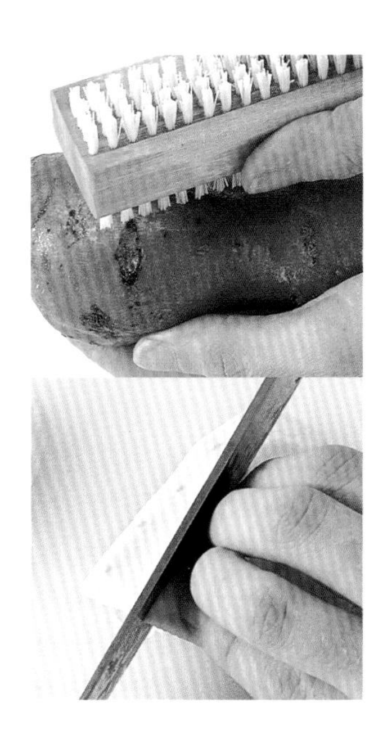

蔬菜處理器 MANDOLIN

這是一種基本工具，可用來將質地堅硬的蔬菜切片，如肉質根菜與塊根菜。它是用不鏽鋼或木頭製成的。比較專業的設計，上面有個滑動架，可以固定蔬菜，並有支架可支撐在工作檯上。它附有1個平直的刀片，粗刨與細刨的刀片，還有1個波浪形切割刀。切片的厚度都可以調整。

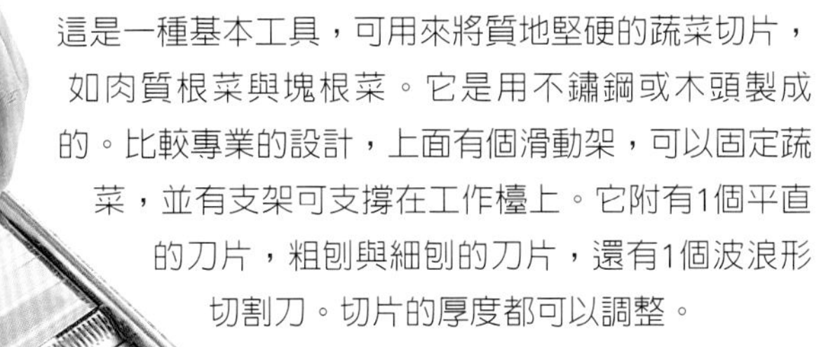

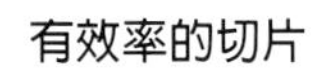

有效率的切片
Effective cutting

蔬菜處理器，在傾斜使用時效果最好，所以最好購買有支架的。有些設計，還可以將蔬菜處理器旋緊，固定在工作檯上。

酸性水 Acidulated water

要防止去皮的蔬菜變色，可將45 ml(3大匙)的白酒醋或檸檬汁，加入1公升的水中，再將蔬菜放入浸泡。

葉菜類蔬菜 leafy greens

這些綠色的葉菜類，用途極廣，富有營養，具有獨特的風味和口感，能夠爲各種菜餚增添色彩。快炒或蒸煮，都很美味，有些能夠作爲沙拉生食(請見190頁)，如菠菜和蒲公英。然而大部分都比較適合熟食，通常是加入大量奶油。由於烹調後，它們的體積會減少幾乎一半，所以要以重量，而非體積來計算份量。例如，若要烹調菠菜，則225 g的份量，即夠一人份所需。

瑞士甜菜
Swiss chard
綠色的葉片，連接在寬大的白色或深紅色莖部上。選擇葉片鮮脆無斑點者。

甜菜
Beetroot greens
常連著根部一起販賣。葉片應該新鮮有彈性。

營養資訊
NUTRITIONAL INFORMATION

菠菜富含維他命C、A、B、葉酸和維他命K，以及鐵、鉀、鈣、鎂、碘和磷。

菠菜
Spinach
很容易乾枯，所以一定要購買最新鮮的。確認葉片鮮脆而呈深綠色，莖部也很新鮮。避免枯萎有黃斑者。

酸模 Sorrel
帶一點刺激的酸味，但很適合和菠菜搭配。選擇葉片光滑呈箭狀，青翠而無斑點者。

佛羅倫斯式烹調
A la florentine

在法國，所有佛羅倫斯式的菜餚(à la florentine)，就代表它是由菠菜做成的。其中最有名的如，佛羅倫斯式水煮嫩蛋(Oeufs mollets à la florentine)。它其實就是一些嫩的水煮蛋(soft-boiled)，放在一層菠菜上，再澆上起司醬汁後焗烤。

嫩甘藍 Spring greens
其實就是甘藍菜的嫩葉。葉片應呈鮮綠、肥厚，看起來鮮脆無斑點。

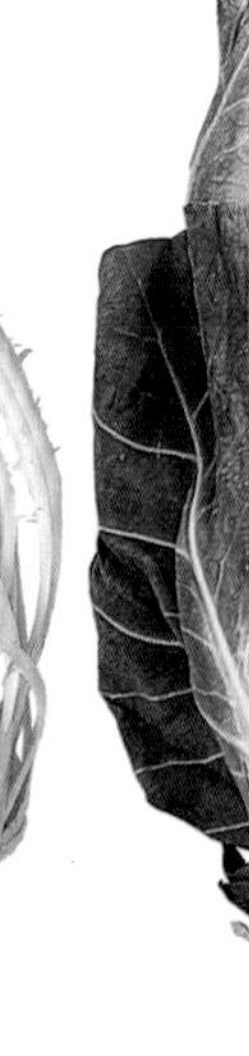

法國蒲公英
Dandelion greens
葉片較厚，有鋸齒狀邊緣，味道略帶刺激的苦味。應選擇看起來新鮮，葉片呈深綠色無黃斑者。

羽衣甘藍 Kale　深綠色的葉子有許多折邊，味道像甘藍菜。選購小把，葉片看起來鮮脆者。

東方葉菜類
ORIENTAL GREENS

其中許多都和甘藍菜，或菠菜、甜菜等，屬於同一家族。其他的葉菜，則屬於完全不同的種類，但和西方的葉菜類一樣，它們都在亞洲料理上，扮演重要的角色，爲湯和快炒，增添口感和味道。許多都已可在超市買到，否則，也可到亞洲或印度商店尋找，通常都會有驚人的多樣選擇。以下只列出一小部分最爲人所熟知的。

大白菜 Chinese leaves or Peking cabbage　這是我們最熟悉的東方甘藍菜。它的味道平淡，帶有一點甘藍菜味，因為其清脆的口感，而受到歡迎。和許多葉菜類不同的是，大白菜全年都有生產。

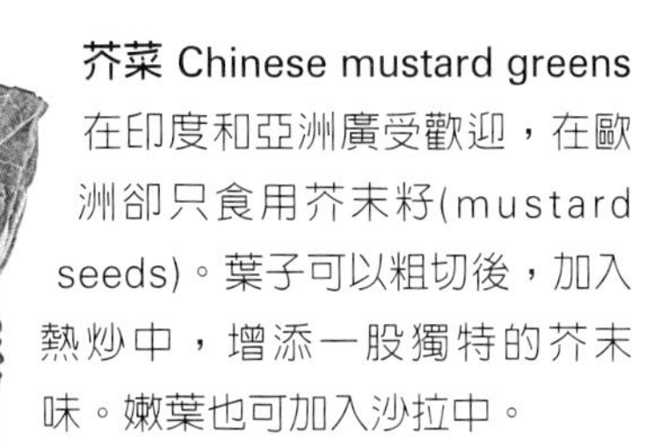

芥菜 Chinese mustard greens　在印度和亞洲廣受歡迎，在歐洲卻只食用芥末籽(mustard seeds)。葉子可以粗切後，加入熱炒中，增添一股獨特的芥末味。嫩葉也可加入沙拉中。

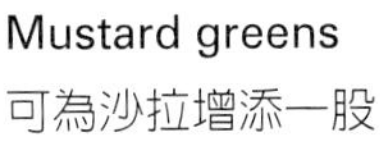

歐洲芥菜
Mustard greens
可為沙拉增添一股辛辣口感，也可熟食。選擇葉片深綠，沒有黃斑者。

切菜
CUTTING GREENS

菠菜、嫩甘藍和瑞士甜菜，應該先去除中央葉梗(central ribs)，然後將數片葉子疊在一起，捲成圓筒狀，再用主廚刀切成細長條狀，或傳統切絲(chiffonade)。

茼蒿
Chinese broccoli　看起來有點類似西方紫色 sprouting broccoli，不過花朵是黃色或白色的，葉片較瘦長而粗糙。烹調時，修除外側葉片與較粗的莖部，再切成數段。

白菜／青江菜 Bok choy　現在常常可以在西方超市買到，它的葉片如舟槳，很容易辨認。它的味道溫和愉悅，但比大白菜有味道。葉片和莖部都可食用，葉片只需清洗即可，莖部若是過大，則需要經過修切。

白花椰菜和青花椰菜
CAULIFLOWER AND BROCCOLI

白花椰菜和青花椰菜是我們最容易辨認，也最受歡迎的冬季蔬菜之一。除了大型白花椰菜外，還有羅曼斯柯(Romanescoes)，呈淡青色或白色，有塔狀花型，有點像白花椰菜和青花椰菜的混種。另外還有一人份的幼嫩白花椰菜(baby cauliflowers)。綠色的花椰菜(green cauliflower)，有時也可在商店買到。它的顏色淡綠，因此似乎很新奇，但其味道接近普通的白花椰菜。

紫花椰菜 Purple sprouting broccoli 是最原始的青花椰菜，之後才培養出我們較熟悉的花莖甘藍(calabrese)，在短而多汁的莖部上，有藍綠色和紫色的花頂。它是一種蔓生蔬菜，莖部修長，有小的紫色花頂。幼嫩的葉子、莖部和頂部都可食用。挑選紫綠色而頂部緊密的。

白花椰菜 Cauliflowers 顏色應呈米白，由內側的綠色葉片卷曲地包圍著。避免已成棕色或變色者。

青花椰菜 Broccoli 同樣地，應看起來新鮮。避免花已變成黃色的。

大廚訣竅 Cook's tip

這兩種花菜的頂部，都比較粗的莖部幼嫩，所以最好分開烹煮。將菜花從莖部切下，若是過大就切割成較小的分枝。然後切除莖部上的葉片，削去粗糙的外皮，頭尾兩端都修切過，再縱切成兩半後，切成細條。

如何貯存 STORING

所有葉菜類，可先在冷水下清洗，拭乾後，放入鋪了廚房紙巾的塑膠袋中，再放入冰箱，可保存3天。

白花椰菜和青花椰菜，可放在冰箱的沙拉抽屜裡，保存4天。

高麗菜(cabbages)和抱子甘藍，應放在塑膠袋內保存。高麗菜(cabbages)可放在冰箱保鮮盒(crisper)至少2周，抱子甘藍則可存放3－5天。

營養資訊 NUTRITIONAL INFORMATION

青花椰菜，雖然比白花椰菜晚出現，今日卻有比後者更受歡迎的趨勢，除了用途廣泛之外，也因為它含有大量的維他命C、胡蘿蔔素、葉酸、鐵質、鉀、鉻和鈣質。此外，若是稍微煮過頭，也比較不容易變爛。

高麗菜是維他命A、C、B1、B2 、B3以及D非常好的來源，也含有豐富的鐵質、鉀(potassium)和鈣(calcium)。

高麗菜 CABBAGES

有不同的顏色和形狀，生食時，口味清脆溫和；熟食時，帶一點甜味。

紅高麗菜 Red cabbage 因其紅酒般的色澤，與耐食的口味，而受到歡迎。一但切開後，就會開始退色，除非用一點醋來「定色」。大部分的食譜建議，在料理時，加入60－75 ml(4－5大匙)的紅酒醋。

如何選購 Choosing

選購時，用手拿起感覺它的重量。應挑選感覺結實，相對沈重者。葉片看起來明亮健康。避免葉片發黃、枯萎、變色、有斑點者，或聞起來有已有「菜味」(‘cabbagy’)者。

春甘藍 Spring cabbage 這些綠色高麗菜，是一年裡最早收成的一批高麗菜，因此得名，它的頂部膨鬆，內部的芯呈淡黃色。

皺葉甘藍 Savoy cabbage 一種綠色的高麗菜，葉片有許多皺折。滋味特別鮮嫩，有一股愉悅的溫和味道。

白高麗菜 White cabbage 亦稱為荷蘭高麗菜(Dutch cabbage)，它是用途最廣的高麗菜之一，可以生食，或切片、切塊熟食。另一種做法是，將大型葉片汆燙過，用來包各種餡料。

抱子甘藍 Brussels sprouts 它首先在Flanders(位于今日的比利時境內)開始種植，因此得名(譯註：比利時首都為Brussels)。越小、越綠的，口味越甜。若是煮得過熟，會有一股糊爛味。挑選結實、緊密者。

高麗菜卷 CABBAGE WRAPS

▼ **整顆** Whole 從高麗菜取下2片大葉子，剝除中央葉片，使其變成中空，外殼維持2－3 cm的寬度。在中央裝入自選的餡料，再以取下的葉片包裹起來，以棉繩綁好。

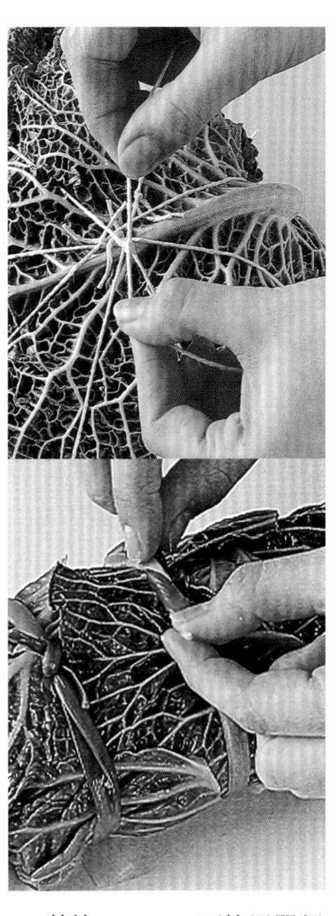

▲ **葉片** Leaves 可使用單獨的葉片，來包裹小份的餡料，如果要用來爐烤(roast)，可用2張以上的葉子重疊包裹起來。將餡料放在中央，將四邊的葉子折上來，頭尾折進去。小型菜卷如此烹調即可，大型的菜卷，可用蔥條加以固定。

高麗菜的前置作業 PREPARING CABBAGES

切絲與磨碎 Slicing and grating 使用不鏽鋼刀，碳鋼(carbon steel)可能會和高麗菜產生反應，使切口變色。亦可使用手動磨碎器(hand grater)、可調整刀片的切絲器，或放進食物料理機(food processor)切絲。

▶ **去芯** CORING 所有的高麗菜中央都有的白色硬芯，質地很硬，不適合食用，所以，要先除去，以利高麗菜葉的切絲，均勻受熱。用主廚刀，將高麗菜縱切成4等份。然後，斜切掉每1等份底部上的硬質白芯。

豆莢，種籽和菜豆 pods，seeds and beans

這些是最味甜多汁的蔬菜類。它們通常不需要繁複的前置作業，是極受歡迎的簡單配菜，上桌前，只需一點奶油或一根薄荷枝即可。大部分的菜豆和豆莢，是趁其幼嫩時食用；豌豆、甜玉米和蠶豆，則需要去莢，取出種籽食用。不過青豆和某些種類的豌豆，包括豆莢在內的的整顆蔬菜，都可食用。

糖莢豌豆 Mangetouts
這種豌豆是連同豆莢，一起食用。它的質地比甜脆豌豆透明，因此容易處理，烹調時間也短，最適合汆燙或快炒。

豌豆 GARDEN PEAS

豌豆是最具夏季風味的蔬菜，若是非常新鮮，可直接從豆莢取出食用，更是甜美。煮熟後，可以和奶油醬汁拌著吃、打成泥煮成濃湯，或和其他蔬菜共煮。若是非常新鮮的豌豆，不需要任何特殊的處理，搭配一點奶油和新鮮薄荷上桌，就最爲美味。

甜脆豌豆 Sugar snaps
像糖莢豌豆一樣，連同豆莢一起食用，但體型較為豐滿圓潤。口感新鮮愉悅，做成沙拉和快炒，都很美味。也可以煮熟後食用，但像糖莢豌豆一樣，注意不要煮得過熟。

如何選購 Choosing

要選擇新鮮的豌豆，就要挑選看起來結實飽滿、有光澤的鮮綠色豆莢。一旦摘下後，豌豆裡的糖份，很快就會轉變成澱粉，所以要盡快烹調。等到要料理時，再剝除豆莢。挑選甜脆豌豆時，豆莢的縫隙不應裂開。

小豌豆 Petit pois
這個名稱，指的是一種特別小型的豌豆品種，而不是讀者容易誤解的「嫩豌豆」(a young pea)。它通常是大量生產，做為冷凍食品販售，但是也有農夫自行種植，因此可以在農產品店尋找看看。

份量 YIELD

450 g的帶莢豌豆

=

2人份的去莢豌豆

豌豆的前置作業 PREPARING PEAS

豌豆需要去莢，而糖莢豌豆(mangetouts)和甜脆豌豆(sugar snap)，只需要去老筋(stringing)，想要的話，也可以順勢掐去頭尾。

▶ **豌豆 Peas** 去莢時，擠壓豆莢底部，以打開豆莢，再用大拇指把豌豆從莢內推出，滑入碗裡。

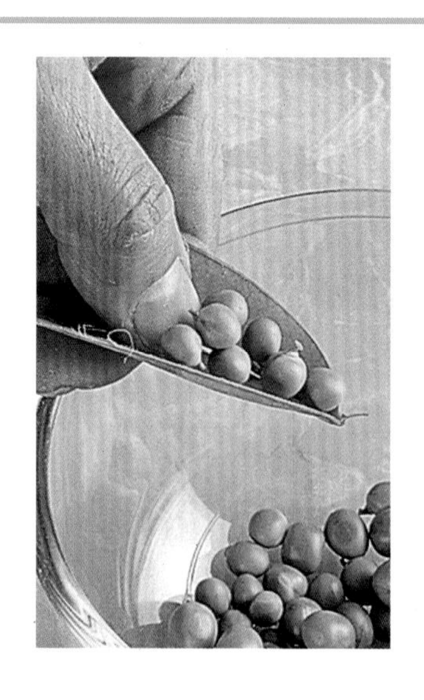

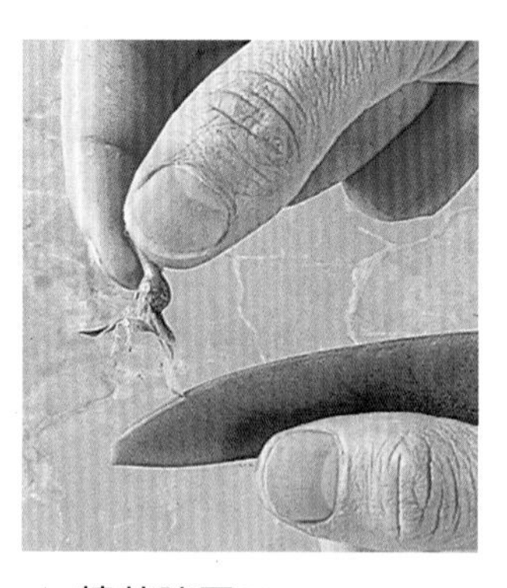

▲ **糖莢豌豆Mangetouts** 要去除糖莢豌豆和甜脆豌豆的老筋時，先捏斷蒂頭，再順勢拉除老筋。

配方 Recipes

奶油香草醬佐蠶豆
Broad beans in a creamy herb sauce
蠶豆煮軟後，搭配以香草調味過的滑順奶油醬汁，一起食用。

小黃瓜佐薄荷豌豆
Minted peas with cucumber
豌豆搭配薄荷、炒過的蔬菜、和法國濃鮮奶油(crème fraîche)與苦艾酒醬汁(vermouth sauce)一起食用。

甜玉米 SWEETCORN

甜玉米的任何部分，都可以使用。傳統上，甜玉米會先去皮，水煮，以「帶穗軸(on the cob)」的方式，加上奶油來吃，或刮下玉米粒後，用來烹調。在墨西哥料理中，玉米皮會被用來製作墨西哥玉米粽(tamale)。

如何選購 Choosing

玉米有天然的甜味，但一旦摘採後，糖份就會轉變爲澱粉，所以務必要購買新鮮的玉米，並盡快食用。挑選飽滿沈重的玉米穗。玉米須應該感覺濕潤，呈金黃色，沒有任何腐敗現象。玉米粒則應該相對細小，刺穿時會流出奶油色汁液。

甜玉米 Sweetcorn
完全長成的玉米穗，會呈黃色或白色。

小玉米 Baby corn
可以整支食用。

如何貯存 STORING

豌豆不要去莢(包括需去莢食用的豌豆，和連豆莢食用的種類)，放在塑膠袋中，置於冰箱的沙拉抽屜裡，需在1－2天內食用完畢。

新鮮玉米，可放在塑膠袋中，放入冰箱保存，並應盡快食用。使用前，再去皮和鬚。

使用玉米皮 USING THE HUSKS

在爐烤(roasting)或炙烤(barbecuing)玉米時，通常不會將玉米皮去除。此外，玉米皮也可用來包裹餡料。若要放入烤箱，或在烤肉架上使用，通常要先將玉米皮浸泡在水中20分鐘，以免烤焦。若要用來包裹餡料，如墨西哥玉米粽(tamale)的做法，則應放進烤箱，以150℃，加熱30分鐘，讓它變乾燥。

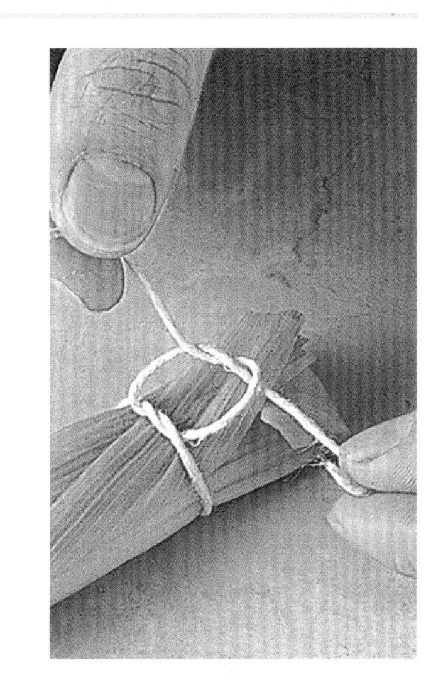

玉米的前置作業 PREPARINF CORN

▼ **去皮** Removing the husks
拉著玉米皮，往後用力拉，從穗軸上扯下來。切除底部。拉除玉米鬚。

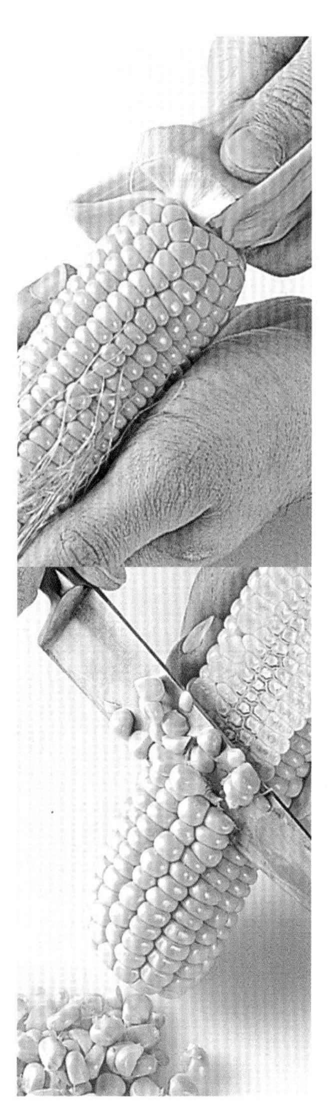

▲ **切下** Cutting
有些食譜需要玉米粒，這時可以用手抓著，讓穗軸的蒂頭朝下，用鋒利的小刀，平直地往下刮。

菜豆 BEANS

大部份的菜豆，都是一個豆莢裡，只有一個隔間，包含一列豆子。可以連同豆莢一起食用的有，花豆、青豆、黃蠟豆(yellow wax beans)和幼嫩的菜豆。

如何選購 Choosing
菜豆的顏色應該看起來新鮮，摸起來飽滿，豆莢無損傷，加以彎曲就會輕易地折斷(幼嫩的菜豆較不容易折斷)。

豆莢刨絲器 BEAN SLICER

一種手握工具，可以去除菜豆的老筋，也可切片。它有兩種刀片；一種可掐斷菜豆的蒂頭；另一種可將菜豆切成四片。

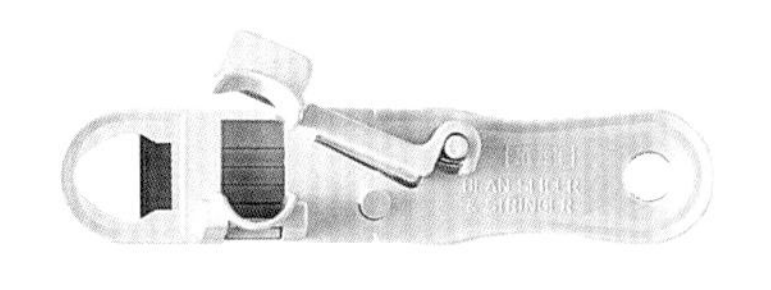

幼嫩的菜豆 French beans 別名為haricot verts，它是所有青豆中最受喜愛者。體型垂直，比肯亞青豆(Kenya green bean)來得飽滿多汁。煮熟後，外皮會變得軟而鮮嫩，有可喜的清新風味。

花豆 Runner beans 長形青豆，外皮粗糙有光澤，煮過後會變軟。它的味道飽滿，若是非常新鮮，口感極為脆嫩。若是展售過久，質感則會變老。因為它的味道獨特，花豆通常單獨做為配菜使用。

蠶豆 Broad beans 亦稱為fava beans，通常等到豆莢長大時，才販售。淡綠色的豆莢裡，緊密地排列著這些豆子，似乎躺在天鵝絨襯墊上。新鮮的蠶豆，口感絕佳，帶點甜味。若是放置了一段時間，豆子的味道會變苦，並且外皮會變硬。烹調前，一定要將成熟的豆子去皮。

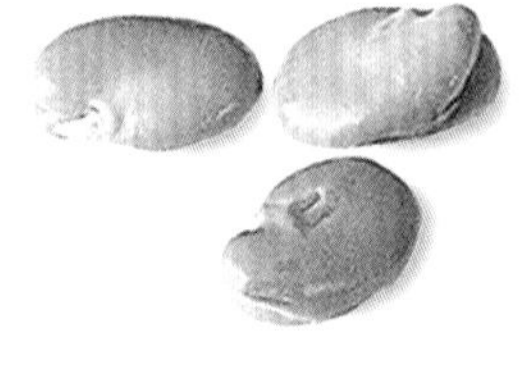

泰國豆 Thai bean 這種菜豆，呈細長條狀，又稱yard-long beans,蘆筍豆(asparagus beans)和中國豆(Chinese beans)。它的味道和口感，都很接近青豆。

青豆 Green bean 數種菜豆的通稱。在美國，大多數的青豆(和黃豆yellow beans)，都叫做snap beans。

如何貯存 STORING

新鮮的菜豆，若仍留在可食的豆莢內，可裝進塑膠袋中，放入冰箱保存3－4天。若是豆莢不可食用的菜豆，可用同樣的方式保存，在2－3天內食用完畢，使用前才去莢。

秋葵可放入冰箱的沙拉抽屜裡，保存3－4天。

您知道嗎?
Did you know?

蠶豆一定要煮熟，否則可能會引發蠶豆症(favism)，一種遺傳性的失調疾病，可能會導致貧血(anaemia)。服用某些抗憂鬱症藥物的病人，也會被建議避免食用蠶豆。

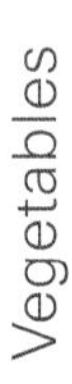

如何將蠶豆去皮 SKINNING BROAD BEANS

成熟的蠶豆，豆莢堅硬，所以最好先去皮，再烹調。雖然頗為麻煩，但還是值得經過這道手續，尤其是要用來製作濃湯或抹醬(pâtés)。先將蠶豆汆燙到變軟(請見22頁)，再用小刀剖開蠶豆一端的皮。然後，用兩根手指擠壓蠶豆的另一端，將蠶豆從皮中擠出。

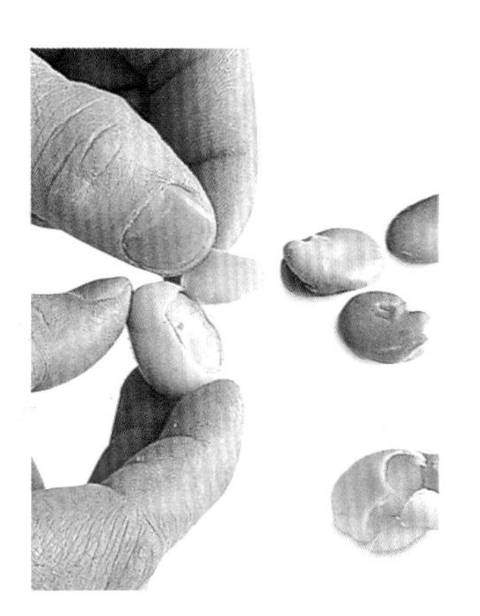

花豆的前置作業 PREPARING RUNNER BEANS

去頭尾，然後必要的話，撕除老筋。最好使用豆莢刨絲器(BEAN SLICER)，切成薄片。

秋葵 OKRA

秋葵原產於非洲，對西方來說，還很具異國風情，不過這種食物頗受各地喜愛，不論是印度，或美國南方，都在當地料理中占有一席之地。修長的綠色豆莢，呈燈籠形，裡面有許多種籽。烹煮後，會流出黏液。

如何選購 Choosing

選購小而飽滿的豆莢，避免看起來枯萎，或稍微擠壓會感覺軟爛者。

營養資訊 NUTRITIONAL INFORMATION

花豆是優質的蛋白質、複合碳水化合物、纖維質、Beta胡蘿蔔素(人體可將之轉變成維他命A)等來源。它亦含有磷、鐵、煙鹼酸、維他命C和E。

青豆含有豐富的碳水化合物和一些蛋白質。它亦富含維他命C和A，以及鈣、鉀和鐵。

豌豆富含維他命B和C，以及蛋白質、煙鹼酸和葉酸。

甜玉米是很好的維他命C來源，同時含有一些維他命A和鐵。它是重要的碳水化合物來源，也含有一些蛋白質。

秋葵含有維他命C和A，以及葉酸、硫胺素和鎂。

天然黏稠劑 Natural thickener

秋葵裡的凝膠狀物質，
可以在辛辣的咖哩或湯中
發揮天然黏稠劑的效果，
最著名的例子就是
路易斯安那秋葵濃湯
(Louisiana gumbo)。
要讓黏液釋出，
可在進行前置作業，
將秋葵切片時，
也將頭尾切除。

秋葵的前置作業 PREPARING OKRA

若要製作濃湯，或傳統上以秋葵增加濃稠度的克利歐風味(Creole-type)燉菜，可先將豆莢切除頭尾，再切成厚度一致的片狀。若您不喜歡秋葵的黏稠特質，可將頭部修切過，而不暴露出種籽，然後整支水煮或蒸煮。秋葵也可用來炒一切片或整支皆可，最好和大蒜、洋蔥，以及其他適合搭配這種味道溫和蔬菜的辛香料。

南瓜 squashes

如何選購 Choosing

南瓜可分爲夏季和冬季品種。夏季的南瓜，果肉和種籽都較鮮嫩，外皮柔軟可食；挑選質地結實的。冬季的南瓜，外皮和種籽都較厚而硬，果肉結實。選擇外皮堅硬無損傷者。這兩種南瓜，全年都有生產，應該挑選乾燥、形狀漂亮，相對沈重，有光澤者。

名稱逸趣
What's in a name?

櫛瓜屬于少數有兩個名字的蔬菜，但這兩個名稱的來源其實很類似。Courgette是瓠瓜的法文名稱'courge'的小號版。同樣的，zucchini是義大利字'zucca'(義文指葫蘆)的縮小版。

扁圓南瓜 Pattypan 有白色、黃色和淡青色。適合燒烤(grilling)，如果體型較大，可用來鑲餡。

櫛瓜和瓠瓜 Courgette and marrow courgettes 基本上就是幼嫩的瓠瓜(baby marrows)：體型越小，味道越甜。除了綠色的櫛瓜外，還有黃色和灰色的—都可以生食，也可熟食。瓠瓜應該結實、沈重，超過30 cm長。它可以用來蒸煮、水煮、鑲餡和焗烤(baked au gratin)。

如何貯存 STORING

夏季南瓜可以在冰箱裡保存好幾周，但最好是在室溫下，不超過一個禮拜。冬季南瓜的外皮較厚，因此可以存放在陰涼乾燥處達數月之久，

南瓜 Pumpkin 小型的果肉較多，最適合食用。切成對半或四等份，去籽後烘烤(bake)。

小青南瓜 Acorn squash 有橘色帶甜味的果肉，除了深綠色的品種外，還有橘色果皮的。通常用來鑲餡，或切片後烘焙。

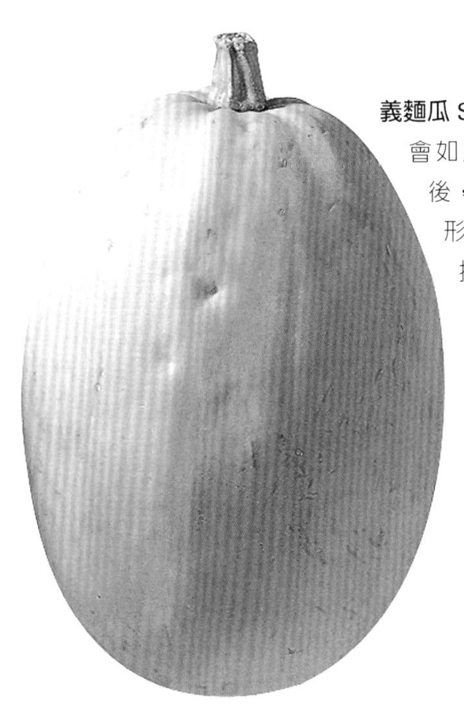

義麵瓜 Spaghetti squash
會如此命名是因為，烹煮後，它金黃色的果肉，會形成如麵條般的絲狀。挑選外皮呈淡金色的，青色的外皮，表示尚未成熟。

白胡桃南瓜 Butternut squash
果肉呈深橘色，濕潤而甜美。烹調前要去皮，可做成濃湯，或當作蔬菜使用。

佛手瓜 Chayote 亦稱為christophine，中央有一棵大種籽，並帶有一點蘋果味。可按照料理櫛瓜的方式處理。

營養資訊
NUTRITIONAL INFORMATION

南瓜含有碳水化合物、鈣、鐵、鉀，並含有適量的維他命A和C。

前置作業技巧
PREPARATION TECHNIQUES

▼ **小青南瓜** Acorn squash
將南瓜縱切成兩半，把梗的部分切穿。先用湯匙挖出南瓜籽與纖維質果肉，再削除南瓜皮。切成小塊後，再烹調。

▼ **義麵瓜** Spaghetti squash
先縱切成兩半，再挖出籽。水煮(boil)或烘烤(bake)。煮好後，用叉子耙出果肉，就會變成像義大利麵般的條狀了。

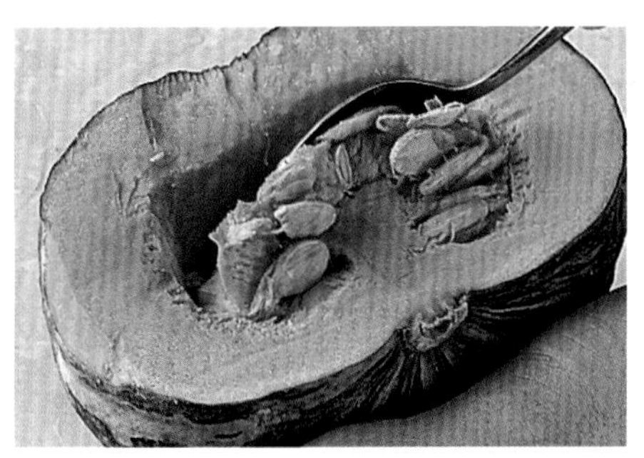

▲ **白胡桃南瓜** Butternut squash
將南瓜切成兩半。先分別削或切除南瓜外皮，再把南瓜切成塊。

放大檢視櫛瓜 A CLOSER LOOK AT A COURGETTE

花 Flower

櫛瓜嬌嫩的黃色花朵，數世紀來，受到北美印第安人的崇敬。它很容易腐敗。填入起司後油炸。極佳的維他命C來源。

皮 Skin

多為綠色，但也可能是黃色的。皮可以食用，但有些人覺得，過老的櫛瓜皮，帶有苦味。如果擔心的話，可以將它削除。

果肉 Flesh

質感結實，生食時有令人愉悅的清新味。幼嫩的櫛瓜，只需要短時間的烹調，以維持其口感與原味。較老的櫛瓜，若是煮得過熟，則會變得軟爛一所以要注意。

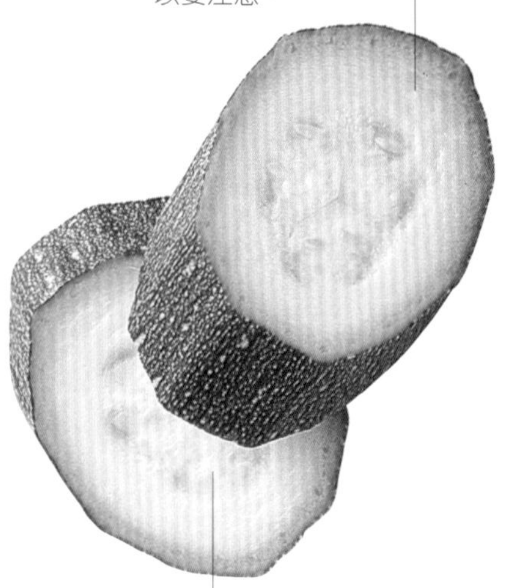

種籽 Seeds

在幼嫩的櫛瓜裡，並不明顯；在成熟的櫛瓜裡，才能看到。

裝飾用的前置作業 DECORATIVE PREPARATIONS

▼ **削皮** Peeling

用刨絲器(canelle knife)，縱向等距，在小黃瓜或櫛瓜上，刨下細條狀的皮。然後，切成圓薄片，邊緣就會產生花朵般的效果。

▲ **櫛瓜緞帶** Courgette ribbons

要料理櫛瓜、紅蘿蔔、和其他長型蔬菜時，這種方式既漂亮又容易煮熟。使用蔬菜削皮刀(vegetable peeler)，或蔬菜處理器(mandolin)，將櫛瓜縱向刮成長條狀。若是櫛瓜太長，可先切成兩半。

小黃瓜 CUCUMBERS

常用來做成三明治和沙拉的，是可以切片的黃瓜；用來醃的黃瓜，體型較小。兩者都有深綠色的外皮，口感爽脆，果肉滋潤清涼，味道溫和。可切片的黃瓜，全年都有生產。選擇質地結實，沒有軟爛處的產品。放入冰箱，可保存一周。若是購買無蠟的黃瓜，可用保鮮膜包起來，維持其滋潤度。

英國黃瓜 English cucumbers 外皮薄而無籽，這種長型黃瓜，通常是上蠟販售，以封住水份。

醃黃瓜 Gherkins　這種小黃瓜，是趁其尚未成熟時採收，然後用醋來醃，做為配菜。

您知道嗎？
Did you know?

過去，黃瓜常造成某些人的消化不良，今天我們所種植的gourmet cucumber，也稱為「不打嗝黃瓜」(burpless cucumber)，沒有種籽，或只含有很小的種籽。科比黃瓜也與其類似，通常不會產生令人不愉快的副作用。

稜角黃瓜 Ridged cucumbers 在英國並不常見，卻是法國最受歡迎的黃瓜。它比英國黃瓜來得小而結實，外表渾圓，味道飽滿。

科比黃瓜 Kirby cucumber 常用來製作醃黃瓜的品種之一。通常只在夏季出產。

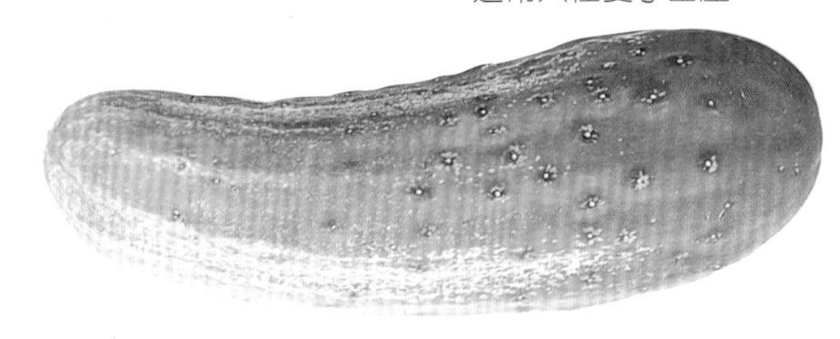

小黃瓜裝飾 CUCUMBER GARNISHES

因爲其顏色有明顯對比，因此很適合做出吸引人的裝飾。

▼ **山形黃瓜**
Cucumber chevrons
先將小黃瓜縱切成四等份，再分切成大塊。然後，在小黃瓜上切下一淺一深的兩個V字形，再錯開來。

▲ **小黃瓜螺旋片**
Cucumber twirls
先用刨絲器(canelle knife)刮小黃瓜皮(參照上一頁)，再切成極薄片(wafer-thin slices)。在每一片上，劃一道口子，到達圓心，然後以相反的方向，輕扭一下。

甜椒與辣椒 peppers and chillies

如何貯存 STORING

甜椒應存放在陰涼處，如冰箱的沙拉抽屜內，可保存數天。新鮮甜椒切片或切塊後，可放置在塑膠容器中，或冷凍袋裡，可冷凍6個月之久。新鮮的辣椒，可在陰涼處，存放1－2周。先放入塑膠袋中，然後放在冰箱裡較冷的地方。或者，也可以將辣椒洗淨後曬乾，放入乾淨的密閉食品罐中，幾乎可以無限期保存。

甜椒 Sweet peppers 雖然被認為是水果類，甜椒其實被當作蔬菜來料理。紅椒其實就是，未採收的青椒，留在蔓藤上成熟而成。它也有黃色和紫黑色的。最甜的種類，是燈籠椒(pimiento)，以罐頭包裝或瓶裝販售。

配方 Recipes

突尼西亞甜椒沙拉 Tunisian 'mechouia' salad 阿拉伯料理，以許多的烤甜椒和辣椒，來搭配其它的蔬菜和鯷魚。

蒜味辣椒蛋黃醬 Rouille 一種辣醬，搭配海產燴佐麵包丁(croutons in bouillabaisse)。由紅辣椒、甜椒、大蒜和橄欖油製成。

甜椒炒蛋 Piperade 法國巴斯克地區(Basque)的地方菜，由青椒、紅椒或黃椒、洋蔥、番茄和新鮮香草製成，再加上略炒過的雞蛋。

如何選購 Choosing

甜椒的外皮應該很有光澤，摸起來結實。辣椒的外皮，即使在新鮮時，也可能會有皺紋，所以不要因此被影響。不過，應該避免任何有損傷或明顯斑點者。

甜椒去皮 SKINNING PEPPERS

將甜椒縱切成兩半，丟棄果梗和種籽。帶皮的那面朝上，放在烤盤裡，接近熱源，燒烤(grill)到皮變焦。用錫箔包起來，靜置15分鐘，然後刮起焦黑的皮，剝除。

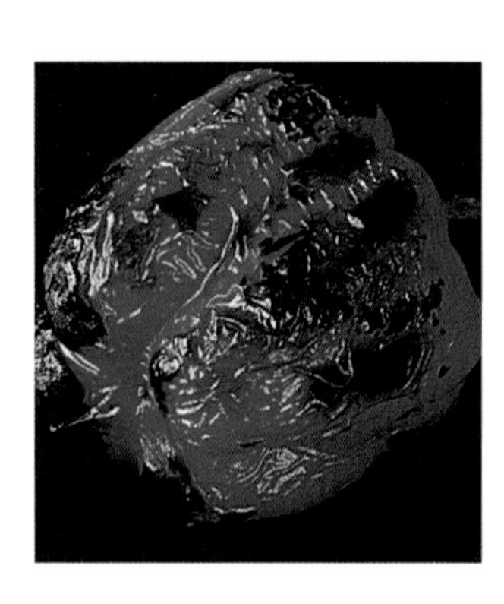

墨西哥綠色小辣椒 Jalapeño

蘇格蘭呢帽辣椒 Scotch bonnet

索藍諾辣椒 Serrano

泰國雀椒 Bird's eye

加勒比辣椒 Caribe chilli

哈瓦那辣椒 Habanero

辣椒 Chilli pepppers 一般性的原則是，體型越小的辣椒，辣度越高。泰國雀椒、哈瓦那辣椒、蘇格蘭呢帽辣椒，是非常辣的種類；墨西哥綠色小辣椒和索藍諾辣椒，則較為溫和。

匈牙利紅椒粉 Paprika

紅椒曬乾後，磨成粉末，製成一種粗粒的辛香料。用來調味一系列的匈牙利菜餚，最知名者如匈牙利燉牛肉(goulash)。它的味道溫和，帶一點刺激味，有內斂的甜味。也常用在許多西班牙料理中。

乾辣椒泡水
REHYDRATING DRIED CHILLIES

在料理時，乾辣椒可做爲新鮮辣椒的替代品，您可以將它敲碎或磨碎，或浸泡在溫水中1小時。瀝乾後，磨碎成膏狀，再放在網篩裡，用手以摩擦的方式過濾，以將皮去除。

去除種籽和中果皮
REMOVING SEEDS AND PITH

辣椒的辣味，來自一種稱爲辣椒素(capsaicin)的揮發油，會灼傷皮膚和眼睛。整棵辣椒都有辣椒素，不過辣椒內的種籽與周圍的中果皮，是最集中的地方。正因如此，大多數的人會在烹調前，將種籽取出，切除中果皮。

- 若使用自己的雙手，可戴上橡膠手套。或用刀子來切割辣椒和去籽。
- 若是使用未加保護的雙手，工作後，一定要將自己的手徹底洗淨。

放大檢視辣椒
A CLOSER LOOK AT A CHILLI

果肉 Flesh
辣椒薄薄的果肉，就有強烈的辣度，但不如種籽和中果皮的威力。

中果皮 Pith
辣椒裡最辣的部分，含有最高度的辣椒素。除非要最大的辣度，否則應將其去除。

種籽 Seeds

種籽亦含有高度集中的辣椒素。

果皮 Skin
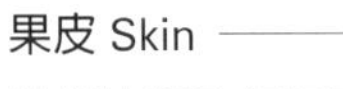
辣椒的顏色有紅色、黃色、綠色等，但顏色和辣度沒有關係。

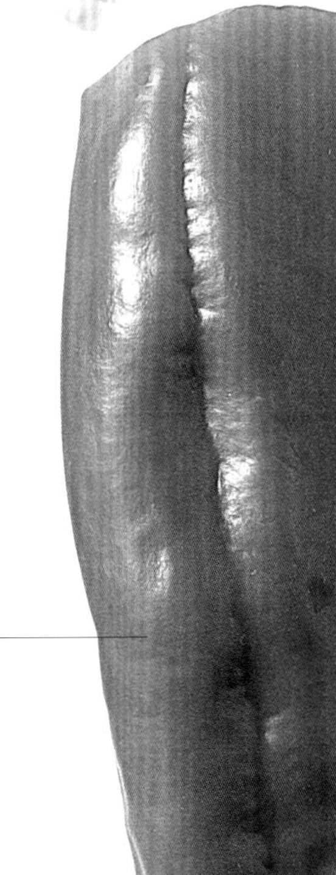

乾辣椒
Dried chillies

所有新鮮辣椒都可以曬乾，乾辣椒的種類，幾乎和新鮮辣椒一樣多，不過名稱通常不一樣。您可以買到乾燥的紅辣椒，然後放入密閉的食品罐中，幾乎無限期地保存，而不會失去原有的辣味。

響尾蛇辣椒 Cascabel 一種較為溫和的乾辣椒：適合加在醬汁中，增加一點額外的力道。

墨西哥煙椒 Chipotle 墨西哥名字，指煙燻過的墨西哥綠色小辣椒(Jalapeño)。和新鮮辣椒一樣，辣度極強，可替濃湯和燉菜增加超強辣度。

新墨西哥紅辣椒 New Mexican red
一種大型紅辣椒，口味相對溫和，帶一點水果味。

乾燥帕薩多辣椒 Dried pasado 和新鮮辣椒一樣，它的味道相對溫和而怡人。適合加入濃湯、砂鍋燒和醬汁中，增添一點微辣感。

不同種類的辣椒 THE DIFFERENT TYPES OF CHILLIES

種類 Type	描述 Description	辣度 Heat index	適用於 Use for	使用數量 Quantities
阿納海辣椒 Anaheim or California	大而修長，呈紅色或綠色	小至中辣，帶有一絲甜味	可鑲餡或整支料理，或切片後，加入菜餚中，增加一點微辣感。	整支使用，或依個人喜好，每道菜加入2－3支。
安祖辣椒 Ancho	小而呈甜椒形，有紅色或綠色	中辣，帶有宜人的甜味	泰國與印度咖哩，或略帶辛辣的莎莎醬(salsas)和醬汁	依個人喜好或食譜說明，每道菜加入2－3支
泰國雀椒 Bird's eye	小而修長的紅辣椒，外皮富有光澤	極辣	墨西哥料理	少量
響尾蛇辣椒 Cascabel	李子形辣椒	較為溫和，帶有堅果味	整支燒烤或爐烤，或製作成較溫和的莎莎醬	依照食譜說明，整支或切碎使用
墨西哥綠色小辣椒 Jalapeño	綠色的辣椒，成熟後會轉成紅色	辣	酸辣醬(chutneys)、開胃食品(relishes)和莎莎醬	每道菜依各人口味，加入2－3支
衣索比亞辣椒 Ethiopian	長而扁的辣椒，幼嫩時呈淡綠色，但會轉成紅色	辣到非常辣	醬汁、咖哩和米飯料理	少量
哈瓦那辣椒和蘇格蘭呢帽辣椒 Habanero and Scotch bonnets	哈瓦那辣椒短而呈盒狀，產自墨西哥，有綠色、黃色和紅色，但顏色不能做為判斷辣度的標準。蘇格蘭呢帽辣椒和它類似	所有辣椒中最辣的，會到達使人流淚的地步	墨西哥和加勒比海料理，需要極高的辣度	極少量
金穗辣椒 Hot gold spike	淡黃色或綠色，產自美國西南部	非常辣	墨西哥或德州墨西哥混合(Tex-Mex)料理，或其他需要辣味的料理	少量
墨西哥深綠色辣椒 Poblano	小型、深綠色辣椒，產自墨西哥，在西班牙很受歡迎	通常是帶有一絲甜味的溫和辣度，但有時候少數幾個，會特別地辣	整支燒烤或爐烤。通常製作成西班牙的小菜(tapas)	整支使用
泰國辣椒 Thai	紅色、綠色或黃色的小辣椒	非常辣	泰式醬汁、咖哩和米飯料理	少量
索藍諾辣椒 Serrano	綠色或紅色的長形辣椒	很辣	墨西哥、加勒比海或泰國料理	每道菜依各人口味，加入2－3支
黃臘辣椒 Yellow wax	小而呈甜椒形，頂端較寬，尾部變窄。有淡黃色或綠色	小辣到非常辣	咖哩或泰國菜	小心使用，因為很難判斷辣度的不同

辣椒製品 CHILLI PRODUCTS

乾燥辣椒可製成不同種類的辣椒粉、辣椒醬、辣椒油等產品，用來調味各種鹹食料理。

辣椒片
Chilli flakes

由整支辣椒製成，含有種籽和中果皮，因此可能會很辣。加入料理時，應小心使用

卡宴辣椒
Cayenne pepper

由某種產自法國卡宴(Cayenne)地區的辣椒，磨成粉末製成。因為由這種乾燥辣椒的種籽和中果皮製成，所以是非常辣的調味料，應當少量使用。它的味道獨特，謹慎使用的話，可為醬汁、餅乾、糕點、咖哩、摩洛哥鍋(tagines)和其他料理，增加香辣味。

辣椒粉
Chilli powder

由不同種類的乾燥辣椒製成，從溫和到極辣都有，雖然辣，但不及卡宴辣椒(Cayenne pepper)來得香辣，通常呈深紅色，顆粒也較粗。可使用在咖哩、醃醬(marinades)、煮熟的醬汁、莎莎醬，加勒比海和墨西哥料理上。購買時先檢查包裝上的說明，因為有的辣椒粉含有香草植物(herbs)和其他辛香料。若要自行製作，可將種籽和中果皮，從紅辣椒裡取出，然後乾煎(dry-fry)到變脆，或用烤箱來加熱乾燥。等到完全乾燥後，用咖啡磨豆機或香草研磨機(herb grinder)來研磨。

塔巴斯可辣椒醬
Tabasco

它由紅辣椒、醋、鹽製成，味道辛辣，帶有甜椒味。它是很有用的櫥櫃常備品，可為各種料理，增添立即的辛辣口感。可像鹽和胡椒一樣使用，也可加入摩洛哥鍋、咖哩、和其他肉類及魚類料理中，增添辛香味。

辣椒醬
Chilli sauce

種類繁多，口味從溫和、甜味到如咖哩般(Vindaloo)辛辣都有。都是鮮紅的濃稠狀，視生產國的不同，摻有其他不同的成份。中國和東方的辣椒醬，通常稱為四川辣椒醬或碎辣椒醬(sambal ulek)。墨西哥辣椒醬，較為平淡(plainer)，但辣度相同。少量地加在醃醬、燉菜和砂鍋燒裡。

番茄 tomatoes

如何選購 Choosing

能夠留在藤蔓上慢慢熟成的番茄，味道最可口。成熟的番茄，有一種濃郁的甜味，是未成熟的番茄所缺乏的。自己種的番茄，可在最完美的熟成期採收，味道當然最好。如果您沒有這樣的條件，就應選擇當地所種植的番茄，在流通率大的農產品店、超市、或蔬果店內選購。有機番茄的味道，會比較飽滿。

挑選時，要選擇質地結實、色澤鮮紅或呈紅橙色。聞起來應該有一股不明顯的甜味，輕輕按壓會有彈性。

牛番茄 Beefsteak tomatoes 體型大(直徑可達10 cm)而有稜狀。呈深紅或橙色，味道很鮮美。最適合做成沙拉或三明治生吃，也很適合用來鑲餡。

份量 YIELD

3個中型的番茄

=

500 g

=

約為1½ 杯切碎的番茄

櫻桃番茄 Cherry tomatoes 非常甜美，酸度低。有許多不同的品種—紅色、黃色，甚至還有白色的。也可買到李子形的櫻桃番茄(plum cherry tomatoes)。

黃番茄 Yellow tomatoes 比紅番茄不酸，味道香甜溫和。通常為中型到大型，並且多汁。

綠番茄 Green tomatoes 在番茄成熟前，即予採收。非常適合做成醃漬品，因為它的酸度很能搭配洋蔥、辛香料和糖所帶來的酸甜滋味。

營養資訊 NUTRITIONAL INFORMATION

番茄是很好的維他命C來源，尤其是帶藤熟成的種類。一顆中型的番茄，含有40%的每日建議攝取維他命C量，大多集中在種籽周圍的柔軟果凍狀組織。番茄亦含有維他命E、beta胡蘿蔔素、鉀、鎂、鈣和磷。最近的研究顯示，茄紅素，也就是使番茄變紅的成分，可能能夠藉由減輕自由基所造成的損害，而幫助預防某些癌症。

▲沙拉番茄 Salad tomatoes 用途很廣，但味道較為平淡。產季開始前的番茄，來自加納利群島、西班牙、南歐和海峽群島。夏季時，則有較多當地生產的不同種類。

帶藤番茄 Vine tomatoes 留在蔓藤上熟成的番茄，特別芳香甜美。價錢較為昂貴，但很值得，適合做成沙拉、開胃菜、和新鮮的番茄濃湯。

李子形番茄 Plum tomatoes 香甜濃郁，比大多數的圓形番茄來得不酸。種籽較少，因此汁液也較少，所以很適合做長時間的料理，如醬汁和燉菜。

番茄產品和前置作業
Tomato products and preparations

包裝或罐頭番茄 Packaged or tinned 在最當季的時候做成罐頭，以保留番茄的美味多汁。冬季時，可以用它來取代新鮮番茄。李子形番茄，是最受歡迎的種類，因為果肉飽滿而種籽較少。

義式番茄糊 Passata 義大利過濾過的平滑番茄糊，以紙包裝或玻璃罐販售。

番茄糊 Tomato paste 煮熟的番茄，不經調味，再過濾成均勻的濃度，形成濃稠的醬汁。

番茄泥 Tomato purée 煮熟的番茄，不經調味，製成風味濃烈的濃縮番茄泥。

番茄醬 Tomato sauce 番茄泥用鹽調味，通常還加入了其他香草(herbs)和辛香料。

番茄乾 Sun-dried tomato 有強烈的煙燻味，和令人愉悅的耐嚼口感。若是泡在油裡的，可以直接從罐中取出食用；乾燥的則需要泡水。

法國的番茄丁 Concassé 食譜常需要粗切的番茄丁，若要製作質地均勻的成品，可先將番茄剝皮、去籽、粗切後，用鹽和胡椒調味。可做為調味蔬菜或義大利麵的醬汁，或用來製作其他醬汁的基底。

如何貯存 STORING

番茄最好在室溫下儲存，介於13－21℃之間。千萬不要將未成熟的番茄，放入冰箱，因為低溫會破壞其風味，並中止熟成過程。番茄成熟後，要在1－2天內食用完畢，吃不完的也要先經過料理。另一個方法是，將番茄冷凍起來，準備做成醬汁，解凍時，番茄皮會自然地脫落。一旦番茄完全成熟後，可以在冰箱保存1－2天，一旦超過這段時間，風味就會喪失。如果番茄變得過熟，就要立即料理，然後冷凍。切除果梗處，並且去除所有腐壞的部分。

番茄的種類 Type of tomato	未成熟的番茄 Under-ripe tomato	已成熟的番茄 Ripe
沙拉番茄、牛番茄	室溫4－5天	室溫2－3天或 冰箱冷藏3－4天
李子形番茄	室溫4－5天， 或直到變軟但不過軟	室溫2－3天或 冰箱冷藏3－4天
櫻桃番茄	室溫2－3天或 直到變成鮮紅色	室溫2天或 冰箱冷藏3天

▶ **番茄的熟成** 未成熟的番茄，若放置在陰暗處數天，仍會繼續熟成，可將番茄放在棕色紙袋中，並且放入1顆蘋果，以加速熟成。當蘋果成熟時，它會釋放出一種天然氣體，加速熟成的速度。

去皮和去籽 PEELING AND DESEEDING

▼ 在已去蒂的番茄上，用鋒利的刀子劃切上十字，放進滾水中汆燙10秒。撈出，用冰水浸泡。

去皮Peeling 用小刀的前端，從劃切的十字處開始，剝除已變得鬆弛的外皮。

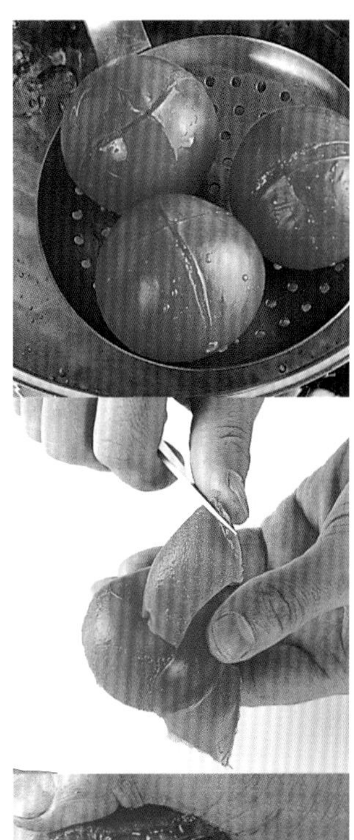

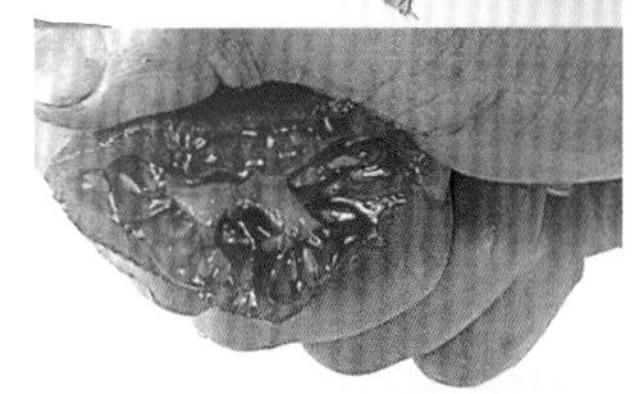

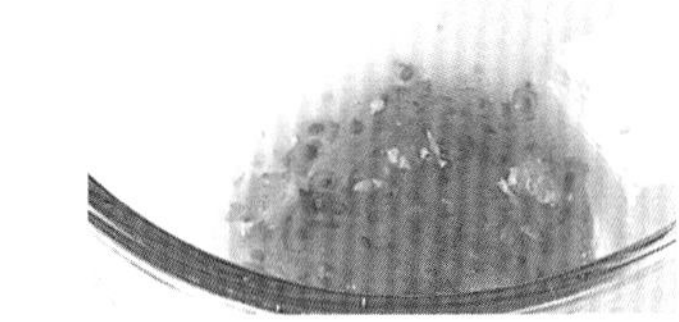

▲ 去籽Deseeding 將番茄切成兩半，用手分別擠壓這兩半，把番茄籽擠到攪拌盆內。

其它果菜類蔬菜 other vegetable fruits

茄子 AUBERGINES

和番茄與甜椒有親屬關係，茄子雖然被當作蔬菜使用，其實是水果的一種。英國和歐洲以外的地方，它的英文名稱叫做eggplant，可能是因爲有一種白色茄子，看起來就像一顆大型的裝飾蛋。它的種類繁多，從小莓果到瓠瓜般的大小都有，顏色從白色到深紫各異。都是一致的海綿般口感，與平淡的味道。所有種類的茄子，都需要煮熟一生茄子的味道並不令人感到愉悅一它的好處，主要就在於能夠吸取其他佐料的味道。因此，茄子在印度、中東、遠東很受歡迎，常用來和各種洋蔥、辛香料一起料理。

日本茄子
Japanese aubergine

如何選購 Choosing

選擇質地飽滿、有光澤，感覺沉重的茄子。避免表面有傷痕、受損或顏色暗沉者。蒂頭處應看起來新鮮，緊密包裹著茄身，沒有任何發霉的跡象。

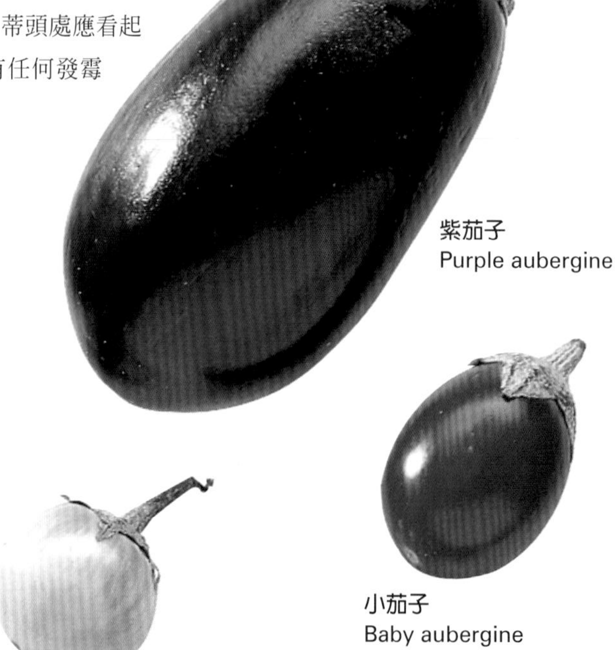

紫茄子
Purple aubergine

小茄子
Baby aubergine

小白茄
Baby white aubergine

泰國豌豆茄
Thai pea aubergines

營養資訊 NUTRITIONAL INFORMATION

茄子是很好的維他命B1、B2、B3，和維他命C的來源。茄子也含有鐵質。

茄子的前置作業 PREPARING AUBERGINES

▼ 爐烤的前置作業
Preparing for roasting

爲了確保茄子能夠均勻受熱，在切成兩半的茄子切面上，用鋒利的刀尖，劃切上方格形刀痕，然後灑上鹽。

▲ 煎炒的前置作業
Preparing for frying

將茄子用鹽醃一下，可以讓茄肉變得更結實，避免茄子吸收太多油脂(雖然這樣還是會吸收不少的油份)。茄子切片。將茄子的切片排列一層在濾鍋(colander)內，把鹽均勻地撒在切面上。靜置30分鐘。然後，放在水龍頭下，用冷水沖洗後，用廚房紙巾拍乾，再烹調。

Pinkerton, Ettinger and Fuerte 這種鱷梨外皮光滑，呈西洋梨形，果肉呈淡綠色。

如何貯存 STORING

茄子可放入冰箱，保存2－3天。質地堅硬而未成熟的鱷梨，應在室溫下放置，直到軟化(約3－4天)；若要加速熟成，可放入棕色紙袋中。成熟的鱷梨，可放入冰箱保存，須在2－3天內使用完畢。

鱷梨去核 STONING AN AVOCADO

先沿著中心的核，將鱷梨縱切成兩半。以相反方向，扭轉這兩半，直到兩半完全分開。然後，用主廚刀，輕敲果核。再扭一下，取出果核。

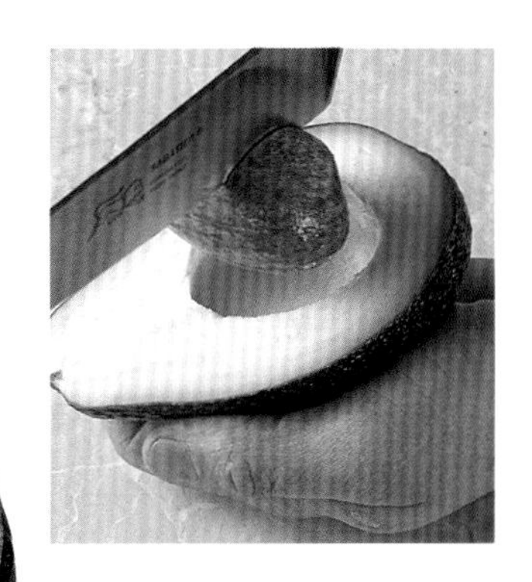

鱷梨(酪梨) AVOCADO

如何選購 Choosing

挑選質地結實、剛成熟的鱷梨，來切片或切丁，做成沙拉；若要做成泥或蘸醬(guacamole)，就要選非常熟的。剛成熟的鱷梨，稍微按壓時可以感覺到質地結實；非常熟的鱷梨，則不須按壓，就可感覺柔軟。避免任何有損傷、凹洞或破皮者。

Hass 體型小，外皮呈紫黑色並有顆粒。成熟時，外表的厚皮會轉成黑色。果肉呈淺金黃色，質地如奶油般綿密。

鱷梨含有豐富的蛋白質和碳水化合物，因此被視為極佳的嬰兒食品。它是少數含有脂肪的水果之一，同時亦含有鉀、維他命C、一些維他命B，和維他命E。

燈籠番茄 TOMATILLOS

它的體型嬌小，外皮呈淡綠色或黃色，帶一點刺激的酸味，由帶點黏性、如紙般的外皮(husk)包裹著，烹調前須將它去除。燈籠番茄，是墨西哥料理的必備食材，可以做成沙拉生食，也可做成醬汁和開胃菜(relishes)。要挑選外皮乾燥，緊密包裹果實的；避免已乾縮或有損傷者。燈籠番茄可以包起來，放在冰箱存放長達10天。

防止變色 PREVENTING DISCOLORATION

鱷梨一旦接觸到空氣後，就很容易變色。可以在鱷梨切片上，刷上檸檬汁，或在沙拉、泥(purées)、蘸醬(dips)等需要放入鱷梨丁的菜餚裡，加入15 ml(1大匙)的檸檬汁。

沙拉蔬菜 salads

所謂的沙拉蔬菜，只是我們料理上所稱呼的一種分類，它們並不單單屬於某種蔬菜家族。許多廣受喜愛的沙拉葉菜，如義大利紫菊苣(radicchio)和苦苣(endive)，同屬於菊苣(chicory)家族；其他的種類，則和我們花園裡的雜草和花朵，有遠近不等的親屬關係。它們主要的共同特質就是，多是供作生食(雖然也有例外)。因此，不論您選擇何種沙拉蔬菜，關鍵是這些葉片，都必須非常新鮮。

萵苣 LETTUCE

萵苣的種類繁多，全都屬於一個廣大家族：Lactuca sativa。一般市售的萵苣，都是種植在溫室裡，因此全年都有不同種類可供選擇，但是論及口感和新鮮度，還是自家或當地有機農園，所生產的最好，只是會因爲季節變化而影響產量。

如何貯存 STORING

若要保持萵苣的清脆，應先將葉片洗淨、擦乾後，放入食物保存袋中，同時放入幾張潮溼的廚房紙巾，然後封好。大部分的種類，包括抱合型萵苣(butterhead)和長葉萵苣，可以保存2－3天。冰山萵苣(Iceberg)、小寶石萵苣(Little Gem)，和其他較強健的的萵苣，可以保存長達一週。

份量 YIELD*

1個中型的包被型萵苣
(crisphead)

=

500 g處理好的沙拉葉

1個中型的合抱型萵苣
(butterhead)

=

250 g 處理好的沙拉葉

1個中型的長葉萵苣
(Cos lettuce)

=

450 g處理好的沙拉葉

*1人份約為115 g
處理好的沙拉葉

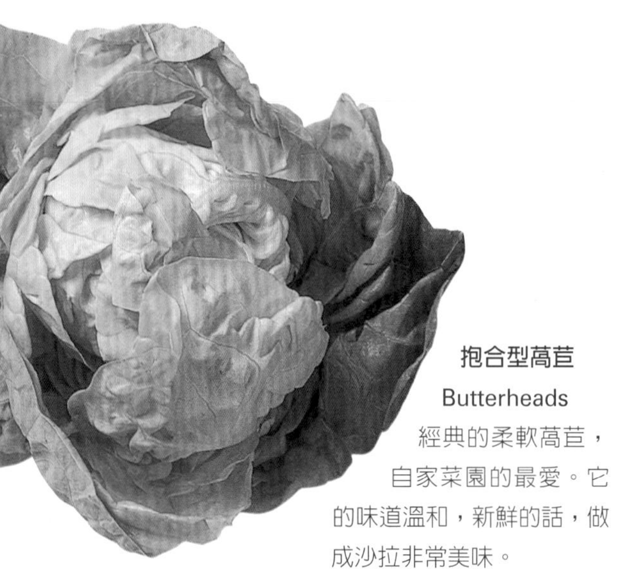

抱合型萵苣
Butterheads
經典的柔軟萵苣，自家菜園的最愛。它的味道溫和，新鮮的話，做成沙拉非常美味。

長葉萵苣
Cos lettuces
長型萵苣，葉片清脆甜美。它通常被視為最美味的萵苣，最適合製作凱撒沙拉。小寶石萵苣(Little Gem)小而緊密，葉片充滿皺摺，味道不錯，但不如長葉萵苣的口感甜美。

圓形萵苣
Round lettuce
這種柔軟的萵苣，有時也稱為head lettuce或cabbage lettuce。葉片鬆散，並有類似高麗菜(cabbage)的頂部。

沙拉脫水器 SALAD SPINNER

利用這個器具，可以縮短擦乾沙拉葉的時間；選擇附有可供拉取繫帶的(with a pull cord)。小心不要裝得過滿，否則葉片容易碰傷。

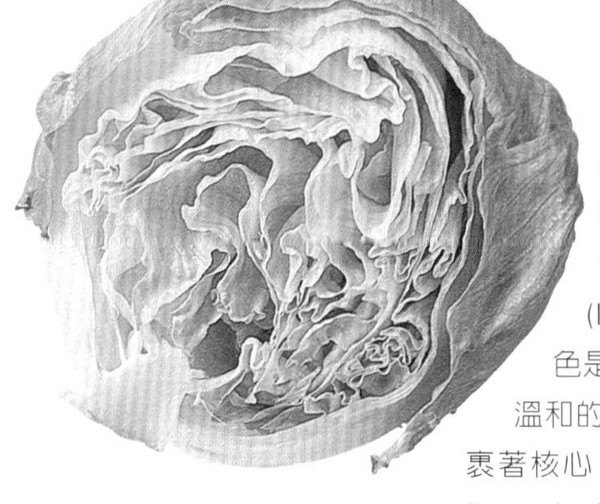

包被型萵苣
Crispheads
包括常見的冰山萵苣(Iceberg)等種類。其特色是新鮮爽脆的口感，和溫和的口味。葉片緊密地包裹著核心，比一般鬆葉型萵苣(loose-leafed)的保存期來得長。

鬆葉型萵苣
Looseheads
如其名稱所示，它的葉片較為鬆散。它沒有硬芯，但越接近中心，葉片越集中。許多種類，如Oak Leaf和Lollo Rosso等，都有漂亮且帶點紅色的葉片。

萵苣的前置作業 PREPARING

從莖部將葉片剝下，或用刀子沿著核心，以圓錐型將葉片切下。丟棄任何外層枯萎受損的葉片，包括有斑點，快要腐壞的葉片。

將葉片稍微用冷水沖洗乾淨，再放進裝了冷水的攪拌盆內，浸泡一下子。將葉片小心取出，使泥沙髒汙能夠沉在盆底。放在乾淨的布巾上，再用另一條布巾拍乾。

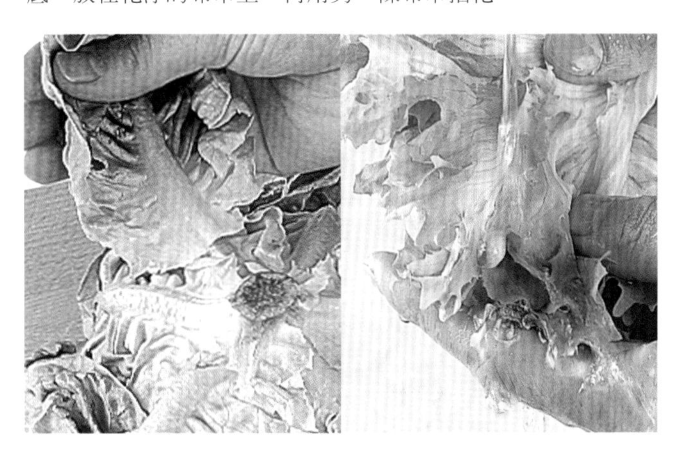

調味汁 DRESSINGS

調味汁，是影響生菜沙拉品質的一個重要關鍵，可以提升沙拉的味道和口感，並且強化彼此之間的對比。調味汁通常都以油做成，所以，一定要使用最頂級的油來製作，同時還會加入檸檬或萊姆汁，來增加一點刺激的味道，我們也更常使用紅酒醋(wine vinegar)或蘋果酒醋(cider vinegar)。

- 使用高品質的材料，來製作調味汁—特級初榨橄欖油(extra virgin olive oil)，能夠做出極佳的調味汁，但若覺得熱量太高，可混合一半的葵花油或花生油，它們的味道比較清淡。
- 一般的原則是，用5份的油，來調1份的醋、檸檬汁或萊姆汁。
- 不要讓沙拉葉片淹沒在調味汁裡。份量只要足夠在食材表面增加濕潤和光澤即可，不需要在碗底留下一大攤醬汁。
- 若要製作生菜或綜合沙拉，要等到上菜前一刻，才加入調味汁。若是由煮好的材料，所做成的沙拉，如米、義大利麵、和煮好的蔬菜等，就可以事先加入調味汁，讓味道有時間混合進去。

製作油醋調味汁 MAKING VINAIGRETTE

一定要讓所有的材料維持在室溫下，以確保材料可以混合均勻。使用攪拌器(whisk)，來混合醋和芥末醬，並使其變得濃稠。慢慢地加入油，一邊攪拌，直到調味汁變得光滑、濃稠、質感均勻。

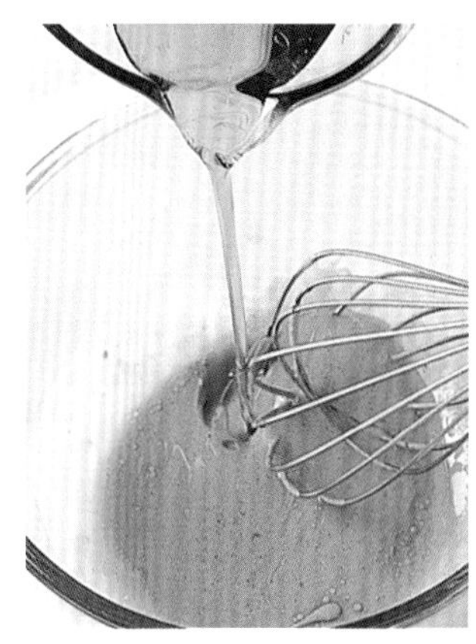

配方 Recipes

柳橙蜂蜜調味汁 Orange and honey dressing 一種美味的沙拉調味汁，帶有柑橘類水果的香甜。

萊姆調味汁 Lime dressing 椰奶和葡萄籽油，混合成一種口感新鮮的調味汁，再加入一點萊姆汁和萊姆皮調劑。

檸檬油醋調味汁 Lemon vinaigrette 檸檬汁調味後，與蜂蜜及橄欖油攪拌混合。

油醋調味汁 Vinaigrette dressing 這是一種知名的多用途調味汁，以油和醋做為基底。常加入第戎芥末醬(Dijou mustard)。

一碗沙拉的組成成份 THE COMPONENTS OF A SALAD

用沙拉碗來盛裝沙拉葉菜，效果最好。選擇一個最能表現沙拉特色的容器。瓷器、玻璃、土燒、陶碗等，都很適合。木製的碗也很漂亮，但要注意，木頭會吸收某些部分的調味汁，因此這個碗就只能專用於沙拉和其他鹹食。調味汁要選擇能夠搭配沙拉食材，以及這一餐的其他食物。調味汁應該味道均衡，帶有一絲醋、檸檬或萊姆，所帶來的刺激味。上桌前一刻，才加入調味汁。

菊苣 Chicory	它有明顯的苦／辣味，所以要少量加入。根部修剪過、去芯，然後切成薄片。
小黃瓜 Cucumber	口感清涼而爽脆。想要的話可以削皮，最後一刻才加入沙拉裡，可以切成薄片或切丁。
苦苣 Endive or curly endive	菊苣(Chicory)家族的一員，可為所有種類的沙拉，增添一股獨特的味道。
萵苣菜 Escarole	綠色的葉片，寬闊而有鋸齒狀邊緣。修切掉根部，丟棄外側葉片。將葉片分開後洗淨，再擦乾。用手撕成方便食用的大小。
香草植物 Herbs	根據各人口味，來選用香草葉菜：山蘿蔔葉(chervil)、平葉巴西里(flat-leaf parsley)、茴香(fennel)、細香蔥(chives)和薄荷(mint)都很適合。香菜(coriander)尤其適合東方式沙拉。
玉米萵苣 Lamb's lettuce	又名為玉米沙拉(corn salad)或在法國稱為mâche。它可為沙拉增添一股愉悅的堅果味。處理時，將葉片從根部拔除，然後清洗，必要的話再擦乾。
萵苣 Lettuce	最受歡迎的沙拉食材，有許多種類可供選擇。根據它的顏色和口感，來加以選擇。將根部和受損的葉片去除。清洗後擦乾，再撕成方便食用的大小。
義大利紫菊苣 Radicchio	另一個菊苣家族的成員，它的苦味比較不明顯，粉紅與酒紅色的葉片，可為沙拉增添色彩。去除根部，將葉片分開後洗淨、擦乾，再撕成方便食用的大小。
芝麻菜 Rocket	常作為香草植物的一種來販售，它帶有一種絕佳的胡椒味(peppery)。要徹底洗淨，因為它容易帶有泥沙，並且丟棄任何變色的葉片。整株加入沙拉內。
櫻桃蘿蔔 Radish	為沙拉增添絕佳的爽脆口感，和一絲胡椒味。修切掉根部、切片後，再加入沙拉裡。
菠菜 Spinach	帶有甜味和土質味，平坦和有皺褶的葉片，都可使用，但使用前要徹底洗淨。
西洋菜 Watercress	帶有飽滿的口味，與一絲胡椒般的刺激感。丟棄任何受損、變黃的葉片，再直接加入沙拉裡。

最後修飾 FINISHING TOUCHES

一旦沙拉製作好後，還有許多空間可添加一點修飾，可以再多加些味道的深度，或只加一點裝飾。許多世界知名的沙拉，都是因爲色味俱全。印尼的加多加多沙拉(gado gado)，色彩豐富，原本簡單的綠色沙拉，因爲加入了異國風味的蔬菜、水果和海鮮，而鮮活了起來。

香草植物 Herbs

包括葉菜類香草，如巴西里(parsley)和山蘿蔔葉(chervil)，根據它們的味道，來加以選用。茵陳蒿(terragon)，可以整顆或切絲使用，會增加一股獨特的如大茴香(anise)般的味道。薄荷、蒔蘿(dill)、細香蔥(chives)和羅勒(basils)，可增添最後修飾的色彩，也可以在上桌前，先切碎，再灑在沙拉上。

水果 Fruit

橙的分切塊(segments)、蘋果、洋梨和葡萄，放在各種沙拉裡，味道都很好，看起來也漂亮。外來水果，如芒果、木瓜、楊桃、荔枝等，都可為沙拉增加色彩和口感。

花朵 Flowers

將花朵加入沙拉裡，不但顏色漂亮，還有一種獨特的風味。這裡所列出的花朵，都是可食的，請不要盲目地在您的花園裡搜刮，因為有些花並不適合食用，或有強烈的毒性。此外，不要摘取可能灑有化學殺蟲劑的花朵。這個原則包括花店販售的花，除非特別標示為「有機」(organic)。

琉璃苣 Borage	這些美麗的藍色花朵，通常用來加在香品調酒(Pimm's)裡，也可以用來撒在生菜沙拉裡。
金盞花 Marigolds	使用整片花瓣，來增加視覺效果，也可以切碎使用。它有一種溫和的，如芥末般的香氣和味道。
金蓮花 Nasturtiums	花瓣可以整片或切碎使用，放在任何沙拉裡，都很出色。它有一種令人愉悅的胡椒味。
三色堇 Pansies	三色堇明亮豔麗的色彩，加入沙拉裡，非常賞心悅目。它的味道溫和。紫羅蘭(violets and violas)屬於同一家族，味道較為細緻；紫羅蘭有較明顯的花香味。
香豌豆 Sweet peas	放在沙拉裡，十分漂亮，也會增加一絲新鮮的豌豆味。

香草植物 herbs

新鮮(和乾燥的)香草植物，可爲食物帶來獨特的味道和特色。西方的廚師，傳統上常用特定種類的香草植物組合，來爲特定的菜餚增添風味。最爲人所熟知的，就是可廣泛使用在許多料理的香草束(bouquet garni)。

如何選購 Choosing

確認新鮮香草的顏色明亮(通常爲綠色)，沒有枯萎的葉片。大部分的香草都很脆弱，只能保存1－2天。最好等到要使用時才購買，或自行種植。

許多乾燥的香草，若是存放在密閉容器內，並放置在陰涼處，都能維持原有的香味。不過使用的份量，可能要比新鮮香草來得多，蒔蘿(dill)和山蘿蔔葉(chervil)尤其如此。

放大檢視細碎香草植物 A CLOSER LOOK AT FINES HERBES

這種傳統的法國細碎香草(French Fines Herbes)，是用4種香氣濃郁的香草植物組合而成－細香蔥(chives)、山蘿蔔葉(chervil)、巴西里(parsley)、茵陳蒿(tarragon)。取用相同份量的每種香草，並且切得細碎。

細香蔥 Chives

花 Flower 淡紫色的花朵，在晚春時開放，一直延續到夏末。它有細緻的細香蔥味，能夠為沙拉增添瑰麗的裝飾。

莖 Stem 綠色的莖，看起來像草，內部中空。在煮熟的菜餚裡，剪碎後灑上一點，可增添一股細微的洋蔥味。

茵陳蒿 Tarragon

葉 Leaves 修長而呈柔和的綠色，帶有一點甜而類似胡椒的香氣，味道略帶一點刺激的香草／大茴香(vanilla／anise)味。葉片下的腺體，會發散出獨特的茵陳蒿香氣。

山蘿蔔葉 Chervil

葉 Leaves 柔和細緻，氣味清新，類似大茴香和柑橘類水果的香氣。

莖 Stem 如柳枝般修長搖曳。可用來製作高湯，或任何需要較強烈味道之處。

巴西里 parsley

葉 Leaves 捲葉巴西里(curly parsley)的葉片，應為深綠色，並且捲曲。平葉巴西里(flat-leaf)或義大利巴西里，其葉片較大，有如蕨類，應該看起來新鮮活潑。平葉巴西里較適合作為細碎香草植物，因為它的味道較為明顯。

莖 Stem 莖部應用來做成高湯，或製作成香草束(bouquet garni)。

格雷摩拉達 Gremolada

這是種源自米蘭的調香料，通常是用切成細碎的檸檬皮、大蒜、巴西里(parsley)製成。常用來製作義式米蘭燴小牛肉(osso bucco)。

普羅旺斯香草 Herbes de Provence

這是種由新鮮(或乾燥)的香草植物，所組成的混合香草，包括：百里香、迷迭香、月桂葉、羅勒(basil)、香薄荷(savory)，有時還有薰衣草(lavender)。

佩西蕾 Persillade

這是用切碎的巴西里(parsley)和大蒜，所混合而成的調香料，通常在菜餚烹調快接近尾聲時才加入。

如何貯存 STORING

新鮮香草植物，最好裝進塑膠袋內，放進冰箱的底部冷藏。

可以將香菜(coriander)的莖部，插入一瓶冷水中，這樣可保存3－4天。

巴西里(parsley)可放入冰箱保存，或灑上一點水，再用廚房紙巾包起來。

若將迷迭香的莖部，插入水中浸泡，亦可維持數天的新鮮度。

新鮮香草植物的前置作業與使用方式 PREPARING AND USING FRESH HERBS

除了細香蔥外(請見下方說明)，您需要將香草植物的葉片，從莖部取下，然後切碎。將香草植物直立拿好，然後用叉子，將葉片從莖部往下推。有些香草植物，可能需要用研缽與杵，來將葉片磨碎。軟質葉片的香草植物，如羅勒、鼠尾草和酸模(sorrel)，可將數片葉片疊起來，捲好，然後切成絲。這叫做chiffonade。香草的莖部，除了可直接加入菜餚裡，還可以單獨或成束，用來做成小塊肉，如小羊肉排，或小而細緻蔬菜的串籤。也可以集中起來，做成香草刷(herb brushes)。

香草束 Bouquet garni
由數種香氣濃郁的香草所組成，用來調味醬汁或高湯；最常見的有巴西里(parsley)、百里香(thyme)、迷迭香(rosemary)和月桂葉(bay leaves)。外側再用韭蔥(leek)的蔥青部份，包裹起來，用棉繩繫好。

冷凍香草植物 FREEZING HERBS

羅勒、細香蔥、香菜、蒔蘿、茴香、馬鬱蘭(marjoram)、薄荷、巴西里、茵陳蒿和百里香，都可以加以冷凍，不過原有的風味，不可避免地會流失一些，尤其是較脆弱的種類。

▼ 清洗乾淨後拍乾，然後放在烤盤上，放入冷凍庫。

▲ 冷凍好後，可依不同種類，或加以混合，如準備做成香草束的搭配，放入冷凍袋裡。寫上標籤，可冷凍保存6個月。

或者，也可將切碎的香草植物(不同種類單獨分開或加以混合)，放進製冰盒內，裝到半滿，倒入冷水後，放進冷凍庫。變硬後，將香草冰塊，裝入標籤好的冷凍保鮮袋中。

細香蔥的前置作業 PREPARING CHIVES

1把剪刀，是最適合用來切碎這種嬌嫩香草的工具。剪的時候，下面放著1個碗接住。最後一刻才加入料理中，因爲長時間的烹調，會破壞其風味。

製作香草刷 HERB BRUSH

這種香草束，不但看起來漂亮，還能用來增添風味，適合用在燒烤或炙烤食物、佛卡夏(focaccia)、烤玉米等，還可用來將油醋調味汁(vinaigrette)，刷在沙拉和蒸煮好的蔬菜上。迷迭香、鼠尾草和百里香，是很好的選擇。

- 將一小束香草枝，在接近底部的地方繫好。
- 蘸上橄欖油或融化的奶油，然後刷在炙烤食物上。

各種種類的香草植物 THE DIFFERENT TYPES OF HERBS

種類 Type	描述 Description	適合搭配 Affinity with	摘要與小訣竅 Notes and tips
羅勒 Basil	一種脆弱而香氣濃郁的香草植物，尤其廣泛用於義大利和泰國料理。它的香氣帶有甜味，與一絲辛辣味，以及一種獨特的，類似大茴香(aniseed)的味道。它有好幾種品種，不過香氣和味道都很類似。紫羅勒(purple basil)的葉片呈深紅色；希臘羅勒(Greek basil)，則有很小的綠色葉片。	巴西里、迷迭香、百里香、奧瑞岡(oregano)	接近頂端的葉片最甜。烹調快完成時，才加入羅勒，因為高溫會破壞其風味。
月桂葉 Bay	頗吸引人的香草植物，通常將整片葉子或小枝，包裝販售。它有強烈的刺激香氣，味道濃烈，能為食物增加明顯的風味。	其他的香草束香草—巴西里和百里香—以及迷迭香和鼠尾草。	將葉子磨碎或撕碎，以釋放香味。葉片很適合乾燥，但最終會失去香氣。它強烈的風味，會壓過味道較細緻的食物。新鮮或乾燥的月桂葉，加在調味好的食物裡時，要少量。
山蘿蔔 Chervil	外觀細緻，帶點甜味與大茴香(anise)的風味。	茵陳蒿、巴西里、細香蔥	在烹調快結束時才加入，以免破壞其細緻風味。
細香蔥 Chives	洋蔥家族的一員，帶有熟悉卻清淡的洋蔥味。	與巴西里、山蘿蔔、茵陳蒿、羅勒…等有絕妙的搭配	在烹調快結束時才加入。細香蔥能做出漂亮的裝飾，可以綁成一束，或剪碎灑在菜餚上。乾燥的細香蔥，沒有甚麼味道，所以盡量使用新鮮的細香蔥，或蔥的頂部(spring onion tops)。
芫荽 Coriander	在世界各地的料理，都廣受歡迎，特別是印度、中東、遠東和地中海東岸。香味清新、濃郁而辛辣，適合口味重而辛辣的料理。	薄荷、巴西里、百里香	先確認食譜後，再加入，香菜的味道很強烈。莖部切碎後，加入咖哩和肉類料理中；切碎的葉片，最好等到烹調快結束時才加入。完整的葉片，可以當成美麗的裝飾。
蒔蘿 Dill	羽毛般的葉片，帶點甜味與大茴香(anise)的風味。	細香蔥、巴西里、百里香、奧瑞岡	羽毛般的葉片，可作為裝飾。最好是不經烹煮使用，或在烹調快結束時才加入。
茴香 Fennel	您可能會發現，這種羽毛狀的香草，就是從佛羅倫斯茴香(Florence fennel)的球莖上，長出來的，它和這種蔬菜，有著同樣的大茴香(anise)的香味，但是氣味較淡。	細香蔥、巴西里、百里香	最適合用在魚類料理、醬汁、美乃滋、沙拉，或當作裝飾。
香茅 Lemon grass	香茅遍布東南亞，以及許多印度、非洲和南美洲的熱帶地區。它球根狀的根部，有獨特的柑橘類水果味，有檸檬的刺鼻清新，卻不含苦味，因此受到喜愛。它廣泛用在泰國和越南料理上。	香菜、羅勒	若是買不到香茅，可用檸檬或萊姆皮，加上現磨的生薑，來代替。

種類 Type	描述 Description	適合搭配 Affinity with	摘要與小訣竅 Notes and tips
馬鬱蘭和 奧瑞岡 Marjoram and oregano	這兩種植物極為相近，必要的話可替換使用。馬鬱蘭較甜，沒有像它野生的表親—奧瑞岡，那麼刺激。這兩種香草，在地中海南部，都很受歡迎，尤其是義大利和希臘，都很適合搭配番茄料理。奧瑞岡，賦予披薩其獨特的風味，也是墨西哥辣椒粉的主要原料之一。	百里香、巴西里、山蘿蔔	可能的話，使用新鮮的馬鬱蘭。奧瑞岡，不容易買到新鮮的，可以使用乾燥的。
薄荷 Mint	最常見的香草植物之一，鹹食或甜食，都可使用。它獨特的薄荷腦(menthol)味，會使醬汁變得鮮活起來，而它的收斂性，可稀釋肉類料理的脂肪，最著名的是羊肉。它有許多品種：蘋果薄荷(apple mint)，甜而圓潤；綠薄荷(spearmint)辛辣，適合做成薄荷醬汁(mint sauce)；歐薄荷(peppermint)則最常用在甜點和甜食上。	香菜、巴西里、羅勒、百里香、馬鬱蘭	摘取薄荷時，選擇靠近頂端的葉片，味道較好，較有甜味。
巴西里 Parsley	巴西里有兩種：捲葉的(curly)和平葉(flat)的。兩者都有溫和清新的味道，平葉的，多了一絲刺激感。	幾乎所有的香草植物，都可和巴西里搭配，包括細香蔥、茵陳蒿、山蘿蔔、羅勒、香菜、馬鬱蘭和百里香。	理想上，使用捲葉巴西里作為裝飾，味道較明顯的平葉巴西里，則用來烹飪，和製作沙拉。若要加入熟食料理中，應在烹調結束前一刻，才加入，以保持它的香味。
迷迭香 Rosemary	香氣濃郁的香草植物，帶有刺激的辛辣味，適合搭配肉類料理，尤其是羊肉和野禽。它原產於地中海地區，廣泛使用在義大利和希臘料理中。	迷迭香很容易凌駕氣味較細緻脆弱的香草，但可以和其他質地強健的香草搭配，如月桂葉和百里香。	少量使用，上菜前，要將砂鍋燒裡的迷迭香枝取出。可將迷迭香枝插在烤肉上，或將末端以外的葉子去除，作為烤肉籤使用，插上薄羊肉片來燒烤或炙烤。
鼠尾草 Sage	另一種氣味強烈的香草，適合搭配肉類，尤其是豬肉和鵝肉。它在義大利很受歡迎，常製作成填充餡料，和小牛肉(veal)、小牛肝，一起搭配上桌。	百里香、奧瑞岡、月桂葉	用來製作餡料和醬汁時，使用的份量要謹慎。很適合用來調味橄欖油和醋。
茵陳蒿 Tarragon	最受歡迎、用途最廣的香草植物之一，帶有絕佳的細緻大茴香(anise)／香草(vanilla)味。常常是魚類和家禽類料理的香草首選，不過也很適合搭配雞蛋和起司料理。	巴西里、山蘿蔔、細香蔥、馬鬱蘭	謹慎使用，因為茵陳蒿的氣味雖然微妙，卻可能散發得很快，變得濃郁。
百里香 Thyme	香味濃郁，在多數溫暖地區，都有野生百里香。它濃烈的香氣，芬芳清涼的味道，常和普羅旺斯、義大利和地中海其他區域的料理，連結在一起。	迷迭香、巴西里、馬鬱蘭或奧瑞岡、月桂葉、香菜	檸檬百里香(lemon thyme)，有香甜的柑橘味，很適合做成花草茶沖泡，也可用作料理。

蘑菇 mushrooms

「蘑菇 mushrooms」這個詞，是所有可食用菌類植物(fungi)的統稱。可食用的蘑菇，大致上可以分成兩類：野生的，例如：酒杯蘑菇(chanterelles)、牛肝蕈(ceps)和羊肚蕈(morels)，以及人工栽培的，例如：洋菇(button mushroom)、栗子蘑菇(chestnut mushroom)和扁蘑菇(flat mushrooms)。蠔菇(oyster mushrooms)，雖然不時可在野外發現，但大多是人工栽植，和椎茸(shiitake)、金針菇(enoki)和其他的亞洲蘑菇，同屬於所謂的國外栽培蘑菇(exotic cultivated mushrooms)。

如何選購 Choosing

野生蘑菇，應該質感飽滿而溼潤，沒有潮濕黑痕。刺激的(heady)氣味，是新鮮的表示；莖部乾燥，則表示已放置了數天。一般人工栽植的蘑菇，傘帽應呈白色或淡褐色，而沒有變色的跡象。

椎茸(香菇) Shiitake 菌傘呈淺褐色至深棕色，看起來像覆蓋上了一點麵粉，它的質感飽滿多肉，煮熟後如絲般滑順。它適合醬油和其他東南亞調味料。乾硬的傘柄處應當丟棄。

人工栽植的蘑菇 CULTIVATED MUSHROOMS

金針菇 Enoki 有時在日本又稱為golden needles，體型細長，顏色極淡，如圖釘般的頂部。可以生食，通常做成沙拉或作為裝飾。味甜而有果香，帶一絲稻米味。必要的話，修切底部，將其分開。

洋菇 Button／white 其中最小最幼嫩的，叫做button；大一點的叫做closed cap；再大一點的叫做open cap。菌傘呈象牙色或白色，新鮮的菌摺呈粉紅色，成熟後會變黑。用濕布擦拭清理。除非外皮嚴重變色，才去皮。

栗子蘑菇 Chestnut 比洋菇顏色深，味道也較重。

如何貯存 STORING

新鮮蘑菇很容易腐壞，所以要在購買後1－2天內使用完畢。用廚房紙巾包好，再放入冷藏；不要裝進塑膠袋內，因為這樣會累積濕氣，而加速腐壞。使用前再清理。

放大檢視蘑菇 A CLOSER LOOK AT MUSHROOMS

菌傘 Cap 最多肉而味美的部位。可以整朵使用，如果尺寸夠大，可用作鑲餡，然後加以燒烤(grill)或烘烤(bake)；也可以裹上麵糊後油炸。或者切片或切塊。

菌柄 Stalk 如果變得乾硬，通常予以丟棄；若是狀況良好，則可以切碎後，和菌傘一同使用。

菌摺 Gills 依品種的不同，摺縫處有密鬆的分別，泥沙髒汙常藏在這裡，因此需要小心的清理。

野生蘑菇 WILD MUSHROOMS

羊肚蕈 Morels 在斯堪地那維亞地區，有「北方松露」之稱，為採菇者所珍愛。呈圓錐狀，有獨特的蜂巢狀菌傘，呈米色至深褐色。菌傘和菌柄，完全中空。要注意的是，它不可生食。先切成對半，然後用刷子，或放在流動的水中將砂礫去除。

扁蘑菇 Flat／田野蘑菇 field 田野蘑菇(field mushrooms)是野生品種；扁蘑菇(flat mushrooms)是人工栽植的品種。它的菌傘直徑，約為3－12 cm，幼嫩時呈純白色，成熟時呈淺褐色。菌摺處呈桃紅色，但成熟後轉成褐色。傘柄末端應予切除。如果外皮變色了，才將其剝除。以濕布擦拭。

牛肝蕈 Ceps (法文是cèpes；義大利文為porcini)體型最大的野菇之一，可重達1 kg。外型像小圓麵包(bun)，因此又稱為Penny bun。因為其細緻、如麂皮般的質感，以及極佳的風味，而受到喜愛。將其切成對半，以檢查是否有蛆。將菌柄刷乾淨後，將末端切除，再切成薄片。

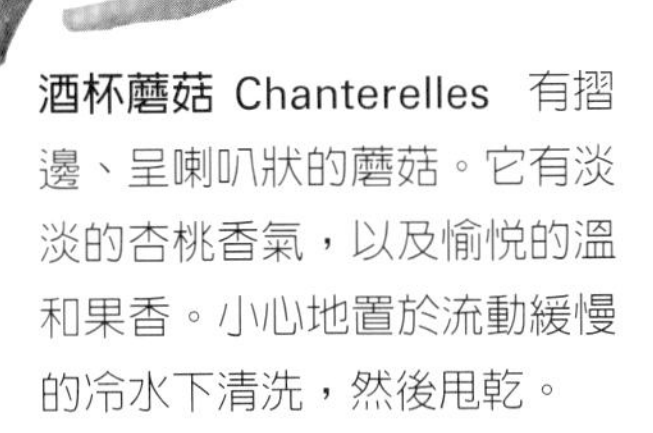

酒杯蘑菇 Chanterelles 有摺邊、呈喇叭狀的蘑菇。它有淡淡的杏桃香氣，以及愉悅的溫和果香。小心地置於流動緩慢的冷水下清洗，然後甩乾。

藍斑蘑菇(Pied bleu)飽滿、如麂皮般的質地。米色的菌傘，連結著特別的淡紫色菌柄。有溫和的果香味。

香煎蘑菇餡料 Duxelles

香煎蘑菇餡料，是用奶油來嫩煎(sautée)切碎的蘑菇、紅蔥(shallots)或洋蔥，到水分變得極少的一種傳統法式組合餡料，常被用來當做鑲餡用的餡料，或當做裝飾配菜，據傳為Marquis d'Uxelles的大廚，La Varenne所創。

細切蘑菇 FINELY CHOPPING MUSHROOMS

切細香煎蘑菇餡料用的蘑菇時，最快的方式，就是用一手同時拿著2把主廚刀，另一手壓著刀背的前端，以規律的搖晃動作來切割。

蘑菇刷 MUSHROOM BRUSH

這種小型刷子，附有細而軟的長毛(2.5.cm)，可用來去除所有乾蘑菇(dry mushrooms)的髒污。

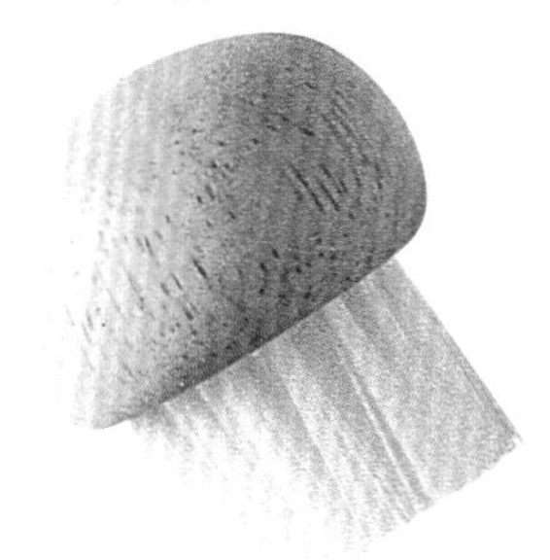

蘑菇的前置作業 PREPARING MUSHROOMS

人工栽植的白蘑菇，是生長在經過消毒的堆肥(pasteurised compost)中，所以，只需用濕布，或沾濕的廚房紙巾，擦拭乾淨即可。不要用水清洗，因爲蘑菇會吸收水份，而變得潮濕。若是蘑菇的沙礫很多，可將其浸入一碗冷水裡，然後搖晃，使砂礫鬆脫。然後放入濾網(colander)裡瀝乾。

乾燥蘑菇 DRIED MUSHROOMS

市面上可購得許多種類，包括羊肚蕈(morels)、牛肝蕈(ceps)、酒杯蘑菇(chanterelles)、椎茸(shiitake)和蠔菇(oyster mushrooms)，它們的風味已高度濃縮，因此一點點的份量，都可以大幅度地提高料理的濃郁度與深度。使用前需要先泡水復原。

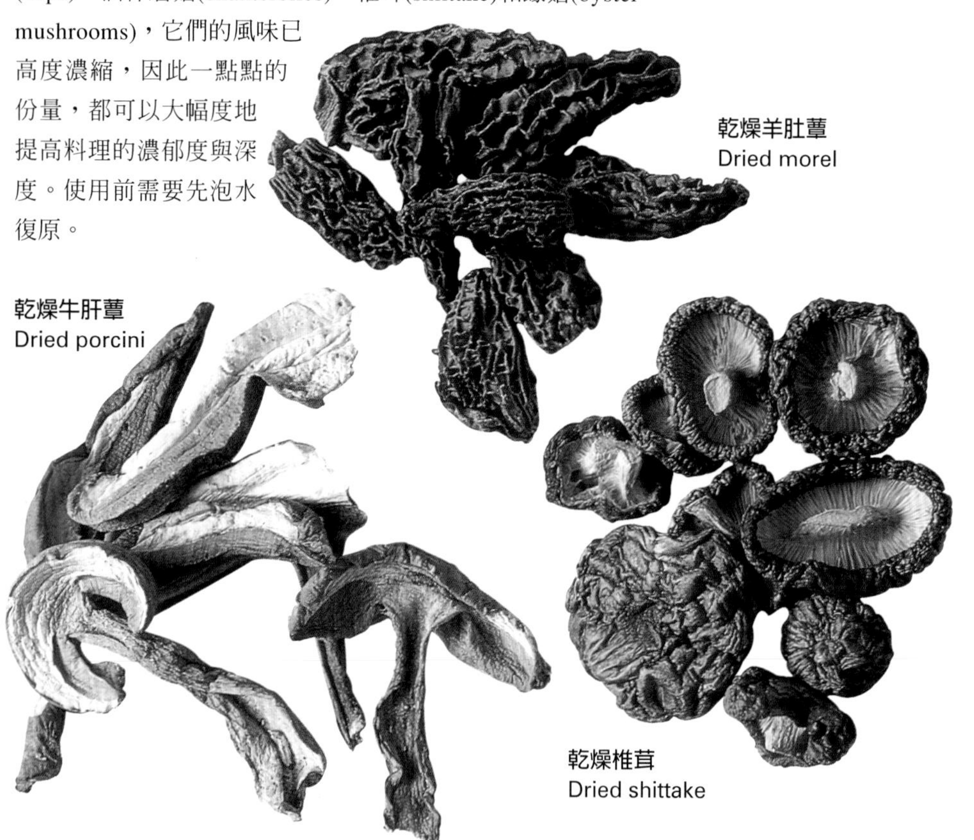

乾燥蘑菇復原 RECONSTITUTING DRIED MUSHROOMS

將乾燥蘑菇放進攪拌盆裡，注入可以淹沒的溫水。浸泡35－40分鐘，或直到變軟。先瀝乾，再用手擰，去除多餘的水分。過濾浸泡水(以去除髒污和砂礫)之後，可與蘑菇一起用來烹調。

松露 TRUFFLES

松露有兩個主要品種。夏季松露，生長在山毛櫸(beech trees)附近的林地裡，外表呈黑褐色，內部則是紅褐色、如大理石的斑紋。它有獨特的香氣，味道強烈，帶一點堅果味。

北義大利皮埃蒙特區(Piedmont)的品種，或所謂的白松露，更爲稀少，是所有野菇中最珍貴的。它看起來有點像小型的菊芋(Jerusalem artichokes)，有結瘤狀的淺褐色外皮，內部的肉，則是美麗的深紅色大理石斑紋。它的氣味比夏季松露更爲強烈，十分獨特而帶點甜味。它的味道也很特別。這兩種品種，都可製作成餡料或醬汁，以及搭配蛋和米飯料理。

松露的前置作業 PREPARING TRUFFLES

▼ 清理松露
Cleaning a truffle
用刷子小心地刷洗松露。用蔬菜削皮器，削下松露有節瘤的外皮，切碎後，用來烹調。

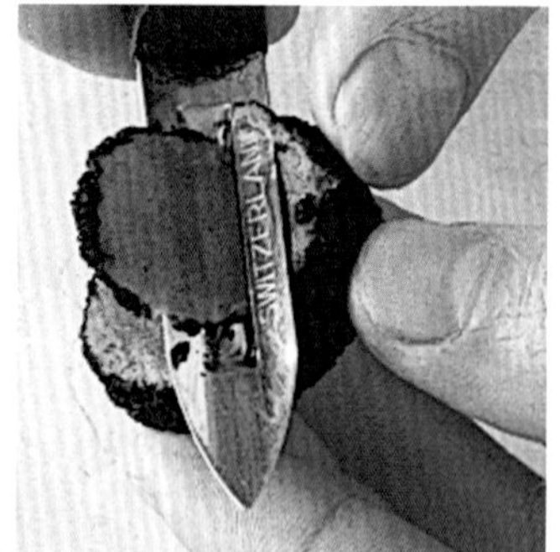

▲ 松露切片
Slicing a truffle
將松露刨成薄片，越薄越好。用這些松露薄片來烹調，或把生的松露薄片撒在義大利麵(pasta)、義大利燴飯(risotto)、或蛋捲(omelettes)上。

海菜與海洋蔬菜 seawood and sea vegetables

乾海菜的前置作業 PREPARING DRIED SEAWEED

▼ 海苔 Nori
若要提升它原有的細緻甜味，使用前，應先烤過。檢查包裝說明，因為市面上販售的海苔，有些已經烤過了。將海苔片放在火焰上方，烤幾秒鐘，或放進已加熱好的烤箱內，烤30－60秒鐘。

▲ 海帶芽 Wakame
以乾燥的條狀販售，使用前需要先泡水復原。將細條狀的海帶芽，放進溫水中泡2－3分鐘，徹底瀝乾後，再用來製作湯、沙拉和熱炒。

海菜(seaweed)可說是最奇怪的蔬菜之一，並且是西方人所不習慣嘗試的一種。海菜所帶來的聯想，說得好聽一點，也就是新鮮海風的味道，往往使人揮之不去。不過，海菜其實很美味，並且十分營養，富含蛋白質、維他命和礦物質。數百年來，海菜在東方料理中一直很受歡迎，特別是日本，許多品種佔有重要的地位，因而開始了人工栽培。

海苔 Nori 在西方，大家對它的認識，是用來包裹壽司的傳統材料，其實它是由一種紅色海菜製成的，當它乾燥後製成海苔時，會轉變成深綠／黑色。味道細緻溫和，不需要經過浸泡，但若要用來包海苔，則需要經過燒烤(toasted)(請見左方說明)。也可以切絲後，和米飯同煮，或搓碎用來裝飾米飯料理。

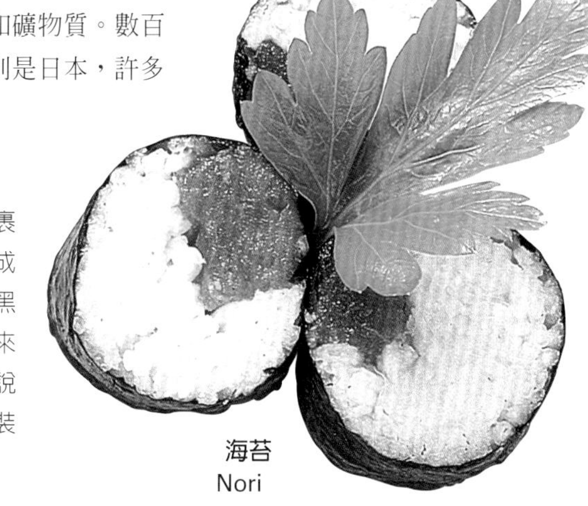

海苔
Nori

海帶芽／裙帶菜 Wakame 以捲曲的長條狀販售，顏色很深。它帶有一點溫和的甜味。先要放入水中浸泡數小時，再用來做沙拉或快炒，或撒在米飯料理上。

海帶芽／裙帶菜
Wakame

昆布／海帶 Kombu 在西方，昆布(Kombu or kombull)指的是巨藻(giant sea kelp)。極少用在西方料理中，但在日本和韓國，卻非常普遍。它是日式高湯出汁(dashi)的主要原料，也常當作蔬菜做成其他料理，或做為調味料使用。它的風味獨特，最好使用在慢煮(slow-cooked)菜餚中，不但可增加風味，也可以軟化其他食材。

昆布／海帶
Kombu

製作昆布高湯 MAKING SEAWEED STOCK

這種昆布高湯，日文稱之為「出汁」(dashi)，色澤澄清，有海鮮的鮮美味道。製作起來非常迅速簡單，放置冰箱冷藏，可保存至3天。將昆布(kombu seaweed)與柴魚片(bonito flakes)，放進一鍋冷水內，加熱到沸騰。離火，讓柴魚片在鍋中沉澱下來，將鋪上濾布的過濾器架在攪拌盆上，慢慢地過濾湯汁。然後倒入乾淨的鍋子裡，小火慢滾10分鐘。

若要使味道濃烈一些，可將柴魚片和昆布，再倒回高湯裡，然後重複上述的步驟。

橄欖與續隨子(酸豆) olives and capers

這些「鹹味」水果，是地中海地區所種植的產品中，最受歡迎的兩種。它們都具有獨特的風味。續隨子通常用來製作菜餚，而橄欖常和酒精飲料搭配，或做成許多傳統的義大利、法國、西班牙或希臘料理。橄欖也用來壓榨成不同等級的橄欖油。

橄欖有許多不同的顏色和風味，最好是購買新鮮的或泡在油裡的，避免保存在醃製液(brine)裡。橄欖的顏色，和成熟度有關—從青色到黃綠色，再轉成紫色和黑色。

續隨子(酸豆) Capers 續隨子就是一種遍生在地中海區域，灌木的小型綠色花苞。它都是醃製後販賣，大多是以醋、醃製液(brine)或橄欖油浸泡，不過義大利商店所販賣的，則是用鹽醃。不論您買到的是哪一種，使用前都要先清洗過，以去除多餘的鹽份。續隨子可以保存數月，但要確保完全浸泡在液體中，否則會腐壞。它會為食物增添一股鹹而酸的味道，很適合和質感滑順，或口味細緻的料理搭配，如小牛肉(veal)。它是好幾種經典菜餚，不可或缺的材料。

酸豆莓 Caper berries 它比續隨子的體型大，但味道相近，可用來代替續隨子使用。金蓮花籽(nasturtium seeds)也可代替續隨子，但它帶有一絲芥末味。

鑲杏仁的橄欖
Olives stuffed with almonds

黑橄欖
Black olives

綜合辣橄欖
Mixed olives with chillies

卡拉馬塔橄欖
Kalamata olives

橄欖醬
Tapenade (olive paste)

大蒜香草綠橄欖
Green olives with garlic and herbs

配方 Recipes

番茄續隨子莎莎醬 Tomato and caper salsa 由切細的續隨子、辣椒、番茄和橄欖油製成，這道莎莎醬，是理想的魚肉配菜。

醃製橄欖 Marinated olives 在義大利、希臘和西班牙，生長著許多橄欖，因此以不同方式醃製的橄欖，成為當地料理的重要部分。這道食譜的作法是，將黑、綠橄欖剝開，和鑲餡橄欖、香菜籽(coriander seeds)和橙皮，混合在一起，然後注入可淹沒高度的橄欖油，等待一個月使其成熟。

青莎莎醬 Salsa verde 西班牙文的青醬(green sauce)，它的質地細緻，由麵包粉(breadcrumbs)、續隨子、醃黃瓜(gherkins)、細香蔥、檸檬汁和橄欖油所製成。這些材料攪碎後，用鹽和胡椒加以調味。是烤魚的完美配料。

水果與堅果

fruits and nuts

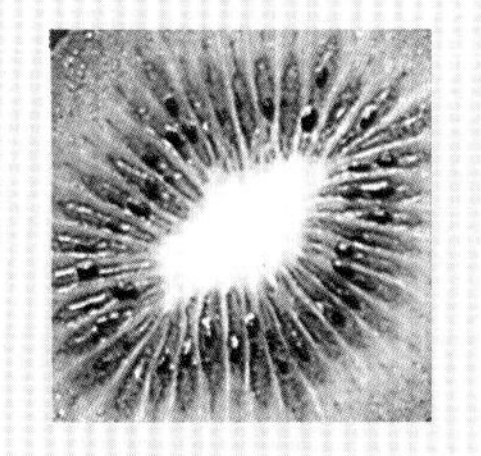

蘋果與洋梨 apples and pears

蘋果與洋梨，可以說是所有的水果中，最多功能的兩種。生吃時，只需沖洗一下，就可以抓了就走。用來煮食也非常好，是我們某些最知名料理的必需食材—從搭配主菜的醬汁，到傳統美味的蘋果派。

蘋果 APPLES

煮食用蘋果 Cooking apples　煮食用蘋果有許多種類，不過目前最受歡迎的是布瑞姆里(Bramley's Seedling)。這種大型的青蘋果，外皮有時帶有一抹紅暈，白色的果肉多汁，但其酸味強，不宜生食，烹調後，會變成鬆軟的泥狀，因此很適合用來做成蘋果醬汁，和其他質地柔軟的熟蘋果料理。

寇克斯 Cox　The Cox或Cox's Orange Pippin，是最知名也最受喜愛的蘋果之一。大多數的體型為小至中型，果肉飽滿多汁味美，酸甜均衡。

帝國 Empire　一種受歡迎的美國蘋果，外皮呈深紅色，果肉米白色。味道酸甜爽脆。

金冠 Golden Delicious　一種受歡迎的蘋果，過熟時，果肉會變得平淡無味呈粉質。品質好的金冠，應感覺結實，果皮光滑，呈淡黃／綠色。太成熟時，果皮會發黃產生凹洞，最好避免。

史密斯奶奶 Granny Smith　生長在歐洲和美洲各地，但最初是由一位澳洲的英國移民Annie Smith所種植。果皮是均勻的綠色，果肉是乳白色。微酸清脆的口感，不僅生食很美味，也很適合用來煮食。

美味紅 Red Delicious　一種大型的美國蘋果，因其甜味而受到歡迎。果皮有些粗糙，但果肉多汁味美。

斯巴達 Spartan　產自加拿大，香氣甜美，但果皮粗硬。

去核 CORING

將削核器(corer)從蘋果梗的地方推入。然後，在果核周圍扭轉一下，使其鬆脫，再將削核器拉出。

新月形蘋果 APPLE CRESCENTS

蘋果去皮、去核，保持整顆完整。縱切成兩半。然後，將各塊的切面朝下放，垂直切片，就成了新月形的薄片了。

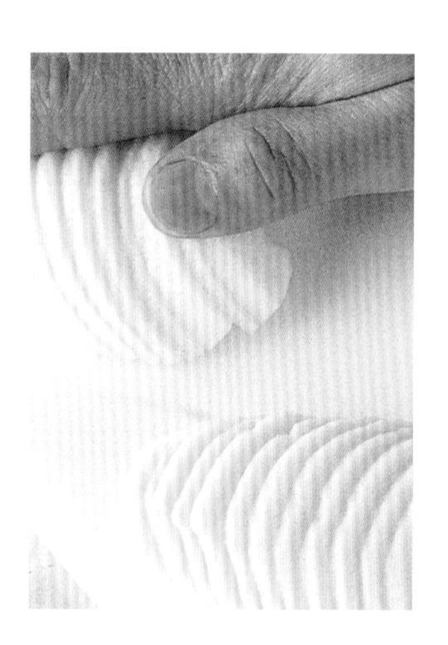

洋梨 PEARS

洋梨和蘋果，屬於同一家族。最好購買未成熟的洋梨，再放置室溫下熟成。因此，傳統上洋梨只用來烹飪、做成果醬、用來烘焙、燜煮或慢燉，或製作成甜點。適合的品種包括Conference、Kieffer、Bartlett和Wildemann。

防止變色 DISCOLORATION

蘋果與洋梨的果肉，一旦暴露在空氣下，就會很快變色。所以，在去皮或切開後，就要立即塗抹上檸檬汁或萊姆汁，以防止這種情況發生。

洋梨螺旋片 PEAR FANS

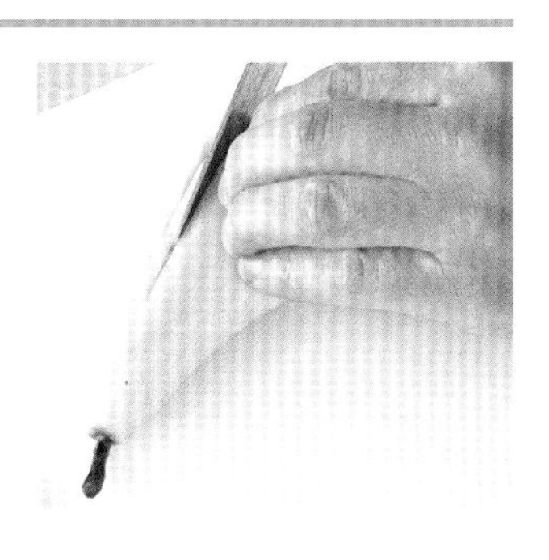

洋梨去皮，切成兩半，去核，梗要留著，不要切除。將切面朝下放，從梗的下方開始，往末端切開成片。用手將切片壓散開來。

亞洲梨 ASIAN PEARS

亞洲所產的品種，呈圓型，果皮粗糙，看起來不像洋梨，反而比較像蘋果。但若是咬下一口，您會發現果肉雖然清脆多汁，還是有典型洋梨般的顆粒質感。這種梨最好生吃，尤其是趁剛從冰箱取出時，有香甜冰棒的味道和口感。

山東梨 Shandong 果肉結實，味道介於蘋果和洋梨之間。

天津梨 Tientsin pears 來自中國和韓國，小而飽滿。果皮呈斑駁的淡黃色，果肉則是白色。味甜多汁而清脆，像其他的亞洲梨一樣，應該趁剛從冰箱取出時生吃。

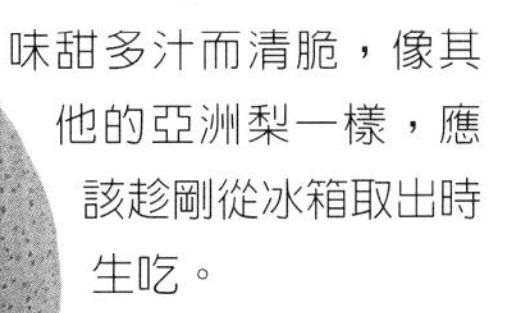

南京梨 Nashi pears 體型小，果皮呈黃褐色，白色的果肉甜而多汁。

配方 Recipes

杏仁烤蘋果 Almond baked apples 蘋果去皮後，在表面抹上奶油，灑上磨碎的杏仁和糖，再用無花果乾和柑橘類果皮鑲餡，然後烘烤到變軟而香甜。

德特里堡式澆酒火燒蘋果 Flambéed apples Triberg-style 生食用蘋果(dessert apples)和奶油、糖、檸檬及蜂蜜共煮，直到變軟。接著用湯匙澆下櫻桃白蘭地(kirsch)，並點火燃燒。趁還有一點火焰時，搭配打發鮮奶油(whipped cream)一起上桌。

紅酒燉洋梨 Pears in red wine 洋梨放入波爾多紅酒，或其他紅酒中，加入糖和丁香(cloves)後水波煮；搭配烤杏仁和優格(或鮮奶油)上桌。

塔丁姊妹蘋果塔 Tarte des demoiselles tatin 這種上下翻轉的蘋果塔，是用金屬平底鍋來煮。蘋果塔脫模時，底部的糖已焦糖化，形成濃郁的表面餡料。

洋梨雪酪 Pear sorbet 水波煮洋梨，加上一點水波煮的糖漿打成泥，然後冷凍。有些食譜會需要再加入一種洋梨酒－Poire Williams。

海倫那洋梨 Poires belle Hélène 洋梨在糖漿裡水波煮後，搭配熱巧克力和橙醬上桌。

核果類水果 stone fruits

如何選購 Choosing

做爲出口的桃子(peaches)和油桃(nectarines)(我們這裡所販售的水果，皆屬此類)，會在果肉還很結實時採收。隨著時間，果肉會變軟，但不會變得更甜，因此要仔細挑選，果皮要呈漂亮的桃紅色，避免還有青色的果皮，或感覺特別堅硬者。譯註：原文書裡指的是英國的情況

自己所種植的李子(plums)，最好在快成熟時採摘。在店裡所買的李子，在輕壓時，應該感覺到果肉有點彈性。外皮有光澤，不應有任何碰傷。

盡可能購買帶梗的櫻桃(cherries)，因爲這是新鮮度的指標。梗應呈綠色，質地柔韌；木質化、枯萎的梗，代表櫻桃已採摘好一段時間了(若是櫻桃沒有帶梗，您更有理由懷疑它的新鮮度了)。櫻桃應該飽滿沒有碰傷。可能的話，試吃一個看看甜不甜。

桃子與油桃 PEACHES AND NECTARINES

桃子的種類，大概有數百種，甚至是上千種，不過在英國，我們通常只區分爲白肉和黃肉的。白肉的桃子，適合生食；黃肉的桃子則用來烹飪。油桃，是一種原產自中國的桃子。雖然有些人覺得油桃較酸，但它的味道和口感，其實和桃子很像，在北美洲，桃子表皮的細毛已被去除，因此，這兩種水果幾乎無法分辨。

放大檢視桃子 A CLOSER LOOK AT A PEACH

果皮 Skin
輕輕用手撫過表皮，就可檢測成熟度。未成熟的桃子，表皮仍有綠色，最好避免一因為它們永遠不會成熟。

果核 Stone
有些桃子的果肉，會緊緊附著在果核上(叫做’cling-stones’)；其他的則很容易就從果核分離開來，稱做‘free-stones’。後者最好用來烘焙。

果肉 Flesh
其顏色通常和表皮最淺的顏色相同。質感細膩多汁而味甜。當桃子成熟時，果核周圍的果肉，也會轉成紅或粉紅色。

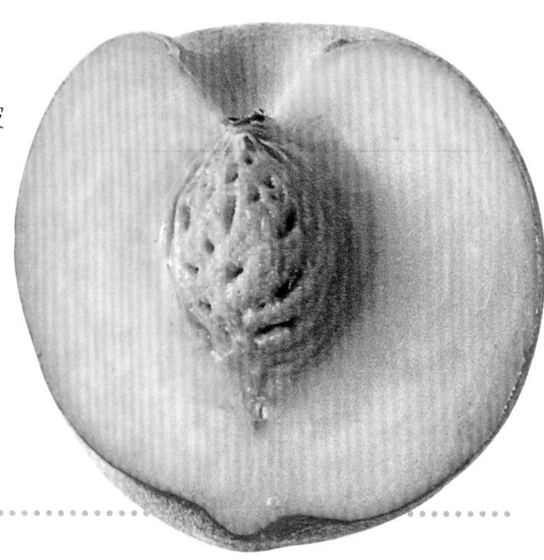

份量 YIELD

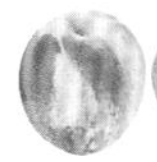 

500 g的桃子

=

3顆中型的桃子，
或4顆小型的桃子

=

約為3杯切片桃子

=

約為2 ¼杯切塊的桃子

大廚訣竅 Cook's tip

桃子和杏桃的果核，
可能含有毒物質，
這種化學物質，稱為配醣體
(glucoside)，會對氫酸
(form prussic acid)或
氰化氫(hydrogen cyanide)
起反應。
若是果核經過爐烤
(roasted)，
則可以將這種物質去除，
請不要生食果核。

營養資訊 NUTRITIONAL INFORMATION

桃子是很好的維他命A來源，不過杏桃更為優質。它們也都含有維他命C。

杏桃含有珍貴的beta胡蘿蔔素所形成的維他命A。3顆杏桃，就能供應幾乎一半的每日成人建議攝取量。它也含有足夠的維他命C、鉀、以及一些鐵質和鈣質。

李子含有一些維他命A，並有不少維他命C含量。

櫻桃含有維他命C，亦有豐富的膳食纖維。

桃子去核 STONING PEACHES

用小刀，沿著表面的凹縫切開，深度要及果核。用手抓著水果，以相反的轉向，俐落地扭轉切開的兩半，讓果核露出來。小心地用刀子的前端，將果核撬出果肉，再用手指取出。

杏桃 APRICOTS

原產自中國，人工栽培已有數千年的歷史，英國所販賣的杏桃，多爲橙／黃色，帶有紅暈。杏桃的味道，甜酸均衡，不論生食或用來烹調，都很美味。在中東和遠東地區，常用來製作成各式甜鹹料理。

杏桃最美味的期間很短，也不經長途運送的折騰，因此並不容易找到一個完美的產品。若是未成熟，果肉嘗起來乾澀無味；若是過熟了，又會失去原有的美味。挑選時，要選擇顏色明亮，外皮光滑者。

李子 PLUMS

無論是甚麼季節，超市裡總有好幾種不同的李子，可供生食或烹飪。李子的顏色、大小、味道和甜度，各不相同。即使如此，它們都有著光滑的外皮，和帶有適度酸味而多汁的果肉。

Czar 大型李子，外皮呈深藍黑色，有橙色的果肉。

Damsons 野生李的人工栽培種。它的外皮呈深藍黑色，有柔軟的白色粉衣(bloom)。它帶有強烈的酸味，可以燉煮，製作成派和塔，不過最常用來做成果凍(jellies)和果醬(jams)。

Mirabelles 小型李子，外皮呈黃綠色或紅色，像櫻桃一樣帶有長梗。果皮味苦，但果肉香甜，最常用來燉煮或做成果醬。

櫻桃 CHERRIES

如同大多數的核果類水果，櫻桃的許多品種，可方便的區分爲：適合烹飪和適合生吃的兩大類。我們一般就稱之爲，甜櫻桃和酸櫻桃。酸櫻桃通常爲黑色和紅色的；白櫻桃則通常是甜的。黃果肉的櫻桃，可以用黑櫻桃酒(maraschino liqueur)醃製，做成同名櫻桃酒，用來裝飾和調成雞尾酒。

Amarello 這是一種黃果肉的櫻桃。

Montmorency 紅果肉的櫻桃，適合做成罐頭、果醬和用來烘焙。

Morello 深色多汁的櫻桃。不可生食，但可用糖漿或白蘭地來醃製，十分美味。

份量 YIELD

500 g的櫻桃

=

3杯整顆櫻桃

=

2 ½杯切半的櫻桃

櫻桃去核器 CHERRY STONER

使用機械式去核器(stoner)，可以輕易地去櫻桃核。這種器具上的鈍金屬管，可以將果核推出果肉，而不破壞櫻桃的形狀，或導致美味的果汁流失。拔出櫻桃梗，丟棄。將櫻桃梗那端朝上，抵住去核器的管子。用手將櫻桃拿好，再用力按壓去核器的雙臂，直到果核被推出。這種去核技巧，也可以運用在橄欖的去核上。

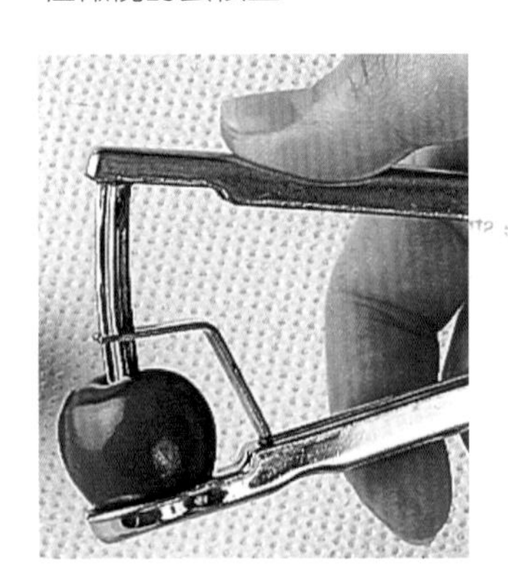

配方 Recipes

白蘭地櫻桃 Brandied cherries 櫻桃在肉桂調味的淡度糖漿裡，慢火水波煮，然後浸泡在白蘭地裡貯存。

黑森林蛋糕 Black Forest gâteau 廣受歡迎的甜點，海綿蛋糕配上櫻桃餡夾心，表面再加上更多的櫻桃和鮮奶油。

櫻桃布雷 Cherry brûlées 櫻桃浸泡在櫻桃白蘭地(kirsch)裡，然後和綿密的卡士達(custard)混合液，一起烘焙。表面鋪上一層薄薄的焦糖，和1顆新鮮的櫻桃，冷藏後再上桌。

熱桃子與藍莓佐瑪斯卡邦冰淇淋 Warm peaches and blueberries with mascarpone ice cream 桃子、藍莓、柑橘類果皮和小荳蔻(cardamom seeds)，一起用奶油和黑糖(brown sugar)加熱到軟化，再搭配綿密的義式冰淇淋上桌。

如何貯存 STORING

在室溫下放置1－2天，桃子和油桃會漸漸變軟。一旦完全成熟後，可放入冰箱保存2天。

未成熟的杏桃，可在室溫下，放置1－2天，一旦完全成熟後，可放入冰箱，須在3－4天內食用完畢。

李子成熟後，可放入冰箱保存2天。

櫻桃可在冰箱保存1－2天，使用前需先清洗。

漿果類水果 berries

營養資訊
NUTRITIONAL INFORMATION

草莓是優質的維他命C來源。8顆中型草莓(約150 g)，就可提供成人每日攝取量的130%。草莓亦含有鈣質、鐵質、葉酸和維他命B。

草莓 STRAWBERRIES

這種質地柔軟的水果，在廚房裡的用途很廣。可以做成新鮮的水果沙拉，用來裝飾蛋糕和帕芙洛娃(pavlovas)的表面，也可做成蛋糕、塔、派、烤麵屑(crumbles)、布丁、醬汁和果醬。

如何選購 Choosing

可能的話，向當地農園購買，最好能夠自行採果，不但較爲便宜，水果也比較新鮮。若是在店內購買，一定要仔細檢查。草莓應該飽滿有光澤，沒有任何發霉或腐爛跡象，盒底也不應有任何水份滲漏的現象，因爲這就表示，盒底的草莓已被壓爛了。

草莓的前置作業 PREPARING STRAWBERRIES

草莓蒂，一般都會加以去除，不過，如果草莓是要用來做爲裝飾，就可以保留。用小刀的前端，撬出帶著葉子的草莓蒂。接著就可用主廚刀，將整顆草莓縱切成兩半。

草莓 Strawberries
單獨食用滋味鮮甜，想要的話，可加上糖和鮮奶油。也適合做成各式甜點，如帕芙洛娃(pavlova)，脆餅(shortcakes)和迷你塔(tartlets)。草莓很適合搭配巧克力，可以整顆浸入融化的巧克力，然後做成裝飾，或作為飯後甜點。稍微水波煮過的草莓，可以做成夏季布丁。成熟的草莓，常用來做成果醬。

配方 Recipes

夏季布丁 Summer pudding　布丁盆的周圍，鋪上麵包，然後裝入莓類糖煮水果(compote)，使果汁流浸入麵包裡。

蘋果醬佐藍莓餡餅 Blueberries fritters with apple sauce　藍莓裹上甜杏仁麵糊和蘋果醬。

野草莓 WILD STRAWBERRIES

比一般草莓來得嬌小，有著香甜的風味。

高山草莓 Fraises des bois or Alpine strawberries　它們在英國和歐洲，都有在野外生長，不過某些品種也有人工栽培，在市面販售。人工栽培的品種，比野生的來得略大，並且有白色、黃色和紅色的，外觀漂亮，並有絕佳的香草味。

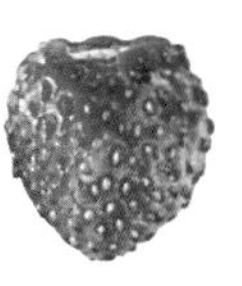

鵝莓 Gooseberries 和黑醋栗屬於同一家族，最普遍的品種是鮮綠色。雖然它的味道是有名的酸澀，有些品種還是頗甜，能夠生食。鵝莓可以用一點水和糖來煮，然後用來製作芙爾(fools)、冰淇淋或雪酪。它的果膠(pectin)含量很高，因此可單獨，或和其他水果一起，做成果凍和果醬。鵝莓醬也適合搭配油份高的魚(oily fish)，如鱒魚(trout)和青花魚(mackerel)。

覆盆子 Raspberries 搭配糖和鮮奶油來生食，滋味絕佳，也可以做成水果沙拉、帕芙洛娃(pavlovas)和迷你塔(tartlets)。覆盆子打成泥，過濾後加糖調味，所做成的庫利(coulis)，是梅爾巴桃子(Peach Melba)的基本成分。果泥也可做成冰淇淋、雪酪和水果芙爾。

小紅莓 Cranberries 可以用來搭配肉類和野禽，更傳統的搭配，是聖誕節或感恩節的火雞。小紅莓可做成甜味或鹹味料理，但一定要煮熟，通常是在糖水裡，加入一片檸檬皮，一起燉煮，直到變軟。

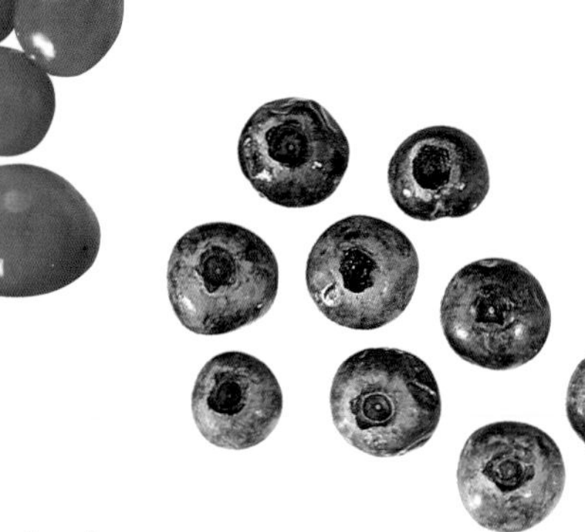

藍莓 Blueberries 現代人工栽培的，比野生的大、甜而多汁。除了美好的風味外，藍莓也因其顏色受到喜愛，加在其他莓類裡，可做成色彩鮮豔的水果杯。它也廣泛用來製作冰淇淋、馬芬(muffins)、煎餅(pancakes)，和各種烘焙糕點。

黑莓 Blackberries 鄉間可見的免費食物，不過和它的近親，黑刺莓(dewberries)，都有人工栽培。雖然做成水果沙拉生食，滋味不錯，不過更常和蘋果一起做成派和烤麵屑(crumbles)，加入夏季布丁裡也很棒。黑莓也適合做成冰淇淋、芙爾、庫利(coulis)和果醬。

名稱逸趣
What's in a name?

黑莓和覆盆子，都是玫瑰家族的一員(植株上的刺，洩漏了身份)。它們有許多混種，有些是人為的，有些則是自然產生的。其中包括了：黑刺莓(dewberry)，洛根莓(loganberry)，波伊森莓(boysenberry)和tayberry。

如何貯存 STORING

大部分的軟質水果，都非常容易腐壞，應在購買後盡速食用。草莓、覆盆子和黑莓，很容易發霉，一旦有1顆腐壞，就很容易傳染到其他的水果，所以一旦發現發霉者，應該立即丟棄。

草莓不適合冷凍，但其他的軟質水果可以冷凍，若是您有過多的水果，想要在冬天也能享用，我們就建議您冷凍起來。

較硬的莓類，如鵝莓和藍莓，可放置在冰箱底部，保存1週。小紅莓能保存得更久一長達4週。

紅醋栗、黑醋栗和白醋栗 REDCURRANTS，BLACKCURRANTS AND WHITECURRANTS

這些小型而用途廣泛的水果，都屬於同一家族。雖然在英國、德國和歐洲北部，是很受歡迎的花園水果，地中海地區卻幾乎沒有聽過它們的名稱。

黑醋栗是其中酸度最高的，很少用作生食。紅醋栗和白醋栗，是同一種植物不同種類，則甜度較高，果膠pectine(會導致嘴唇起皺的成份)較少，可以生食。

黑醋栗 Blackcurrants 可以用來製作成各式塔類(tarts)、冰淇淋、雪酪或夏季布丁。常用來製作水果甜飲料(cordials)。

紅醋栗 Redcurrants 除了當做裝飾以外，可加在夏季布丁裡、做成庫利(coulis)、最有名的是做成果凍(jelly)，傳統上搭配羊肉和鹿肉。

白醋栗 Whitecurrants 可作為吸引人的裝飾。

醋栗去梗 STRIPPING CURRANTS

醋栗必須先去梗，再使用。這種巧妙的去梗法，只需要使用一般的廚房內的叉子，就可以了。用叉子的前端，沿著梗滑過去，就可以輕易地將醋栗從梗上卸下了。

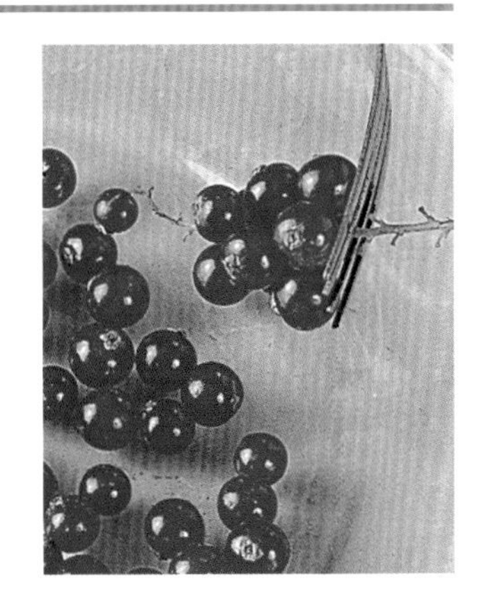

用食物磨碎器製作果泥 PURÉEING IN A MOULI

草莓、覆盆子，或這裡示範的紅醋栗，都可使用食物磨碎器(food mill)，來製作質地均勻的果泥。水果的種籽會留在磨碎器上，就不需要再事後過濾了。

將細孔的圓盤裝入食物磨碎器內，再架在1個大攪拌盆上。將自選的漿果類水果放進槽內，用手抓緊握柄，轉動曲柄，刀片就會將水果泥推入攪拌盆內了。

營養資訊 NUTRITIONAL INFORMATION

鵝莓富含維他命C，也含有維他命A和D、鉀、鈣、磷和菸鹼酸。

小紅莓含有維他命C和D、鉀和鐵。

藍莓是很好的維他命C來源。

覆盆子是優質的維他命C來源，同時含有鈣質、葉酸和銅。

黑莓是有用的維他命C來源；一份(150 g)就能供應50%的每日攝取量。它亦含有葉酸、鈣、鐵、銅。

黑醋栗、白醋栗和紅醋栗，都含有大量的維他命C，黑醋栗的含量尤其豐富。

柑橘類水果 citrus fruits

橙 ORANGES

這種水果可分成甜橙和苦橙兩大類；甜橙又可細分爲血橙(blood oranges)、甜橙(common oranges)和臍橙(navel oranges)。除了用來生食，和作爲裝飾外，橙和橙汁可製作成鹹味菜餚、醃醬(marinades)和各式甜點，包括。雪酪、蛋糕、凝乳(curds)、塔(tarts)、果凍(gelatin moulds)和布丁。以下所列出的，都是我們最常使用的種類。

如何選購Choosing

應挑選感覺沉重、結實者，不應有任何軟化跡象。避免色澤暗淡，或外皮粗糙、凹陷或起皺者；應挑選有光澤者。

血橙 Blood orange　果皮薄而多汁，紅色的果肉非常香甜。它的紅顏色，來自曾與石榴樹接枝的先輩。它可做成清爽味美的果汁，並做成沙拉和糖煮水果(compotes)。

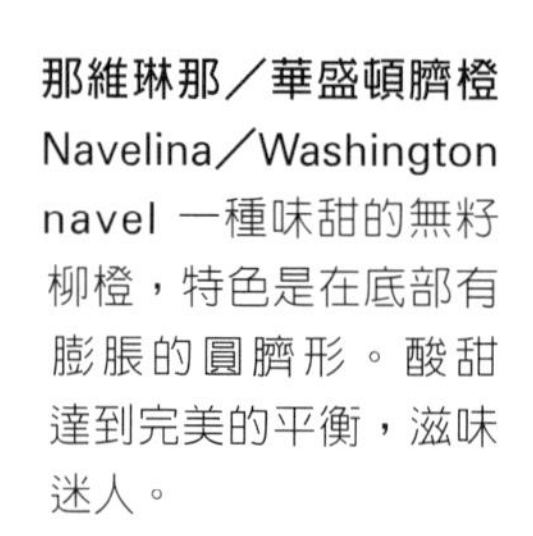

那維琳那／華盛頓臍橙 Navelina／Washington navel 一種味甜的無籽柳橙，特色是在底部有膨脹的圓臍形。酸甜達到完美的平衡，滋味迷人。

雅法橙 Jaffa orange　產自以色列，屬於臍橙的另一品種。可用來製作沙拉、糖煮水果、烹飪和烘焙。

瓦倫西亞 Valencia　味甜，果皮厚但容易剝除。當季時，果肉多汁香甜。因為其品質甚佳，果汁量多，而受到喜愛，用來烹飪和烘焙，效果都很好。

放大檢視橙
A CLOSER LOOK AT AN ORANGE

果皮 Zest　具有色素的外層果皮，含有精油成分；參見第11頁，來查看如何用刮皮刀(zester)將果皮刮下。

中果皮 Pith
包圍果肉的一層白色物質，味道苦澀。

皮層 Rind
介於果皮和中果皮之間的，淡色厚層物質。

果瓣 Segments 柑橘類水果的多汁果肉。

薄膜 Membrane
將各瓣果肉，間隔開來的透明薄膜。

苦橙 BITTER ORANGES

有時又稱爲酸橙(sour oranges)，它粗糙的外皮顏色較深，味道很酸且苦。

賽維亞 Seville 果肉和果皮，一起用來製作成柑橘果醬(marmalade)，以及橙味利口酒(liqueurs)，如庫拉索酒(Curaçao)，香橙干邑甜酒(Grand Marnier)和康圖酒(Cointreau)。

金柑 Kumquats 橙的近親，但體型小得多，直徑只有2－4 cm。果肉多汁，而有柑橘類獨特的酸味，雖然可以帶皮生食，但多用來烹飪，或做成糖漬水果。應挑選外皮沒有損傷者。

柑 Tangerines 小柑橘(clementines)、橘子(mandarins)和小蜜橘(satsumas)，都是柑族的一員。體型小，容易剝皮，常用來生食，不過加在糖漿，或利口酒糖漿裡食用，更為美味。

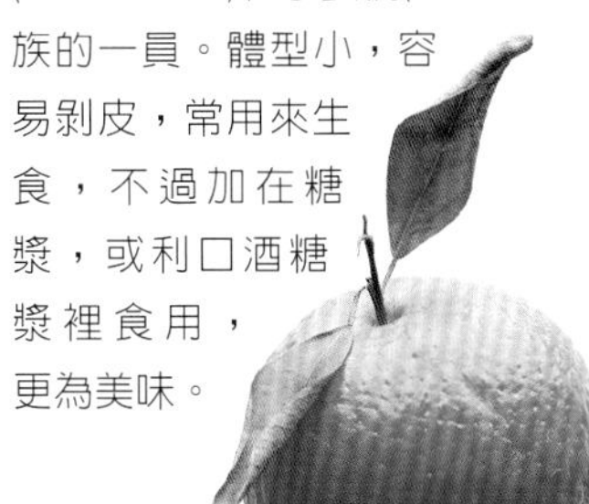

如何貯存 STORING

橙可在室溫下保存數天，或在冰箱裡，保存1—2週。

金柑可在冰箱裡，保存10天。

營養資訊 NUTRITIONAL INFORMATION

橙是優質的維他命C來源，可提供兩倍的成人每日攝取量。

橙亦含有鈣質。

檸檬富有維他命C。

萊姆富有維他命C，也是很好的鉀、鈣、磷等來源。

葡萄柚是極佳的維他命C來源。

金柑富有維他命C和A。它亦含有許多鈣質、磷和核黃素。

柑橘類水果的去皮與切片 PEELING AND SLICING A CITRUS FRUIT

將柑橘類水果的果皮切下時，一定要連同苦澀的白色中果皮也一起削下來，讓果肉保持完整。

▼ 先切除頭尾的果皮，讓果肉露出來。讓水果豎立站好，沿著水果外型的弧度，切下果皮與白色中果皮。

▼ 將水果側面朝下放，用一手抓牢，另一手拿刀子，以慢慢鋸東西般的方式，垂直地將果肉切成約3 mm厚的切片。

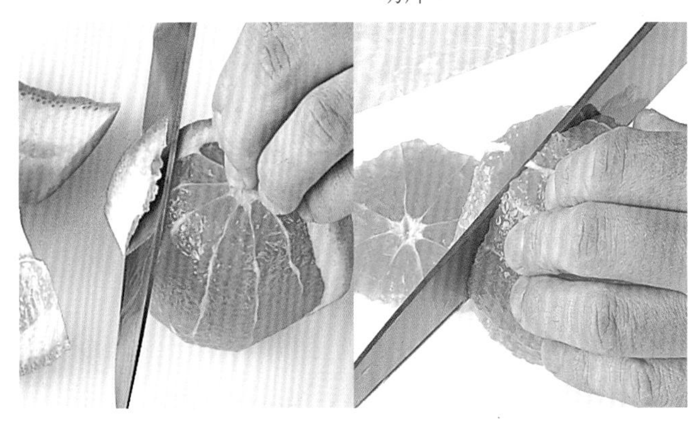

柑橘類水果的分瓣 SEGMENTING CITRUS FRUITS

這種非常簡單的技巧，就是將柑橘類水果，切成整齊的瓣片，去除堅韌的薄皮。切割時，下面要放著盤子或碗，用來盛接滴落下的果汁。

▼ 用一手抓著已去皮的水果。用小刀，從果肉兩側的白色薄膜間切下，一直切到核的部分。切的時候，要儘量貼著薄膜，讓殘留在薄膜上的果肉越少越好。

▼ 沿著水果周圍，繼續將果肉從薄膜間切開，切的時候，把薄膜像翻開書頁般的往旁邊翻，讓果肉鬆脫開來。

檸檬 LEMONS

檸檬和橙，是最重要的柑橘類水果，也大概是廚房裡最基本的水果，因爲它獨特的刺激味，能提升甜鹹料理的風味。檸檬汁幾乎可賦予所有菜餚新鮮風味，但它的果皮也很重要，含有芬芳的精油成份。

檸檬是檸檬塔的主要材料，可使用完整的糖漬切片，或只取果汁和果皮，檸檬也可製作成檸檬凝乳(curds)。除此之外，檸檬—果汁和果皮—可用來爲醬汁、濃湯、卡士達(custards)和幾乎無止盡的一連串甜鹹料理，增添一絲刺激風味。

萊姆 LIMES

雖然體型比檸檬小，但也一樣可用來爲甜鹹料理，增添一股絕妙的刺激風味。它比檸檬略酸，但也更爲芬芳，因此尤其適合泰國和印尼料理，同時也廣泛使用在墨西哥，和其他中美洲以及加勒比海料理。萊姆通常作爲各式料理的佐料，但也是萊姆派(Key lime pie)的主角。萊姆汁和龍舌蘭酒(tequila)，是瑪格莉特(Margarita)雞尾酒的經典材料。

如何選購 Choosing

挑選外表無損傷，色澤漂亮，而相對沉重者。避免已開始收縮、變得乾燥者。萊姆可在陰涼處，保存一週。

如何選購 Choosing

購買檸檬時，要挑選相對沉重的。許多檸檬有經過上蠟與噴劑的處理，使表皮光亮，因此若要使用果皮的部分，盡量選購無蠟的。

柳橙杯 CITRUS CUPS

橙、檸檬和萊姆，都適合作爲吸引人的容器，可用來盛裝相同口味的雪酪。將果肉挖出，做成餡料，切除底部，使柳橙杯能夠站立。然後將果皮冷凍起來，要使用時再取出。

糖漬果皮 CRYSTALLISED PEEL

橙、檸檬和萊姆的果皮，可放入糖漿裡煮，做成裝飾。刮下絲狀的柑橘類果皮，務必要去除中果皮部分。然後放入平底深鍋內，加入糖和水，到淹沒的高度，然後加熱烹煮，直到糖漿蒸發。將果皮分開來不相黏，裹上細砂糖(caster sugar)，然後靜置到冷卻。

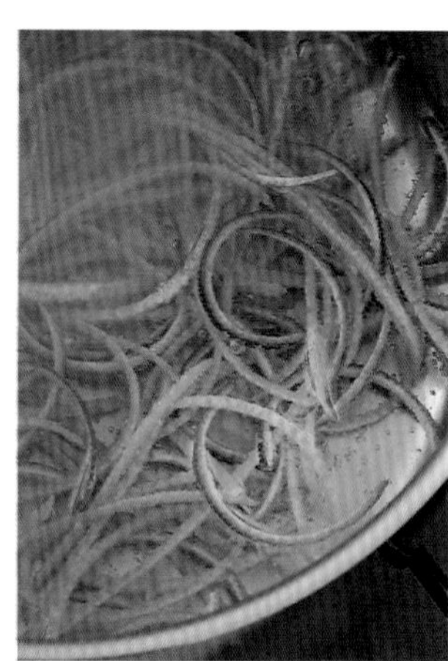

配方 Recipes

檸檬蛋白霜派
Lemon meringue pie
派皮裡裝滿檸檬奶油餡料，表面再加上打發成立體的蛋白和糖。

橙香火焰可麗餅
Crêpe Suzette
煎餅裹上甜奶油和橙醬後，用橙利口酒(orange liqueur)澆酒火燒。

黑莓冰佐焦糖橙塔
Caramelised citrus tart with dark berry ice
派皮裡填入稍微打發的蛋、糖、鮮奶油、和柑橘果汁的混合餡料，烘焙後配上焦糖化的表面餡料，搭配莓類雪酪和糖漬萊姆，再澆上糖漿。

葡萄柚 GRAPEFRUIT

極受歡迎，並且是繼橙之後，世界上種植最廣的柑橘類水果，有許多不同的種類、大小、顏色和甜度。大部分的葡萄柚，外皮呈深黃色，但果肉有淡黃、粉紅到紅寶石色。果肉的顏色越接近粉紅色，通常就越甜。和檸檬、萊姆、橙不同的是，葡萄柚很少用在料理上，因爲其味道太過強烈。因此，葡萄柚最好是單獨生食，或搭配味道中性平淡的食物，如此即使是葡萄柚的風味獨樹一幟，也無所謂。

柚子 Pomelos 外觀看起來像葡萄柚的前輩宗親，事實亦是如此，它的體型較大而粗糙，果皮很厚。滋味和葡萄柚相近，不過更多汁而帶有辛香。

如何選購 Choosing

應挑選相對沉重者，避免已乾縮，或果皮如海綿狀柔軟者。

橘柚 Ugli fruit 葡萄柚、橙、柑，這3種柑橘類水果的雜交種，體型大，外皮凹凸不平，但果肉頗甜，味道不錯。

柑橘水果裝飾 CITRUS GARNISHES

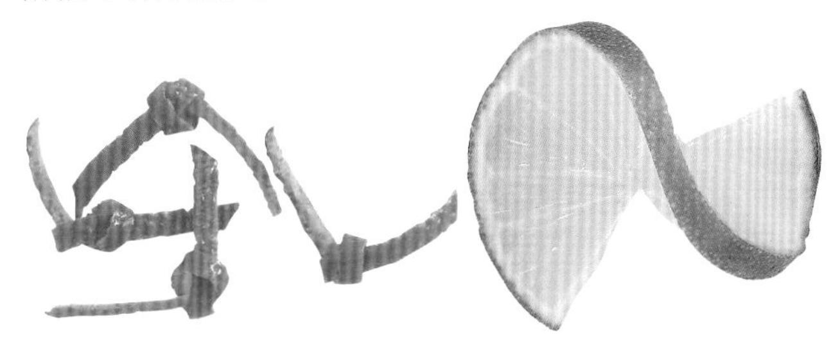

柑橘皮花結 Citrus knots 適合搭配法式小點心(petits fours)。刮下柑橘類水果的果皮，避免中果皮部分，然後切成細絲。再將每條細絲綁一個結。

萊姆蝴蝶 Citrus twists 用鋒利的刀，將水果切成整齊的薄片，然後從邊緣到中心，劃切一刀，然後將薄片以相反的方向扭轉。

檸檬鋸齒花 Zig-zags 沿著檸檬的中心，畫上鋸齒狀圖案。用鋒利的小刀，依照這個圖案，將檸檬切成兩半。

檸檬薄片 Scalloped slices 用檸檬刀(zester)在檸檬或橙的表皮上，縱向刮削，製造斑紋效果。然後再橫向將水果切成薄片。

外來水果 exotic fruits

如何選購與貯存 Choosing and storing

香蕉在採收後，仍會繼續熟成，並且市面上也可買到各種熟度的。完全成熟的的香蕉呈均勻的黃色，若是繼續放著，就會出現一些黑斑；未成熟的香蕉，呈深淺不一的綠色，若是過熟了，就會變成深色。

應挑選看起來新鮮，沒有起皺、相對沉重的的奇異果。未熟的水果，放在室溫下，會繼續熟成，但不要放在其他水果旁，因為它的酵素(也可用來軟化肉類)，會加速水果的熟成。

挑選沒有損傷的木瓜，用掌心輕按時，應感覺有彈性，未熟的水果，可放在室溫下繼續熟成，一旦成熟後，應放入冷藏。

完全成熟的芒果，應像酪梨一樣，感覺柔軟，並有甜美的香氣。若是外皮有許多黑斑，則可能是過熟，果肉會太過柔軟並且過甜。

完全成熟的釋迦，應感覺結實，但按壓時有彈性，果皮應起皺呈綠色，並有些黑色斑點形成。應感覺相對沉重。若摸起來堅硬，果皮呈綠色，則可能還未成熟；若是過軟而變成深色，大概已經過熟。

新鮮的椰棗，應感覺飽滿，外皮平滑有光澤。避免起皺、表皮有糖粒結晶者。

挑選質地柔軟、有香味的無花果，但避免太軟的。一旦成熟後，應盡快食用，若未成熟，可放置室溫下1－2天，再放入冰箱可保存3天。

香蕉 Bananas 烘烤後作為甜點，或用來為蛋糕、快速麵包(quick breads)、派和冰淇淋等增添風味。它也可做為水果沙拉或表面餡料。使用略青的香蕉，來和奶油及糖烘烤；過熟的香蕉，最適合做成蛋糕和麵包。

奇異果 Kiwi fruit 外皮粗糙的蛋形水果，果肉呈亮綠色，包圍著許多細小的可食種籽。果肉有細緻的酸／甜味。最好生食或做成水果沙拉。

份量 YIELD

3根中型的香蕉
=
4根小型的香蕉
=
500 g
=
1杯香蕉泥(mashed)

大蕉或綠香蕉 Plantains or green bananas 香蕉的近親，外觀較為粗短，和香蕉頗為不同。不可生食，但很適合用來烹飪，可以油煎，或帶皮水煮後切片。

百香果 Passion fruit 外皮堅硬而起皺，在芬芳的果肉(pulp)裡，有許多細小可食的種籽。它可做成冰淇淋、雪酪、飲料、或加入水果沙拉裡。種籽是可食用的，百香果可單獨食用，或將果肉加以過濾。應挑選相對沉重者。它成熟後，外皮會起皺，可在冰箱保存一週。

柿子 Persimmon 果皮呈橘色，體型有圓有長。完全成熟時，果肉的質地如絲般柔軟香甜。可製作成糖煮水果(compote)或沙拉，或做成果泥，再做成雪酪、冰淇淋、蒸布丁、餅乾和快速麵包(quick breads)。挑選色彩漂亮、無碰傷的。放在室溫下熟成，成熟後立即食用。

石榴 Pomegranate 這種堅硬、有光澤的紅色水果，含有許多緊密的種籽，以及深紅色而甜美的果肉。種籽可用來裝飾水果沙拉、甜點和主菜，或放在過濾器上擠壓，用果汁來調味菜餚。選擇顏色明亮，沒有破裂者，按壓時可感覺彈性。

楊桃 Star fruit 又名為 carambolas，它的味道雖甜但有些平淡。大多放在水果沙拉和帕芙洛娃(pavlovas)，用來裝飾。應挑選顏色亮麗，無損傷者。

枇杷 Loquat 又稱為Japanese medlar。這種稍帶樹脂味的甜味地中海水果，是先剝皮後生吃。可做成果醬，或用來烹條烤豬肉和烤雞。選擇質地結實、無損傷、按壓有彈性者。放入冰箱，可保存兩週之久。

番石榴 Guavas 外皮為淡綠色，果肉則為白色至深粉紅色。它具有馥郁的香氣，與略酸的味道。適合生食，或小火水波煮，然後打成泥，做成冰淇淋。番石榴也可製作成香氣十足的果醬和果凍(jellies)。

營養資訊 NUTRITIONAL INFORMATION

香蕉能夠用來補充能量，因此運動選手喜歡食用。它亦富有鉀、核黃素、菸鹼酸，並是維他命A、B6、和C來源。
奇異果的維他命C含量驚人地高，1顆就能供應比成人每日攝取量還多的份量。它還有維他命E、A和一些鉀。
百香果是優質的維他命A和C來源，並且含有鉀、鐵和鈣。
木瓜是非常好的維他命C來源，並含有維他命A、鈣和鐵。
芒果是極好的維他命A和beta胡蘿蔔素來源。它也有維他命C。
無花果富有鈣、鐵、銅，以及膳食纖維。

香瓜茄／香瓜梨／人參果 Pepino 將味道苦澀的外皮削除，丟棄，果肉切成薄片。可用來做成水果沙拉，或打成泥做成雪酪，也可用奶油嫩煎，作為裝飾。外皮應呈漂亮的黃色，按壓時有彈性。

仙人果 Prickly pear 可以生食或煮食，但要帶手套去除帶刺的外皮。果肉有甜瓜(melon)的質感，可搭配煙燻或醃製的肉片食用。挑選外表無損傷的。成熟的果實，外表呈粉紅色。可在室溫下熟成，若放在冰箱可保存4－5天。

木瓜 Papayas 熱帶的梨形水果，原為綠色的果肉，成熟後會轉成黃／橙色。橘紅色的果肉，味甜多汁，質地綿密。黑色的種籽又稱為pawpaw，可以食用，略帶一點胡椒味，有時也作為裝飾。木瓜用來單獨食用，或做成沙拉都很棒。如同甜瓜一樣，木瓜很適合搭配醃製肉片，或者將果肉切丁，加入魚肉或雞肉咖哩，或者用來製作優雅的主菜沙拉，如加多加多沙拉(gado gado)。

如何貯存 STORING

椰棗用紙或塑膠袋包好後，可在冰箱裡保存兩週。

未成熟的釋迦，可在室溫下放置到軟化，再放入冰箱，可保存4天。

鳳梨 Pineapples 應該等到成熟後採收，因為一旦離枝後，裡面的澱粉無法轉變成糖份。過熟或有損傷的水果，氣味強烈，並且按壓時感覺過軟。

芒果 Mangoes 大而多汁的熱帶水果，果皮有綠、黃、粉紅、紅色不等。果肉為金黃色，有獨特的香氣和味道，有人說味道介於桃子和鳳梨之間，帶點辛香味。最適合單獨生食，或加入水果沙拉中。果肉可打成泥，做成冰淇淋、雪酪和冷凍優格。

椰棗 Dates 外皮薄而有紙般的質感，果肉柔軟而甜。它大概是水果中卡路里最高的，每90g含有230大卡。它可用來製作成鹹味開胃菜，或切碎後做成蛋糕、餅乾、麵包、馬芬(muffins)、水果沙拉和填充餡料，增加甜味。

無花果 Figs 果皮為綠色或紫黑色，粉紅或紅色的果肉，柔軟多汁，含有細小種籽。可以新鮮上桌，做為開胃菜或甜點，也可加以烘焙。有三種品種─深紫色果皮包含著深紅色果肉，黃綠色果皮包含著粉紅色果肉，以及綠色果皮包含著琥珀色果肉。

釋迦 Custard apples 呈心形或橢圓型，果肉軟而甜，如芥末般，嘗起來介於鳳梨、木瓜和香蕉之間。亦稱為cherimoya，果肉可做成沙拉，或打成泥後，做成冰淇淋或雪酪。

荔枝 Lychees 一種小型的粉紅色／紅色水果，帶硬粒的外皮，包裹著柔軟多汁的白色果肉。外皮和深棕色的種籽，不可食用，但果肉十分美味，有葡萄般的口感，和香甜的風味。可以單獨食用，或去皮、去籽後，加入水果沙拉中。亦可放入中國式花香糖漿裡水波煮。挑選外皮呈粉紅色或紅色的。它可在冰箱裡保存一週。

苦蘵／燈籠果 Physalis 金黃色的小果實，包裹在紙般乾葉狀萼片內，又名為「cape gooseberry」，味甜而帶有一絲酸味。它總是包在萼片內販售，所以最好能夠檢查一兩個，看是否過熟。單獨生食或作為裝飾都很棒。也很適合煮熟後，做成果醬和果凍。

鳳梨的前置作業 PREPARING PINEAPPLE

▼ **去皮** Removing the skin
切除鳳梨的頭尾。讓鳳梨豎直放好，再用大型的刀，由上往下，把外皮削除。

▼ **去眼** Removing eyes
用小刀尖，挖除殘留在果肉上所有的褐斑或鳳梨眼。用主廚刀橫切成薄片。

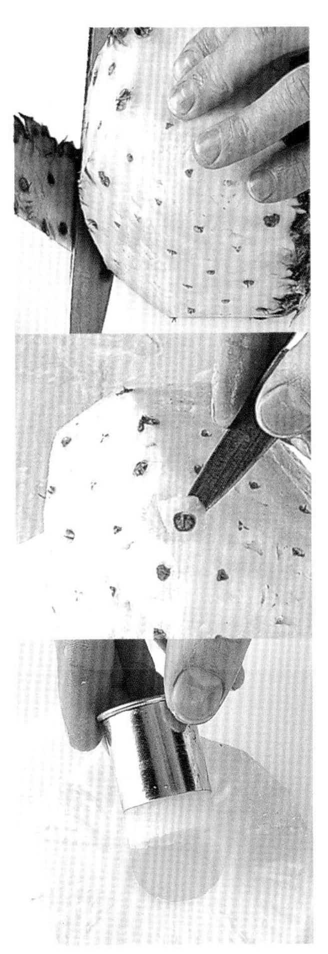

▲ **去芯** Coring
讓鳳梨片平躺，再用小圓模，切除鳳梨芯。

芒果切丁 DICING A MANGO

由於多纖維的芒果肉，緊黏在中央的果核上，所以，較難去核。以下示範的技巧，就是一般所熟知的「刺蝟法 hedgehog method」，適合將芒果當做甜點上菜時，或將果肉取下，做成水果沙拉。

將果肉從果核多肉的兩側切下，切的時候，越靠近果核越好。

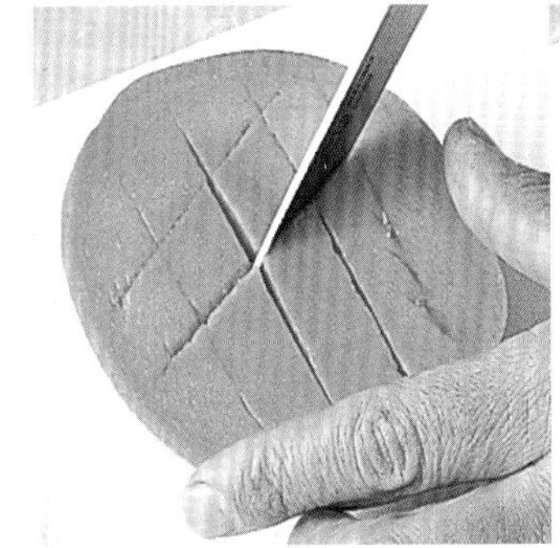

▲ 將切下的兩塊不帶核的果肉，切成格狀，深及芒果皮，但不要切穿皮。

▲ 用兩手的拇指，將芒果皮往上推，讓果肉朝上翻。以小刀切下芒果丁。

製作無花果花 MAKING A FIG FLOWER

用小刀，修切無花果帶梗的那端。在無花果的頂端，深切十字，再用手指輕壓下端的側面，將無花果打開來。無花果花，可以就這樣使用，或將餡料用舀的或擠花到中間後，再上菜。

荔枝的前置作業 PREPARING A LYCHEE

用小刀，從荔枝靠近梗的那端開始，小心地切開粗糙易裂的外皮，就可以輕易地剝乾淨了。它的果肉爲珍珠白色，內有不可食的褐色長種籽。成熟的荔枝外皮，會轉變成粉紅或紅色。

整顆椰棗去核 STONING DATES

一手抓緊椰棗，另一手用小刀尖輔助，將梗連同核，一起拉出。

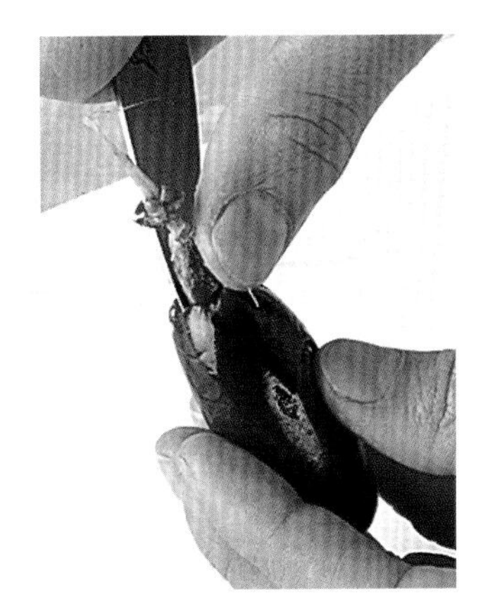

焦糖燈籠果 CARAMEL-COATED PHYSALIS

小心地將燈籠果的葉子往後拉，在底部扭一下。浸入糖漿裡，並且讓多餘的滴落。然後，筆直地放在已抹好油的烤盤紙上，讓糖漿凝固。

其他種類水果 other fruits

大黃、葡萄和甜瓜，不屬於任一特定範疇；大黃現在被視爲是一種水果，但事實上它是蔬菜的一種，而它又是水果界的例外，因爲必須要先煮熟後，才可供食用。葡萄大多做爲甜點水果來食用，但也可加入醬汁裡，搭配鴨肉、小牛肉或魚肉食用。甜瓜因其細緻的風味和質感，絕對是生食上菜，它可用在冷湯、雪酪、水果沙拉裡，或佐以薄火腿片食用。

如何選購 Choosing

應挑選莖部結實青脆的大黃，若將莖部折斷，會流出汁液。

要仔細挑選葡萄。應看起來飽滿有光澤，嘗起來香甜。最好能夠試吃一顆。避免過熟，已開始變色，或發霉的水果。

購買甜瓜時，要放在手上感覺一下。應感覺相對沉重，並有馥郁香氣。水果越成熟，香氣越馥郁，但不應聞起來有麝香味(musky)，因爲這表示水果已過熟了。用拇指輕壓靠近果梗處，應感覺有一點彈性。避免按壓時，感覺過軟者。

葡萄 Grapes 專門栽培供作食用的葡萄(譯註：相對於釀酒用葡萄而言)，稱為dessert grapes，有許多種類。白葡萄的顏色，有淡黃到鮮綠色；黑葡萄則為紫色，帶一點藍色，或是深酒紅色。一般認為最好的葡萄是muscat grapes，體型大，而果肉香郁，呈黑、紅或白色。最受歡迎的無籽葡萄有 Thompson seedless和Flame seedless。它們的單寧(tannin)含量比其他品種低，果肉較甜而多汁。葡萄在使用前，需先清洗。

大黃 Rhubarb 最好的大黃，是在初春時產出，並且經由人工栽培(forced)：它的莖部香甜脆嫩。較老的大黃，莖部粗而呈綠色和紅色，葉片大而呈深綠色，味道較為粗糙。大黃一定要煮過，才可食用，並且通常都要加糖調味。

大黃的前置作業 PREPARING RHUBARB

在產季開始時購買的大黃，肉質柔軟，不需要進行太多前置作業。但是盛產期的大黃，就必須去皮。將葉片切除丟棄，然後，用蔬菜削皮器(vegetable peeler)，以長條狀將皮削除。切除末端部分。將大黃斜切成整齊的塊狀，然後就可以準備開始烹調了。

葡萄的去皮與去籽 PEELING AND DESEEDING GRAPES

葡萄若是要搭配醬汁，或當做裝飾配菜來上菜，就必須先去除韌皮與小核籽。

- **去皮 Peeling** 先汆燙10秒，再用削皮刀(paring knife)，從梗的那端，開始剝皮。
- **去籽 Deseeding** 將消毒過的迴紋針撐開，用有勾的那端拉出小核籽。從切成兩半的葡萄上去除小核籽時，用尖銳小刀的前端，把籽撥彈出即可。

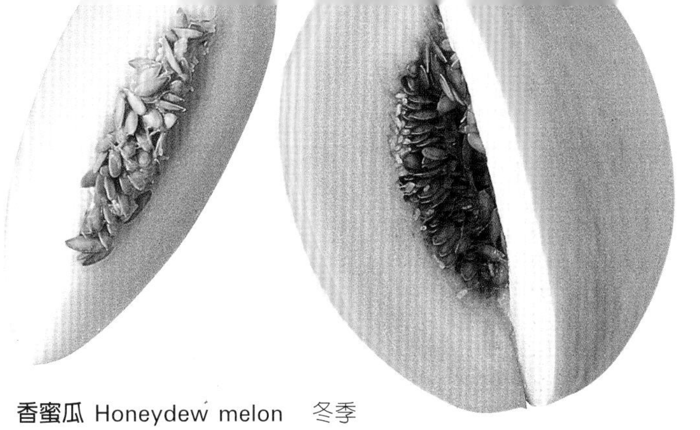

香蜜瓜 Honeydew melon　冬季甜瓜，最佳狀態時，十分味甜多汁。它有光滑的黃色外皮，從淡綠色轉為成熟時的橙色。

西瓜 Watermelon
味甜而能止渴，果肉清涼多汁。大部份西瓜的外皮都很光滑，呈深綠色而帶有淡綠色條紋，果肉通常為深紅色，點綴著黑色種籽。它其實屬於小黃瓜家族，而非甜瓜家族。

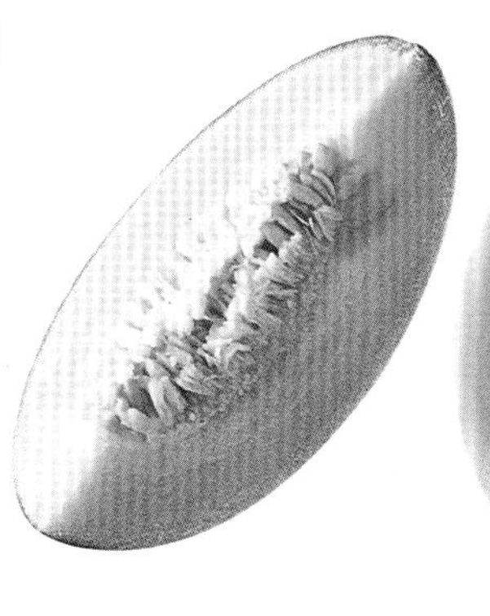

加利亞甜瓜 Galia melon
中等甜度，非常芳香，滋潤多汁，瓜體呈圓型，淡綠色的果皮會轉成黃橙色。

夏朗德甜瓜 Charentais melon
羅馬甜瓜的另一種品種。體型小、氣味芳香，果肉為深橘色。

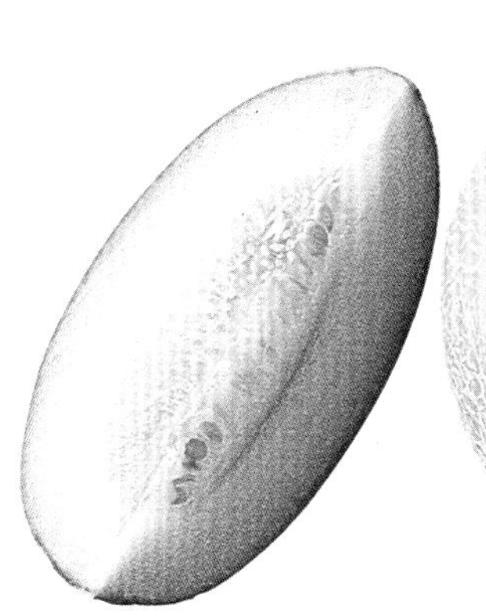

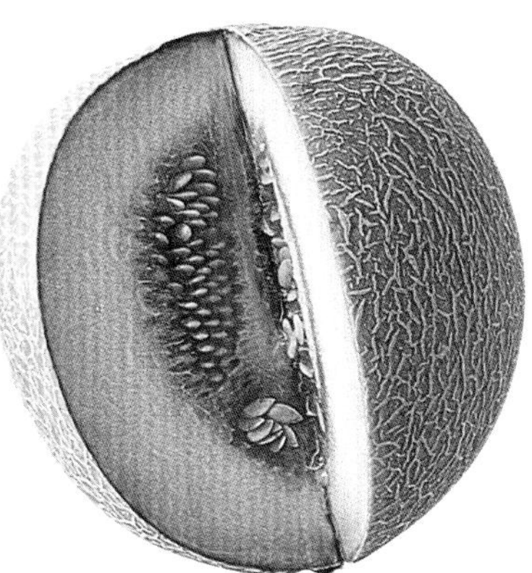

羅馬甜瓜 Cantaloupe melon　體型小而圓，黃褐色的外皮有羅紋，果肉為淡橘色，味道甜美芳香。

營養資訊
NUTRITIONAL INFORMATION

甜瓜的營養價值，隨品種差異而各不相同，然而，大多數都是很好的維他命C來源。具有橙色果皮的種類，富有極高的beta胡蘿蔔素，大部分都有許多維他命B。它們的卡路里都很低。

甜瓜的前置作業 PREPARING MELONS

小甜瓜，可以用來當做漂亮的容器，盛裝水果沙拉或其它甜點。在甜瓜外皮的中央線上方，用刀尖，劃上Z字形的斜線，做記號。每次插入刀子時，都要深及甜瓜的中心，沿著記號線切開。小心地分開上下兩半的甜瓜。用小湯匙，挖出種籽與纖維狀的果肉，丟棄。用挖球器(melon baller)，從甜瓜的下半邊，挖出球狀的果肉。

挖球器
MELON BALLER

它是一種方便使用的工具，具有一大一小的雙頭設計。只要將頭部插入已切開的果肉內，然後扭轉一下，即可挖出球狀果肉。它也可用在其他水果上。

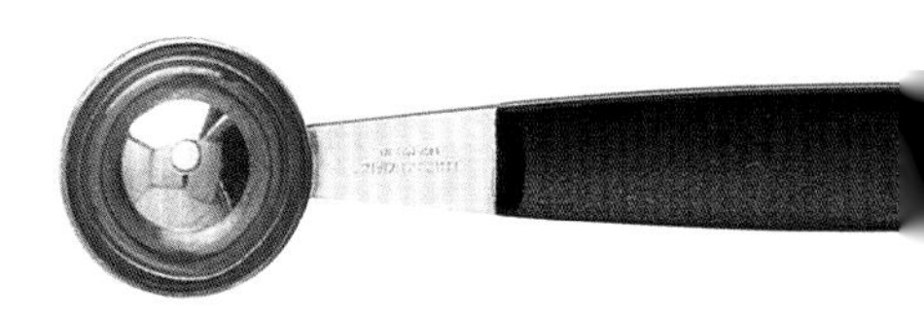

乾燥水果 dried fruits

各種乾燥水果，都可用來製作甜鹹料理。它比新鮮水果的甜度要高，因為乾燥的過程會濃縮糖份。我們大概需要5 kg的新鮮水果，來製作出1 kg的乾燥水果，所以若是以體積或重量來測量水果，乾燥水果的卡路里，會比新鮮水果多很多。

棗乾 Dates　非常甜膩，有起皺的深色外皮。最高級的Tunisian Deglet Noor，也就是「光之棗」(Date of the light)。The Medjool date也很受歡迎，質感如軟糖(fudge)般濃郁。市面上可以買到數種不同的棗乾。半乾燥的棗乾，最適合甜點用；壓縮過的整塊棗乾，或包裝好的切碎棗乾，非常適合用來烹飪和烘焙。

乾燥蘋果 Dried apples　可以用來製作糖煮水果，或諾曼地料理，傳統上綜合了蘋果、鮮奶油和蘋果酒(Calvados)，做成完美風味的成品。

洋李乾 Prunes　由紫李(purple plum)或紅李(red plum)製成，它有不同的種類，有去核的，也有立即可食的。最好的洋李乾，是the Agen，整顆帶核販售，使用前須先浸泡。

乾燥洋梨(左上)和乾燥桃子(左) Dried pears and peaches　比杏桃的風味更細緻。

乾燥杏桃 Dried apricots　用途很廣，常出現在許多甜鹹料理上。它的味道強烈濃郁，帶適度的刺激酸味。市售的多為即食或乾燥的，後者在使用前須先浸泡。

無花果乾 Figs　最好的無花果乾，是由很成熟的金黃色Smyrna無花果製成的，經由日光曝曬，並不時翻面，因此它的形狀扁平如靠墊。為了保持它的飽滿形態，包裝時不能過密。若要用作烹飪，先用葡萄酒或水，浸泡數小時。

葡萄乾、加侖和桑塔那 RAISINS，CURRANTS AND SULTANAS

這些都是乾燥的葡萄─所不同處只在使用的種類─muscatel做成葡萄乾，black Corinth做成加侖，無籽葡萄則用來製成桑塔那。

加侖 Currants　比葡萄乾小而甜，味道也較刺激。可以用來代替切碎的葡萄乾。

桑塔那 Sultanas　比葡萄乾來得飽滿，顏色較淡。非常甜而滋潤，有一種溫和的香味。

葡萄乾 Raisins　應該先在白蘭地裡浸泡，再使用。

如何使用乾燥水果 USING DRIED FRUIT

- 要避免乾燥水果，沉到蛋糕麵糊的最底下，可以先拿出一點已量好的麵粉，撒在乾燥水果上面，再開始製作麵糊。撒上了乾燥水果的麵粉，會讓水果懸浮在蛋糕混合液裡，避免水果吸收太多其中的液體。
- 在切的時候，乾燥水果會黏在刀子上。所以切割的過程中，可將剪刀或刀子，不時地在熱水中沾一下。
- 洋李乾應該要先浸泡再使用，除非已標明了立即可食。如果您的洋李乾是不需浸泡型 'no-soak'，而食譜需要洋李乾在白蘭地裡浸泡，則可將浸泡時間減少一半。若洋李乾是已煮熟的，則不需浸泡。

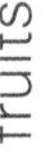

果醬與調味品 preserves and condiments

果醬 Jam 由整粒水果製成，先磨碎(crushed)或壓碎(mashed)，再加入糖來煮。

酸辣醬 Chutneys 水果或蔬菜，加入糖、醋和辛香料，低溫慢煮。

綜合果醬 Conserves 兩種或兩種以上的水果，加入糖、葡萄乾或堅果，一起煮。

柑橘果醬 Marmalade 綜合果醬的一種，但是由橙或其他柑橘類水果製成，如葡萄柚、檸檬、萊姆或柑(tangerines)。

果香精 Fruit essence 由含有精油的柑橘類果皮萃取而成。

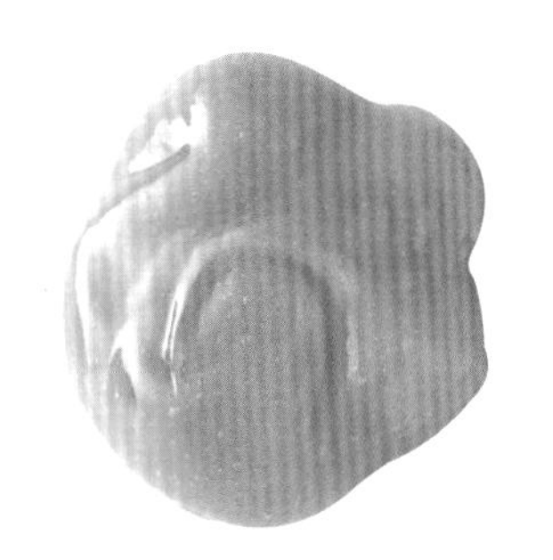

果香奶油 Fruit butters 以辛香料調味過的果泥，放入烤箱或平底深鍋裡慢煮(simmer)，直到濃稠綿密。

果凍 Jelly 過濾後的果汁，去除了果渣等果粒後，加入糖來煮。

大粒果醬 Preserves 類似果醬，只是含有較大而明顯的塊狀水果。

軟化果醬 SOFTENING JAM

這種技巧，可防止果醬塗抹在各層蛋糕上時，會破壞了蛋糕的表面。將無籽或過濾過的果醬，放在工作台或乾淨平坦的板子上，用抹刀來回抹，直到質地變得非常柔軟，形成容易塗抹的稠度。然後用同一把抹刀，將果醬抹在蛋糕各層上。

製作果膠 FRUIT GLAZE

要使蛋糕表面變得更平滑，並增添蛋糕、塔(tarts)或迷你塔(tartlets)的濕潤度，可用果醬來製作膠汁。巧克力蛋糕，應搭配杏桃(apricot)果醬，水果塔則應用紅果醬(red fruit jam)。融化90g果醬，然後用過濾器過濾，以去除水果塊等。倒回鍋內，加入50 ml的水，邊攪拌，邊加熱到沸騰。接下來就可刷在蛋糕或水果塔上。

堅果與種籽 nuts and seeds

如何選購 Choosing

堅果，是內含可食果仁的水果種籽，被包裹在硬殼裡，可以爲眾多的甜味或鹹味菜餚，增添硬脆的口感、絕佳的風味與豐富的色彩。

以下，就是部分較常會用到堅果的去殼、去皮與前置作業技巧的介紹。

營養資訊 NUTRITIONAL INFORMATION

堅果非常營養，含有蛋白質，和許多維他命B群、維他命E和許多基本礦物質。然而要記住的是，幾乎所有的堅果(栗子除外)，脂肪的含量都很高。

將堅果去皮 REMOVING THE SKINS FROM NUTS

▲ **榛果與巴西栗 Hazelnuts and Brazil nuts** 這些堅果類，最好先爐烤(roasted)過，再去皮。將堅果均勻地散放在烘烤薄板(baking sheet)上，用180℃，烤10分鐘，偶爾搖晃一下烘烤薄板。用布巾將烤過的堅果包起來，等幾分鐘，再用摩擦的方式去皮。

▲ **杏仁與開心果 Almonds and pistachios** 它們的皮帶著苦味，如果留著，就會破壞了堅果細緻的風味。要去皮時，汆燙後(請見22頁)，用拇指與食指，捏住變軟的堅果皮，拉除。趁熱時，才容易剝除外皮。

磨碎堅果 GRINDING NUTS

有些食譜，尤其是製作無麵粉的堅果蛋糕(tortes)時，會需要使用磨碎的堅果，而且必須要磨得很細，並且保持乾燥。但若磨得過度，堅果會變成糊狀(paste)。爲了避免這種情形發生，可以使用食物料理機(food processor)、果汁機(blender)或磨碎機(grinder)，小批地來處理。每一杯可加入15 ml食譜份量的糖。然後按下脈衝按鈕(pulse)，持續地開動和停止，直到所有的堅果被磨碎爲止。

替代品 Substitution

胡桃(pecan)和核桃(walnuts)，用途極廣，可用來替代大多數的其他堅果；杏仁和榛果，也可彼此替換。大多數的甜點食譜，都明確指出應該使用的堅果種類，除了上述所列的替換選項外，最好不要私自替換。

栗子去殼 PEELING CHESTNUTS

這種帶有澱粉質的甜味堅果，有著硬脆的外殼與乾皮，兩者都應加以去除。不要一次處理太多，因爲堅果冷卻後，內部的乾皮會牢牢地附著其上。

用手指抓緊栗子，再用銳利的刀子，切除栗子殼。將乾皮刺穿，將栗子放進滾水中，汆燙1分鐘，接下來外皮就很容易剝除了。

◀ **剝除外皮 Remove the inner skin** 將栗子放入一鍋滾水裡，慢煮(simmer)數分鐘。等到外皮開始褪除時，一次拿出數個(一定要趁熱才好剝除)，然後以拉除或摩擦的方式，去除外皮。

堅果的種類 THE DIFFERENT TYPES OF NUTS

名稱 Type	描述 Description	份量 Yield	用途 Uses	摘要 Notes
杏仁 Almonds	最受歡迎、用途最廣的堅果之一。味甜。	帶殼的450g＝整粒的165g	汆燙(blanch)後作為裝飾；烘烤(toasted)後做成鹹味菜餚；磨碎後用來製作蛋糕、塔、糕點和餅乾。	若要追求最佳效果，購買整顆杏仁，自行汆燙去皮。
巴西栗 Brazil nuts	體型大，有如鮮奶般的甜味。	帶殼的450g＝整粒的200g	作為裝飾，或做為甜點堅果。	一旦接觸空氣後，很容易腐壞，因此要儘速使用已去殼的巴西栗。
腰果 Cashew nuts	體型飽滿，呈灰／白色，有美好的甜味。具有油酥的質感。	去殼的450g	熱炒、咖哩、米飯料理，或灑在沙拉上；印度南部和亞洲料理；果仁醬(butters)。	在烹調快結束前，才加入整顆或磨碎的腰果，以免破壞其風味。
栗子 Chestnuts	細緻的甜味。其澱粉質，帶有柔軟、幾乎是融化般的口感。	帶殼的450g＝整粒的350g	製作成填充餡料、濃湯、打成泥、蛋糕、餅乾和冰淇淋。可加入蔬菜中、做成熱炒和燉菜。	一定要煮熟後使用；它含有單寧酸(tannic acid)，不適合生食，並且會阻礙鐵質的吸收。
椰子 Coconut	椰汁很甜；椰肉多汁但甜度較低。乾燥椰子(desiccated)，是刨成絲後加以乾燥。	1顆中型椰子＝450g的椰絲(shredded)	椰汁用來飲用；椰奶(milk，cream and creamed coconut)，則做成印度和南洋料理。	選購椰子時，應輕輕搖晃，看看是否能聽到椰汁的聲響。眼睛處(the 'eyes')應是清潔而乾燥的。
榛果 Hazelnut	酥脆的堅果，帶有獨特、略苦的味道，但烘烤後，會變得比較不明顯。	帶殼的450g＝整粒的200g	烘烤、切碎和磨碎後，用來製作蛋糕和甜點。廣泛使用在各式鹹味料理上。	它亦稱為cobnuts或filberts。
夏威夷豆 Macadamia nuts	呈圓形的堅果，具有片狀(flaky)、奶油般的質感，帶有甜味。	帶殼的450g＝整粒的165g	整顆加入沙拉中。製作成butters，和印尼料理中的沙嗲醬(satay sauces)。	留意這種堅果所製成的沙拉用油，它具有清爽、略甜的風味。
花生 Peanuts	生的時候略苦，但烘烤後帶有美好的甜／鹹味。	帶殼的450g＝整粒的350g	沙拉或熱炒；製作成東南亞料理，整顆或磨碎(作成醬汁)皆可，或製成油。	亦稱為groundnuts。成熟的花生，採收方式和馬鈴薯相同。
胡桃又稱山核桃 Pecans	長形堅果，有充滿光澤的橢圓形紅色外殼。原產自美洲。	帶殼的500g＝整粒的50g	胡桃派(Pecan pie)；其他蛋糕、派和冰淇淋。可為沙拉增添口感。可做成填充餡料。	脂肪含量高，因此食用時要有所節制。
松子 Pine nuts	體型小、呈米色，有獨特的瀝青'tarry'味。	帶殼的450g＝整粒的200g	義大利青醬(pesto)的主要成份。廣泛使用在希臘、土耳其和中東鹹味料理中。	油份含量高，因此容易腐敗，所以最好購買小份量。
開心果 Pistachios	深綠或淡綠色的堅果，如紙般的外皮呈紅／棕色，味道溫和有甜味。	帶殼的500g＝切碎的275g	作成填充餡料、抹醬(pâtés)、和某些印度節慶米飯料理。作成甜食、甜點和冰淇淋。	
核桃 Walnuts	乾燥的胡桃，帶有甜／苦味。	帶殼的450g＝去殼的225g	甜點、蛋糕、冰淇淋；熱炒或沙拉(最知名的鹹味料理，是做成華爾道夫沙拉 Waldorf salad)	

過敏
Allergies

請注意，有些人會對某些堅果起過敏反應；花生是最常見的嫌疑犯，但是胡桃、巴西栗、榛果和杏仁，也會造成過敏反應，嚴重的話，還有致死的危險。當您為不認識的客人準備食物時，而需要用到堅果—即使只是堅果榨出的油，都可能引起過敏反應—務必要在上菜前，告知賓客。

整顆椰子的前置作業
PREPARING A WHOLE COCONUT

將1支金屬籤從椰子殼上，靠近蒂頭的凹陷處，刺入，讓裡面的椰子水從這個洞口流出。用鐵鎚，沿著椰子殼的腰身處一圈，輕敲。邊敲，邊轉動椰子，直到椰子裂開成兩半。用小刀插入椰肉與椰殼間，把椰肉撬出殼外。用蔬菜削皮器(vegetable peeler)，把黑色的外皮削掉，然後依照食譜的需求，將椰肉刨絲(shred)或磨碎(grate)。

製作椰奶
COCONUT MILK

雖然可以買到現成的，但是也可以自己在家裡，使用新鮮或乾燥椰子來製作。磨碎的椰肉，浸泡(steeped)在滾水中，再擠壓出來即成「椰奶」。你可以重複浸泡擠壓椰肉，取得椰奶，不過，每重複一次，味道就會變淡。

- 將椰肉放在盒形磨碎器(box grater)的粗孔(the coarsest grid)上摩擦，或放進裝了金屬刀片的食物料理機(food processor)內攪碎。
- 將磨碎的椰肉放進攪拌盆內，倒入沸水浸泡。攪拌混合均勻，靜置浸泡30分鐘，直到水分被椰肉吸收。
- 將椰奶倒入襯了紗布的過濾器中，下方放置一個攪拌盆，然後讓椰奶過濾。
- 將紗布拿起來，用力擠壓，儘可能擠出多一點的椰奶。

如何貯存 STORING

堅果含有大量的脂肪，因而在接觸到空氣後，很容易就會腐壞。最好是購買小份量，並且仔細留意保存期限。同時，也建議您向商品流通率大的店家購買。

整顆的堅果和種籽，必須存放在陰涼處。去殼的堅果和種籽，可以放在密閉容器內，再存放在陰涼處。若是加以冷凍，可保存至6個月。

葵花籽 Sunflower seeds 富含維他命E、蛋白質、維他命B1、鐵和菸鹼酸，用來乾烤，風味最佳，能夠帶出其堅果味。

罌粟花籽 Poppy seeds 味道頗佳，酥脆口感，通常用來灑在整條土司麵包上，或加在蛋糕和餅乾上。

南瓜籽 Pumpkin seeds 比許多其他的種籽都來得大，它有一股溫和的堅果味，以及絕佳的「嚼勁」口感。和大多數的種籽相同，其營養價值很高。

芝麻 Sesame seeds 淺度爐烤(light roasted)最佳—可以乾炒，或放入烤箱4－5分鐘，直到變成淡金黃色。磨成粉後，可用來製作芝麻醬(tahini)。

爐烤種籽
ROASTING SEEDS

要引出種籽的「堅果」味，最好放入預熱好的烤箱，以160℃(325℉／gas 3)烘烤4－5分鐘。

- 將種籽放在小烤盤上，均勻分散成一薄層。
- 放入預熱好的烤箱，烘烤4－5分鐘，並不時搖晃烤盤。
- 仔細留意烘烤中的種籽，若是烤得太久，則會很快燒焦。

調香料

flavourings

辛香料 spices

薑和南薑
GINGER AND GALANGAL

糖漬薑 Stem ginger
滋味甜美而辛辣，糖漬薑常切片或切細後，用來製作蛋糕、餅乾和甜點。

糖粉薑
Crystallized ginger
通常做為甜品上菜，糖漬後的薑再裹上細砂糖。

薑粉 Ground ginger 很容易可以買到，很適合用來製作成蛋糕、布丁和薑餅(gingerbread)。粉末很細，呈淺棕色，有獨特的刺激香味。

新鮮老薑 Fresh root ginger 它有一種甜而芬芳的香氣，以及新鮮如柑橘般略帶辛辣的味道。應看起來新鮮，有銀色的外皮。一次買小份量。在陰涼乾燥處，可保存一週。

醃薑 Pickled ginger 切成薄片的薑，通常用加糖調味的醋來醃漬。日本的醃薑，傳統上是搭配壽司食用。

南薑
Galangal
有兩種品種，都屬於薑的家族，不過在英國，只買得到大南薑(greater galangal)。它看起來像薑的另一個版本，顏色較淺而斑駁，味道雖然也類似，但更為辛辣刺激。它可用來製作東南亞濃湯和麵條料理，也特別適合搭配雞肉和魚肉菜餚。它可以切成薄片，也可以和洋蔥、大蒜、香茅、辣椒，一起搗碎，做成綠咖哩和紅咖哩所需的辛辣醬料。

薑的前置作業
PREPARING GINGER

新鮮老薑(root ginger)常被用在許多亞洲和印度料理上。淺黃色的薑肉，帶點纖維。使用前再去皮，以保新鮮。老薑去皮後，可以切片、切碎、磨碎或拍碎，再使用。

▼ **皮** Removing the skin
用刀片鋒利厚重的剁刀(cleaver)，刮除堅韌的外皮。

▼ **磨碎薑肉** Grating the flesh 木製的日式磨碎器或日式磨泥器(oroshigane)，是傳統道地的工具。不過，也可以使用金屬方形磨碎器。

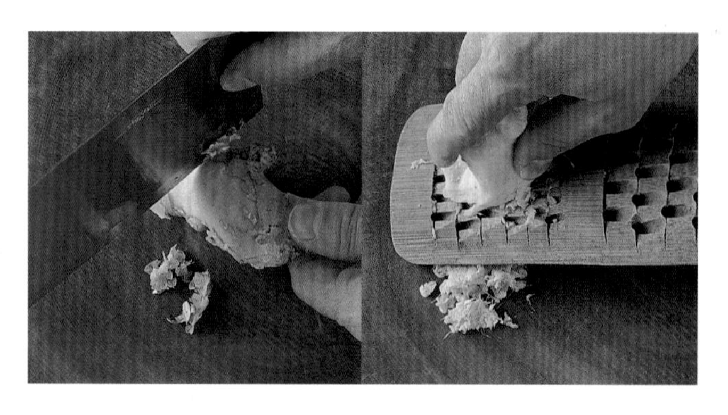

南薑的前置作業
PREPARING GALANGAL

通常是去皮後，再切成薄片。使用在泰式咖哩，或其他需要辛辣薑味的菜餚。

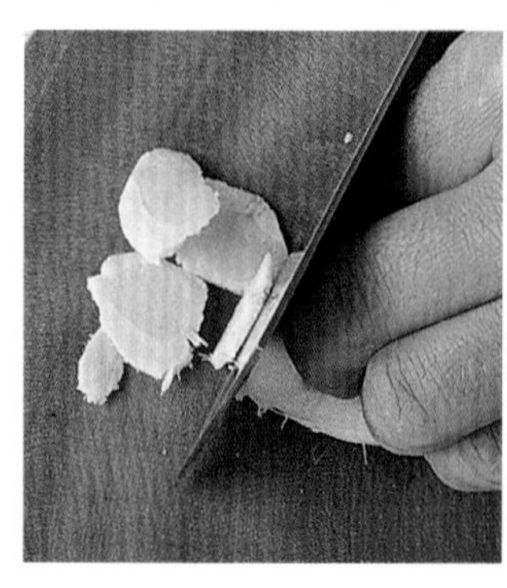

咖哩辛香混合料 CURRY SPICE MIXTURES

世界上有各式不同的咖哩辛香混合料，許多來自印度大陸，但其他的則來自泰國和印尼。中國和日本，也有他們自己常用的辛香混合料。以下所列出的，是其中常見的種類。

咖哩粉 Curry powder 小茴香(cumin)、芫荽、葫蘆巴(fenugreek)、黑芥末(black mustard)、黑胡椒(black pepper)、薑黃、薑、紅辣椒。用來製作雞肉、羊肉或牛肉咖哩。

泰式咖哩 Thai curry 紅咖哩醬(red curry paste)：紅辣椒、紅洋蔥、大蒜、南薑、香茅、小茴香(cumin)、芫荽、蝦醬(blachan蝦搗成糊狀後，加以乾燥並發酵)、新鮮芫荽莖。綠咖哩醬(green curry paste)：用青辣椒(green chillies)和白洋蔥，來取代紅辣椒和紅洋蔥，並且使用芫荽葉。

印度咖哩粉 Garam masala 黑胡椒(black pepper)、月桂葉(bay leaves)、小荳蔻(green cardamom)、荳蔻皮(mace)、丁香(cloves)、肉桂(cinnamon)、小茴香(cumin)、芫荽。在烹調快結束前，加在咖哩、蔬菜、米或豆類(dhals)料理裡。

摩洛哥咖哩醬 Chermoula 洋蔥、大蒜、辣椒、新鮮芫荽、薄荷、小茴香、匈牙利紅椒粉(paprika)、番紅花、檸檬汁。用來製作摩洛哥式菜餚，尤其是魚肉料理。

卡宴辛香料 Cajun spice 大蒜、黑胡椒、芥末、辣椒粉、小茴香、匈牙利紅椒粉(paprika)、百里香、洋蔥。用來製作卡宴式(Cajun-style)料理，如秋葵濃湯(gumbo)。

中式五香粉 Chinese five spice powder 八角(star anise)、茴香籽(fennel seeds)、花椒(Szechuan pepper)、桂皮(cassia)、丁香(cloves)。可用在各式中國菜上，尤其是鴨肉和家禽料理。

辛香料的前置作業 PREPARING SPICES

任何整顆完整的辛香料，如小茴香、芫荽或小荳蔻，在磨碎或加入菜餚前，若是先稍微乾炒過，就可以提升其香氣和味道。辛香料可以單獨乾炒，或混合其他的辛香料。先熱油鍋，再加入整顆辛香料。以中火稍微翻攪，直到開始發散出濃郁的香氣。若是要加以研磨，則先讓香料冷卻一下。

丁香 Cloves

在洋蔥上插上1－2顆丁香
(不要使用太多)，
然後用來製作雞高湯、
麵包醬(bread sauce)、
或任何慢煮的砂鍋燒，
以增添一股特殊香氣。

研缽和杵 MORTAR AND PESTLE

研缽，就是一個小的碗狀容器；杵，是一個沉重的敲搗工具，若您沒有電動研磨機(a spice mill)，而想要自己在家裡磨碎香料，而不願購買現成的，它們就是您的必備工具。研缽的材質，有石頭、大理石、木頭、玻璃、或無釉瓷器。它的內部表面，應有些粗糙，才能提供研磨香料時所需的摩擦。杵通常是由相同的材質製成，應該感覺沉重。

甜味辛香混合料 SWEET SPICE MIXTURES

這些傳統的混合辛香料，在歐洲料理中使用頻率非常高，不只常被用來爲肉類或家禽料理增添風味，還常被用來製作蛋糕、餅乾、布丁。傳統的英式醃製用混合辛香料(pickling spice)，常與醋(vinegars)混合，或用來製作各種調味品(condiments)。

法式四味辛香料 Quatre-épices

就是4種辛香料的混合料。由1大匙黑胡椒粒、2小匙完整的丁香、2小匙磨碎的荳蔻、1小匙薑粉，組合而成。還有其它的組合方式，可能會用到眾香子(allspice)與肉桂。

醃漬用辛香料 Pickling spice

先混合2大匙薑粉(ground ginger)、1大匙黑胡椒粒、1大匙白芥末籽(white mustard seeds)、1大匙乾燥紅辣椒、1大匙眾香子(allspice berries)、1大匙蒔蘿籽(dill seed)、1大匙搗碎的荳蔻皮(mace)。再加入1支肉桂棒(搗碎)、2片月桂葉、1小匙完整的丁香。

混合辛香料 Mixed spice

別名「布丁辛香料pudding spice」。先將1大匙芫荽籽(coriander seeds)、1小匙眾香子(allspice berries)、1小匙丁香(cloves)、1支肉桂棒(cinnamon stick)，研磨成細碎的質地，再與1大匙磨碎的荳蔻(nutmeg)與2小匙薑粉(ground ginger)混合。

不同種類的辛香料 THE DIFFERENT TYPES OF SPICES

種類 Type	別名 Other names	描述 Description	用途 Use for	訣竅 Tip
印度藏茴香 Ajowan	主教的雜草 Bishop's weed	它是一種印度辛香料，雖然和葛縷子(caraway)和小茴香有親屬關係，它的味道更接近百里香的香草味。	廣泛使用在豆類(dhal)料理上。	
眾香子 Allspice	牙買加胡椒	它來自新世界，常和加勒比海料理連繫在一起。它的香氣濃郁，味道強烈，使人聯想到丁香、小荳蔻和肉桂。味道獨特。	傳統上用來製作成熱量高的水果蛋糕、聖誕布丁和餅乾。也用在醃製上(pickling)，或做成魚貝類和野禽、家禽類的醃醬。	購買整顆香料，自行研磨，因為現成已磨好的香料，香氣和味道很快就會逸散。
大茴香 Anise	Aniseed	它和蒔蘿籽(dill fennel)和葛縷子有親屬關係，並有熟悉的大茴香味道。	使用在甜鹹料理上；適合用來製作成蛋糕、餅乾、和麵包，可以揉入麵糰裡，也可以灑在整條麵包上。亦可加入印度料理中。	購買整顆香料，自行研磨。經由乾炒，可提升其辛辣和味道。
阿魏草 Asafoetida	Stinking gum Devil's dung	極受歡迎的印度香料，生的時候，有不好聞的氣味，但煮熟後即消失。未經處理時，以柔軟的塊狀樹脂販售。在印度當地，就是這樣使用。在西方則通常是製成粉末後再販售。	適合加入蔬菜和豆類(pulse)料理。	非常少量使用。
葛縷子 Caraway		受歡迎的歐洲香料，有溫暖的胡椒香氣，味道刺激，類似尤加利(eucalyptus)和大茴香的味道。它廣泛使用在歐洲、德國、奧地利和東歐的甜鹹料理上。	蔬菜料理和濃湯，尤其是高麗菜(cabbage)；用在蛋糕、餅乾和麵包上。	大多是整顆使用，加入或灑在麵包上。磨碎的葛縷子，氣味強烈，因此要少量使用。
小荳蔻 Cardamom		基本印度香料，具有溫暖的刺激香氣，及舒服的檸檬味。有數種品種：綠色的最普遍；白豆莢其實是將綠豆莢漂白過，可用在甜點上；黑豆莢則是另一種相近的品種，有獨特的強烈味道。	廣泛用在印度的甜鹹料理上。用來製成咖哩、匹拉夫(pilafs)、豆類料理(dhals)、蛋糕和甜點。它是印度咖哩辛香料garam masala的主要原料。	只使用綠豆莢或白豆莢。棕黑色的荳蔻籽，味道過於刺激不好聞。
桂皮和肉桂 Cassia and cinnamon	False cinnamon (桂皮)， guills(肉桂)	極受歡迎的香料，產自相近、如月桂的樹。 兩者都由這顆樹的內側樹皮製成，桂皮乾燥後，製成木質的長條狀；肉桂則是乾燥成捲條狀。肉桂有很棒的香氣，以及溫暖的辛辣味；桂皮的味道很類似，只是香氣較弱，味道更辛辣。	桂皮可用來製作鹹味料理，如咖哩，以及醃漬食品。肉桂可做成甜食：蛋糕、布丁和餅乾。亦可用在家禽和野禽類料理。	

種類 Type	別名 Other names	描述 Description	用途 Use for	訣竅 Tip
芹菜籽 Celery seed		這些灰棕色的小種籽，來自芹菜植株。它的味道強烈，幾近苦味，因此要少量使用。市面上販售的，多為用這種香料調味的鹽和胡椒，但也可以自己用鹽和胡椒粒，加在種籽裡研磨即成。	濃湯、醬汁、砂鍋燒、雞蛋料理、魚、家禽、兔肉料理、番茄汁、番茄醬、沙拉調味汁、麵包、餅乾。	
丁香 Cloves		它是一種常青樹未開放的花蕾。它有明顯的香氣和味道。能夠為菜餚增添宜人的刺激味，但下手要輕，否則味道會太強烈。	加入甜鹹料理中，有極佳的效果。傳統上，用來製作香料甜酒(mulled wine)、聖誕蛋糕與布丁、濃郁的水果蛋糕、聖誕餡餅內餡(mincemeat)、酒燉水果、薑餅(gingerbread)。也用在麵包醬(bread sauce)、野禽和水煮肉類，如火腿、牛肉、羊肉、燉豬肉的醃醬；製成醃漬品和酸辣醬(chutneys)。	丁香是中國五香粉的主要材料。要注意磨成粉末後，風味尤其強烈。
芫荽 Coriander		來自芫荽的棕色小種籽，和小茴香、小荳蔻，並列為印度料理最重要的香料。磨成粉的芫荽籽，有美妙的香氣，略帶柑橘的風味。	磨成粉的芫荽籽，做成咖哩、肉類、家禽和蔬菜料理。整顆香料用來醃漬和做成酸辣醬(chutneys)。	購買整顆香料，自行研磨，因為現成已磨好的香料，香氣和味道很快就會逸散。先乾炒過，使香料的風味能完全發揮。
小茴香 Cumin		另一種非常重要的香料，使用於許多重要的印度、中東、北非和墨西哥等料理。香氣強烈辛辣，味道溫暖刺激。	適合搭配墨西哥菜、古司古司(cous cous)和砂鍋燒肉。它是許多咖哩混合料，以及印度咖哩粉garam masala的基本成份。	購買整顆香料，自行研磨。先乾炒過，可強化香料的堅果味，並柔化原本的苦味。
蒔蘿籽 Dill seed		味道類似新鮮的蒔蘿香草，氣味芬芳，帶有類似葛縷子的新鮮風味。	整顆或磨碎皆可，用於醃漬、甜辣醬、調味醋、製作麵包和餅乾。磨碎的種籽，用於魚肉和雞蛋料理，製作美乃滋和馬鈴薯料理。	
茴香 Fennel		茴香籽體型小，呈扁橢圓形，堅硬，呈橄欖綠色。像茴香香草一樣，種籽也帶有大茴香的味道。可以整顆使用，也可壓碎，或磨成粉，依照所需味道的強弱而定。	粉末狀，可用於咖哩、肉類和蔬菜料理。整顆或壓碎的，可用於麵包、餅乾和某些高麗菜(cabbage)食譜。	
葫蘆巴 Fenugreek	Methi	呈黃棕色，看起來像顏色均勻的小石頭。它有強烈的咖哩香氣，味道刺激。	適合肉類、家禽和蔬菜咖哩，以及豆類料理(dhals)。	少量使用，因其味道強烈，很容易掩蓋其他食材的味道。

種類 Type	別名 Other names	描述 Description	用途 Use for	訣竅 Tip
杜松子 Juniper		它是一種與柏樹相近的樹的果實。這種莓果呈幾近黑色的深藍色，味道強烈，有如琴酒(gin)的味道。	做為肉類和野禽，以及鹿肉、其他野味、羊肉和豬肉砂鍋燒的醃料。亦可用在肝醬(pâtés)與凍派(terrines)上。	使用前先將種籽壓碎。
肉荳蔻與荳蔻皮 Nutmeg and mace		來自同一種常青樹，荳蔻是這種果實的種籽，荳蔻皮則是覆蓋種籽蕾絲狀的外皮，顏色明亮。兩者都有很棒的香氣，甜美溫暖，滋味也好。荳蔻比荳蔻皮更為香甜。	可做成蛋糕、布丁、卡士達和鮮奶醬汁。荳蔻可用在義大利麵、蔬菜、家禽和魚肉料理。	
番紅花 Saffron	Saffron crocus	一種昂貴的香料，來自一種番紅花(crocus)的花蕊(stigma)。它的香氣溫和，但會為菜餚增添一股獨特、略刺激的風味，也增添了美麗的珊瑚色澤。	適合搭配濃湯、魚肉、雞肉和米飯料理，尤其是節慶食物，如西班牙海鮮飯(paella)，和香料飯(biryani)。也可用在家禽菜餚上。很適合加入蛋糕、麵包和餅乾中。	
八角 Star anise	Chinese anise	它是中國菜的招牌香料。整顆香料呈八角星形，內含細小的琥珀色種子。它有強烈的大茴香味道和香氣。	適合東方料理，尤其是鴨肉和雞肉。也適合魚和海鮮類。	它是中國到越南都廣泛使用的五香粉的要素之一。
漆樹果 Sumac		生長在中東地區的漆樹(sumac bush)的紅色莓果。可以買到整顆或粉末狀，有一種強烈風味。	可做成醃醬，可搭配海鮮和蔬菜，用來製作填充餡料，調味米飯和豆類(pulses)料理。	
花椒 Szechuan pepper	Japanese pepper，Chinese pepper，anise pepper	雖然名稱是胡椒(pepper)，其實和胡椒毫不相關。它有一種刺激的香氣，帶有柑橘香的胡椒味。	廣泛用在中國料理上，用來磨擦在家禽和鴨肉上。常和鹽混合在一起，作為調味品。	它是中國五香粉的成分之一。
羅望子 Tamarind	印度椰棗 Indian date	在印度和部分東南亞，很受歡迎，它可為許多咖哩和亞洲料理，增添一股刺激的風味。常以壓縮的塊狀販售，就如名稱所示的，看起來很像椰棗。	使用在咖哩、酸辣醬(chutneys)、蔬菜和豆類(pulse)料理。	
薑黃 Turmeric	印度番紅花 Indian saffron	受歡迎的印度香料，可為食物增添鮮豔的黃色，與溫暖的麝香(musky)風味。新鮮的薑黃，看起來像小塊的薑，但在西方通常是以粉末狀販售。	溫和、香郁。可以用在咖哩、魚肉、家禽和米飯料理。可加在醃漬品與酸辣醬(chutneys)上。	
香草 Vanilla		它是一種蘭花的豆莢。香氣濃郁，並有迷人的甜味。	不可計數的各種甜點、巧克力和咖啡布丁、冰淇淋、卡士達(custards)	香草提煉精(vanilla extract)是由真正的香草製成的一不要購買一般的香草精(vanilla essence)。

香草的前置作業 PREPARING VANILLA

香草的豆莢與籽，都可以用來當做調香料。其中，香草籽所散發出的風味，比香草莢還濃郁。

先縱向剖開香草莢，浸泡在溫牛奶中30分鐘，或掩埋在1罐細砂糖(caster sugar)中。

▲ **刮下香草籽** REMOVING THE SEEDS 用刀尖，從剖成兩半的香草莢上，刮下籽。用法比照以上的香草莢。

使用香料來烹飪 COOKING IDEAS WITH SPICES

使用香料的方法，有無限多種—以下所列出的建議方式，只是提供您喜愛的香料，一個伸展的舞台。

肉桂 Cinnamon 整根肉桂棒，用來攪拌熱巧克力，或加入糖燉水果和糖煮水果(compotes)中。

衆香子 Allspice 使用等份量的衆香子和胡椒粒，磨碎灑在魚貝料理上。

葛縷子 Caraway 均勻灑在整條黑麥麵包上。

小荳蔻 Cardamom 可用來製作成清新的藥草茶(tisane)。先將整顆壓碎的小荳蔻夾，在滾水裡浸泡，加入一長條橙皮，浸泡5分鐘，然後加入綠茶或紅茶，再泡幾分鐘，之後上桌，想要的話，可加入砂糖。

芫荽 Coriander 用整顆壓碎的種籽來做醃漬。

番紅花 Saffron 將番紅花浸泡在熱牛奶裡，然後加入葡萄酒奶油醬汁裡，搭配魚肉上菜。

葫蘆巴 Fenugreek 種籽所抽出的嫩芽，可用來做沙拉和三明治。將種籽放入覆蓋好的玻璃罐中，只要數天就會抽出嫩芽，記得要一天要清洗兩次。

杜松子 Juniper 將整顆杜松子莓壓碎，加入濃郁醬汁中，並攪拌，然後搭配鴨肉或其他風味濃郁的野禽上桌。

肉荳蔻 Nutmeg 將磨碎的肉荳蔻，灑在米布丁或牛奶飲料上。

香草 Vanilla 將香草夾掩埋在細砂糖或砂糖罐裡，可做成香草糖。可用來製作卡士達、冰淇淋和其他甜點。

番紅花和羅望子的前置作業 PREPARING SAFFRON AND TAMARIND

番紅花和羅望子，都需要事先浸泡再使用。羅望子通常以壓縮的塊狀販售。剝下2.5 cm的塊狀，浸泡在150 ml的溫水裡10－20分鐘，同時用手指將羅望子分開、擠壓。將浸泡液過濾後，丟棄果皮和種籽，將剩下的液體加入咖哩、米飯和豆類料理中。番紅花是以細絲狀販售。將溫水或牛奶，倒入1小撮番紅花絲裡，浸泡10分鐘，不時攪拌，過濾或直接使用，倒入製作的菜餚裡。

辛香料研磨機 SPICE MILL

電動辛香料研磨機(electric spice grinders)，可以使研磨香料的工作，變得輕而易舉。咖啡研磨機也可使用，但是使用前後，都要仔細清洗，因爲咖啡和香料的味道都會殘留，因此會影響下次使用食材的味道。

油 oils

它是所有廚師的必備材料，用來將食物煎炒、嫩煎、使其變成褐色的一種脂肪，也可用作調味。有些種類用途很廣，有些只能用作烹飪，有些則因爲味道強烈，最好只用來調味。

油和脂肪 Oils and fats

所有的油品都是由脂肪組成的，最應避免的是動物性脂肪裡所含的飽和性脂肪酸，如奶油或起司，因為它們會增加血液中膽固醇的含量。多元不飽和脂肪酸和多元不飽和脂肪酸，一般認為可降低血液中的膽固醇，因此適合遵行低膽固醇膳食的人食用。

橄欖油 OLIVE OIL

被視爲所有油品之王，它的用途極廣，可用來煎炒、烹飪和調味。更重要的是風味迷人，而且是所有油品中最健康的，富含單元不飽和脂肪(被認爲可降低血液中的膽固醇)。

初榨(virgin)和特級初榨(extra virgin)橄欖油，來自第一道冷壓的橄欖油。最好的初榨橄欖油，來自私人莊園(single estates)，他們會很仔細地混合(blend)不同種類的橄欖。橄欖油可做爲沙拉調味汁、加入義大利麵食中攪拌、淋在煮好的蔬菜上、或加入醬汁裡。若是要用來煎炒，可加入一點葵花油，稀釋味道。冷壓或純橄欖油，是比較精煉的橄欖油。它是將第一次壓榨後、已形成糊狀的橄欖，再用熱水沖洗，以提煉出更多的油。它可用來嫩煎、煎炒、爐烤(roast)和調味，最好混合一點初榨或特級初榨橄欖油。

橄欖油的味道和顏色，也會受到其他因素影響，如產地、氣候、土壤和調和的橄欖種類。

西班牙 Spain 受到西班牙人的喜愛，但有人認為味道不佳。大部分的西班牙橄欖油，是由單一橄欖製成，而沒有經過調和(blend)，因此味道較不複雜。

義大利 Italy 一般認為出產最優質的橄欖油。有許多不同的種類，但最好的是托斯卡尼所出產的(Tuscan oils)。然而，也有來自西西里島、佩魯賈(Perugia)、利古里亞(Liguria)等地。若要能夠找到來自不同產地的油，則需要造訪專賣店。

希臘 Greece 希臘的橄欖油，味道比較厚實，價錢比義大利和法國的橄欖油，便宜許多。

法國 France 法國所出產的橄欖油，相對來得少，不過遊客可能會在普羅旺斯地區，發現一些當地出產的。

加州 California 加州的納帕谷(Nappa Valley)地區，有一些橄欖油出產，味道略甜。

澳洲 Australia 澳洲的橄欖油口味較為強烈，帶甜味。

油品 Oil	飽和脂肪 Saturated fat	多元不飽和脂肪 Polyunsaturated fat	單元不飽和脂肪 Monounsaturated fat
椰子 Coconut	90%		
玉米 Corn	13%	60%	27%
橄欖 Olive	15%	15%	70%
棕櫚 Palm	45%	10%	40%
油菜籽 Rapeseed	7%	33%	60%
紅花籽 Safflower	10%	75%	15%
芝麻 Sesame	25%	75%	—
大豆 Soya	15%	55%	30%
葵花籽 Sunflower	12%	70%	18%
堅果油 Nut Oils 杏仁 Almond	10%	20%	70%
榛果 Hazelnut	多為單元不飽和脂肪		
花生 Peanut	20%	30%	50%
核桃 Walnut	10%	15%	75%

其它的料理用油 OTHER COOKING OILS

玉米油 Corn oil　來自玉米的胚芽。常用在料理上，味道明顯強烈，可用來做菜。非常經濟實惠，但味道並不是非常宜人。

葵花油 Sunflower oil　極佳的多用途油。它非常清淡，幾乎沒有味道，因此很適合用來煎炒，以及製作簡單的菜餚，尤其是不希望食材本身的味道被油所掩蓋時。它可以和其他的油調和—橄欖油或堅果油—作為沙拉調味油，或製作美乃滋，會比橄欖油的味道清淡。冷壓處理的油，已漸漸可在市面上看到，並且較有特殊風味。它含有高比例的多元不飽和脂肪，和紅花籽油，同為降低膽固醇的最佳用油。

紅花籽油 Safflower oil　從紅花的種籽所提煉出來，是很清淡的多用途油。比葵花油的質地更油，更有堅果味，但一般可彼此替換，也可取代花生油。和葵花油一樣，它的飽和脂肪很低。

花生油 Peanut or groundnut oil　口味溫和的實用油，適合各式料理與沙拉。在中國、印度和東南亞，它是最受歡迎的料理用油。

大豆油 Soya oil　非常好用的煎炸用油，因其冒煙點高。通常不推薦用來調味沙拉，因為有些人覺得味道有點腥(fishy)。不過它是最重要的商業用油，常用來製作成植物性奶油(margarines)。它也屬於比較健康的油，飽和脂肪量很低。

油菜籽油 Rapeseed oil　亦稱為canola，在印度很受歡迎，當地人稱為colza。

椰子油 Coconut oil　最不健康的油，含有90%的飽和脂肪。然而在東南亞、西印度群島、和太平洋群島的料理中，很受歡迎。椰奶(cream and milk)中含有一些椰子油，純椰子油有明顯的椰子味。

葡萄籽油 Grapeseed oil　由製造葡萄酒剩下的葡萄籽製成。它的味道細緻溫和，適合和其他味道較強烈的油，調和成沙拉調味油。

蔬菜油 Vegetable oil　調和了數種油品，通常有油菜籽、大豆、椰子和／或棕櫚。非常精煉，價錢便宜，通常標為多用途油。因其冒煙點高，適合煎炒炸，但味道和質地都頗為油膩，因此不適合作為沙拉調味油。

特殊油品 SPECIALITY OILS

杏仁油 Almond oil
帶有甜味，適合製作蛋糕、餅乾、甜點和糖果(confectionery)。

核桃油 Walnut oil
味道濃郁，有明顯的堅果味。少量使用，不要過度加熱。可做為沙拉調味油，淋在義大利麵食或煮好的蔬菜上。

芝麻油 Sesame oil
在中國、印度和中東料理，很受歡迎。分為兩種：一種顏色淡，是未烘烤的芝麻製成的；另一種的芝麻，則是烘烤過再榨油，顏色較深，有強烈的堅果香氣和濃郁的味道。少量使用，並注意，若是加熱得太高溫，會燒焦。

榛果油 Hazelnut oil
香甜的細緻風味。一點就足夠了，最好和其他的油一起調和，而不要單獨使用。加入沙拉調味油裡，淋在蔬菜上、或用來製作餅乾、蛋糕和糕點。

芥末籽油 Mustard seed oil
極受歡迎的印度料理用油，但不易在英國買到。它有一股芥末味，但加熱後味道就消散了。常用來替代印度酥油(ghee)使用。

醋 vinegars

世界上所有的國家，幾乎都有自己本地的醋。醋的種類幾乎和酒一樣多，這其實也不奇怪，因爲醋就是製酒過程的副產品。也因如此，麥芽醋(malt vinegar)和蘋果酒醋(cider vinegar)，在英國最受歡迎，法國傳統上使用的是葡萄酒醋，而西班牙最常見的則是雪莉酒醋(sherry vinegar)。

麥芽醋 Malt vinegar　由發芽的大麥製成，常用來做成酸辣醬(chutneys)和醃漬品。無色的醋，已經過蒸餾，味道強烈，用來醃漬小洋蔥和其他蔬菜，可以保持食品的色澤。棕色的麥芽醋，則是加入了焦糖調色，做為商業用途，或在家製作成深色的甜辣醬。雖然麥芽醋不比葡萄酒醋酸，作為沙拉調味，還是味道太重了些。它是喜歡吃魚和薯條(fish and chips)的人士的首選。

烈酒醋 Spirit or distilled vunegar　這種醋味道十分強烈，幾乎只用來醃漬。通常是將白色的麥芽醋，蒸餾後製成。

蘋果酒醋 Cider vinegar　由蘋果酒或蘋果果肉製成，在美國尤其受到歡迎。通常呈淡棕色，味道有點刺激，帶蘋果味。用來製作諾曼第式(Normandy-style)菜餚，以及醃漬，尤其是洋梨等水果。

葡萄酒醋 Wine vinegar　種類繁多一有紅酒、白酒和粉紅酒一等級各不相同。大部分的西方國家，都有生產葡萄酒醋，不過傳統的產品，還是來自生產葡萄酒的國家，如法國、西班牙和義大利。最好的葡萄酒醋，是經由奧爾良法(the Orléans method)做成的，這種過程，是使用品質最好的葡萄酒作底，讓酸化發酵作用，以自然的方式慢慢進行。相較之下，價錢較低的醋，則是在大型桶子裡加熱而成的，雖然快速，成品的味道卻尖銳而不細緻。

白酒醋 White wine vinegar　用途很廣，是多數沙拉調味汁、美乃滋和醬汁的首選。可用來為燉菜和濃湯，添加一絲「醋勁」。

米醋 Rice vinegar　來自米釀成的酒，最有名的是日本清酒。種類不少，中國的紅醋和黑醋，呈深琥珀色，味道濃郁。日本則有糙米(brown rice)醋，味道濃郁強烈。也有其他較溫和的白米醋，帶一點甜味與淡淡的刺激感。所有種類，都可用在東方甜鹹料理中，以及作成蘸醬。除了用來製作亞洲菜，也可取代葡萄酒醋，做成沙拉調味汁。

香檳醋 Champagne vinegar　裝在美麗的軟木塞瓶裡販賣。由香檳裡的沉澱物製成。它有一年份、不分採收年份(non-vintage)販賣的種類；也有三年份、依照採收年份販賣的種類。

巴沙米可醋 Balsamic vinegar　最高級，發酵時間最長的醋。在義大利北部的Modena和Reggio，已有一千年的製造歷史，但直到近期，才開始在市面上販售。色澤偏深，味道濃郁，帶有波特酒、香草植物和野花的芳香。可用來調成簡單的沙拉調味汁，或淋在義大利麵、沙拉或烘烤、蒸煮的蔬菜上。只要一點點，餘韻無窮。

它有兩種等級一工作坊(artisan-made)和工廠製造。購買工作坊的產品時，認明標籤上有tradizionale字樣。這種醋必須要在木桶裡，至少陳放4－5年。若標有Vecchio，則表示陳放了12年。Extra Vecchio是25年。標籤上的顏色也代表了品質等級：金色是最高等級，其次是銀色、再其次是紅色。一般大量生產的巴沙米可醋，沒有特別規範等級，不過許多都有一定的水準。

雪莉酒醋 Sherry vinegar　通常需要長而緩慢的製作過程，來產生豐富醇厚的風味，為醬汁(sauce)及沙拉醬(dressing)增添美味。淋在蒸或爐烤(roasted)的蔬菜上或加在醬汁中燉煮(stew)。

製作調味醋
MAKING A FLAVOURED VINEGAR

香草(herb)調味醋，製作簡單，能夠爲沙拉調味汁、醬汁、濃湯和醃醬，增添一股美妙的滋味。先決定要使用的香草一羅勒、芫荽、巴西里、和薄荷，特別適合搭配白酒醋；迷迭香和百里香，則和紅酒醋特別對味。

將選好的香草束，汆燙一下，然後直接浸入冰水裡。撈起濾乾，再用廚房紙巾拍乾。在香草上，倒入150 ml的醋，然後倒入食物處理機中，攪碎到質地均勻滑順。

然後將調味好的醋，倒入玻璃罐(jar)中，蓋好，放入冰箱一整夜。取出後，用紗布過濾(見右圖)，再倒入一個乾淨的玻璃罐中。想要的話，可放入汆燙過的香草做裝飾。這種方式也可用來製作大蒜調味油，和辣椒調味油一辣椒和大蒜的數量，依您的口味而定。

油和醋的搭配
Matching oils and vinegars

製作油醋醬(vinaigrette)時(請見191頁)，選擇的油與醋，應能夠彼此搭配。例如，特級初榨橄欖油的濃醇質感，可以和巴沙米可醋取得很好的平衡。堅果油適合搭配水果醋，如覆盆子。辣椒和香草調味油，則剛好和葡萄酒醋的刺激風味，相得益彰。

用醋來醃漬 USING VINEGAR TO PRESERVE

醋一直是被用來保存食物的工具。將當季水果和蔬菜，做成酸辣醬(chutneys)、開胃食品(relishes)和醃漬品，不但味美，還可藉此消耗過多的庫存。選擇醃漬用的醋時，一定要挑選品質好的一酸度要高，才能保存蔬菜和水果。糙米(brown rice)醋的味道很好，但是我們更常使用無色的醋，這樣蔬菜水果的原色才能保持。葡萄酒醋、蘋果酒醋和雪利酒醋，也可用來醃漬。

櫥櫃備品 storecupboard extras

一個儲藏完整的櫥櫃，不應只有日常必需品，如麵粉和糖而已，還應該要有各式各樣，方便使用的額外材料，能夠將平凡的菜餚，轉變成特殊的成品，或者能夠符合某種料理上的用途，如食物凝結劑。

吉利丁 Gelatine 動物性產品，從骨頭提煉而成，通常是以粉末狀的小包，或片狀販售。好的吉利丁，應完全沒有味道。通常是溶解在熱的液體裡(先用冷水泡軟)，然後用來定型慕斯(mousses)和果凍(jellies)。

▼ 渥切斯特醬 Worcestershire sauce 材料有羅望子、糖液(molasses)、鯷魚、醬油、洋蔥、糖、萊姆和其他秘密配方。它有獨特的辛辣味，可用來做成血腥瑪莉(Blood Mary)。

洋菜 Agar-agar 吉利丁的素食版。有棒狀、絲狀和粉末狀販售，和吉利丁不同的是，不需放入熱水中溶解。做出來的凍品，質感很硬，不過它無法和鳳梨與木瓜裡的酵素起反應，因此不適合用在這些水果上。

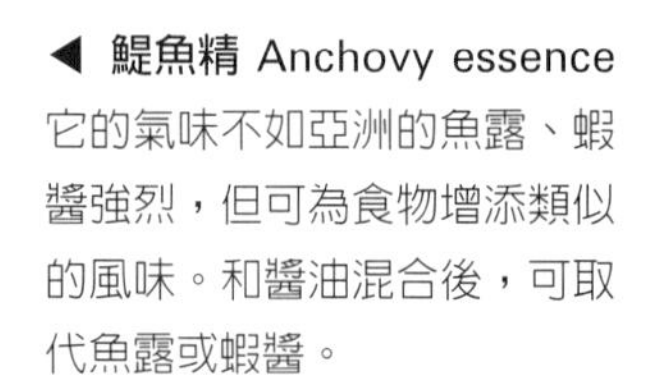

◀ 鯷魚精 Anchovy essence 它的氣味不如亞洲的魚露、蝦醬強烈，但可為食物增添類似的風味。和醬油混合後，可取代魚露或蝦醬。

▼ 高湯塊 Stock cubes 有各種口味可供選擇，從羊肉和魚都有。若是無法準備新鮮的高湯，這些濃縮的高湯塊，就是很有用的替代品。它的味道通常很鹹，所以在菜餚裡加入高湯塊後，要品嘗後再調味。

可溶吉力丁 DISSOLVING GELATINE

無論是吉力丁粉(gelatine powder)或吉力丁片(leaf gelatine)，都要先浸泡過再使用，才能與其它需要凝結的材料混合均勻。加熱吉力丁時，絕對不能讓它沸騰，否則就會變成黏稠狀，破壞了您的慕斯或果凍。

吉力丁粉 Powder 將吉力丁粉，灑入60 ml(4大匙)冷水中。靜置5分鐘，到膨脹成海綿狀。然後，將這碗冷水放在一鍋熱水上，邊攪拌，直到液體變得清澈。

吉力丁片 Leaf 將吉力丁片放在冷水中浸泡5分鐘，使其軟化。用手擠壓出多餘的水分，再加入熱的液體中溶解。

製作肉凍汁 MAKING ASPIC

您可以用調味好的澄清高湯，來自行製作肉凍。將吉利丁片放入一點冷高湯裡，浸泡2－3分鐘。比例是10 g的吉利丁，配上500 ml的液體。加熱其餘的高湯，然後加入吉利丁浸泡液。用小火加熱，一邊攪拌，直到吉利丁完全溶解。用湯匙澆在煮好並冷卻的鮭魚、雞肉或冷肉上。

肉凍裝飾 Aspic shapes 它是涼清湯(chilled consommé)的經典裝飾。製作好後(使用現成包裝，或利用吉利丁)，倒入淺模型盒中約1－2 cm的高度。冷藏後切割成花瓣、鑽石或新月形。

不同種類的東方醬汁 THE DIFFERENT TYPES OF ORIENTAL SAUCES

醬汁種類 Sauce type	生產國 Country of origin	描述 Description	用途 Uses
淡醬油 Light soy sauce	中國	淡棕色，味道細緻	湯、蘸醬、海鮮和蔬菜料理
濃醬油 Dark soy sauce	中國	比淡醬油顏色深，味道也較重。帶一絲甜味，因為在發酵過程中加入了焦糖。	深色肉類如牛肉、鴨肉，或溫暖的雞肉和豬肉菜餚。
日本醬油 Japanese soy sauce	日本	像所有的日本醬油一樣，鹹度比中國醬油低，甜度較高。薄鹽醬油Usukuchi味道清淡芳香。其他的顏色較深，味道較重，但不見得較鹹。	淡醬油做成湯、蘸醬、魚類料理和餐桌常備品，濃醬油則適合紅肉料理。
無麥醬油 Tamari	日本	顏色深、味道強烈；這種醬油是不加麥(wheat)釀造。	蘸醬，尤其是壽司。
醬油 Shoyu	日本	味道濃厚的醬汁	蘸醬，尤其是壽司。
Ketjap manis	印尼	一種厚稠的黑醬油，氣味強烈而帶甜味。Ketjap asin質地較稀，味道也較清淡。	印尼的米、麵料理。
照燒醬 Teriyaki sauce	日本	以醬油為基底，再加入酒、糖和辛香料而成。	醃醬、烤肉醬、或用來調味炙烤(grilled or barbecued)菜餚。
魚露 Nam pla	泰國	使用鹽漬發酵的魚製成，它是泰國料理的基本調味料。用來烹飪或做成佐料。雖然聞起來魚腥味很重，加在菜餚裡時味道並不明顯，可增添一股道地的鹹味。	用來製作魚、肉、家禽和麵條料理，也可和辣椒、大蒜、糖、萊姆汁混合作成蘸醬。
蝦醬 Shrimp paste	Belacan(馬來西亞) nuoc mam(越南) ngapi(緬甸)	在東南亞是十分普遍的醬料。它是將鹽漬小蝦子搗碎後，發酵而成。有不同的產品可購買一壓縮乾燥製成塊狀、或是瓶裝和罐裝。和魚露一樣，雖然聞起來並不討喜，用來烹飪後味道就消失了。	和泰國魚露一樣基本，使用方法也相同。
蠔油 Oyster sauce	中國	以醬油為基底的濃稠醬汁，加入了焦糖，呈深棕色，並以蠔汁調味。味道細緻，而且令人意外的是，沒有魚腥味。	可用在不同的料理上，增添味道的深度和色澤。特別適合雞肉和豆腐，或是需要提味的麵條料理。
海鮮醬 Hoisin sauce	中國	常被稱為烤肉醬，它的味甜而辛辣，帶一絲大茴香味。	是北京烤鴨的經典搭配。
梅子醬 Plum sauce	中國	味道酸甜，由梅汁(plum juice)和醋製成，再以辣椒、薑和辛香料調味。	也可和北平烤鴨搭配，或作為蘸醬，用來為其它的中國料理調味。

鹽與胡椒
salt and pepper

鹽 SALT

這是我們常等閒視之的廚房必備品。幾乎所有的食物，都要靠鹽來提味。雖然西方人通常吃得太多，但是只要加一點鹽，就可增加甜鹹料理的深度。鹹味是我們舌頭的四大味覺區之一(其他三者爲甜、酸、苦)，缺少了鹽，食物就變得平淡無味。

- 做麵包時也需要鹽，因爲它能強化麩質，提供酵母養份。若是放得太多，則會使麵糰失去支撐。
- 爲了製作蛋白霜而打發蛋白時，可加入一撮鹽，它可抑制其中的蛋白質，因此更容易將蛋白打發成立體。
- 水煮蔬菜時，在一開始就加入一小撮鹽，隨著鹽的被吸收，蔬菜裡的礦物質可因此保持。
- 在甜味混合液裡，如麵糊和蛋糕，加一撮鹽，可使其中的味道更鮮明。若是小心使用，鹽可降低酸性材料的酸味，而增加糖的甜味。
- 烹煮豆類(pulses)料理時，要等到豆子煮熟了才加鹽，否則會使豆子變硬。同樣地，不要將鹽抹在肉的切面上。

調味鹽 Table salt 經過特殊處理，因此不會結塊。可在裡面放入幾粒米，避免在有蒸氣的環境下變得潮溼。

英國海鹽 English sea salt 來自Essex 的Maldon，公認為最好的海鹽之一。味道強烈而鹹。可灑在餅乾和整條麵包上。

黑鹽 Black salt 來自印度，當地人將它當作一種調味料和辛香料。

海鹽 Sea salt 透過自然或人工的方式，將海水蒸發而成。常用來做為餐桌上的調味，或用來煮菜，因此分成兩種：細粒的可放在餐桌上；粗粒的可用來烹飪或裝進研磨瓶中。

岩鹽 Rock salt 由內陸湖泊所提煉，主要做為廚房用料理鹽，曾經是以大塊狀販售，現在的質地則較細，因為加入了碳酸鎂，因而不易吸收空氣中的濕氣。

如何貯存 STORING

應存放在密閉容器內，並置於陰涼乾燥處保存。避免放在銀製的鹽皿中，因為鹽裡面的氯，會和銀器起反應，使其變成綠色。

烘烤貝類 BAKING SHELLFISH

烘烤生蠔、淡菜或蛤蠣時，可利用岩鹽使其保持平衡。將鹽放在烤盤上，堆出1 cm的厚度，再放上生蠔。煮好後將鹽丟棄。

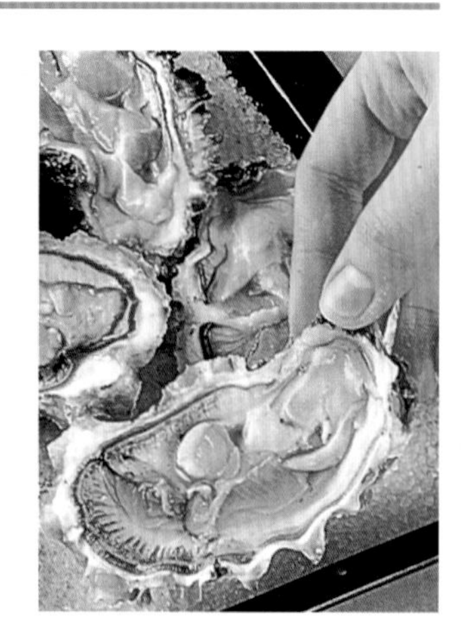

胡椒 PEPPER

胡椒是世界上最重要的香料。它的名稱來自梵文pippali，意指莓果。胡椒的種類很多，生長在熱帶和亞熱帶區域，遍布遠東、非洲、南海群島和巴西。胡椒是用途最廣的香料之一，幾乎可用在所有鹹食料理上。黑胡椒和白胡椒，都可利用在世界各地的料理調味上，並且適用於烹飪過程的各個階段，也可做爲餐桌調味品。它不但能展現自身的特殊風味，也可提升其他材料的味道。

粉紅胡椒 Pink peppercorns 不是真正的胡椒，而是一種原產自南美洲的一種樹的果實。味道溫和。

新鮮綠胡椒 Fresh green peppercorns 來自罐裝、未乾燥的綠莓果。味道強烈獨特，但不會太辣。可用來製作東南亞料理，也可做成搭配野禽和鴨肉的醬汁。

綜合胡椒 Mixed peppercorns 來自同一種藤蔓類植物的果實，在許多熱帶和亞熱帶地區都有種植。將未成熟的綠色果子摘下，放在太陽下曬乾，直到起皺變成黑色，就成了黑胡椒粒。若讓果子繼續留在樹上成熟，再去除外皮和果肉，就是白胡椒。黑胡椒的味道比較辛辣，香氣較強；白胡椒的辛辣則帶有溫暖的土質味。

胡椒研磨機 PEPPERMILL

它是廚房裡必備的工具之一，也是餐桌上的必需品。胡椒粒應在需要使用時現磨，才能捕捉其完整的香氣和風味。通常有粗細不同的設定，可依食譜需求或個人口味調整。它也可以用來研磨其它香料，不過使用後一定要清洗乾淨，以免汙染其他食物。應選擇感覺沉實，研磨機件堅固者。

磨碎胡椒粒 CRUSHING PEPPERCORNS

粗磨的胡椒粒，很適合搭配牛排，或在烹調前，沾壓在鴨胸肉上。將胡椒粒裝入塑膠袋中，用擀麵棍壓碎。也可以用研缽和杵磨碎，或利用咖啡研磨機。

裹上胡椒粒 COATING WITH PEPPERCORNS

原味羊奶起司，或其他軟質起司，可裹上一層粗磨黑胡椒來增加風味。在防油紙上灑上25g的胡椒粉，在上面滾動起司塊，再根據需求，切成一人份的大小。

甜味劑 sweeteners

糖 SUGAR

製作蛋糕、餅乾、起司蛋糕和海綿蛋糕時，您會發現糖是不可或缺的。零脂海綿蛋糕、天使蛋糕(angel food cake)、慕斯和某些餅乾，也許可以省略奶油、麵粉、雞蛋等材料，但是沒有糖，就是做不出蛋糕。糖蜜(treacle)和糖漿(syrup)，也是另一種形式的糖。

黑糖 Brown sugar　天然的黑糖，濕潤黏膩。它的種類很多，粗糖(muscovado)是其中顏色最深，味道最濃的。天然的黑糖，來自生的蔗糖，顏色會依照糖蜜 (molasses)的含量而有變化。二砂糖(light brown sugar)很適合做成布丁和蛋糕，因為它容易乳化(cream)，而且其糖味清淡溫和。黑砂糖(dark brown sugar)顏色較深，而且味道較重。可用來製作重水果蛋糕(rich fruit cake)、薑餅(gingerbread)和聖誕布丁。

白糖 White sugar　若將生蔗糖裡的糖蜜 (molasses)去除，剩下的就是白糖或精糖(refined sugar)。有各種粗細可供選擇，雖然甜度相同，較細的顆粒嘗起來感覺較甜。若不知道要使用哪一種，白砂糖(granulated)用途最廣，是最安全的選擇。

金砂糖 Demerara　部分精煉，帶有小比例的糖蜜(molasses)。可為烤麵屑(crumbles)、蛋糕和餅乾表面餡料，增加酥脆的甜味。

醃漬糖 Preserving or jam sugar　這種糖添加了果膠(pectin)，顆粒也較大，因此適合用來製作果醬。

細砂糖 Caster sugar　在美國稱為superfine sugar，它的顆粒很小，溶解得快，製作蛋糕、卡士達和蛋白霜的最佳選擇。

糖粉 Icing sugar　在美國稱為powdered sugar。它和液體混合時，很容易溶解。可用來製作霜飾(icing)、風凍(fondants)和灑在甜點上。也可以自行製作，將細砂糖用咖啡研磨機研磨即成。

大廚訣竅 Cook's tip

黑糖一但拆封後，就很容易變硬。若要使其軟化，可倒入一個碗中，用濕布覆蓋。糖會吸收布裡的濕氣而軟化，在1－2個小時內就可使用。

糖漿與其用途 SUGAR SYRUPS AND THEIR USES

製作澄清、無顆粒的糖漿，有兩個基本要訣：一定要確定糖已完全溶解了，再提高溫度，將液體煮沸。還有，一但糖漿開始沸騰，就不能再攪拌。將糖和冷水，放入質地厚重的鍋子裡，開低溫，一邊攪拌，直到糖完全溶解。若是製作簡單的糖漿，使其沸騰1分鐘。若是要做出其他種類的糖漿，請見下列：

- **淡度糖漿** Light sugar syrup 250g糖配500 ml水，可以用在水果沙拉上。
- **中度糖漿** Medium syrup 250g糖配250 ml水，可以用來做蜜餞(candying fruits)。
- **濃度糖漿** Heavy syrup 250g糖配225 ml水，可以用來做焦糖(caramel)和冰淇淋。
- **軟球狀態** Soft-ball (119℃／238˚F)可以用來做義式蛋白霜(Italian meringue)或奶油霜飾(buttercream icing)。
- **硬球狀態** Hard-ball (138℃／280˚F)可以用來做瑪斯棒(marzipan)、風凍(fondant)、糖果(sweets)。
- **軟脆狀態** Soft-crack (151℃／304˚F)可以用來做牛軋糖(nougat)、部分焦糖、太妃糖(toffee)。
- **硬脆狀態** Hard-crack (168℃／336˚F)可以用來做拉糖(pulled sugar)或棉花糖(spun sugar)、冰糖(rock sugar)、麥桿糖(straw sugar)、糖衣水果(glazed fruits)。
- **液態焦糖** Caramel in liquid form 可以用來調香醬汁，或製作焦糖奶油醬(crème caramel)等甜點。固態扳碎或敲碎的焦糖，可以用來做脆糖(brittles)，或表面裝飾(toppings)。

煮糖用溫度計 SUGAR THERMOMETER

這是個非常實用的器具，可以用來量測加熱後糖漿的精確溫度，還有果醬、果凍、糖果的凝固點。使用時要小心，讓溫度計的前端只接觸到液體，不要碰觸到鍋子。

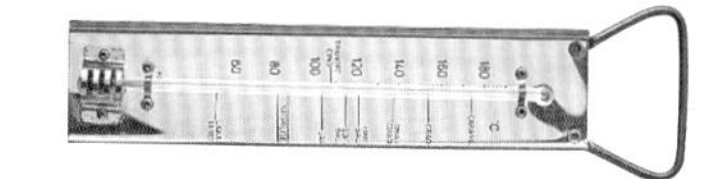

煮沸糖漿 BOILED SUGAR SYRUPS

如果糖漿一直處於加熱狀態，水分就會蒸發，溫度就會升高，糖漿就會變得越來越濃稠。加熱糖漿的過程中，要不斷地在鍋子的側面刷上水，以防結晶產生。一旦糖漿達所需的溫度，就將鍋底浸入冰水中，以免繼續加熱。

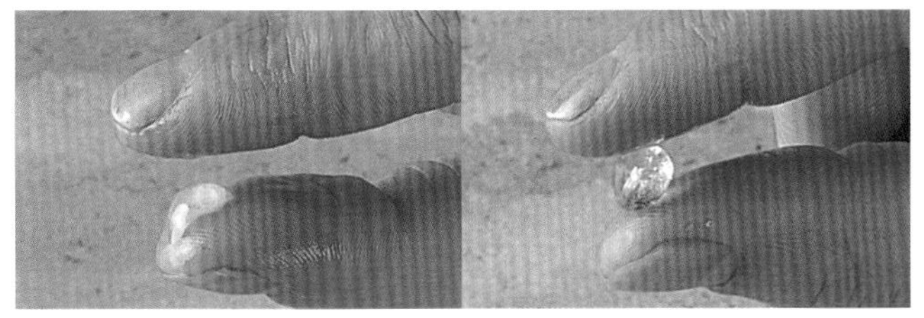

軟球狀態 Soft-ball 第一個飽和點(saturation point)階段。糖漿已可成形，按壓時感覺柔軟。

硬球狀態 Hard-ball 糖漿可以形成結實而有柔軟的球狀，感覺質地帶著韌性。

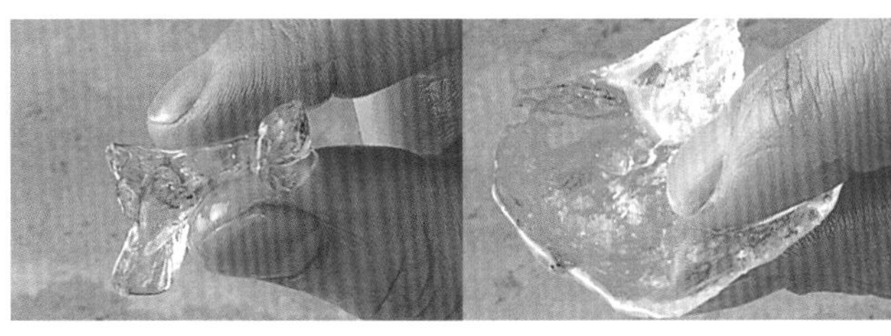

軟脆狀態 Soft-crack 糖漿是脆的，質地柔軟稍帶彈性。

硬脆狀態 Hard-crack 糖漿非常脆。一旦高於這個溫度，糖漿很快就會焦糖化。

焦糖 CARAMEL

在濃度高的糖漿加熱到超過硬脆狀態(hard-crack stage)的溫度，所有的水分都蒸發後，就會形成琥珀色的焦糖。淡度焦糖(light caramel)的風味溫和，中度焦糖(medium caramel)為深黃褐色，嚐起來有堅果的味道。加熱時要小心，切勿讓焦糖加熱到超過190℃，否則就會燒焦。如果焦糖凝固得太快了，就再度加熱一下子。

將高濃度的焦糖放在質地厚重的鍋子內，加熱到沸騰。然後，把火調小，以漩渦狀的方式搖晃鍋子一或兩次，讓糖漿色澤均勻。切勿攪拌。當焦糖加熱到所需的色澤時，就把鍋底浸泡在冰水中，以降低溫度，防止繼續加熱。然後，在焦糖開始凝固前，將鍋子從冰水中移開。

焦糖滴繪造型 Drizzled caramel shapes 先製作濃度糖漿(heavy sugar syrup)，煮成焦糖。將刷了油的烤盤紙鋪在烘烤薄板(baking sheet)上。舀1匙焦糖，讓焦糖從匙尖，滴落在烤盤紙上。做好後，放涼，再從烤盤紙上剝下。

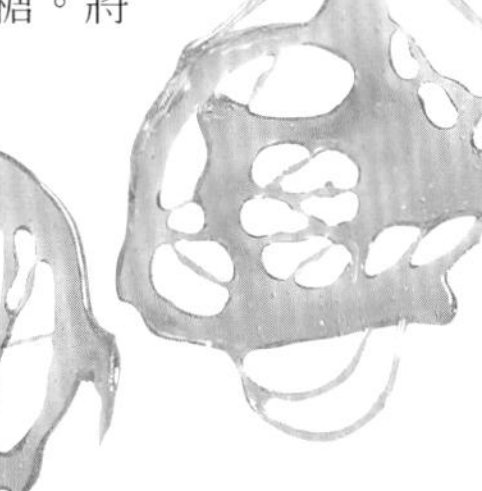

製作霜飾 MAKING ICINGS

▶ **糖衣霜飾** Glacé icing 將糖粉過篩到攪拌盆內，加入一點溫水，或自選的調香用熱液體，迅速攪拌混合。繼續攪拌到質地均勻，如有需要，就再加些液體進去。

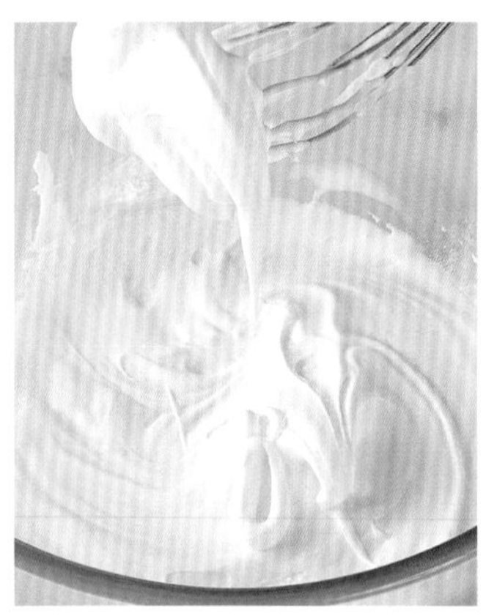

◀ **蛋白糖霜** Royal icing 爲了減緩蛋白糖霜凝固的速度，讓塗抹霜飾的作業能夠順利進行，可加入甘油(glycerine)混合。將已過篩的糖粉放進攪拌盆內，中間做一個凹槽。加入稍微攪開的蛋白與檸檬汁。打發到質地結實有光澤，約10分鐘，然後再加入甘油混合。

▶ **巧克力霜飾** Chocolate icing 將巧克力加入糖漿內，邊用中火加熱，邊攪拌到質地均勻。先將手指伸入冰水中，再伸入巧克力中，拉開兩手指，檢查拉線狀態(thread stage)。將鍋子放在布巾上，輕敲一下，讓裡面的氣泡跑出來。做好後，要立刻使用。

◀ **奶油霜飾** Buttercream 將糖漿加熱到軟球狀態(soft-ball stage)。將糖漿以穩定的細流，倒入蛋黃與蛋裡，同時不斷攪拌，直到顏色變淡，質地變稠。加入已切塊的軟化奶油，再加入您喜歡的調味料攪拌。使用前，先冷藏5－10分鐘，使其變得結實。

蜂蜜 HONEY

蜂蜜的顏色、味道、質感和品質，會受到花蜜來源的影響，也和製造過程有關。一般來說，顏色越深，味道越濃烈。大部分市售的蜂蜜，都經過殺菌與調和(blend)處理，以求得口味和質感的一致性，同時也可延長保存期限。但是從健康和美味的角度來說，最好是購買來自單一花蜜、未經過高溫殺菌與過濾的蜂蜜。

蜂巢 Honeycomb 這是仍然保留在蜂巢裡的蜂蜜。您可以購買一整塊、分成對半的，或小塊的蜂巢。通常會用蠟封住，因此蜂蜜不會流出。市售最普遍的是瓶裝的cell honey。

澄清蜂蜜 Clear clover 經過熱處理(heat-treated)，以防止結晶，一般蜂蜜經過數週，就會自然產生結晶現象。許多人偏好澄清或流動蜂蜜，因為用來料理比較方便。它呈淡褐色，有溫和愉悅的甜味，很適合用來烹飪或直接食用。在英國，它一度是生產最多，也最受歡迎的蜂蜜。但現在數量已經銳減，因為牧地(pastureland)逐漸減少。

橙花蜜 Orange blossom 從美國和中國，進口了好幾種外來蜂蜜。在英國，所售出的蜂蜜，幾乎有五分之一就是來自中國。加州所生產的橙花蜂蜜，擁有甜美的香氣和味道。

Hymettus 這是最有名的希臘蜂蜜，十分芳香。

蘇格蘭石南花蜜 Scottish heather 顏色和味道都很清淡，帶有一絲舒服的香氣。

糖漿和糖蜜 SYRUPS AND MOLASSES

由天然資源所提煉，以下所列出的糖漿和糖蜜，可作爲糖的健康替代品。它天然的黏稠性，在食物料理上很有用，可以增加烘焙成品和醬汁的濃郁。要挑選有機生產的糖漿和糖蜜，以避免糖在精煉過程中，所另外添加的化學物質。

穀類糖漿 Grain syrups 玉米、大麥和稻米，都可以轉變成糖漿，用來替代糖，加在烘焙品和醬汁裡。它的甜度比糖來的低，並且有一股溫和的細緻風味。麥芽萃取(malt extract)，是大麥的一種副產品，味道比較強烈，適合用來製作麵包和其他烘焙品。穀類糖漿，比其他種類的精製糖，容易消化，而且進入血液中運行的速度較慢，比較不會造成血糖的劇烈變化。

黃金糖漿 Golden syrup 著名的萊爾黃金糖漿(Lyle's Golden Syrup)，在一百多年前開始發售，一直到今天，仍然使用一貫的經典綠色與金色包裝。雖然可以單獨使用(加在剛出爐的司康drop scone上，異常美味)，但也是用途最廣的糖漿之一，適合用在烘焙上，或做成軟糖(fudge)，或做成太妃糖漿(toffee sauces)，澆淋在冰淇淋上。

黑糖蜜 Black treacle 將糖蜜 (molasses)精煉後製成。外觀呈黑色，質地濃稠而黏膩，味道強烈，但比蜂蜜的甜度低。可用在需要其色澤與特殊風味處，最常見的是製作薑餅(gingerbread)、某些水果蛋糕、聖誕布丁、太妃糖、波士頓烤豆(Boston baked beans)等。

糖漿的種類 Syrup type	描述 Description	用途 Uses	訣竅 Tips
楓糖 Maple syrup	將楓樹樹液(sap)蒸發後製成。味道濃醇獨特，比糖還甜，所以烹調時份量要減少。	用來蜜漬(glaze)紅蘿蔔和火腿。用來搭配煎餅和格子鬆餅(waffles)，效果非常好。	小心不要購買到化學合成的楓糖調味品。
黃金糖漿 Golden syrup	一種淡度的黃金色糖蜜。	用在燕麥餅(flapjacks)和其他餅乾上，也可製作成軟糖醬(fudge sauces)和太妃糖(toffee)。傳統上是用來和海綿蛋糕，一起製作成糖漿布丁(syrup pudding)和糖蜜塔(treacle tart)。	糖漿裡的雜質，造就了它的顏色和風味。
穀類糖漿 Grain syrups	大部分的穀類，如玉米、大麥(barley)和稻米，都可製作成糖漿。	麥芽萃取(來自大麥的malt-extract)，味道強烈，常用來做成麵包；在美國很受歡迎的玉米糖漿，可做成烤肉醬和果凍。	它不如其他種類的糖漿，來得精煉，因此進入血液的速度較慢。
黑糖蜜 Balck treacle	和糖蜜(molasses)類似，糖蜜是糖在精煉過程中的產品。外觀呈黑色，質地濃稠而黏膩，味道強烈。比糖蜜甜，但比糖漿和蜂蜜的甜度低。	用來烘焙某些布丁和薑餅(gingerbread)、水果蛋糕、聖誕布丁和太妃糖。	用糖蜜來製作波士頓烤豆(Boston baked beans)。
棕櫚／椰棗糖漿 Palm／date syrup	由椰棗(date palms)製成，顏色很深，濃稠而甜。	某些印度料理的材料之一。	
糖蜜 Molasses	這種質地濃稠、如糖漿般的液體，是糖在精煉中的副產品，它的品質和色澤，有很大的差異。	烘焙某些餅乾和水果蛋糕時專用。用來蜜漬(glaze)豬肉和火腿大肉塊(joint)。	黑糖蜜 (Blackstrap molasses)比其它顏色較淡的糖蜜，所含的糖份更少，而且含有較多的維他命和礦物質。

巧克力 chocolate

從比利時松露巧克力，到一杯簡單的熱可可，
變化多端的巧克力，是世界上最受歡迎的甜味調味品之一。
巧克力是由可可豆製成的，它的品質和風味，
取決於使用豆子的品種、烘焙豆子的方法，以及可可奶油的含量。

烘焙巧克力 Baker's chocolate　亦稱為無糖巧克力(unsweetened chocolate)，它不含任何糖或調味品。它受到專業廚師的喜愛，因為其具有容易凝固，易於切割的特質，而且最適合用來製作彎曲形狀的裝飾，如緞帶形(ribbons)，不過一般市面上不易買到，因此我們常以苦甜(bittersweet)巧克力代替。

淋覆巧克力 Couverture　它是品質很好的巧克力，可可奶油(cocoa butter)含量很高。它是糕點師傅的最愛，因為它可以散發出漂亮的光澤，而且風味細緻，不過使用起來，會比烘焙巧克力困難，在使用前必需要先經過調溫(請見右方說明)。它通常用來製作裝飾，或手工巧克力。

苦甜巧克力 Bittersweet chocolate　亦稱為'luxury'，'continental'或'bitter'巧克力，是極受歡迎的料理用巧可力。一般原則是，可可固體(cocoa soilds)的比例越高，巧克力就越好。當然要先查看包裝上的說明，不過現在的原味(plain)巧克力，一般都含有50%以上的可可固體，若是對巧克力狂熱的人，則應該選擇比例為60－70%以上的。

原味巧克力 Plain　一般市面所販售的原味巧克力，含有30－70%的可可固體。品質好的巧克力，也應該含有比例較少的糖。

牛奶巧克力 Milk　雖然是受歡迎的口味，但除了少數昂貴的品牌外，並不適合用來烘焙，因為它的可可固體含量，相對較低。

白巧克力 White　對巧克力迷來說，根本不算巧克力的一種，因為它不含任何可可成份。有些製造商，使用植物性脂肪來取代可可奶油，這樣的產品，就不應該稱為巧克力。白巧克力可用來製作甜點，提供漂亮的顏色對比，但像牛奶巧克力一樣，它很容易燒焦，所以融化的時候要小心。

可可 Cocoa　由液體巧克力所製成的濃縮粉末，但抽出了所有的可可成份。最令人熟知的做法，是製成飲料，不過在烘焙上也很有用，可為蛋糕和甜點增加巧克力風味。

飲用巧克力 Drinking chocolate　一種加糖調味的可可，雖然常製成飲料，但並不建議用來烘焙。

巧克力調味的蛋糕塗層 Chocolate-flavoured cake covering　它是一種受歡迎的料理用巧克力，優點是脂肪含量高，因此容易融化，好塗層。可用來製作巧克力捲片或緞帶，但融化時應加入一點原味巧克力，以改善味道。

角豆 Carob　無咖啡因的巧克力替代品，來自一種生長在歐洲溫暖地區，常青樹的豆莢。

甜或鹹？
Sweet or savoury?

Chocolate這個字，來自阿茲特克文的'xocolatl'，是一種以辣椒調味的巧克力飲料。歐洲人加入了糖和香草、肉桂等香料，使味道變得柔和，不過在今日的中美洲，巧克力還是常做為鹹味飲料飲用。

巧克力的前置作業 PREPARING CHOCOLATE

巧克力在既冰又硬的情況下，最容易切碎或磨碎。如果是在氣候溫暖的情況下，巧克力就一定要先放進冰箱冷藏，而且要用烤盤紙或鋁箔紙包裹，做好保護措施。所有接觸巧克力的器具，都應徹底保持乾燥。

切碎 Chopping 用主廚刀的刀片，以前後移動的方式，將巧克力切碎。

磨碎 Grating 抓牢巧克力，用磨碎器的粗孔，磨碎巧克力。

營養資訊
NUTRITIONAL INFORMATION

巧克力含有蛋白質，並且是維他命B、銅、鈣、鐵的優質來源。它的脂肪含量高(30%)，表示它並不適合想減重的人，100 g的份量就含有540大卡。

融化巧克力 MELTING CHOCOLATE

巧克力最好是用隔水加熱的方式(bain marie)，以非常低的熱度來融化。如果加熱的溫度太高，巧克力就會變成粒狀而燒焦。如果巧克力內濺到水，就會變硬，或失去光澤。

將巧克力切成大小一致的粗塊，放進乾燥的耐熱攪拌盆內，再把攪拌盆放在一鍋熱水(不是微滾狀態)上。等到巧克力開始融化了，就用木匙攪拌到均勻柔滑。

調溫 TEMPERING

這種技巧，適用於可可奶油含量高的巧克力。運用這種技巧，可以讓巧克力的硬度與光澤，得以因應許多裝飾用途的要求。巧克力經過融化，冷卻，再度加熱的程序，就可以破壞脂肪，讓質地變得有光澤，不會產生條紋，而且可以凝固得很堅硬。

▶ 將巧克力裝入攪拌盆內，下面墊著一鍋熱水(非微滾狀態)，慢慢地融化巧克力。攪拌到巧克力變得質地柔滑，約45℃溫度。

▶ 將裝著巧克力的攪拌盆，移到另一個裝滿冰塊的攪拌盆上。攪拌到巧克力冷卻，溫度下降至25℃。將巧克力放在一鍋熱水上，再度加溫30－60秒，直到巧克力的溫度達到可以作業的32℃。

如何貯存 STORING

巧克力在手溫下，就會開始融化。應該存放在陰涼乾燥處，介於16－18℃之間。如果巧克力有白色斑點，就表示它沒有經過妥善的貯存，或是曾被調溫過，而使用的溫度太高(請見右方說明)。

裝飾用塑型
MAKING SHAPES FOR DECORATION

如果巧克力是要用來切割，進行前置作業時，動作就要迅速，以免巧克力凝固得太快。當巧克力的質地變得柔滑，凝固成均勻的一層後，就可以把另一張烤盤紙覆蓋在巧克力上，然後翻面，就可以讓新的烤盤紙變成在巧克力底下。這樣做，可以防止巧克力在變乾燥後捲起。要開始切時，撕除上面的烤盤紙。

切割好的巧克力片，可以當做蛋糕或冰淇淋的裝飾，或組合成盒狀(見下圖)，用來填裝水果、雪酪、甜品或巧克力。

◀ **抹上巧克力** Spreading the chocolate　將調溫過的巧克力，用大湯杓舀到鋪了烤盤紙的烘烤薄板(baking sheet)上。用大L型抹刀(angled spatula)，以划槳般的動作，迅速地抹平成3 mm厚。放涼，直到表面看起來混濁，但是還未凝固。

◀ **切割形狀** Cutting shapes 將餅乾模浸泡在熱水中，擦乾，用來將巧克力切成圓片。如果是要切成三角形、方形或長方形，就用刀子。切好後，將巧克力放在烤盤紙上凝固。

雙粉層巧克力形
DOUBLE-DUSTED CHOCOLATE SHAPES

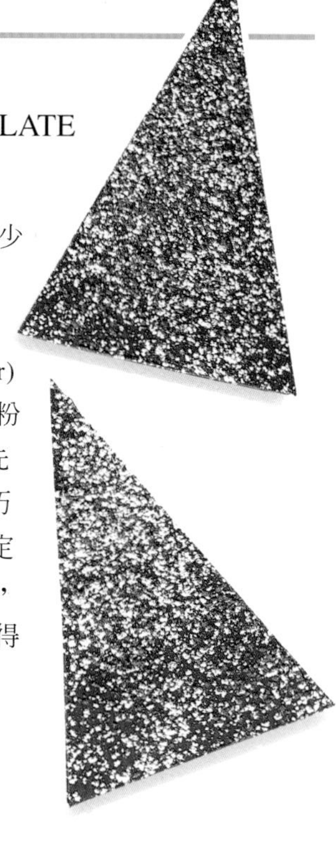

切出三角形或方形的巧克力。將少許糖粉(icing sugar)放進過濾器內，在巧克力上方，小心輕拍。將少許可可粉(cocoa powder)放進另一個過濾器內，撒在糖粉上。你也可以製造不同的效果，先撒上可可粉，或把可可粉撒在白巧克力上。切割巧克力形狀時，一定要確認巧克力處在可塑型的狀態，若是它已凝固變硬的話，就會變得易碎。

製作巧克力杯 MAKING CHOCOLATE CUPS

製作時，糕點師傅會直接將覆蓋著保鮮膜的奶油小圈餅模(dariole moulds)的外側，浸泡在調溫過的巧克力中。以下，為另外兩種作法。

▶ **利用紙殼** Cake cases 將調溫過的巧克力，塗抹薄薄的一層在精緻小點心紙殼(petit four cases)的內側。靜置凝固，再小心地剝除紙殼。

◀ **利用塑膠杯** Moulded chocolate cups　修剪拋棄式塑膠杯，到所需的高度，裝入融化的巧可力，直到邊緣。倒出多餘的巧克力，然後冷藏定型。將巧可力杯，從塑膠杯中取出，必要的話，可用刀子切除。

巧克力裝飾 CHOCOLATE DECORATIONS

半覆水果 Half-coated fruits 軟質水果如草莓，可半浸入原味巧克力，或白巧克力中，然後用來裝飾蛋糕或甜點。讓多餘的巧克力滴落，然後將水果放在防油紙上，冷卻到凝固。

巧克力煙捲 Chocolate quills 將巧克力，抹在烘烤薄板(baking sheet)的背面。一旦凝固了，就用手掌摩擦表面，稍微加溫。用手抓牢烘烤薄板，將刮板(pastry scraper)伸入巧克力底下，往前刮，做成煙捲的形狀。

巧克力玫瑰葉片 Chocolate rose leaves 先用濕布巾，將葉片擦乾淨，再用廚房紙巾拍乾。融化自選的巧克力300g。用手抓著葉柄，再把大量巧克力塗抹在其中一面上，通常下側那面的效果比較好。放進冰箱冷藏到變硬，再小心地將葉片從巧克力上剝除。

巧克力捲片 Chocolate curls 用一手抓牢1塊室溫白或黑巧克力，另一手用蔬菜削皮刀，沿著一側的邊緣，刮成捲片。使用可可奶油(cocoa butter)含量低的巧克力，或烘焙巧克力(baker's chocolate)，效果最好。因為這兩者比較不易斷裂。

配方 Recipes

熱巧克力起司蛋糕 Hot chocolate cheesecake 這是一道美味的全巧克力甜點。派皮裡加入了可可粉，做成巧克力底層，內餡也以巧克力堅果調味。

沙赫蛋糕 Sachertorte 世界上有數不盡的巧克力蛋糕，這道經典的甜點，來自奧地利，仍是許多人的最愛，它的特色在於其平滑濃腴的巧克力表面。

巧克力甘那許 Chocolate ganache 極濃稠的巧克力抹醬。它的做法是，將熱的鮮奶油(cream)倒入巧克力裡，然後用木匙攪拌，直到質地均勻有光澤。它可作為霜飾、蛋糕的內餡，或餅乾、蛋白霜的夾心。

巧克力捲 Chocolate roulade 類似巧克力瑞士捲，這種以海綿蛋糕做成的甜點，是用淺模型烘焙，加上厚而綿密的香草夾心，再捲緊起來，然後以巧克力捲片裝飾，最後灑上一點可可粉。

巧克力布朗尼 Chocolate brownies 歷久不衰的家庭最愛，它的原料是巧克力、麵粉、融化的奶油、蛋、和糖，均勻混合後，再以核桃、咖啡、香草精、和更多的原味巧克力碎塊，來加以調味。

裝飾用外圈 DECORATIVE OUTLINES

用巧克力甘那許(請見左方說明)，直接在上菜的盤子上，擠上一個外圈形狀。靜置使其凝固，再填入白巧克力醬或水果庫利(coulis)。

咖啡與茶
coffee and tea

咖啡 COFFEE

咖啡雖然主要當作飲料來飲用，但也可以用來調味冰淇淋、布丁和蛋糕。主要的兩種咖啡豆為：阿拉比卡(coffea arabica)和羅巴斯塔(coffea robusta)。一般認為阿拉比卡咖啡豆是較優質的種類，不過羅巴斯塔常用來和阿拉比卡混合，以做出成本較低，但味道仍佳的咖啡。

烘焙的種類 ROASTS

未烘焙 Unroasted 在烘焙前，咖啡樹的種子顏色通常很淡，從近乎白色，到黃色及綠色。形狀有圓形，也有橢圓的。有些「豆莢」，只有一顆種子，因為形狀像豌豆，故稱為豌豆莓豆(peaberry bean)。

淡度烘焙 Light roasted 這種烘焙度，適合作成味道溫和，香氣和口味細緻的咖啡。咖啡的顏色，從近白色到淺棕色。

中度烘焙 Medium roast 最適合作成有鮮明個性的咖啡。味道雖然濃烈，但還是可以作為早餐或餐後飲用的咖啡，可以作為單獨飲用的黑咖啡(black)或加入牛奶。

深度烘焙 Dark 深度或完全(full)烘焙，可為味道飽滿的咖啡，增添一股濃烈的香氣，和微苦的風味。咖啡豆的顏色很深，具有光澤。

高度烘焙 High roast 有時又稱為「歐洲烘焙」(“continental roast”)，可產生濃烈而帶有苦味的咖啡。咖啡豆的顏色幾乎成為黑色，充滿光澤。

濃縮咖啡 Espresso 深黑而充滿光澤的咖啡豆，所煮出來的咖啡，深色而有烘焙香，帶有飽滿的苦味。

研磨的種類 GRINDS

粗度研磨 Medium grind 適合使用咖啡壺(cafetière)，或那布勒斯轉壺(Neapolitan flip machine)，可做出味道較淡的咖啡。

中度研磨 Omnigrind 介於粗度研磨和細度研磨之間，雖然兩者應該都可適用，不過其實略偏粗度研磨，若是明確知道要用何種方式沖泡咖啡，最好是選擇特定的研磨度。適合使用那布勒斯轉壺，或其他適用中等偏粗度研磨的器具。

細度研磨 Fine(filter) 適用於虹吸 glass balloon／真空法 vacuum，或過濾法(filter)及滴落法(drip method)，它所產生的咖啡，味道濃烈，口味美好飽滿。

濃縮咖啡研磨 Espresso 極細的研磨度，使用在濃縮咖啡機上。

土耳其極細研磨 Turkish 有時又稱為pulverised或powdered coffee(粉末咖啡，不要和即溶咖啡混淆)，可以製作出非常濃烈的咖啡。研磨的過程，使咖啡豆的風味更強烈。

其它的咖啡產品 OTHER COFFEE PRODUCTS

即溶咖啡 Instant coffee 它是將咖啡豆，煮成濃縮液體而製成。若要製成顆粒狀，則需將這些液體經過冷凍乾燥，再加工處理，製成乾燥的小粒狀，品質最好的，是使用阿拉比卡咖啡豆。粉末狀的即溶咖啡，通常比顆粒狀的便宜，大部分使用羅巴斯塔咖啡豆，煮好的濃縮液體，會加工乾燥製成細粉末狀。等級較好的粉末狀咖啡，會再進一步加熱，製作成顆粒狀。

咖啡精 Coffee essence 裝在熟悉的扁瓶子裡販賣，若要使用咖啡來調味時，咖啡精是不錯的選擇。記得要購買純的咖啡精，而不要挑選菊苣咖啡精(chicory and coffee essence)。

咖啡利口酒 Coffee liqueur Tia Maria是最知名的，使用牙買加蘭姆利口酒(rum liqueur)，和咖啡萃取液及香料製成。卡魯瓦(Kahlúa)是墨西哥的咖啡利口酒，味道不同，適合製作許多義式甜點。

咖啡設備 COFFEE EQUIPMENT

泡煮咖啡時，務必要選擇相應的研磨程度。研磨得越細，接觸到水份的表面積就愈大，因此所需的水分流過的時間就越短。咖啡的口味，也會變得比較濃烈飽滿。咖啡機的設計，只適用某種研磨程度，若沒有選擇好，煮出的咖啡就會令人失望，若是研磨得顆粒太粗，煮出的咖啡就會淡而無味，若是顆粒太細，則會太苦並留下顆粒。

適合粗磨 FOR COARSE GRINDS

桌上式咖啡壺 Jug(carafe)

適合中度研磨 FOR MEDIUM GRINDS

法式咖啡壺(Plunger)或摩卡壺(cafetière)(請見下圖)、那布勒斯轉壺、虹吸／真空法

適合細磨 FOR FINE GRINDS

過濾／滴漏法、濃縮咖啡壺、依芙立克(ibrik)(使用研磨得很細的咖啡，來煮土耳其式咖啡)。

茶 TEA

紅茶 Black teas 茶葉摘下後，立即加以乾燥、揉捻、然後在通風處發酵，這個過程才能創造紅茶特有的色澤、濃度和味道。紅茶通常搭配牛奶飲用，但也可以加入檸檬，使味道清新。紅茶的種類有阿薩姆(Assam)、錫蘭(Ceylon)、大吉嶺(Darjeeling)、祁門(Keemun)、橙香白毫(Orange Pekoe)和正山小種(Lapsang Suchong)。

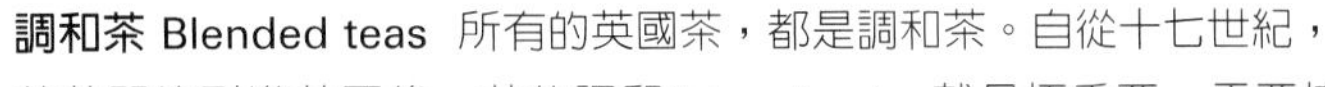

調和茶 Blended teas 所有的英國茶，都是調和茶。自從十七世紀，茶葉開始引進英國後，茶的調和(blending)，就是極重要，需要技巧的工作。總共有三千多種的調和茶，若要得到比一般市面更多的選擇，則需要造訪茶葉專賣店。調和茶的例子有，伯爵茶(Earl Grey)、英國早餐茶(English Breakfast)和愛爾蘭早餐茶(Irish Breakfast)。

綠茶 Green teas 主要來自中國和日本，在當地是很受歡迎的飲用茶。這種茶葉在摘取後，立即乾燥，不像紅茶經過發酵，因此味道特別清新，帶有溫和的刺激味。綠茶可單獨飲用，或和香草植物如薄荷、檸檬馬鞭草等搭配，但絕對不加牛奶。鋼砲綠茶(Gunpowder)、茉莉綠茶(Jasmine)、熙春茶(Hyson)、Moyunes都屬於綠茶。

烏龍茶 Oolong teas 這種特殊的茶，介於綠茶和紅茶之間，茶葉經過半發酵。

藥草茶和水果茶 Tisanes and fruit teas 藥草茶是很受歡迎的健康飲料，不含咖啡因和單寧。藥草茶的種類很多，每年都有新產品推出。像一般的茶一樣，它們也可用來製作冰淇淋和雪酪，可以單獨使用或混入果汁。

飲用之外 INSTEAD OF A CUPPA

茶也可入菜，而且頗多變化，可爲經典技巧增加新的深度。茶燻(tea smoking)在中國料理上，用來增加食物的色澤和風味，如鴨肉和雞肉，不過並不是用來將它們煮熟。紅茶和黑糖、香草植物或香料等混在一起，放在質地厚實的鍋子底部，上面架上網架，放上食物，蓋上蓋子，然後用高溫將食物煙燻約15分鐘。茶也可用來調味巧克力甘那許，或做成冰淇淋。

▶ **綠茶冰淇淋 Green tea ice cream** 爲了捕捉完整的茶味，先將綠茶的茶葉搗碎。然後一點一點地加入，軟化的香草冰淇淋裡。搭配黑巧克力醬汁上桌(見右圖)。

索引 Index

LE CORDON BLEU INTERNATIONAL ADDRESSES

Le Cordon Bleu Paris
8 Rue Léon Delhomme
75015 Paris, France
T : +33 (0)1 53 68 22 50
F : +33(0)1 48 56 03 96
paris@cordonbleu.edu

Le Cordon Bleu London
114 Marylebone Lane
London, W1U 2HH, U.K.
T : +44 207 935 3503
F : +44 207 935 7621
london@cordonbleu.edu

Le Cordon Bleu Madrid
Universidad Francisco de Vitoria
Ctra. Pozuelo-Majadahonda
Km. 1,800
Pozuelo de Alarcón, 28223
Madrid, Spain
T : +34 91 351 03 03
F : +34 91 351 15 55
madrid@cordonbleu.edu

Le Cordon Bleu Amsterdam
Herengracht 314
1016 CD Amsterdam
The Netherlands
T : +31 20 627 87 25
F : +31 20 620 34 91
amsterdam@cordonbleu.edu

Le Cordon Bleu Ottawa
453 Laurier Avenue East
Ottawa, Ontario, K1N 6R4, Canada
T : +1 613 236 CHEF(2433)
Toll free +1-888-289-6302
F: +1 613 236 2460
Restaurant line +1 613 236 2499
ottawa@cordonbleu.edu

Le Cordon Bleu Tokyo
Roob-1, 28-13 Sarugaku-Cho,
Daikanyama, Shibuya-Ku, Tokyo 150-0033,
Japan
T : +81 3 5489 0141
F : +81 3 5489 0145
tokyo@cordonbleu.edu

Le Cordon Bleu Kobe
The 45th 6F, 45 Harima-machi, Chuo-Ku,
Kobe-shi, Hyogo 650-0036, Japan
T : +81 78 393 8221
F : +81 78 393 8222
kobe@cordonbleu.edu

Le Cordon Bleu Inc.
40 Enterprise Avenue
Secaucus, NJ 07094-2517 USA
T : +1 201 617 5221
F : +1 201 617 1914
Toll Free Number +1 800 457 CHEF (2433)
info@cordonbleu.edu

Le Cordon Bleu Australia
Days Road
Regency Park, South Australia, 5010 Australia
T: +61 8 8346 3700
F: +61 8 8346 3755
australia@cordonbleu.edu

Le Cordon Bleu Sydney
250 Blaxland Road, Ryde
Sydney NSW 2112, Australia
T : +61 8 8346 3700
F : +61 8 8346 3755
australia@cordonbleu.edu

Le Cordon Bleu Peru
Av. Nuñez de Balboa 530
Miraflores, Lima 18, Peru
T : +51 1 242 8222
F : +51 1 242 9209
peru@cordonbleu.edu

Le Cordon Bleu Korea
53-12 Chungpa-dong 2Ka, Yongsan-Ku,
Seoul, 140 742 Korea
T : +82 2 719 69 61
F : +82 2 719 75 69
korea@cordonbleu.edu

Le Cordon Bleu Liban
Rectorat B.P. 446
USEK University - Kaslik
Jounieh - Lebanon
T : +961 9640 664/665
F : +961 9642 333
liban@cordonbleu.edu

Le Cordon Bleu Mexico
Universidad Anáhuac Norte
Av. Lomas Anahuac s/n., Lomas Anahuac
Mexico C.P. 52786, Mexico
T : +52 55 5627 0210 ext. 7132 / 7813
F : +52 55 5627 0210 ext.8724
mexico@cordonbleu.edu

Le Cordon Bleu Mexico
Universidad Anáhuac del Sur
Avenida de las Torres # 131,
Col. Olivar de los Padres
C.P. 01780, Del. Álvaro Obregón, México, D.F.
T: +(52) 55.5628.8800
F: +(52) 55.5628.8837
mexico@cordonbleu.edu

Le Cordon Bleu Thailand
946 The Dusit Thani Building
Rama IV Road, Silom
Bangrak, Bangkok
10500 Thailand
Tel: +66 2 237 8877
Fax: +66 2 237 8878
thailand@cordonbleu.edu

www.cordonbleu.edu
e-mail: info@cordonbleu.edu

系列名稱 / 法國藍帶
書　名 / 廚房經典技巧
作　者 / 法國藍帶廚藝學院
出版者 / 大境文化事業有限公司
發行人 / 趙天德
總編輯 / 車東蔚
文　編 / 編輯部
美　編 / R.C. Work Shop
翻　譯 / 胡淑華・呂怡佳
地址 / 台北市雨聲街77號1樓
TEL / (02)2838-7996
FAX / (02)2836-0028
初版日期 / 2009年9月
定　價 / 新台幣1200元
ISBN / 978-957-0410-76-1
書　號 / LCB 13

讀者專線 / (02)2836-0069
www.ecook.com.tw
E-mail / service@ecook.com.tw
劃撥帳號 / 19260956大境文化事業有限公司

原著作名 Kitchen Essential
作者 法國藍帶廚藝學院
原出版者 Carroll & Brown Publishers Limited

國家圖書館出版品預行編目資料
廚房經典技巧
法國藍帶廚藝學院 著；--初版.--臺北市
大境文化，2009[民98] 256面；22×28公分.
（法國藍帶系列；LCB 13）
ISBN 978-957-0410-76-1（精裝）
1.烹飪
427.8　　　98000219